高职高专“十三五”规划教材·数控铣考证与竞赛系列

UG 10.0 数控编程实例教程

詹建新 主 编

電子工業出版社
Publishing House of Electronics Industry
北京·BEIJING

内 容 简 介

本书以数控铣考证、竞赛为指导方针，紧扣《职业技能鉴定考证纲要》及《全国大中专学生数控竞赛纲要》，以 UG 10.0 为载体，详细讲解每个实例的建模、数控编程过程及加工工艺，做到把每个实例讲深讲透。本书的内容分为五篇：UG 编程入门篇、中级工考证篇、高级工考证篇、技师考证篇、数控竞赛篇。读者学完本教程后，应能熟练操作及编写程序，也能尽快适应工厂一线工作岗位的要求。

本书把 UG 10.0 的一些基本命令穿插到实例中讲解，避免简单介绍 UG 软件命令时的单调、枯燥，使之变得更生动，也更有利于读者理解。本书提供模型素材，可登录以下网址免费获取：http://www.hxedu.com.cn（华信教育资源网）。

全书结构清晰、内容详细、案例丰富，讲解的内容深入浅出，重点突出，着重培养学生的实际能力。本书可作为高职高专类职业院校的教材，也可作为成人高校、本科院校举办的二级职业技术学院及民办高校的教材，还可以作为专业技术人员的参考书。

图书在版编目（CIP）数据

UG 10.0 数控编程实例教程 / 詹建新主编. —北京：电子工业出版社, 2017.10
高职高专“十三五”规划教材. 数控铣考证与竞赛系列
ISBN 978-7-121-32838-1

Ⅰ. ①U… Ⅱ. ①詹… Ⅲ. ①数控机床－加工－计算机辅助设计－应用软件－高等职业教育－教材
Ⅳ. ①TG659-39

中国版本图书馆 CIP 数据核字(2017)第 244124 号

责任编辑：郭穗娟
印　　刷：北京虎彩文化传播有限公司
装　　订：北京虎彩文化传播有限公司
出版发行：电子工业出版社
　　　　　北京市海淀区万寿路 173 信箱　邮编　100036
开　　本：787×1 092　1/16　印张：17.25　字数：402 千字
版　　次：2017 年 10 月第 1 版
印　　次：2023 年 9 月第 13 次印刷
定　　价：85.00 元

凡所购买电子工业出版社图书有缺损问题，请向购买书店调换。若书店售缺，请与本社发行部联系，联系及邮购电话：(010)88254888，88258888。

质量投诉请发邮件至 zlts@phei.com.cn，盗版侵权举报请发邮件至 dbqq@phei.com.cn。

本书咨询联系方式：(010)88254502，guosj@phei.com.cn。

前　言

2017 年 5 月，编者在重庆举办的全国数控大赛上了解到，不少参赛队伍的领队老师反映，学生对 3D 造型与草绘还不熟练，软件的应用能力较差，他们希望找到一本 UG 方面高质量的书籍来解决这个问题。此外，参赛的学生也都反映造型设计与数控编程比较难。有的学校因为找不到合适的参赛指导书而直接放弃这次比赛，还有的学校在备赛中因老师的能力非常有限，而不得不临时从工厂招聘一些有经验的技术人员帮助培训。为此，编者针对数控大赛，编写一些实例比较好的、操作性强的指导书，归入"高职高专'十三五'规划教材·数控铣考证与竞赛系列"。

若要编写高质量的 UG 类图书，编者必须既有多年在工厂一线岗位的工作实践，又有多年从事数控和模具教学的经验，才能写出适合学校需要的受学生欢迎的竞赛指导书。本丛书编者正好具有这方面优势。从书主编有将近 20 年在模具厂一线工作的实践，长期从事产品造型、模具设计与数控加工的编程与操作，在运用 UG 进行产品造型、模具设计与数控加工编程方面积累了相当多的经验；后来转行从事高校教学工作，多年来从事 UG 造型、模具设计与数控加工课程教学。其所编写的书籍贴近教学，也接近考证竞赛，在多年来的实际教学中深受学生欢迎。

关于数控铣考证与竞赛考证的软件有很多，如 UG、Cimatron、Mastercam、Cative、Powermill 等。但这些软件中，以 UG 和 Mastercam 的使用量最大。UG 是一个功能强大的软件，它主要分为造型设计、模具设计与数控编程等模块，而模具设计这部分又分为塑料模具设计与钣金模具设计两大模块。其中，关于造型设计与数控编程数控竞赛的两大模块，现在很多老师都在寻找内容比较好的、由专业人士编写的书籍。经调查，大部分带队老师希望能买到按 UG 的四大模块编写的指导书。因此，本丛书中有 4 本是关于 UG 的实例教程。

（1）《Mastercam X9 数控铣中（高）级考证实例精讲》

（2）《Creo 4.0 造型设计实例精讲》

（3）《UG 10.0 造型设计实例教程》

（4）《UG 10.0 塑料模具设计实例教程》

（5）《UG 10.0 数控编程实例教程》

（6）《UG 10.0 冲压模具设计实例》

本书是丛书之一，全书共 10 个项目，分为五篇：UG 编程入门篇、中级工考证篇、高级工考证篇、技师考证篇、数控竞赛篇。各篇详细地讲述了零件的建模与编程过程，读者学完这五部分内容之后，对零件建模与数控编程、数控加工工艺能力应有明显的提高。

本书中所有的实例都是编者精心挑选出来的，非常实用，适合课堂教学。所有实例都经过上机验证，学生可以用自己的方法进行编程，然后与教材中的程序进行对比，找出差异，再上机床练习，可以起到事半功倍的作用。

本书由广州华立科技职业学院詹建新老师编写，尽管编者为本书付出十分的心血，但书中疏漏、欠妥之处在所难免，敬请广大读者不吝指正。作者联系方式：QQ648770340。

编　者

2019 年 1 月

目　录

UG 编程入门篇

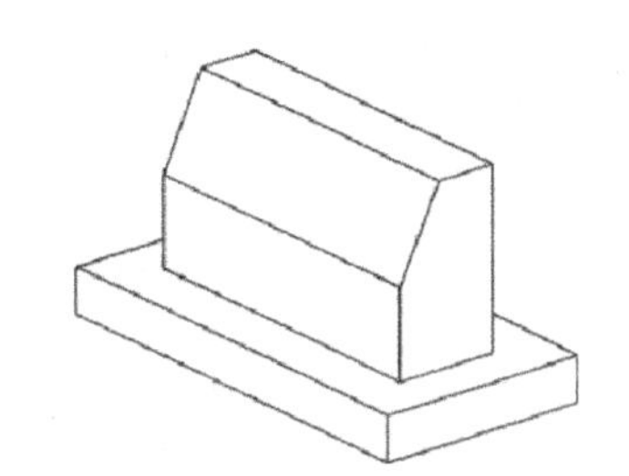

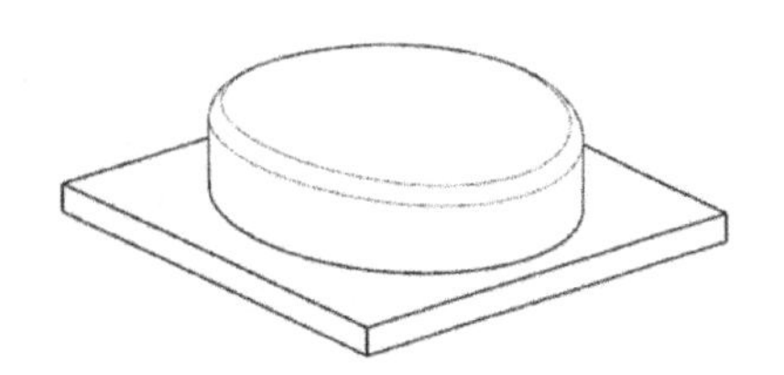

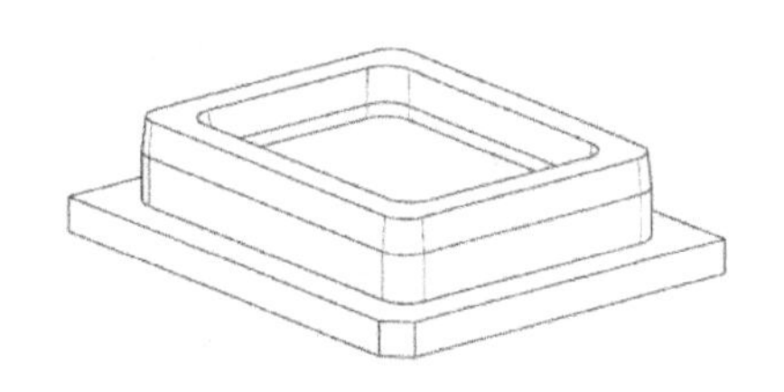

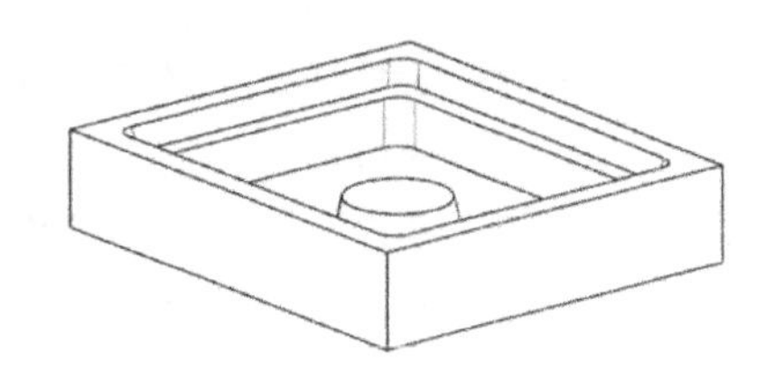

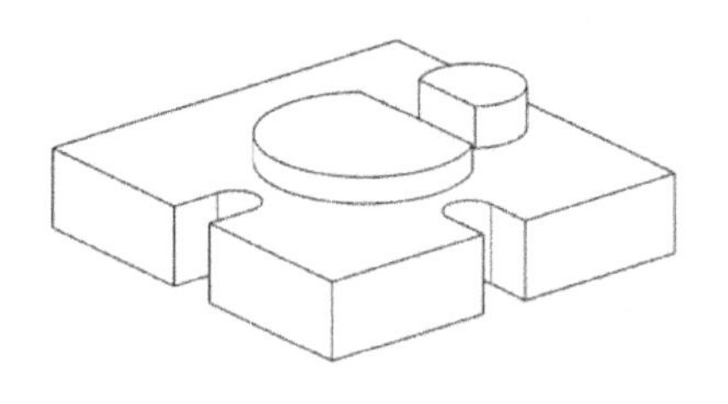

中级工考证篇

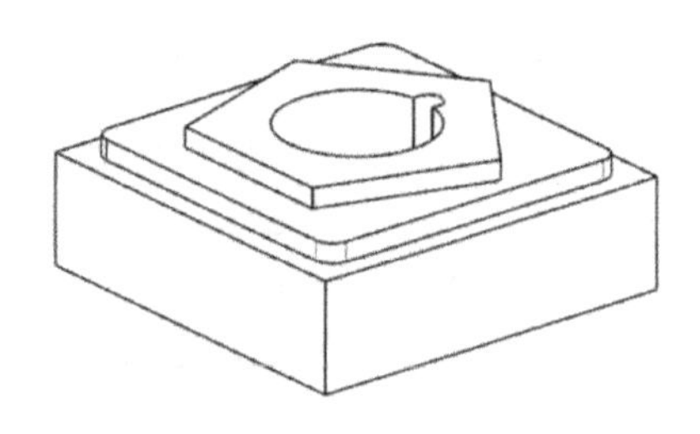

高级工考证篇

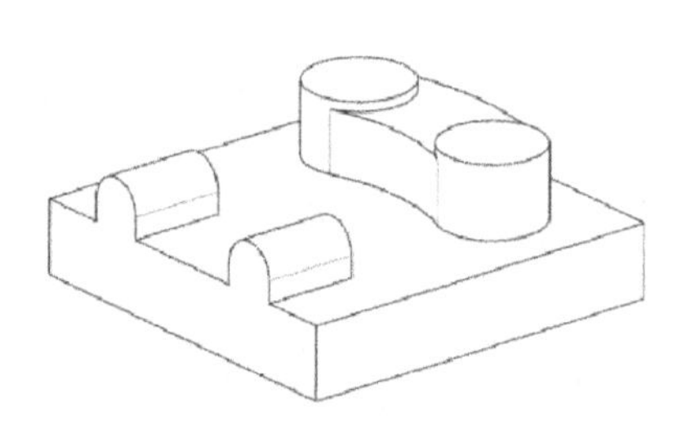

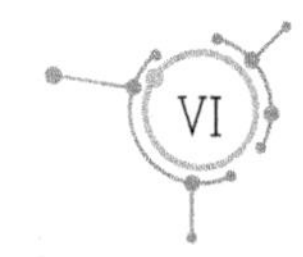

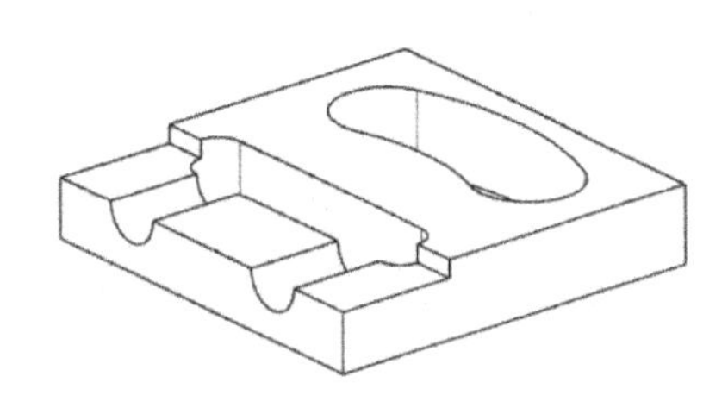

技师考证篇

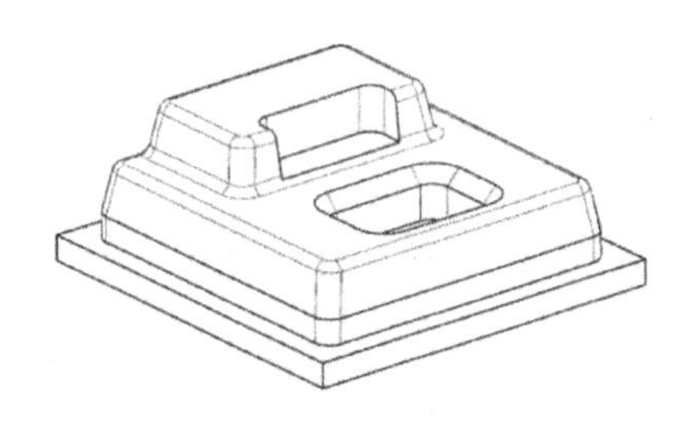

数控竞赛篇

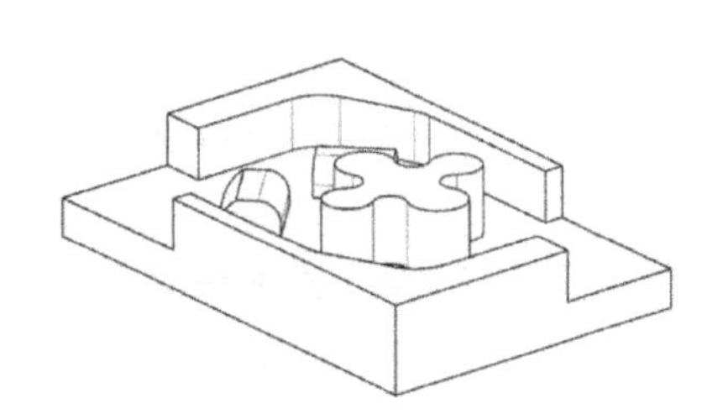

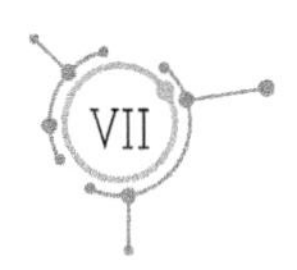

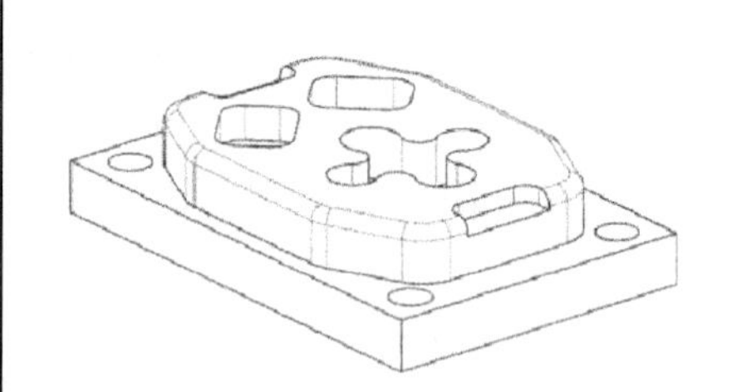

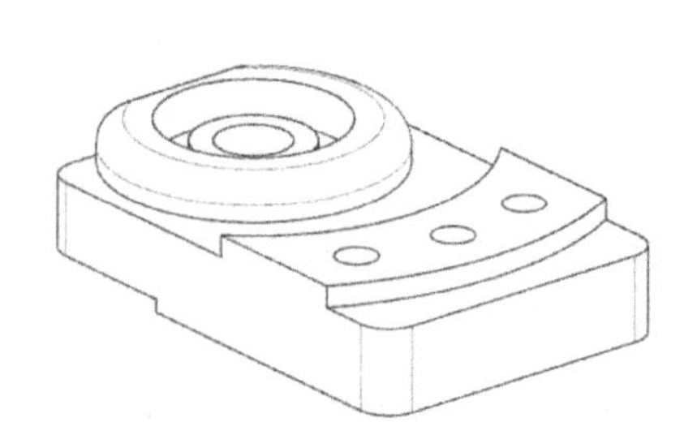

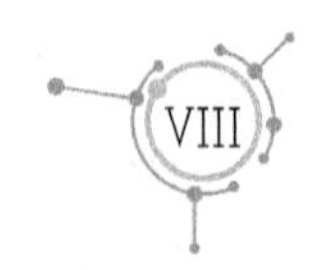

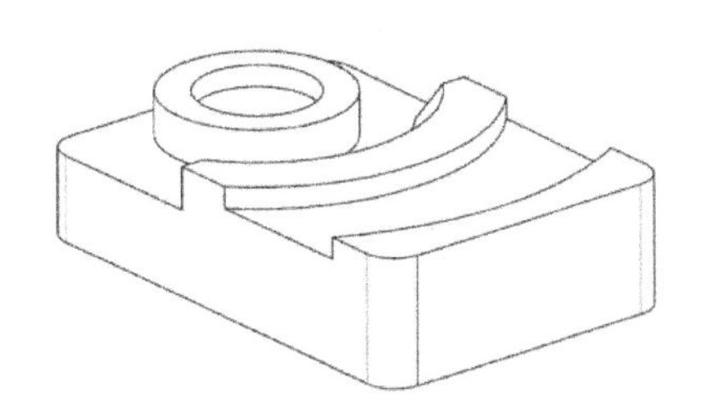

UG 编程入门篇

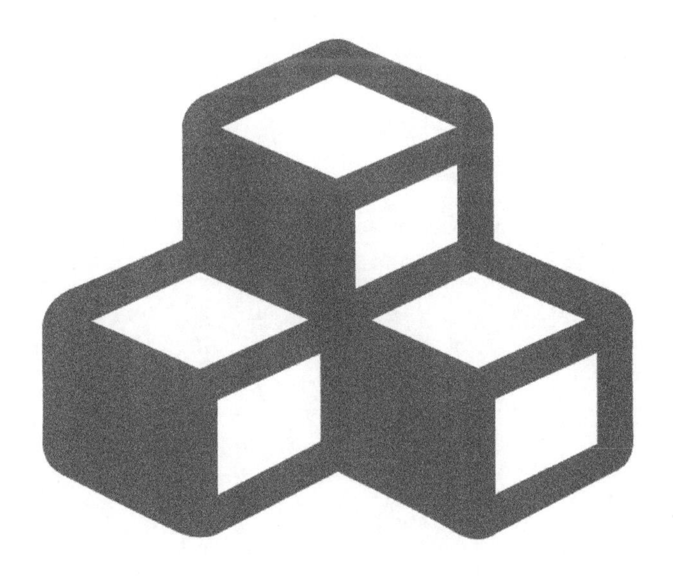

项目1 简单零件

本项目用一个简单的工件为例，详细地介绍了运用UG软件从建模到数控编程的一般过程，把讲解UG基本命令的过程穿插到实例的建模中去，有利于学生的理解和学习，工件的材料为铝件，刀具为普通立铣刀，工件的尺寸如图1-1所示。

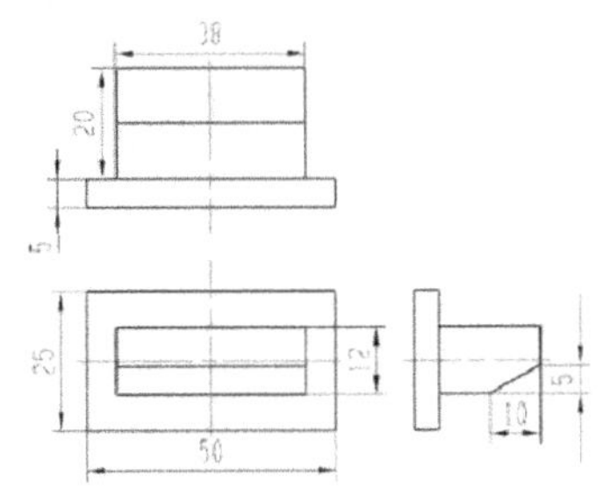

图1-1　尺寸图

1. 加工工序分析图

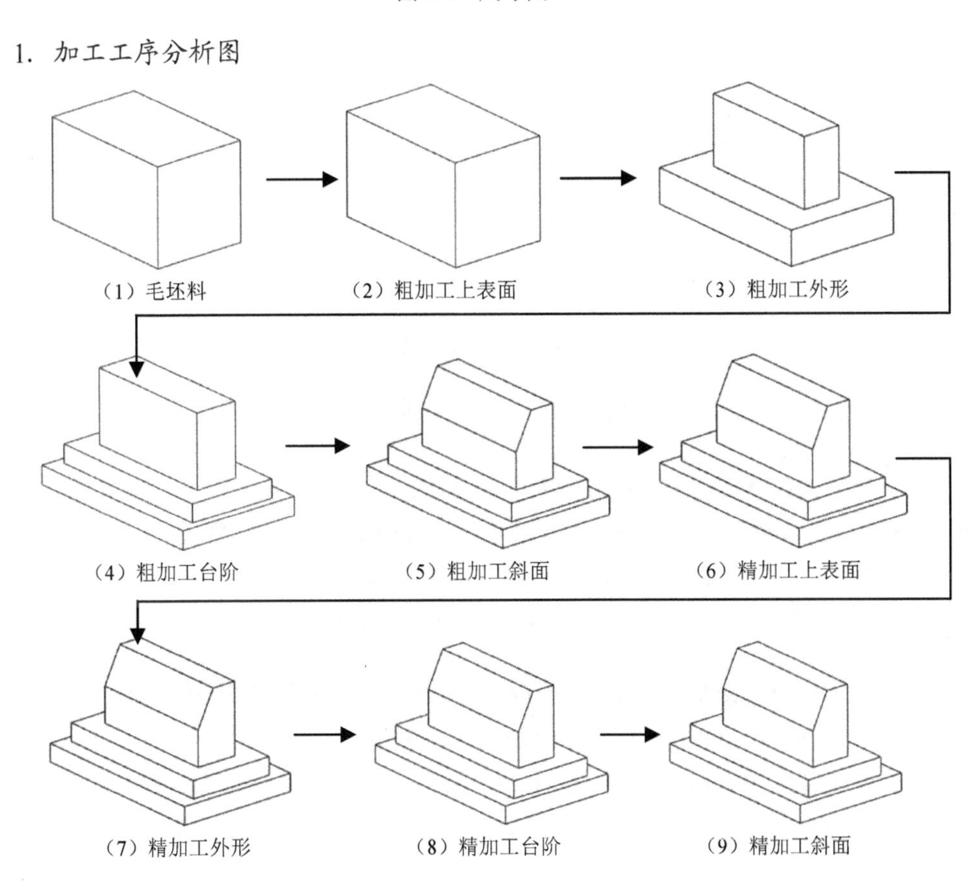

2. 建模过程

（1）启动 NX10.0，单击“新建”按钮，在【新建】对话框中选取“模型”选项卡，在模板框中“单位”选择“毫米”，选取“模型”模板，“名称”设为“EX1.prt”，文件夹选取“E:\UG10.0 数控编程\项目 1”，如图 1-2 所示。

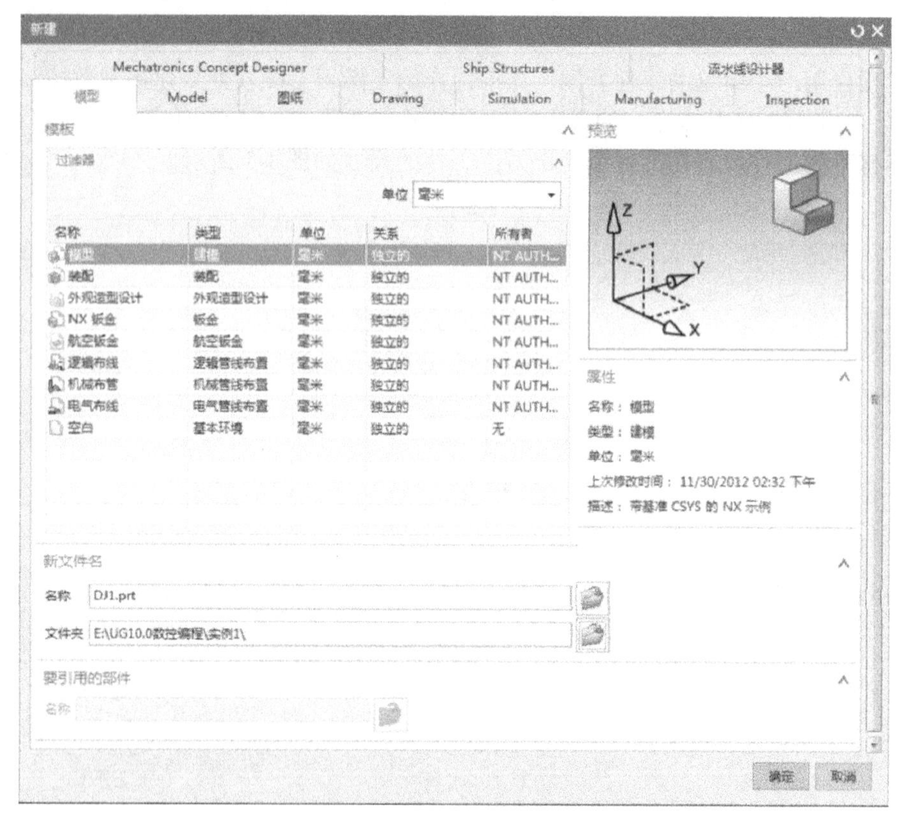

图 1-2　设定【新建】对话框

（2）单击“确定”按钮，进入建模环境，此时 UG 的工作背景是灰色，是 UG 的默认颜色。

（3）依次选取“菜单 | 首选项 | 背景”命令，在【编辑背景】对话框中“着色视图”选取“◉纯色”，“线框视图”选取“◉纯色”，“普通颜色”选取“白色”，如图 1-3 所示。

（4）单击“确定”按钮，此时 UG 的工作背景变成白色。

（5）单击“拉伸”按钮，在【拉伸】对话框中单击“绘制截面”按钮，如图 1-4 所示。

（6）在【创建草图】对话框中对“草图类型”选取“在平面上”，“平面方法”选取“现有平面”，“参考”选取“水平”，如图 1-5 所示。

（7）在工作区中选取 *XOY* 平面为草绘平面，选取 *X* 轴为水平参考，此时工作区中出现一个动态坐标系，动态坐标系与基准坐标系重合，如图 1-6 所示。

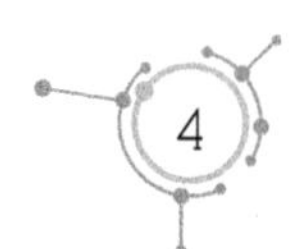

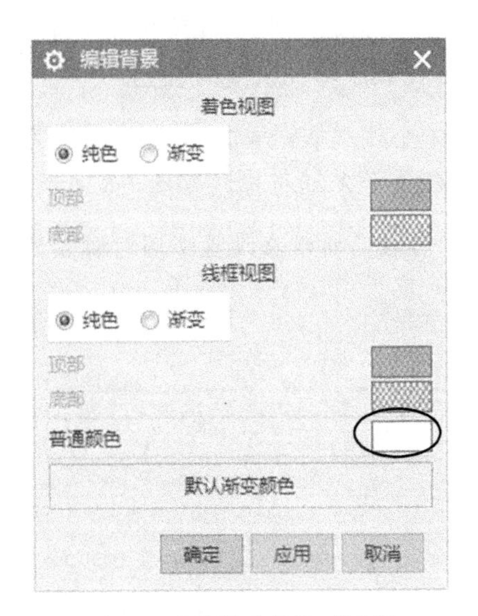

图 1-3 【编辑背景】对话框

图 1-4 选取“绘制截面”按钮

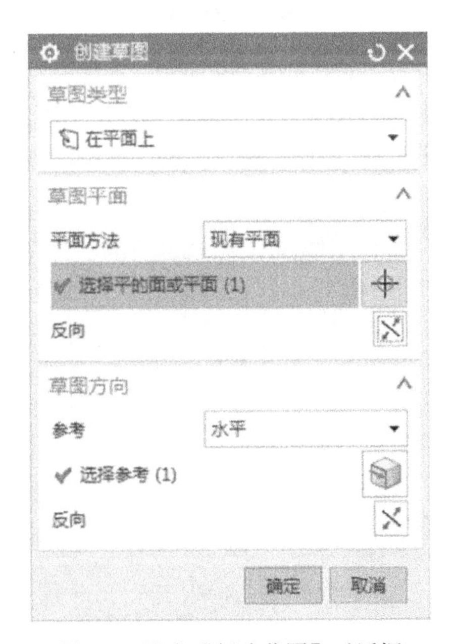

图 1-5 设定【创建草图】对话框

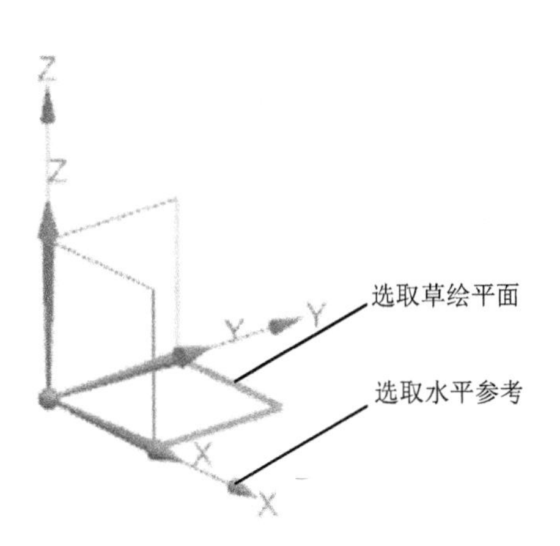

图 1-6 两个坐标系重合

（8）单击“确定”按钮，工作区的视图切换至草绘方向。

（9）在快捷菜单中单击“矩形”按钮，在工作区中任意绘制一个矩形，如图 1-7 所示。

（10）在快捷菜单中单击“显示草绘约束”按钮，隐藏草绘中的约束符号。

（11）在快捷菜单中单击“设为对称”按钮，先选取直线 *AB*，再选取直线 *CD*，然后选取 *Y* 轴为对称轴，直线 *AB*、*CD* 关于 *Y* 轴对称，如图 1-8 所示。

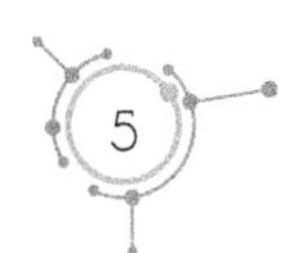

提示：此时水平方向的标注可能变成红色，这是因为在水平方向存在多余的尺寸标注，请选中其中一个红色标注，再按键盘的 Delete 键删除即可恢复成蓝色。

（12）再在【设为对称】对话框中单击“选择中心线”按钮，先选取 *X* 轴为对称轴，再选取直线 *AD*，然后选取直线 *BC*，*AD* 与 *BC* 关于 *X* 轴对称，如图 1-8 所示。

提示：因为系统默认上一组对称的中心线为对称轴，所以在设置不同对称轴的对称约束时，应先选取对称轴，再选取其他的对称图素。

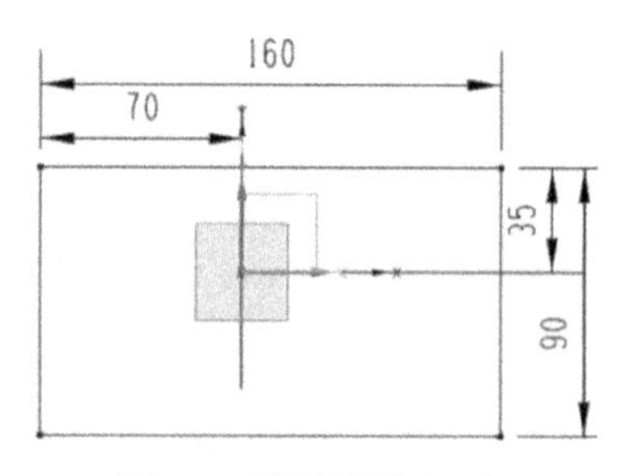

图 1-7　绘制截面（一）

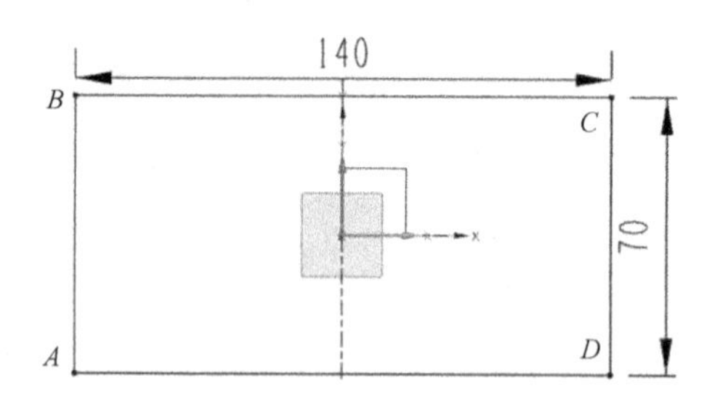

图 1-8　设为“对称”

（13）双击尺寸标注，将尺寸标注改为 50mm×25mm，如图 1-9 所示。

（14）单击“完成”按钮，在【拉伸】对话框中“指定矢量”选取“ZC”按钮，“开始”选取“值”，“距离”设为 0，“结束”选取“值”，“距离”设为 5mm，“布尔”选取“无”，如图 1-10 所示。

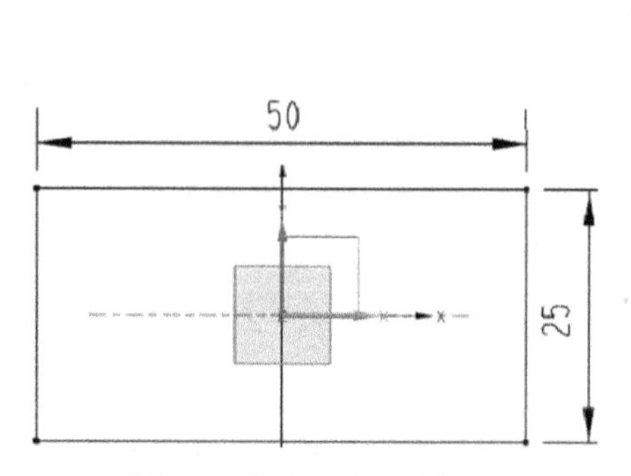

图 1-9　修改后的尺寸标注

图 1-10　设定【拉伸】对话框参数

（15）单击“确定”按钮，创建一个拉伸特征，特征的颜色是系统默认的棕色。

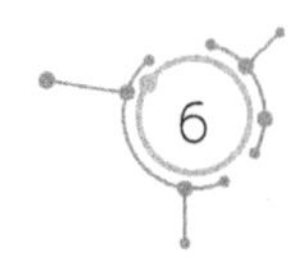

（16）在工作区上方单击“正三轴测图”按钮，切换视图后如图 1-11 所示。

（17）选取“菜单｜编辑｜对象显示”命令，选取零件后，再单击“确定”按钮，在【编辑对象显示】对话框中“图层”设为 10，“颜色”选取“黑色”，“线型”选取“实线”，“线宽”选取“0.5mm”，如图 1-12 所示。

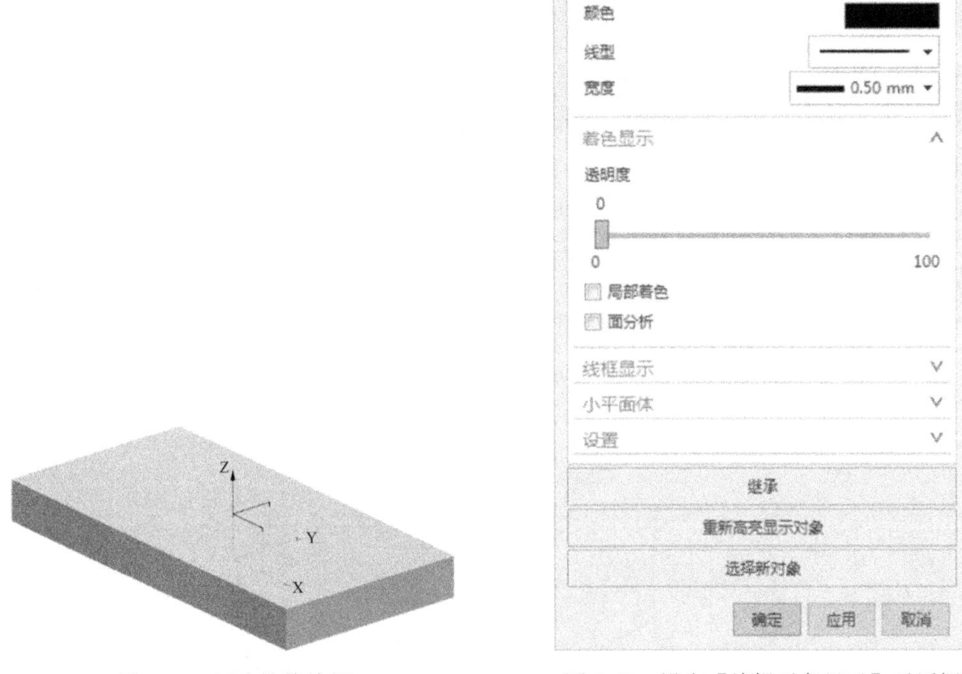

图 1-11　创建拉伸特征　　　　图 1-12　设定【编辑对象显示】对话框

（18）单击“确定”按钮后，特征从工作区的屏幕消失。

提示：这是因为特征移到第 10 层，而第 10 层没有打开。

（19）选取“菜单｜格式｜图层设置”命令，在【图层设置】对话框中勾选“☑10”，显示第 10 层的图素。此时，工作区中显示实体，实体的颜色变为黑色。

（20）在工作区的上方选取“带有隐藏边的线框”按钮，如图 1-13 所示。

（21）此时实体以线框（线条为实线，线宽为 0.5mm）的形式显示。

（22）单击“拉伸”按钮，在【拉伸】对话框中单击“绘制截面”按钮，选取工件的上表面为草绘平面，*X* 轴为水平参考，按照绘制截面（一）的步骤绘制截面（二），如图 1-14 所示。

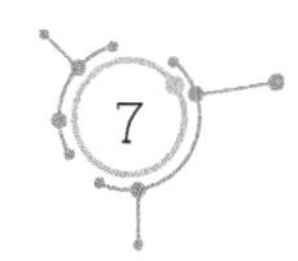

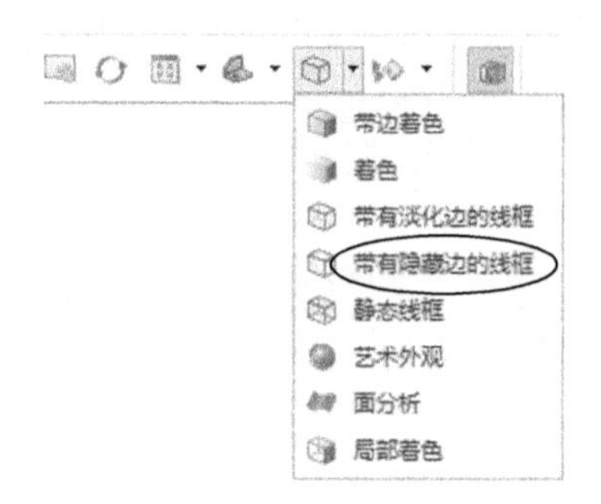

图 1-13　选取“带有隐藏边的线框”按钮

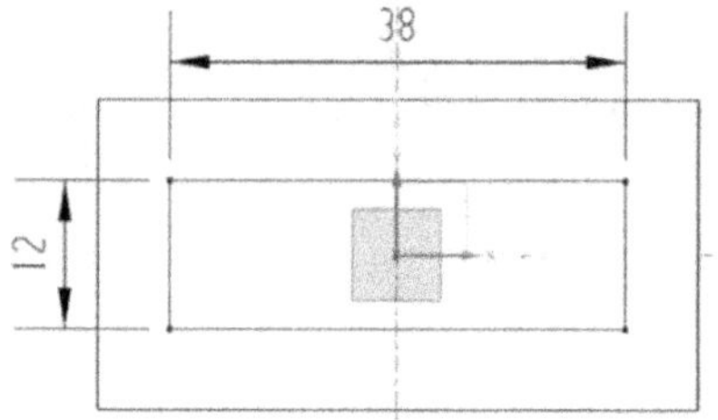

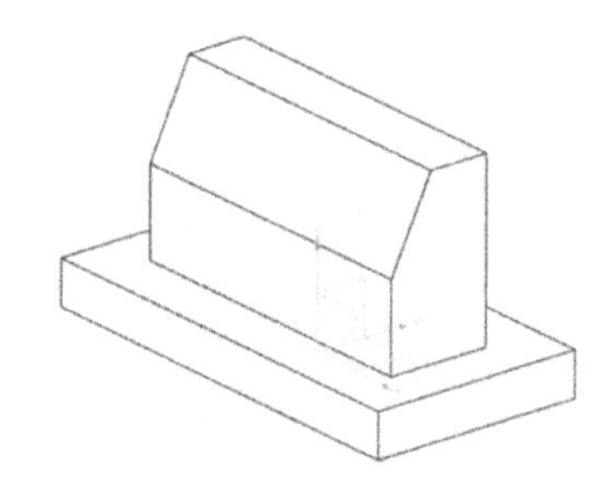

图 1-14　绘制截面（二）

（23）单击“完成”按钮，在【拉伸】对话框中对“指定矢量”选取“ZC”按钮，“开始”选取“值”，“距离”设为 0，“结束”选取“值”，“距离”设为 20mm，“布尔”选取“求和”。

（24）单击“确定”按钮，创建第二个拉伸特征，如图 1-15 所示。

（25）单击“倒斜角”按钮，在【倒斜角】对话框中对“横截面”选取“非对称”选项，“距离 1”设为 5mm，“距离 2”设为 10mm。

（26）单击“确定”按钮，创建倒斜角特征，如图 1-16 所示。

提示：如果所创建的特征与图不相符合，请在【倒斜角】对话框中单击“反向”按钮。

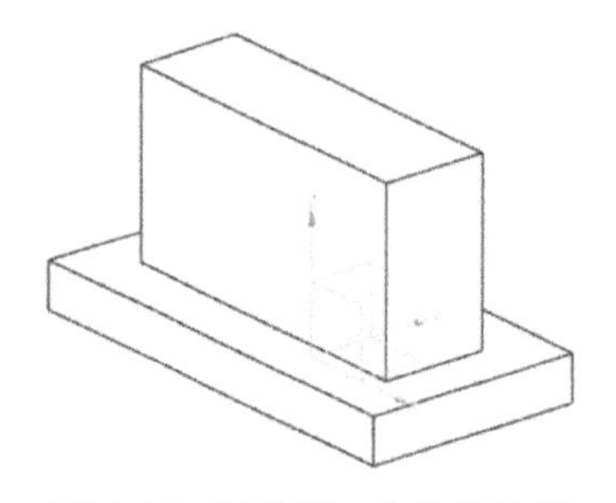

图 1-15　创建第二个拉伸特征

图 1-16　创建斜角特征

3. 数控编程过程

（1）进入 UG 加工环境。

第 1 步：在横向菜单中单击“应用模块”选项卡，再单击“加工”命令，如图 1-17 所示。

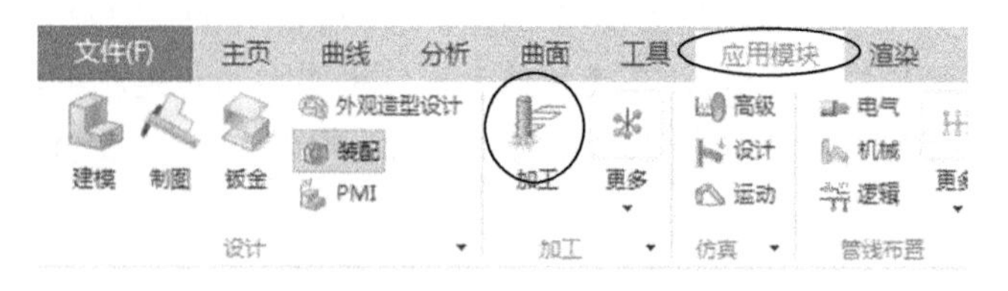

图 1-17　选取“加工”命令

第 2 步：在【加工环境】对话框中选择“cam_general”选项和“mill_contour”选项，如图 1-18 所示，单击“确定”按钮，进入加工环境。此时，工作区中出现两个坐标系，一个是基准坐标系，另一个是工件坐标系，两个坐标系重合。

第 3 步：选取“菜单 | 编辑 | 移动对象”命令，在【移动对象】对话框中对“运动”选取“距离”，“指定矢量”选取“ZC↑”选项ZC↑，“距离”设为-25mm，“结果”选取“◉移动原先的”，如图 1-19 所示。

提示：这个步骤的目的是设置工件的上表面为 Z0。

图 1-18　【加工环境】对话框

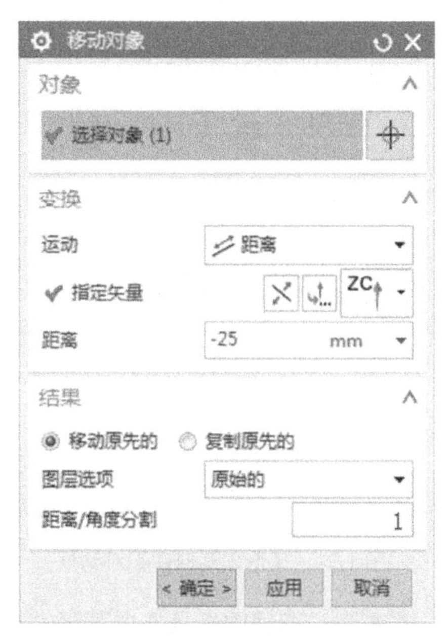

图 1-19　设定【移动对象】对话框

第 4 步：单击“确定”按钮，工件坐标系移至工件上表面，基准坐标系位置不变，位于工件下表面，如图 1-20 所示。

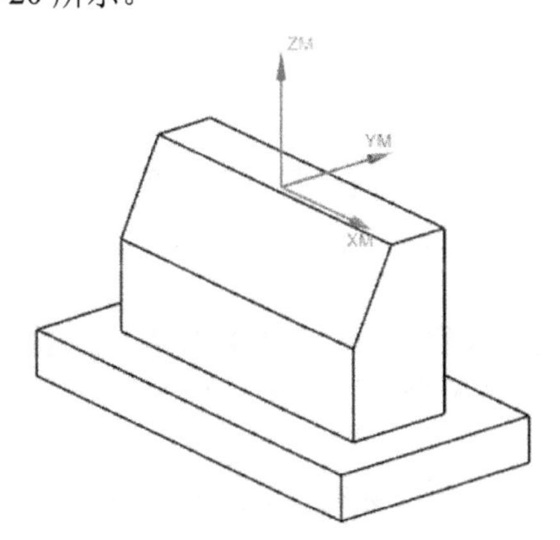

图 1-20　坐标系在工件上表面

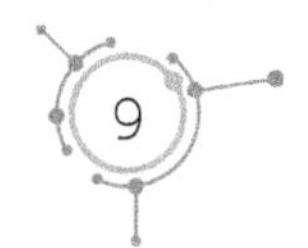

第 5 步：选取“菜单 | 插入 | 几何体”命令，在【创建几何体】对话框中对“几何体子类型”选取，“几何体”选取“GEOMETRY”，“名称”设为 A，如图 1-21 所示。

第 6 步：单击“确定”按钮，在【MCS】对话框中对“安全设置选项”选取“自动平面”，“安全距离”设为 10mm，如图 1-22 所示。

第 7 步：单击“确定”按钮，创建几何体。

图 1-21 【创建几何体】对话框

图 1-22 设定【MCS】对话框

第 8 步：在辅助工具条中选取“几何视图”按钮，如图 1-23 所示，系统在“工序导航器”中添加了刚才创建的几何体 A，如图 1-24 所示。

图 1-23 选取“几何视图”

第 9 步：选取“菜单 | 插入 | 几何体”命令，在【创建几何体】对话框中对“几何体子类型”选取“WORKPIECE”按钮，“几何体”选取 A，“名称”设为 B，如图 1-25 所示。

第 10 步：单击“确定”按钮，在【工件】对话框中选取“指定部件”按钮，如图 1-26 所示。在工作区中选取整个零件，单击“确定”按钮，设定零件为工作部件。

第 11 步：在【工件】对话框中单击“指定毛坯”按钮，在【毛坯几何体】对话框中“类型”选择“包容块”，把“XM-”、“YM-”、“XM+”、“YM+”设为 1mm，“ZM+”设为 2mm，如图 1-27 所示。

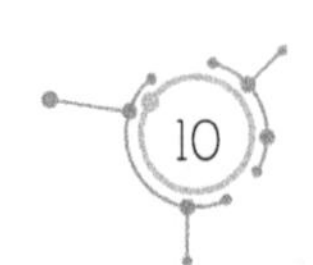

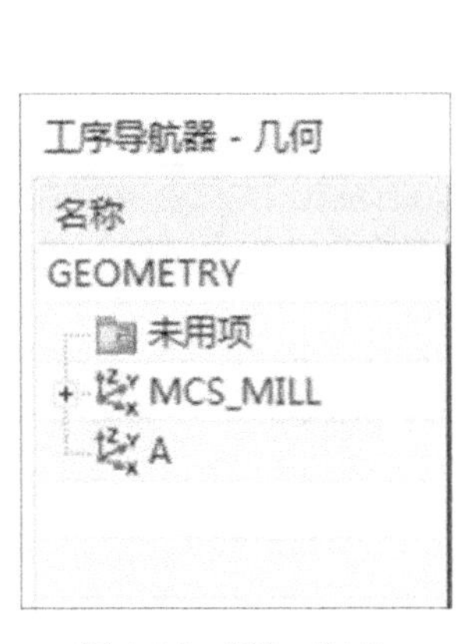

图 1-24 添加“A”

图 1-25 创建 B 几何体

图 1-26 【工件】对话框

图 1-27 设定毛坯几何体

第 12 步：单击“确定｜确定”按钮，创建几何体 B，在“工序导航器”中展开 + A，可以看出几何体 B 在坐标系 A 下面，如图 1-28 所示。

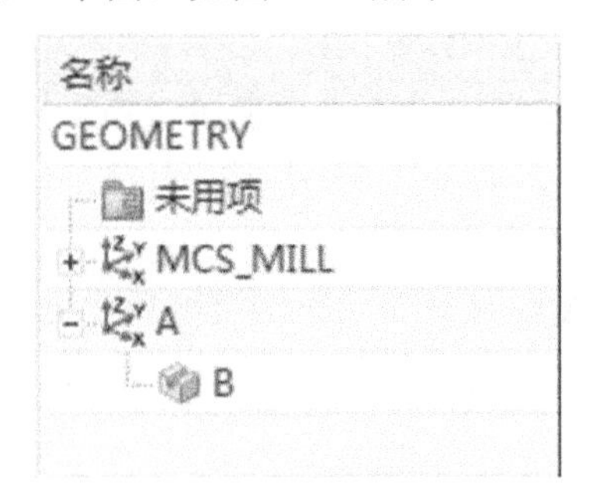

图 1-28 几何体 B 在坐标系 A 下面

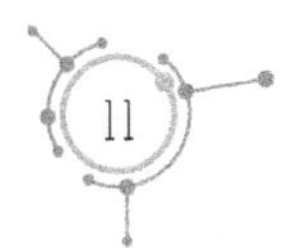

（2）创建刀具。

第 1 步：单击“创建刀具”按钮，在【创建刀具】对话框中对“刀具子类型”选取“MILL”按钮，“名称”设为 D10R0，如图 1-29 所示，单击“确定”按钮。

第 2 步：在【铣刀－5 参数】对话框中把“直径”设为ϕ10mm，“下半径”设为 0，如图 1-30 所示。

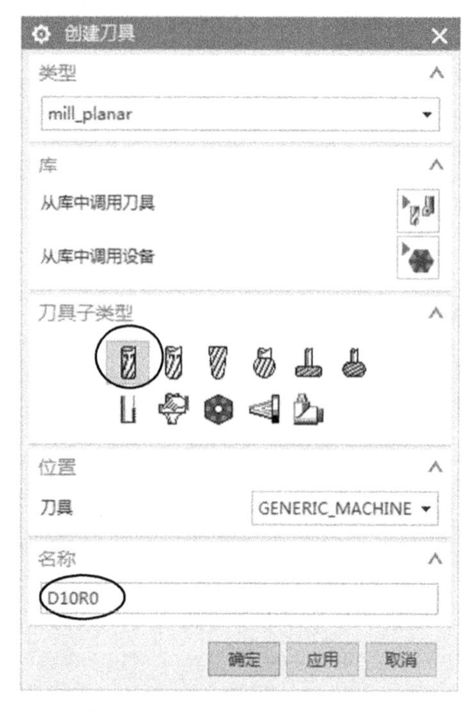

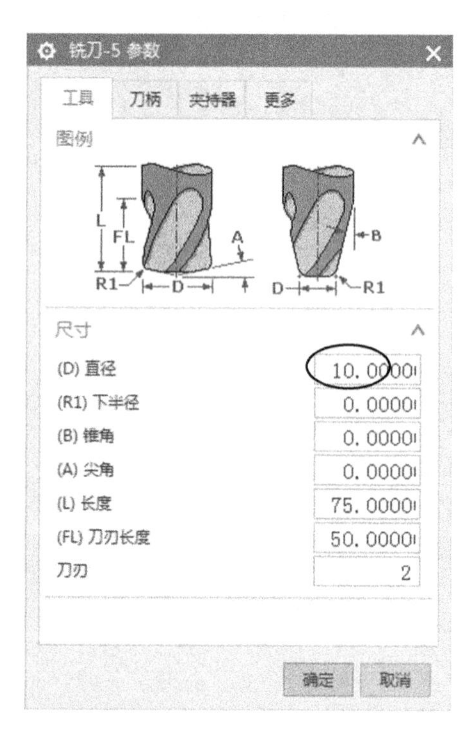

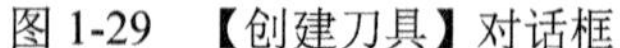
图 1-29 【创建刀具】对话框

□1-30 设置【铣刀-5 参数】对话框

（3）创建边界面铣刀路（粗加工程序）。

第 1 步：选择“菜单｜插入｜工序”命令，在【创建工序】对话框中对“类型”选取“mill_planar”，“工序子类型”选取“使用边界面铣削”按钮，“程序”选取“NC_PROGRAM”，“刀具”选取 D10R0，“几何体”选取“B”，“方法”选取“METHOD”，如图 1-31 所示，单击“确定”按钮。

第 2 步：在【面铣】对话框中单击“指定面边界”按钮，在【毛坯边界】对话框中“选择方法”选取“面”，如图 1-32 所示。再在工件上选取台阶平面，如图 1-33 所示。

第 3 步：在【毛坯边界】对话框中对“刀具侧”选取“内部”，“刨”选取“指定”，勾选“☑余量”复选框，选取工件最高面，“余量”设为 0，如图 1-34 所示，单击“确定”按钮。

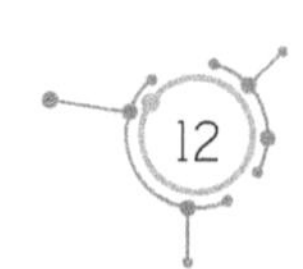

图 1-31　设定【创建工序】对话框

图 1-32　设定【毛坯边界】对话框

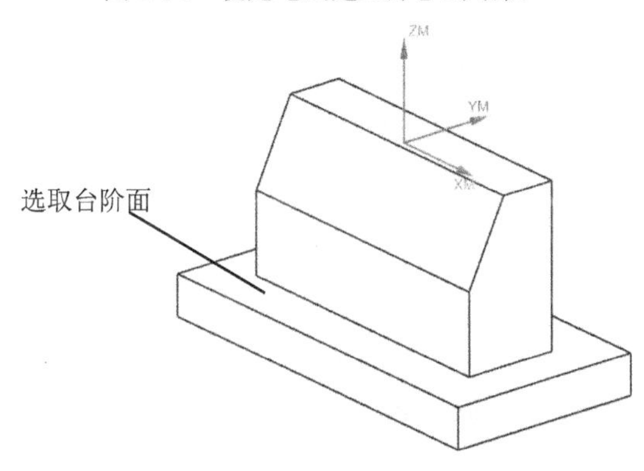

图 1-33　选取定台阶面

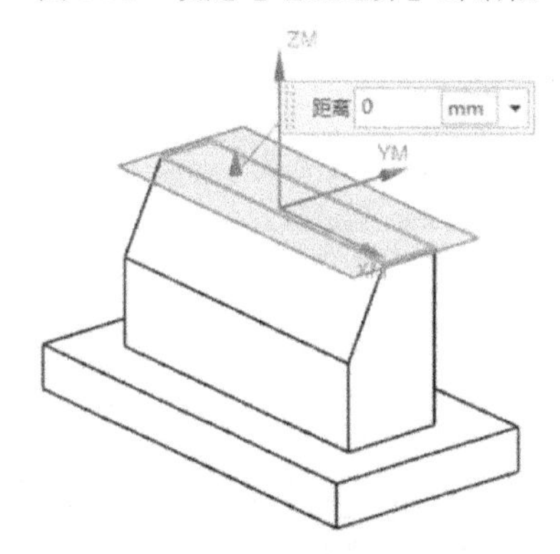

图 1-34　选取定最高面

第 4 步：在【面铣】对话框中对“方法”选取“METHOD”，“切削模式”选取“往复”，“步距”选取“刀具平直百分比”，“平面直径百分比”设为 75%，毛坯距离设为 3mm，每刀切削深度设为 0.5mm，底面余量设为 0.2mm，如图 1-35 所示。

第 5 步：单击“切削参数”按钮，在【切削参数】对话框中把“策略”选项卡中的“切削方向”设为“顺铣”，“切削角”选取“指定”，“与 XC 的夹角”设为 90°，如图 1-36 所示。

图 1-35　刀轨设置

图 1-36　设置切削方向

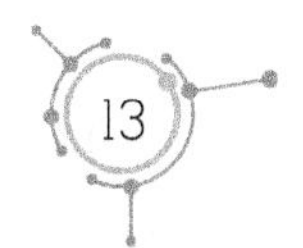

第6步：单击“非切削移动”按钮，在【非切削移动】对话框中单击“进刀”选项卡；在“开放区域”中“进刀类型”选取“线性”，长度设为8mm，高度设为3mm，最小安全距离设为8mm，如图1-37所示。

第7步：在“起点/钻点”选项卡中“重叠距离”设为10mm，“默认区域起点”选取“中点”，“指定点”选取“端点”，如图1-38所示，所选取零件左下角的端点即为进刀点。

图1-37　设定非切削移动参数

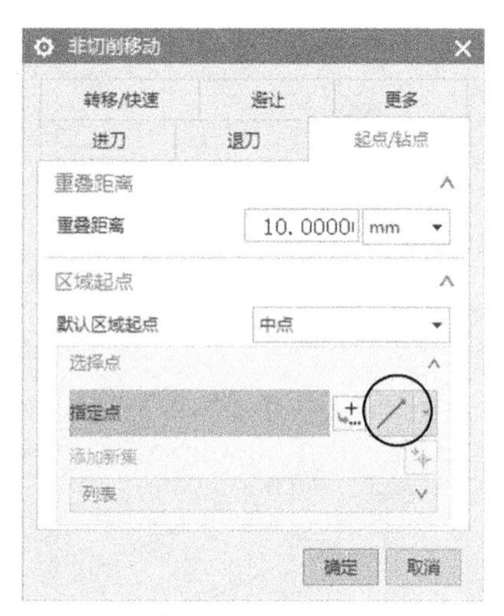

图1-38　设定进刀点

第8步：单击“进给率和速度”按钮，主轴转速设为1000r/min，进给率设为1500mm/min，如图1-39所示。

第9步：单击“生成”按钮，生成面铣刀路，如图1-40所示。

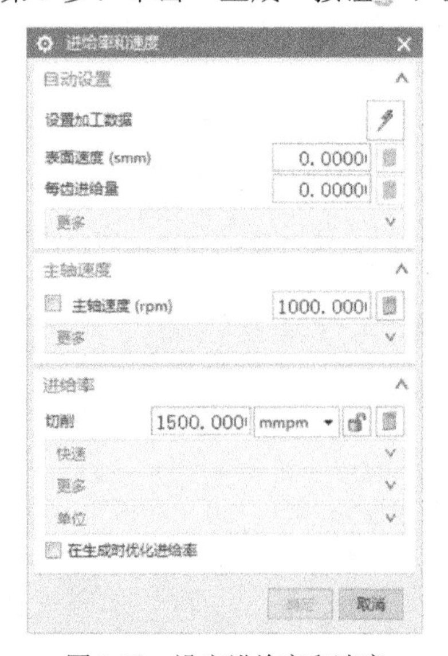

图1-39　设定进给率和速度

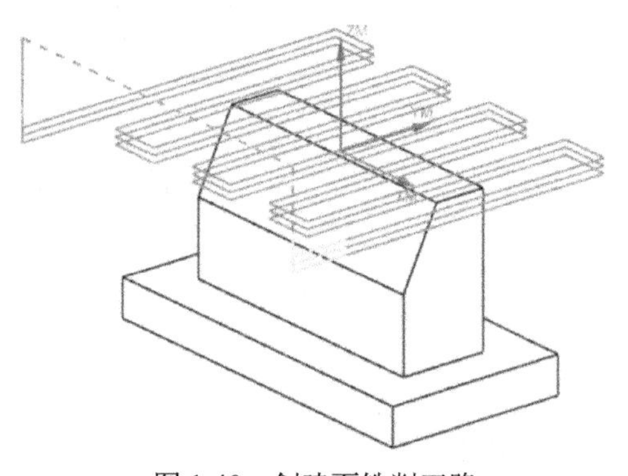

图1-40　创建面铣削刀路

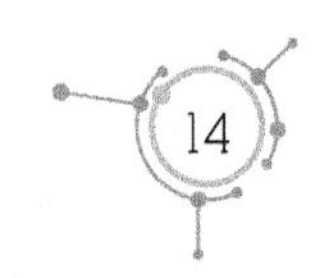

（4）创建精加工壁刀路（外形粗加工程序）。

第1步：选择“菜单丨插入丨工序”命令，在【创建工序】对话框中对“类型”选取“mill_planar”，“工序子类型”选取“精加工壁”按钮，“程序”选取“NC_PROGRAM”，“刀具”选取D10R0，“几何体”选取“B”，“方法”选取“METHOD”，如图1-41所示。

第2步：单击“确定”按钮，在【精加工壁】对话框中单击“指定部件边界”按钮，在【边界几何体】对话框中“模式”选取“面”，“材料侧”选取“内部”，取消“□忽略岛”、“□忽略孔”复选框前面的“√”，如图1-42所示。选取工件台阶面，单击“确定”按钮。

图1-41 选取“精加工壁”

图1-42 【边界几何体】对话框

第3步：再次单击“指定部件边界”按钮，在【编辑边界】对话框中单击“下一步”按钮▶，外部边线加强显示（呈棕色）后，单击“移除”按钮。此时，内边线加强显示（呈综色），如图1-43所示，表示此时已选取内边线。

第4步：在【编辑边界】对话框中“刨”选取“用户定义”，如图1-44所示。

第5步：选取工件的最高平面，“距离”设为0，单击“确定丨确定”按钮。

第6步：在【精加工壁】对话框中单击“指定底面”按钮，选取工件的台阶面，“距离”设为0。

第7步：单击“切削层”按钮，在【切削层】对话框中“范围类型”选取“恒定”，“公共”设为0.5mm，如图1-45所示，单击“确定”按钮。

第8步：单击“切削参数”按钮，在【切削参数】对话框“策略”选项卡中，“切削方向”选取“顺铣”，“切削顺序”选取“深度优先”，如图1-46所示。

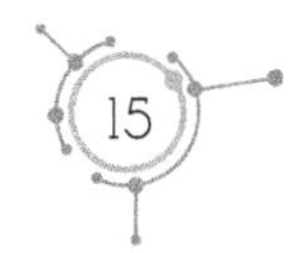

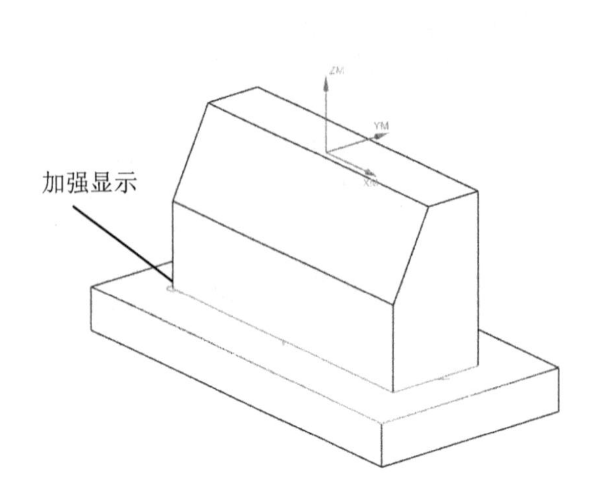

图 1-43　选取内边线

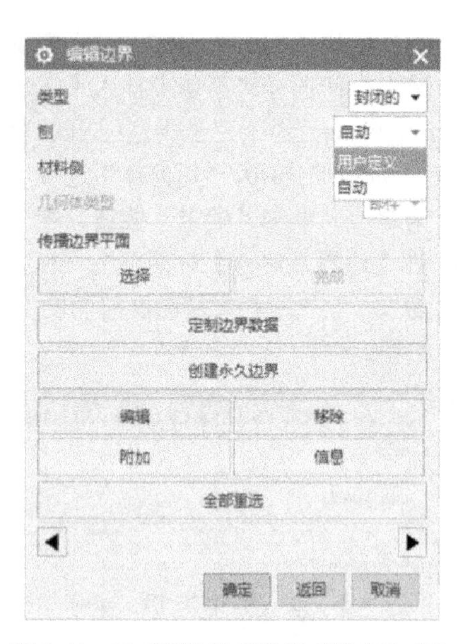

图 1-44　对"刨"选项选取"用户定义"

图 1-45　"公共"设为 0.5mm

图 1-46　"顺铣"与"深度优先"

第 9 步：在"余量"选项卡中，部件余量设为 0.3 mm，最终底面余量设为 0.2 mm，内（外）公差设为 0.01，如图 1-47 所示。

第 10 步：单击"非切削移动"按钮，在【非切削移动】对话框"转移/快速"选项卡中，区域之间的"转移类型"选取"安全距离-刀轴"，区域内的"转移方式"选取"进刀/退刀"，"转移类型"选取"直接"，如图 1-48 所示。单击"进刀"选项卡，在"开放区域"中，"进刀类型"选取"圆弧"，半径设为 2mm（注：进刀半径），"圆弧角度"设为 90°，"高度"设为 5mm（注：提刀高度），"最小安全距离"设为 3mm（注：直线进刀长度），如图 1-49 所示（初学者可以夸张地修改这些参数的大小，以便更好的体会这些参数的含义）。在"退刀"选项卡中"退刀类型"选取"与进刀相同"。

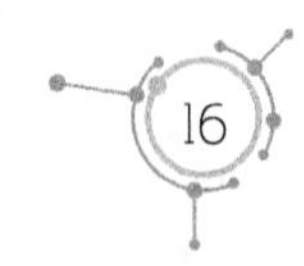

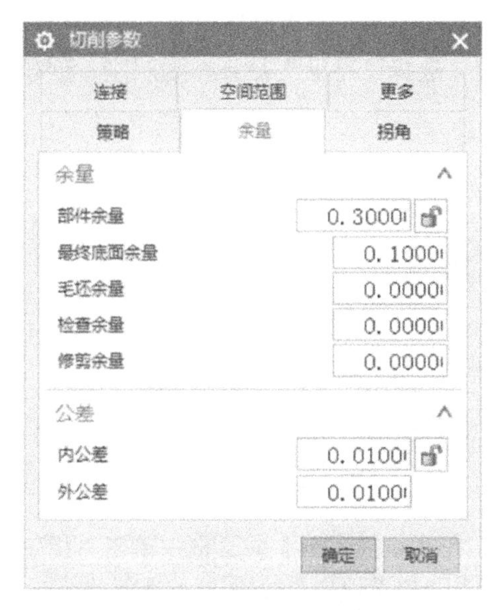

图 1-47 设定“余量”

图 1-48 定义 “转移/快速”选项卡

第 11 步：单击“进给率和速度 ”按钮，主轴转速设为 1000r/min，进给率设为1200mm/min。

第 12 步：在【精加工壁】对话框中，“切削模式”选取“轮廓”，“步距”选取“恒定”，“最大步距”设为 8mm，“附加刀路”设为 1，如图 1-50 所示。

图 1-49 设定“进刀”参数

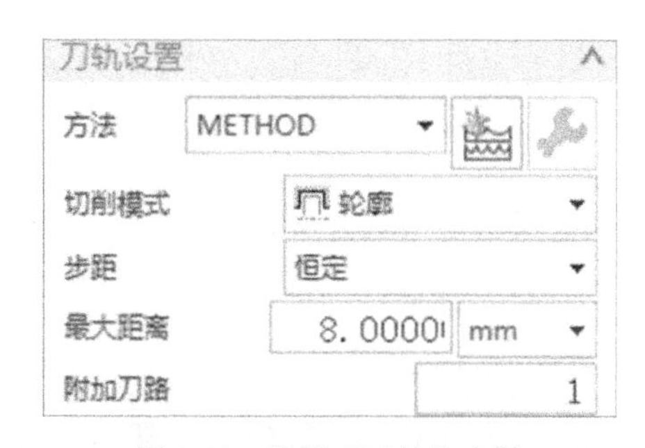

图 1-50 设置“刀轨”参数

第 13 步：单击“生成”按钮，生成精加工壁刀路，每一层刀路都有 2 圈刀路，如图 1-51 所示（基本刀路为 1 圈，附加刀路为 1 圈，共 2 圈，每圈刀路的间距为 8mm，每层刀路的间距为 0.5mm）。

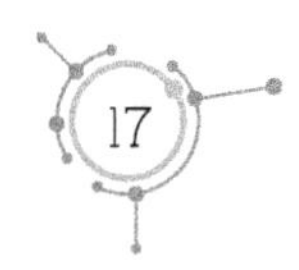

第 14 步：在“工序导航器”中选取 FINISH_WALLS，单击鼠标右键，选取“复制”命令，再选取 FINISH_WALLS，单击鼠标右键，选择“粘贴”命令，复制刚才创建的“FINISH _WALL”刀路，如图 1-52 所示。

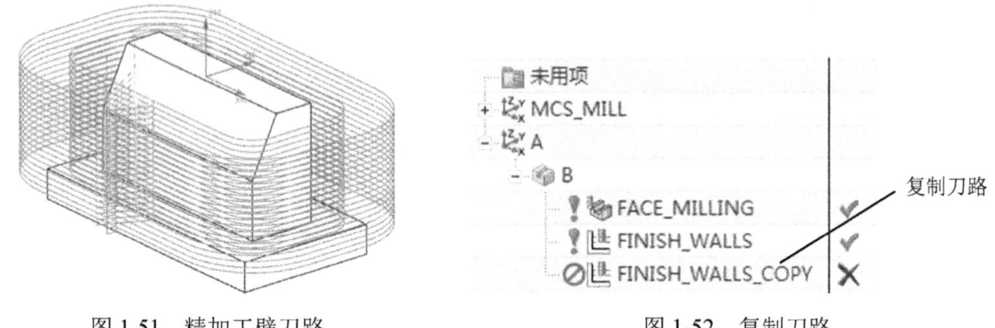

图 1-51　精加工壁刀路　　　　图 1-52　复制刀路

第 15 步：双击 FINISH_WALLS_COPY，在【精加工壁】对话框中单击“指定部件边界”按钮，在【编辑边界】对话框中单击“全部重选取”按钮 全部重选，在【边界几何体】对话框中勾选“忽略岛”，选取工件台阶面，单击“确定”按钮，台阶面的外边线加强显示，表示已选取台阶面的外边线，如图 1-53 所示。

第 16 步：在【编辑边界】对话框中“刨”选取“用户定义”，选取工件的台阶面。

第 17 步：在【精加工壁】对话框中单击“指定底面”按钮，选取工件的底面。

第 18 步：在【精加工壁】对话框中，“附加刀路”改为 0。

第 19 步：单击“生成”按钮，生成刀路，如图 1-54 所示。

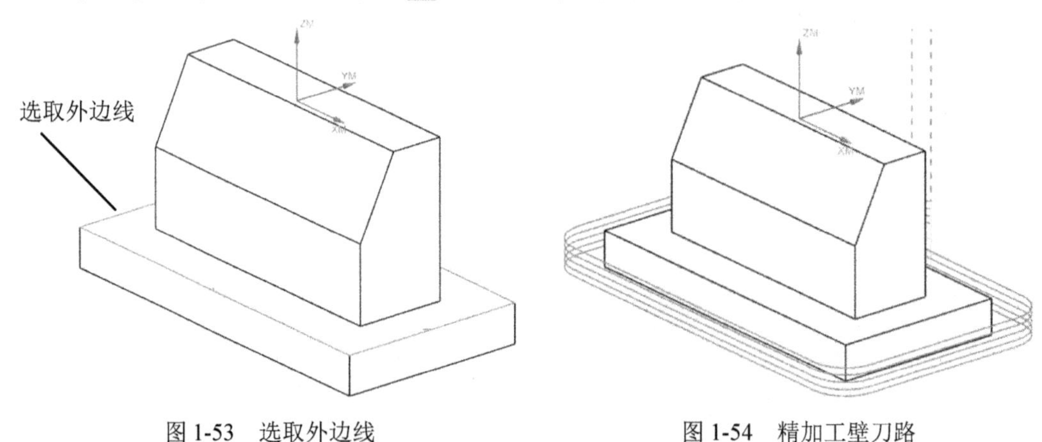

图 1-53　选取外边线　　　　图 1-54　精加工壁刀路

（5）创建等高铣刀路（粗加工程序）。

第 1 步：单击“创建工序”按钮，在【创建工序】对话框中“类型”选取“mill_contour”，“工序子类型”选取“深度轮廓加工”按钮，“程序”选取“NC_PROGRAM”，刀具选取 D10R0，“几何体”选取“B”，“方法”选取 MEHTOD，如图 1-55 所示。

第 2 步：单击“确定”按钮，在【深度轮廓加工（深度轮廓加工）】对话框中单击“指定切削区域”按钮，选取工件的斜面，单击“确定”按钮。

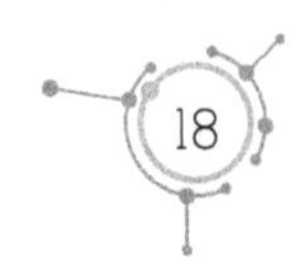

第 3 步：单击“切削层”按钮，在【切削层】对话框中对“范围类型”选取“用户定义”，“公共每刀切削深度”选取“恒定”，“最大距离”设为 0.5mm。

第 4 步：单击“切削参数”按钮，在【切削参数】对话框对“策略”选项卡中的“切削方向”选取“混合”，在“余量”选项卡中取消“使底面余量与侧面余量一致”复选框前面的☑，“部件侧面余量”设为 0.3 mm，“部件底面余量”设为 0.2 mm，内（外）公差 0.01。

第 5 步：单击“非切削移动”按钮，在【非切削移动】对话框“转移/快速”选项卡中，对区域内的“转移类型”选取“直接”，单击“进刀”选项卡，在“开放区域”中，“进刀类型”选取“线性”，“长度”设为 8mm，“高度”设为 3mm。“退刀”选项卡中“退刀类型”选取“与进刀相同”。

提示：为加深对这些参数的理解，读者可以自行修改这些参数的大小，重新生成刀路后，观察刀路的变化。

第 6 步：单击“进给率和速度 ”按钮，主轴转速设为 1000 r/min，进给率设为 1200 mm/min。

第 7 步：单击“生成”按钮，生成刀路，如图 1-56 所示。

图 1-55 选取“深度轮廓加工”按钮

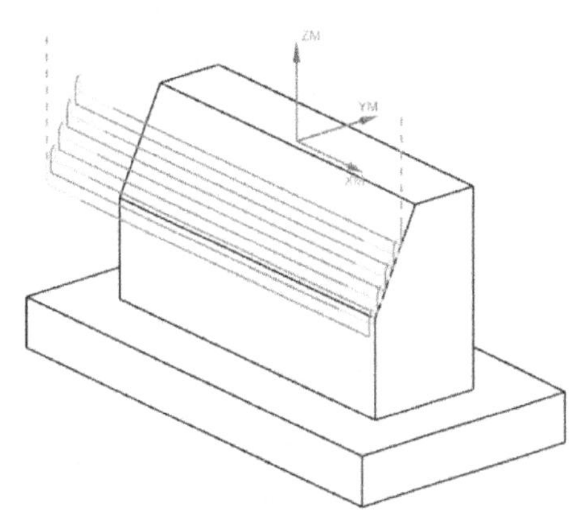

图 1-56 深度轮廓加工刀路

（6）创建粗加工程序组。

第 1 步：在辅助工具条中选取“程序顺序视图”按钮，如图 1-57 所示。

图 1-57 选取“程序顺序视图”按钮

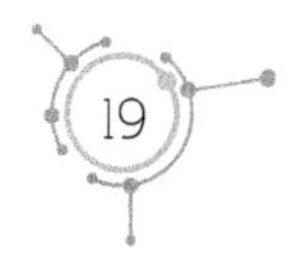

第 2 步：在工序导航器中将 Program 改为 A1，并把刚才创建的 4 个刀路程序移到 A1 下面，如图 1-58 所示。

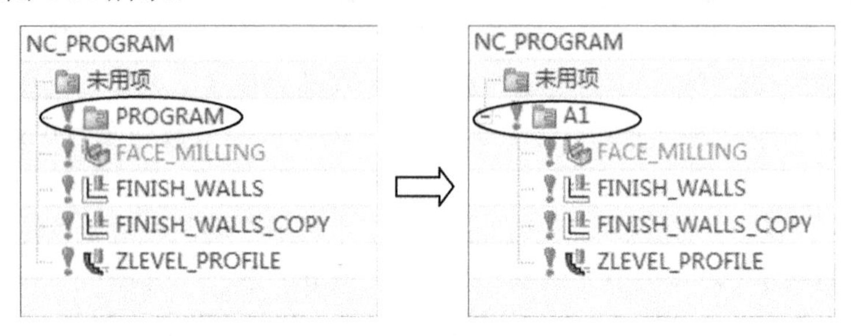

图 1-58　将 Program 改为 A1

（7）创建精加工程序组。

第 1 步：选取“菜单 | 插入 | 程序”命令，在【创建程序】对话框中对“类型”选取“mill_contour”，“程序”选取“NC_PROGRAM”，“名称”设为 A2，如图 1-59 所示。

第 2 步：单击“确定”按钮，创建 A2 程序组。此时，A2 与 A1 并列，A1 与 A2 都在“NC_PROGRAM”下，如图 1-60 所示。

图 1-59　创建 A2 程序组

图 1-60　“A2”程序组

第 3 步：在工序导航器中选取 FACE_MILLING，FINISH_WALLS，FINISH_WALLS_COPY，ZLEVEL_PROFILE，单击鼠标右键，选择“复制”命令。

第 4 步：再在工序导航器中选取“A2”，单击鼠标右键，选择“内部粘贴”命令，把 FACE_MILLING，FINISH_WALLS，FINISH_WALLS_COPY，ZLEVEL_PROFILE 四个程序粘贴到 A2 程序组，如图 1-61 所示。

第 5 步：在工序导航器中双击 FACE_MILLING_COPY，在【面铣】对话框中单击“指定面边界”按钮。在【毛坯边界】对话框中单击“列表”框的“移除”按钮，移除以前所选取的平面，再选取工件的最高面，如图 1-62 所示。

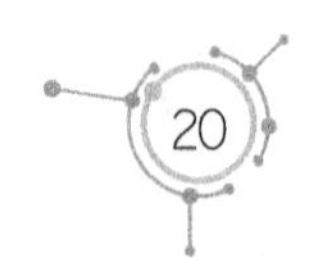

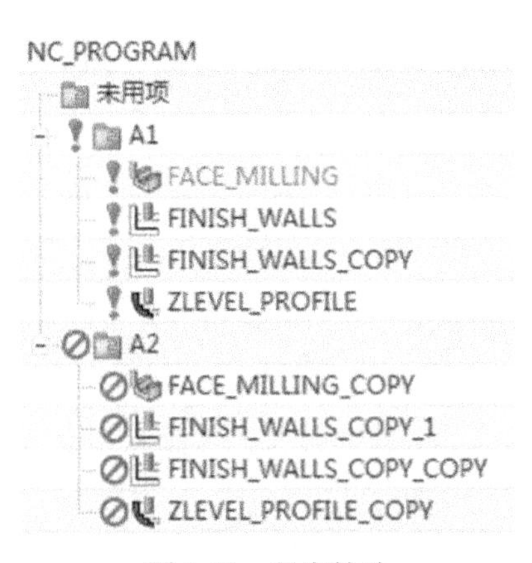

图 1-61 程序粘贴

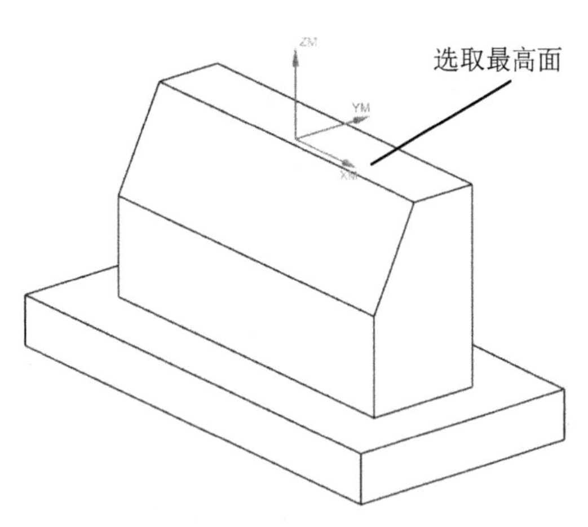

图 1-62 选取最高面

第 6 步：在【面铣】对话框中，把“毛坯距离”改为 0，“每刀切削深度”改为 0，“最终底面余量”改为 0，如图 1-63 所示。

第 7 步：单击“切削参数”按钮，在【切削参数】对话框“策略”选项卡中把“与 XC 的夹角”改为 0。

第 8 步：单击“进给率和速度 ”按钮，主轴转速设为 1200 r/min，进给率设为 500 mm/min。

第 9 步：单击“生成”按钮，生成刀路，如图 1-64 所示。

图 1-63 修改“刀轨设置”参数

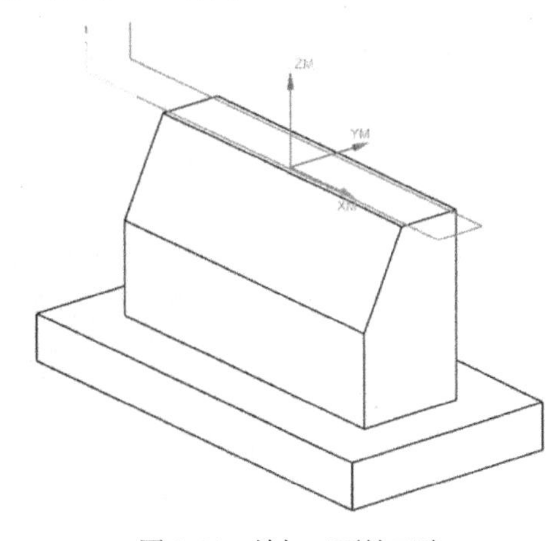

图 1-64 精加工面铣刀路

第 10 步：双击 FINISH_WALLS_COPY_1，在【精加工壁】对话框中，“步距”选取“恒定”，“最大步距”设为 0.1mm，“附加刀路”设为 3，单击“切削层”按钮，在【切削层】对话框中，“类型”选取“仅底面”，单击“切削参数”按钮，在【切削参数】对话框“余量”选项卡中，部件余量设为 0，最终底面余量设为 0。

第 11 步：单击“进给率和速度 ”按钮，主轴转速设为 1200 r/min，进给率设为 500 mm/min。

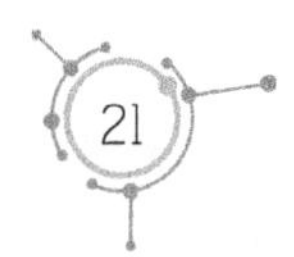

第 12 步：单击“生成”按钮，生成精加工壁刀路，如图 1-65 所示。

第 13 步：按上述方法修改 FINISH_WALLS_COPY_COPY，生成的刀路如图 1-66 所示。

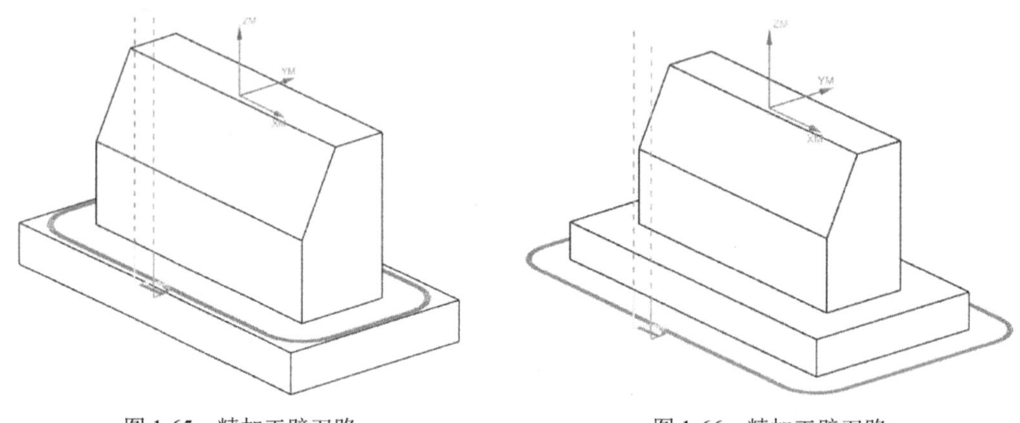

图 1-65　精加工壁刀路　　图 1-66　精加工壁刀路

第 14 步：双击 ZLEVEL_PROFILE_COPY，在【深度轮廓加工】对话框中单击“切削层”按钮；在【切削层】对话框中“最大距离”改为 0.1mm，单击“切削参数”按钮，在【切削参数】对话框“余量”选项卡中，“部件余量”设为 0，“最终底面余量”设为 0。

第 15 步：单击“进给率和速度 ”按钮，主轴转速设为 1200 r/min，进给率设为 500 mm/min。

第 16 步：单击“生成”按钮，生成精加工斜面刀路，如图 1-67 所示。

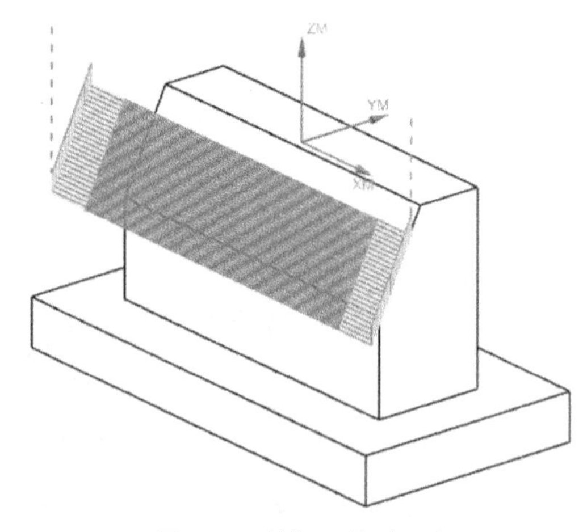

图 1-67　精加工斜面刀路

（8）刀路仿真模拟：按住 Ctrl 键，在“工序导航器”中选取所有刀路后，单击“确认刀轨”按钮，在【刀轨可视化】对话框中先选取“2D 动态”按钮，如图 1-68 所示。再单击“播放”按钮▶，进行仿真模拟，结果如图 1-69 所示。

图 1-68　先选取“2D 动态”，再单击“播放”按钮▶

图 1-69　仿真模拟图

4. 装夹方式

（1）用虎钳装夹工件时，工件的上表面至少高出台钳平面 25mm。

（2）工件采用四边分中，设上表面为 Z0，如图 1-70 所示。

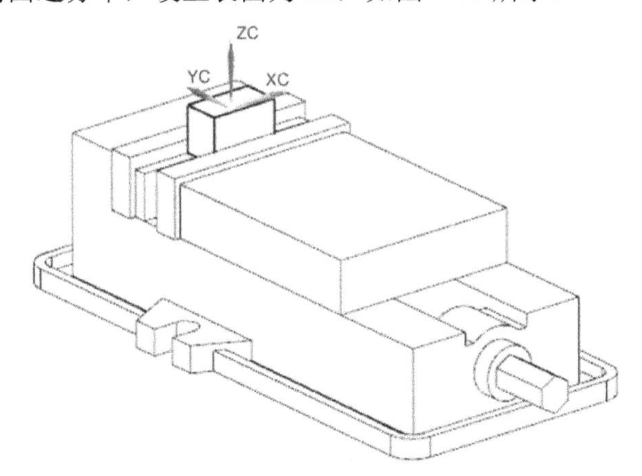

图 1-70　工件的装夹方式

5. 加工程序单

加工程序单见表 1-1。

表 1-1　加工程序单

序号	刀具	加工深度	备注
A1	ϕ10 平底刀	25mm	粗加工
A2	ϕ10 平底刀	25mm	精加工

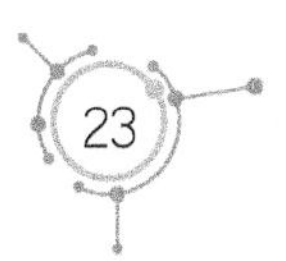

小　结

本章主要介绍以下几个方面的内容:

- 在建模环境下创建实体的一般方法。
- 在“工序导航器”为“程序顺序视图”模式下创建几何体。
- 创建刀具的一般方法。
- 用“使用边界面铣削”的方式加工工件的表面。
- 用“精加工壁”的方式加工工件的外形。
- 通过选面的方式来选取精加工壁的边界。
- 用“深度轮廓加工”的方法加工斜面。

项目2　曲 面 零 件

本项目以一个带曲面的工件为例，详细介绍用 UG 软件进行曲面数控编程的方法，工件的材料为铝块，尺寸如图 2-1 所示。

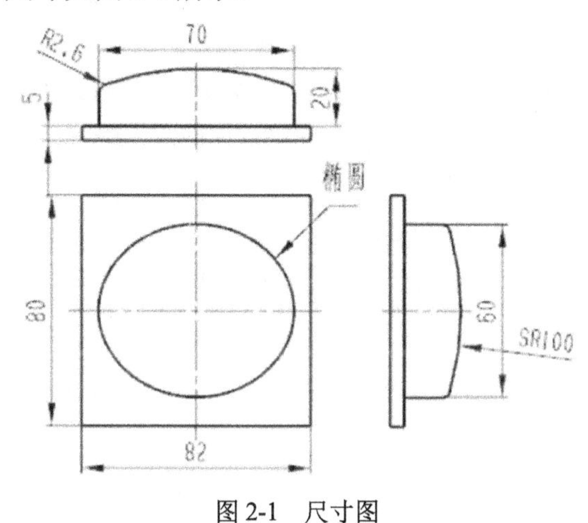

图 2-1　尺寸图

1. 加工工序分析图

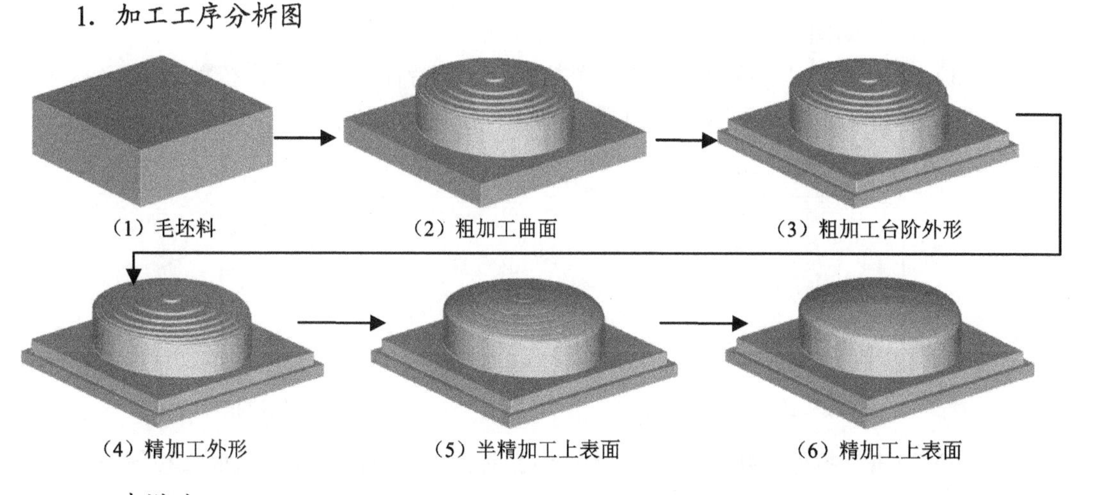

2. 建模过程

（1）启动 NX 10.0，单击“新建”按钮，在【新建】对话框中选取“模型”选项卡，在模板框中“单位”选取“毫米”，选取“模型”模板，“名称”设为“EX2.prt”，文件夹选取“E:\UG10.0 数控编程\项目 2”。

（2）单击“确定”按钮，进入建模环境，

（3）单击“拉伸”按钮，在【拉伸】对话框中单击“绘制截面”按钮，参考图1-4。

（4）在【创建草图】对话框中“草图类型”选取“在平面上”，“平面方法”选取“现有平面”，“参考”选取“水平”，参考图1-5。

（5）在工作区中的坐标系上选取 *XOY* 平面为草绘平面，选取 *X* 轴为水平参考，此时工作区中出现一个工作坐标系，基准坐标系与工作坐标系重合，参考图1-6。

（6）单击“确定”按钮，工作区的视图切换至草绘方向。

（7）在快捷菜单中单击“矩形”按钮，在工作区中任意绘制一个矩形，参考图1-7。

（8）在快捷菜单中单击“显示草绘约束”按钮，隐藏草绘中的约束符号。

（9）在快捷菜单中单击“设为对称”按钮，选取 *AB* 点，再选取 *CD* 点，然后选取 *Y* 轴，*AB*、*CD* 关于 *Y* 轴对称。

（10）再在【设为对称】对话框中单击“选取中心线”按钮，先选取 *X* 轴，再选取 *AD*，然后选取 *BC*，*AD* 与 *BC* 关于 *X* 轴对称，参考图1-8。

提示：因为系统默认上一组对称的中心线为对称轴，所以在设置第二组对称约束时，应先选取对称轴，再选取其他的对移图素。

（11）修改尺寸标注，改为82mm×80mm，如图2-2所示。

（12）单击“完成”按钮，在【拉伸】对话框中“指定矢量”选取“ZC”按钮，“开始”选取“值”，“距离”设为0，“结束”选取“值”，“距离”设为5mm，“布尔”选取“无”，如图1-10所示。

（13）单击“确定”按钮，创建一个拉伸特征，特征的颜色是系统默认的棕色。

（14）单击“正三轴测图”按钮，切换视图后如图2-3所示，

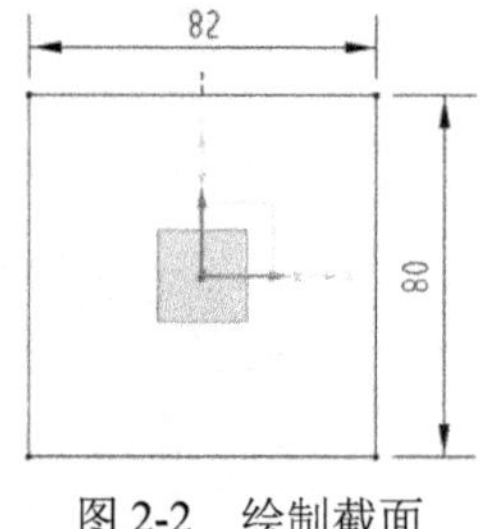

图2-2　绘制截面

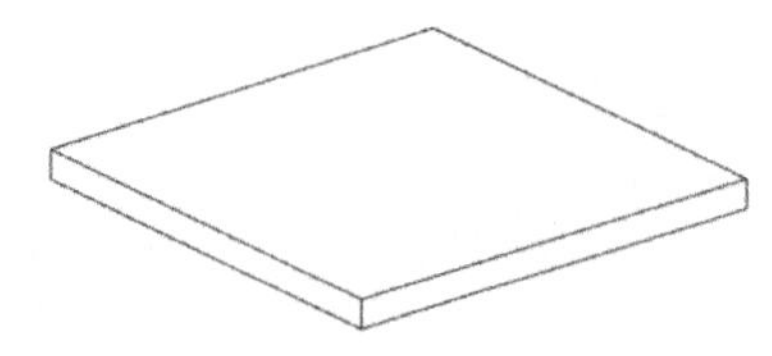

图2-3　创建拉伸实体

（15）单击“拉伸”按钮，在【拉伸】对话框中单击“绘制截面”按钮，参考图1-4。

（16）在【创建草图】对话框中“草图类型”选取“在平面上”，“平面方法”选取“现有平面”，“参考”选取“水平”，参考图1-5。

（17）在工作区中的坐标系上选取零件的上表面为草绘平面，选取 *X* 轴为水平参考，此时工作区中出现一个工作坐标系，基准坐标系与工作坐标系重合，参考图1-6。

（18）单击“确定”按钮，工作区的视图切换至草绘方向。

（19）在快捷菜单中单击“根据中心点和尺寸创建椭圆”按钮，在【椭圆】对话框中单击“中心”区域的“指定点”按钮，在【点】对话框中输入中心点坐标（0，0，0），“大半径”设为35mm，“小半径”设为30mm，“旋转角度”设为0，如图2-4所示。

图2-4　设定“椭圆”参数

（20）单击“确定”按钮，绘制一个椭圆，如图2-5所示。

（21）单击“完成草图 ”按钮，在【拉伸】对话框中对“指定矢量”选取“ZC↑”，“开始”选取“值”，“距离”设为0，“结束”选取“值”，“距离”设为5mm，“布尔”选取“求和”选项。

（22）单击“确定”按钮，创建椭圆柱，该特征与原来的特征合并在一起，如图2-6所示。

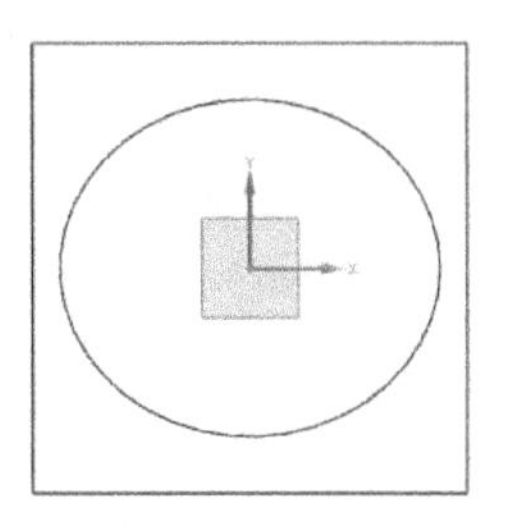

图2-5　绘制椭圆

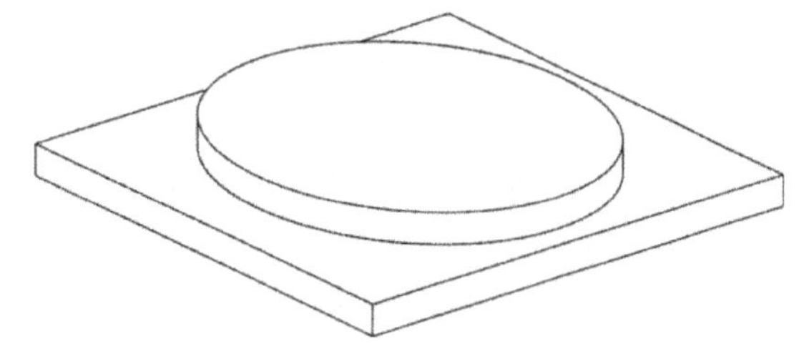

图2-6　创建椭圆柱

（23）选取“菜单｜插入｜设计特征｜旋转”命令，在【旋转】对话框中单击“绘制截面”按钮。

（24）在【创建草图】对话框中对“草图类型”选取“在平面上”，“平面方法”选取“现有平面”，“参考”选取“水平”，参考图1-5。

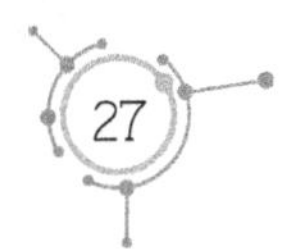

（25）选取 *YOZ* 平面为草绘平面，*Y* 轴为水平参考，绘制一条圆弧（R100mm），如图 2-7 所示。

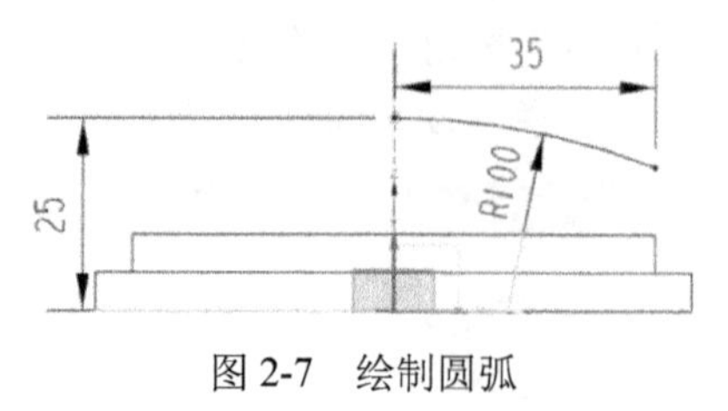

图 2-7　绘制圆弧

（26）单击“完成草图”按钮，在【旋转】对话框中对“指定矢量”选取“ZC↑”，开始角度设为 0°，结束角度设为 360°。单击“指定点”按钮，在【点】对话框中输入（0，0，0），如图 2-8 所示。

图 2-8　设定“旋转”参数

（27）单击“确定”按钮，创建旋转曲面，如图 2-9 所示。

（28）选取“菜单｜插入｜同步建模｜替换面”命令，选取椭圆柱的上表面为要替换的面，旋转曲面为替换面，偏置距离设为 0；单击“确定”按钮，创建替换特征，如图 2-10 所示。

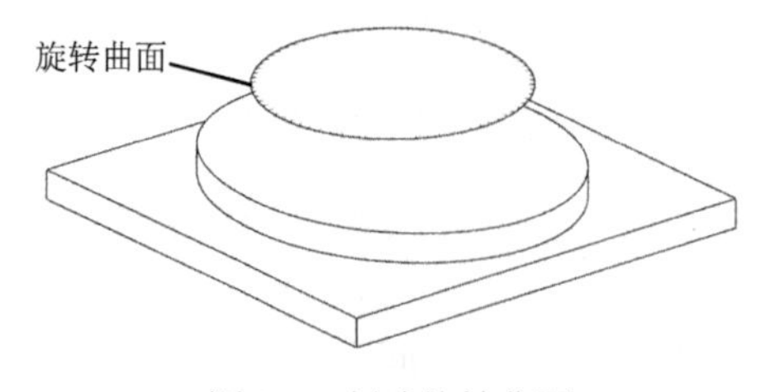

图 2-9　创建旋转曲面

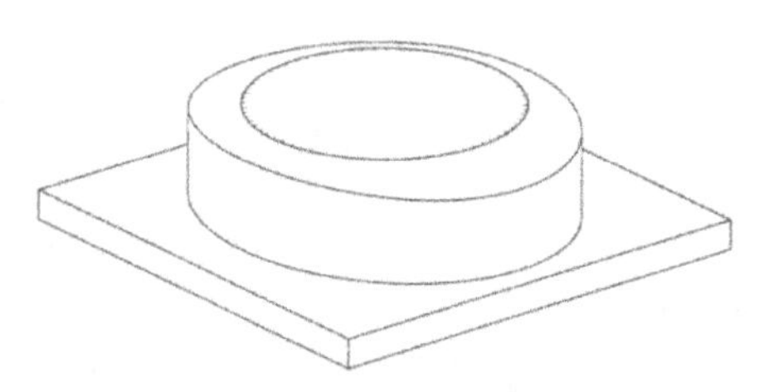

图 2-10　创建替换特征

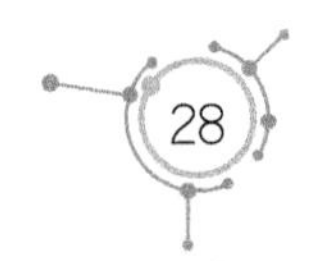

（29）在模型树中选取☑ 旋转 (3)，单击鼠标右键，选取“隐藏”命令，隐藏旋转曲面。

（30）单击“边倒圆”按钮，选取实体的边线，创建倒圆角特征(R3mm)，如图 2-11 所示。

3. 数控编程过程

（1）进入 UG 加工环境。

第 1 步：在横向菜单中单击“应用模块”选项卡，再单击“加工”命令，参考图 1-17。

第 2 步：在【加工环境】对话框中选取“cam_general”选项和“mill_contour”选项，如图 1-18 所示，单击“确定”按钮，进入加工环境。此时，工作区中出现两个坐标系，一个是基准坐标系，另一个是工件坐标系。

第 3 步：选取“菜单｜编辑｜移动对象”命令，在【移动对象】对话框中对“运动”选取“距离”，“指定矢量”选取“ZC↑”选项，“距离”设为-25mm，“结果”选取“◉移动原先的”，如图 1-18 所示。

第 4 步：单击“确定”按钮，工件坐标系移至工件最高点，如图 2-12 所示。

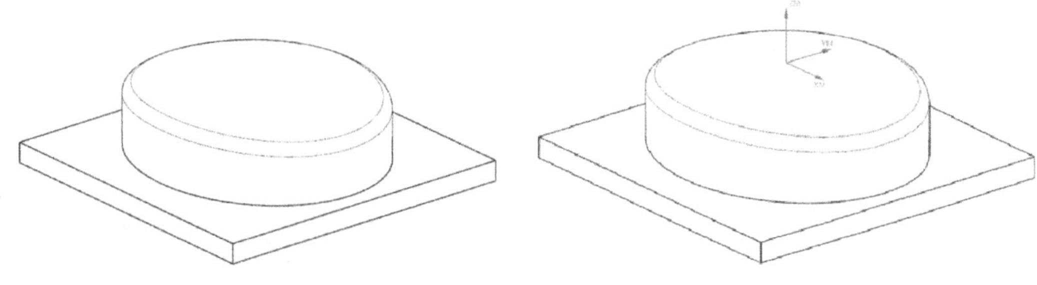

图 2-11　创建倒圆角特征　　　　图 2-12　工件坐标系在工件上表面

第 5 步：选取“菜单｜插入｜几何体”命令，在【创建几何体】对话框中对“几何体子类型”选取，“几何体”选取“GEOMETRY”，“名称”设为 A，参考图 1-21。

第 6 步：单击“应用”按钮，在【MCS】对话框中“安全设置选项”选取“自动平面”，“安全距离”设为 10mm，参考图 1-22。

第 7 步：单击“确定”按钮，创建几何体。

第 8 步：在辅助工具条中选取“几何视图”按钮，如图 1-23 所示，系统在“工序导航器”中添加了刚才创建的几何体 A，参考图 1-24。

第 9 步：选取“菜单｜插入｜几何体”命令，在【创建几何体】对话框中对“几何体子类型”选取“WORKPIECE”按钮，“几何体”选取 A，“名称”设为 B，参考图 1-25。

第 10 步：单击“确定”按钮，在【工件】对话框中选取“指定部件”按钮，参考图 1-26，在工作区中选取整个零件，单击“确定”按钮，设定零件为工作部件。

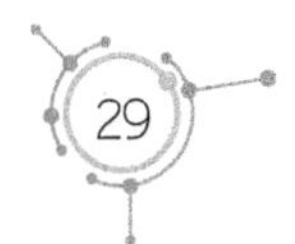

第 11 步：在【工件】对话框中单击“指定毛坯”按钮，在【毛坯几何体】对话框中对“类型”选取“包容块”，把“XM-”、“YM-”、“XM+”、“YM+”设为 1mm，“ZM+”设为 5mm，参考图 1-27。

第 12 步：单击“确定丨确定”按钮，创建几何体 B，在“工序导航器”中展开 A，可以看出几何体 B 在坐标系 A 下面，参考图 1-28。

第 13 步：单击“创建刀具”按钮，在【创建刀具】对话框中对“刀具子类型”选取“MILL”按钮，“名称”设为 D10R0，参考图 1-29，单击“确定”按钮。

第 14 步：在【铣刀一5 参数】对话框中“直径”设为ϕ10mm，“下半径”设为 0，参考图 1-30。

（2）创建型腔铣刀路（粗加工程序）。

第 1 步：单击“创建工序”按钮，在【创建工序】对话框中对“类型”选取“mill_contour”，“工序子类型”选取“CAVITY_MILL（腔型铣）”按钮，“程序”选取“NC_PROGRAM”，“刀具”选取 D10R0，“几何体”选取 B，“方法”选取“METHOD”，如图 2-13 所示。

第 2 步：在【型腔铣】对话框中单击“指定切削区域”按钮，用框选取方式选取整个零件。

第 3 步：在【型腔铣】对话框中单击“指定修剪边界”按钮，在【修剪边界】对话框中对“选择方法”选取“面”，“修剪侧”选取“外部”，“刨”选取“自动”，如图 2-14 所示。

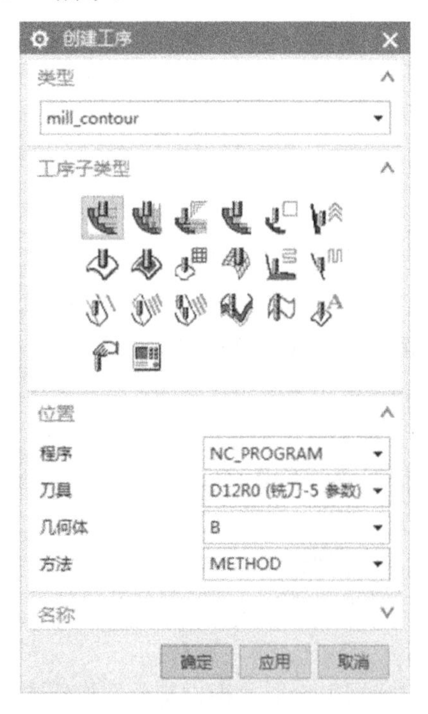

图 2-13　设定【创建工序】对话框

图 2-14　【修剪边界】对话框

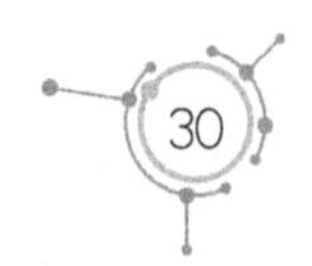

第4步：按住鼠标中键翻转实体后选取实体的底面，系统以底面的边线作为加工的路径。

第5步：在【型腔铣】对话框中，对“切削模式”选取“跟随周边”，“步距”选取“恒定”，“最大距离”设为8mm，“公共每刀切削深度”选取“恒定”，“最大距离”设为0.5mm，如图2-15所示。

第6步：单击“切削层”按钮，在【切削层】对话框中对“范围类型”选取“自动”，“切削层”选取“恒定”，“公共每刀切削深度”选取“恒定”，“最大距离”设为0.5mm。“范围1的顶部”区域中的ZC设为5mm（“5mm”这个数值是在设定毛坯时设定的，表示刀路从高于工件5mm的平面处开始加工）。连续单击“列表”框中的“移除”按钮，再选取工件的台阶面（设定加工的深度），系统自动侦测到范围深度为25mm，如图2-16所示，加工时从25mm高处开始加工。（这是因为前面在设定毛坯时，“ZM+”设为5mm，如果前面将“ZM+”设为0，加工时从工件最高处开始加工。）

刀轨设置
方法 METHOD
切削模式 跟随周边
步距 恒定
最大距离 10.0000 mm
公共每刀切削深度 恒定
最大距离 0.5000 mm

图2-15 刀轨设置

图2-16 设定“切削层”参数

第7步：单击“切削参数”按钮，在【切削参数】对话框中对“策略”选项卡中，“切削方向”选取“顺铣”，“切削顺序”选取“深度优先”，“刀路方向”选取“向内”，如图2-17所示，在“余量”选项卡中，“部件侧面余量”设为0.3 mm，“部件底面余量”设为0.2mm，内(外)公差设为0.01，如图2-18所示。

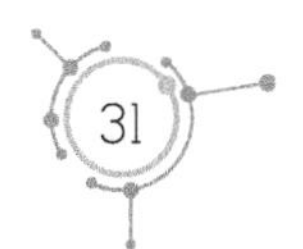

图 2-17　设定切削方式

图 2-18　设定切削余量

第 8 步：单击“非切削移动”按钮，在【非切削移动】对话框中单击“转移/快速”选项卡，“区域之间”的“转移类型”选取“安全距离-刀轴”，在“区域内”的“转移方式”选取“进刀/退刀”，“转移类型”选取“前一平面”，安全距离设为 3mm，如图 2-19 所示，单击“进刀”选项卡，在“开放区域”中，“进刀类型”选取“线性”，“长度”设为 10mm，“高度”设为 3mm，“最小安全距离”设为 8mm，如图 2-20 所示，在“退刀”选项卡中“退刀类型”选取“与进刀相同”。

图 2-19　设定“转移/快速”参数

图 2-20　设定“进刀”参数

第 9 步：单击“进给率和速度 ”按钮，主轴速度设为 1000 r/min，进给率设为 1200 mm/min。

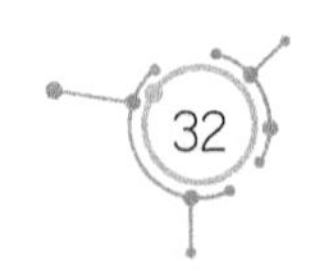

第 10 步：单击“生成”按钮，生成刀路，在工作区上方单击“前视图”按钮，从前视图中可看出，刀路高于零件最高位，如图 2-21 所示。

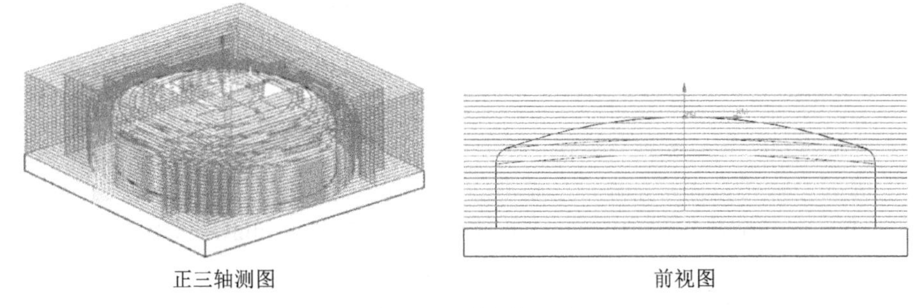

图 2-21　型腔铣刀路

（3）创建精加工壁刀路（外形粗加工程序）。

第 1 步：选取“菜单｜插入｜工序”命令，在【创建工序】对话框中对“类型”选取“mill_planar”,“工序子类型”选取“精加工壁”按钮,“程序”选取“NC_PROGRAM”,“刀具”选取 D10R0，“几何体”选取“B”，“方法”选取“METHOD”，参考图 1-41，单击“确定”按钮。

第 2 步：在【精加工壁】对话框中单击“指定部件边界”按钮，在【边界几何体】对话框中“模式”选取“面”，“材料侧”选取“内部”，选取“☑忽略岛”、“☑忽略孔”复选取框，如图 2-22 所示，选取工件的台阶面，单击“确定”按钮。（注：这个步骤是选取加工的边线）

第 3 步：再次在【精加工壁】对话框中单击“指定部件边界”按钮，在【编辑边界】对话框中“刨”选取“用户定义”，“材料侧”选取“内部”，如图 2-23 所示，选取工件的台阶面，单击“确定”按钮。（注：这个步骤是选取加工的起始高度）

图 2-22　选取“忽略岛”、“忽略孔”

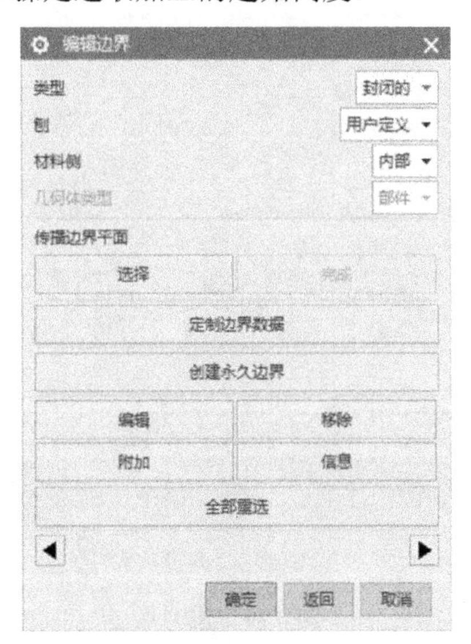

图 2-23　【编辑边界】对话框

第 4 步：在【精加工壁】对话框中单击“指定底面”按钮，选取工件的底面。“切削模式”选取“轮廓”，“步距”选取“恒定”，“最大步距”设为 8mm，“附加刀路”设为 0。

第 5 步：单击“切削层”按钮，在【切削层】对话框中“范围类型”选取“恒定”，“公共”设为 0.5mm，参考图 1-45，单击“确定”按钮。

第 6 步：单击“切削参数”按钮，在【切削参数】对话框“策略”选项卡中，“切削方向”选取“顺铣”，“切削顺序”选取“深度优先”，参考图 1-46。

第 7 步：在“余量”选项卡中，“部件余量”设为 0.3 mm，“最终底面余量”设为 0.1mm，“内（外）公差”设为 0.01，参考图 1-47。

第 8 步：单击“非切削移动”按钮，在【非切削移动】对话框中单击“转移/快速”选项卡，区域之间的“转移类型”选取“安全距离-刀轴”，区域内的“转移方式”选取“进刀/退刀”，“转移类型”选取“直接”，参考图 1-48。单击“进刀”选项卡，在“开放区域”中，“进刀类型”选取“圆弧”，“半径”设为 2mm（注：进刀半径），“圆弧角度”设为 90°，“高度”设为 1mm（注：提刀高度），“最小安全距离”设为 8mm（注：直线进刀长度），（初学者可以夸张地修改这些参数的大小，以便更好的体会这些参数的含义。）在“退刀”选项卡中“退刀类型”选取“与进刀相同”。在“起点/钻点”选项卡中单击“指定点”按钮，选取“控制点”选项，如图 2-24 所示，再选取工件右边的边线，系统以该直线的中点设为进刀点。

第 9 步：单击“进给率和速度 ”按钮，主轴速度设为 1000r/min，进给率设为 1200mm/min。

第 10 步：单击“生成”按钮，生成精加工壁刀路，如图 2-25 所示。

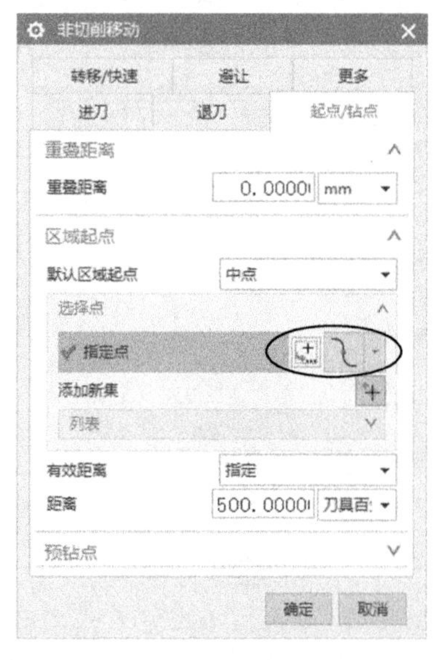

图 2-24　设定进刀点

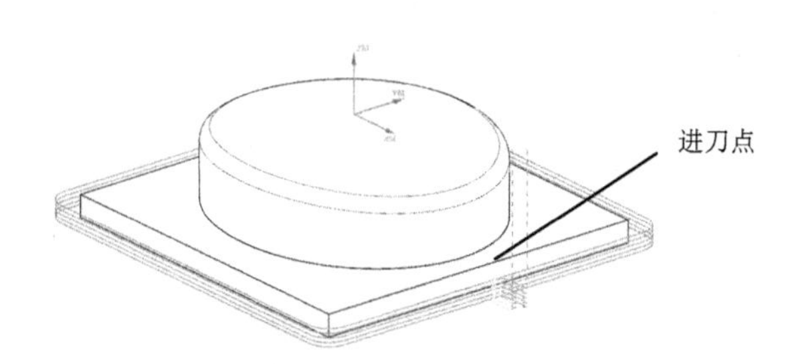

图 2-25　精加工壁刀路

第 11 步：在辅助工具条中选取“程序顺序视图”按钮，如图 1-57 所示。

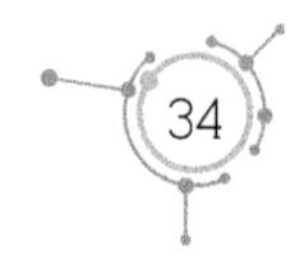

第 12 步：在工序导航器中将 Program 改为 A1，并把刚才创建的 2 个刀路程序移到 A1 下面，如图 2-26 所示。

（4）创建第二组程序组。

第 1 步：选取“菜单｜插入｜程序”命令，在【创建程序】对话框中“类型”选取“mill_contour”，“程序”选取“NC_PROGRAM”，“名称”设为 A2，参考图 1-59。

第 2 步：单击“确定”按钮，创建 A2 程序组。此时，A2 与 A1 并列，并且 A1 与 A2 都在“NC_PROGRAM”下，参考图 1-60。

第 3 步：在工序导航器中选取 FINISH_WALLS，单击鼠标右键，选取“复制”命令。

第 4 步：再在工序导航器中选取“A2”，单击鼠标右键，选取“内部粘贴”命令，把 FINISH_WALLS程序粘贴到 A2 程序组。

第 5 步：在工序导航器中双击 FINISH_WALLS_COPY，在【精加工壁】对话框中，“步距”选取“恒定”，“最大步距”设为 0.1mm，“附加刀路”设为 3，单击“切削层”按钮，在【切削层】对话框中，“类型”选取“仅底面”，单击“切削参数”按钮，在【切削参数】对话框“余量”选项卡中，“部件余量”设为 0，“最终底面余量”设为 0。

第 6 步：单击“进给率和速度 ”按钮，主轴转速设为 1200 r/min，进给率设为 500 mm/min。

第 7 步：单击“生成”按钮，生成精加工壁刀路，如图 2-27 所示。

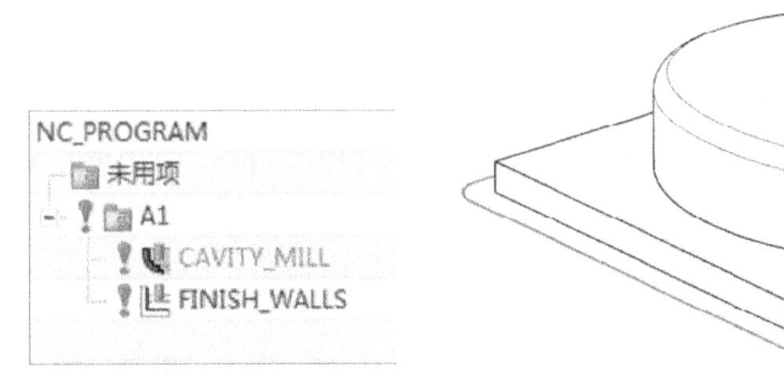

图 2-26 创建“A”程序组

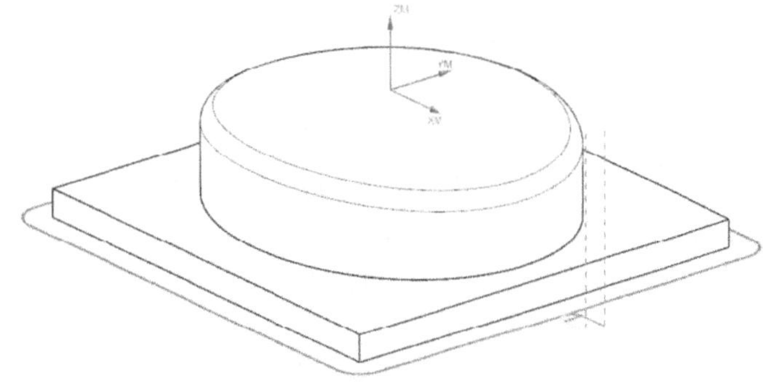

图 2-27 精加工壁刀路

第 8 步：选取“菜单｜插入｜工序”命令，在【创建工序】对话框中“类型”选取“mill_planar”，“工序子类型”选取“底壁加工”按钮，“程序”选取“A2”，“刀具”选取 D10R0，“几何体”选取“B”，“方法”选取“METHOD”，如图 2-28 所示，单击“确定”按钮。

第 9 步：在【底壁加工】对话框中单击“指定切削区底面”按钮，选取工件台阶面。

第 10 步：在【底壁加工】对话框中对“方法”选取“METHOD”，“切削区域空间范围”选取“底面”，“切削模式”选取“往复”，“步距”选取“恒定”，“最大距离”设为 8mm，“每刀切削深度”设为 0，“Z 向深度偏值”设为 0。

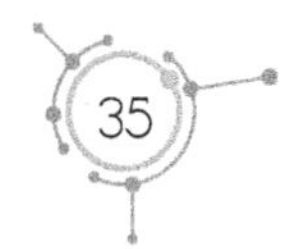

第 11 步：单击“切削参数”按钮，在【切削参数】对话框中选取“余量”选项卡，“部件余量”、“壁余量”、“最终底面余量”设为 0。

第 12 步：在【切削参数】对话框中选取“策略”选项卡，“切削方向”选取“顺铣”，“切削角”选取“自动”，勾选“☑添加精加工刀路”复选取框，“刀路数”设为 3，“精加工步距”设为 0.1mm，如图 2-29 所示。

图 2-28 设定【创建工序】对话框

图 2-29 设定【切削参数】对话框

第 13 步：单击“进给率和速度 ”按钮，主轴转速设为 1200 r/min，进给率设为 500 mm/min。

第 14 步：单击“生成”按钮，生成底壁精加工刀路，如图 2-30 所示。

（5）创建第三组程序组。

第 1 步：选取“菜单｜插入｜程序”命令，在【创建程序】对话框中“类型”选取“mill_contour”，“程序”选取“NC_PROGRAM”，“名称”设为 A3。

第 2 步：单击“确定”按钮，创建 A3 程序组，此时 A3 与 A1、A2 并列，并且 A1、A2、A3 都在“NC_PROGRAM”下。

第 3 步：单击“创建工序”按钮，在【创建工序】对话框中“类型”选取“mill_contour”，“工序子类型”选取“固定轮廓铣”按钮，“程序”选取“A3”，“刀具”选取 NONE，“几何体”选取“B”，“方法”选取“METHOD”，如图 2-31 所示，单击“确定”按钮。

第 4 步：在【固定轮廓铣】对话框中单击“指定切削区域”按钮，在工件上选取圆弧面与圆角面，如图 2-32 所示。

第 5 步：在“驱动方法”选取“区域铣削”选项，如图 2-33 所示。

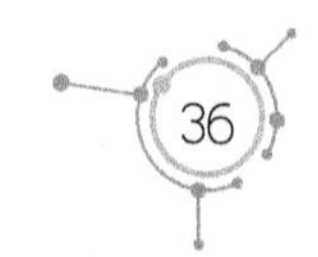

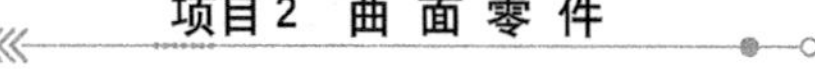

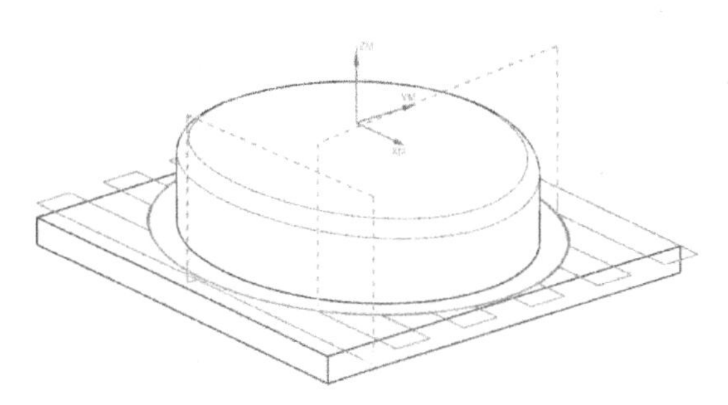

图 2-30 生成底壁精加工刀路

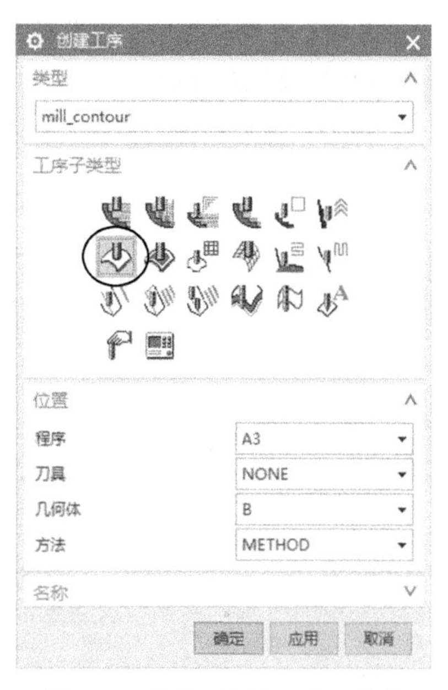

图 2-31 设定“创建工序”参数

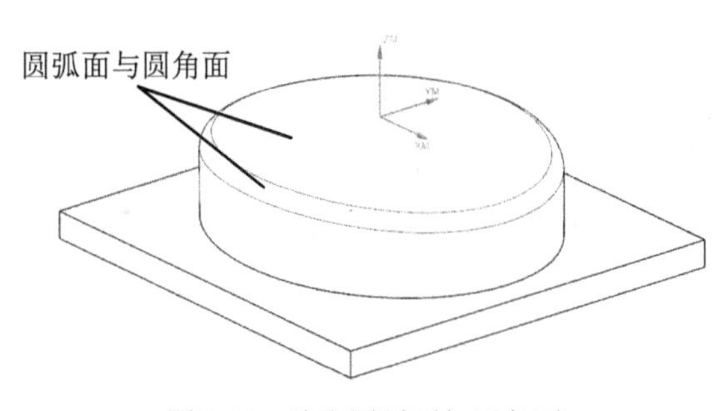

图 2-32 选取圆弧面与圆角面

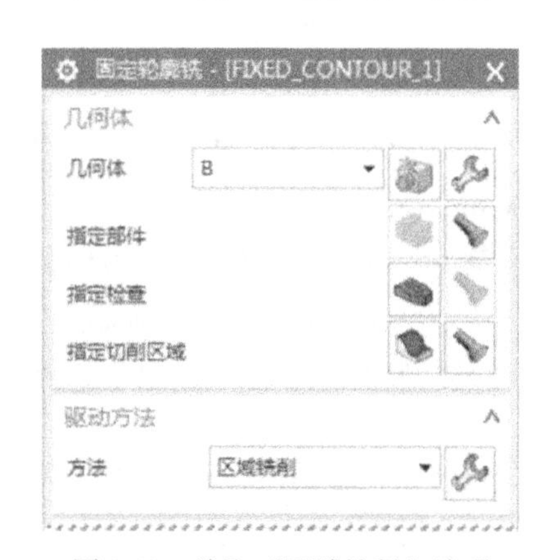

图 2-33 选取“区域铣削”选项

第 6 步：在【区域铣削驱动方法】对话框中“陡峭空间范围”选取“无”，“非陡峭切削模式”选取 往复，“切削方向”选取“顺铣”，“步距”选取“恒定”，最大距离设为 0.2mm，“切削角”选取“指定”，“与 XC 的夹角”设为 45°，如图 2-34 所示，单击“确定”按钮。

第 7 步：在【区域轮廓铣】对话框“工具”区域中单击“新建刀具”按钮，如图 2-35 所示。

第 8 步：在【新建刀具】对话框中“刀具子类型”选取“BALL_MILL”按钮，“名称”设为 D10R5，单击“确定”按钮，在【铣刀－球头铣】对话框中设定“球直径”设为ϕ10 mm。

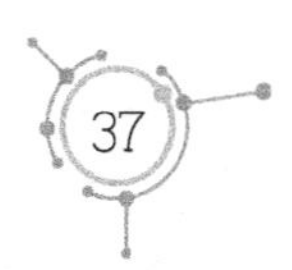

第 9 步：单击“切削参数”按钮，在【切削参数】对话框中选取“余量”选项卡，“部件余量”设为 0.5mm。

图 2-34　设定“区域铣削驱动方法”

图 2-35　选取“新建刀具”按钮

第 10 步：单击“进给率和速度 ”按钮，主轴速度设为 1000 r/min，进给率设为 1200 mm/min。

第 11 步：单击“生成”按钮，生成平行铣刀路，如图 2-36 所示。

第 12 步：在“工序导航器”中双击 FIXED_CONTOUR，单击“编辑”按钮，将“非陡峭切削模式”改为选取 跟随周边，生成的跟随周边铣刀路如图 2-37 所示。

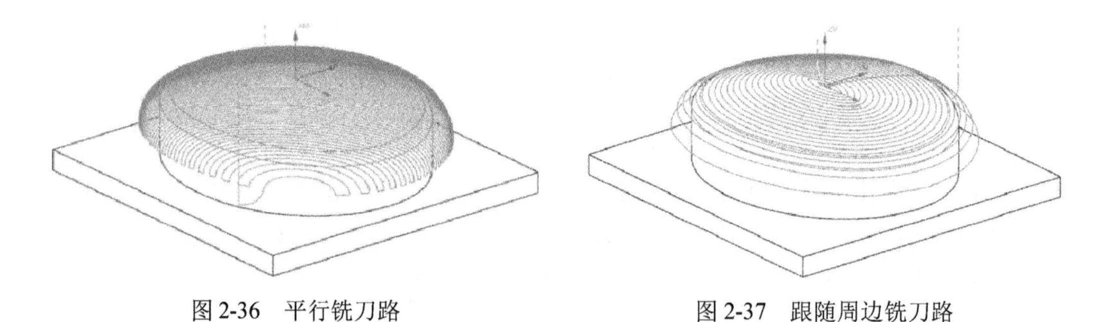

图 2-36　平行铣刀路　　　　图 2-37　跟随周边铣刀路

第 13 步：如将“非陡峭切削模式”改为选取 径向往复，“阵列中心”设为（0，0，0），所生成的径向往复铣刀路如图 2-38 所示。

第 14 步：如将“非陡峭切削模式”改为选取 轮廓，所生成的轮廓铣刀路如图 2-39 所示。

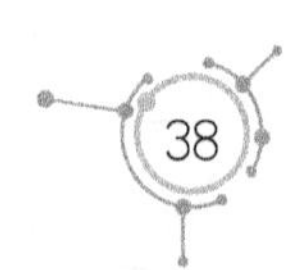

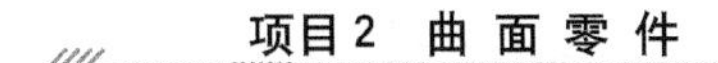

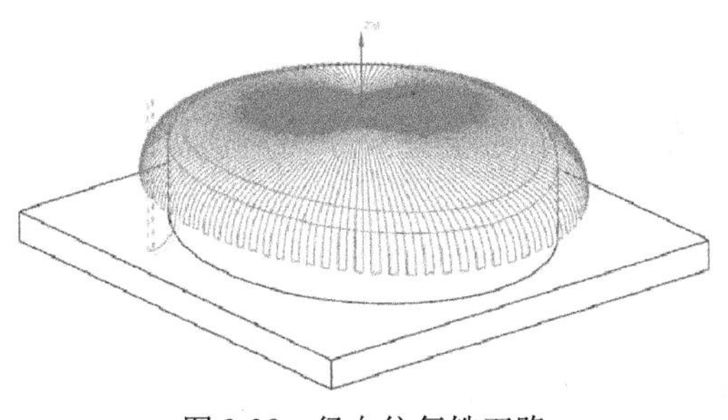

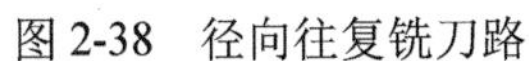

图2-38 径向往复铣刀路

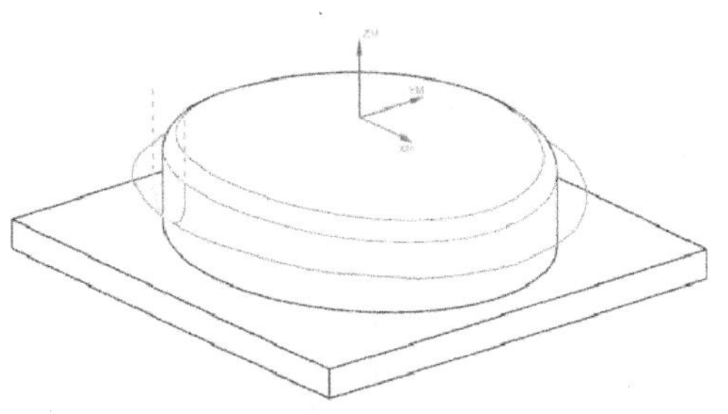

图2-39 轮廓铣刀路

（6）创建第四组程序组。

第1步：选取“菜单｜插入｜程序”命令，在【创建程序】对话框中对“类型”选取“mill_contour”，“程序”选取“NC_PROGRAM”，“名称”设为A4。

第2步：单击“确定”按钮，创建A4程序组。此时，A4、A1、A2和A3列，并且A1、A2、A3和A4都在“NC_PROGRAM”下。

第3步：在“工序导航器”中选取 FIXED_CONTOUR，单击鼠标右键，选取“复制”命令，再选取“A4”，单击鼠标右键，选取“内部粘贴”命令。

第4步：在“工序导航器”中双击 FIXED_CONTOUR_COPY，单击“切削参数”按钮，在【切削参数】对话框中选取“余量”选项卡，“部件余量”设为0。

第5步：单击“进给率和速度”按钮，主轴转速设为1200 r/min，进给率设为800 mm/min。

第6步：单击“生成”按钮，生成刀路。

4. 刀路仿真模拟

在“工序导航器”中选取所有刀路，单击“确认刀轨”按钮，在【刀轨可视化】对话框中选取“2D动态”按钮，再单击“播放”按钮▶，即可进行仿真模拟。

5. 装夹方式

（1）用虎钳装夹工件时，工件的上表面至少高出台钳平面25mm。

（2）工件采用四边分中，设上表面为Z0，参考图1-70。

6. 加工程序单

加工程序单如表2-1所示。

表2-1 加工程序单

序号	刀具	加工深度	备注
A1	ϕ10 平底刀	25mm	粗加工
A2	ϕ10 平底刀	25mm	精加工
A3	ϕ10R5 球刀	17mm	粗加工
A4	ϕ10R5 球刀	17mm	精加工

小　　结

本章主要介绍以下几个方面的内容:

- 在建模环境下创建实体的一般方法。
- 在“工序导航器”为“程序顺序视图”模式下创建几何体。
- 创建刀具的一般方法。
- 用“型腔铣”的方式加工工件的曲面开粗。
- 用“精加工壁”的方式加工工件的外形。
- 通过选面的方式来选取精加工壁的边界。
- 用“底壁加工”的方式加工工件的台阶面。
- 在非切削模式中指定下刀点的方法。
- 用“固定轮廓铣”的方法加工工件的曲面,“固定轮廓铣”包括许多刀路:跟随周边、轮廓、往复、单向、径向往复、同心……

项目3 斜度零件

本项目详细介绍了在UG数控编程中直接在几何视图下创建几何体的方法，也介绍了在mill_planar数控编程时运用参考刀具的清角功能应用，以及用“平面铣”刀路进行外形铣削和开框编程，用“平面铣”和“深度轮廓加工”两种不同的指令加工侧面斜度的方法。工件的材料为铝块，尺寸如图3-1所示。

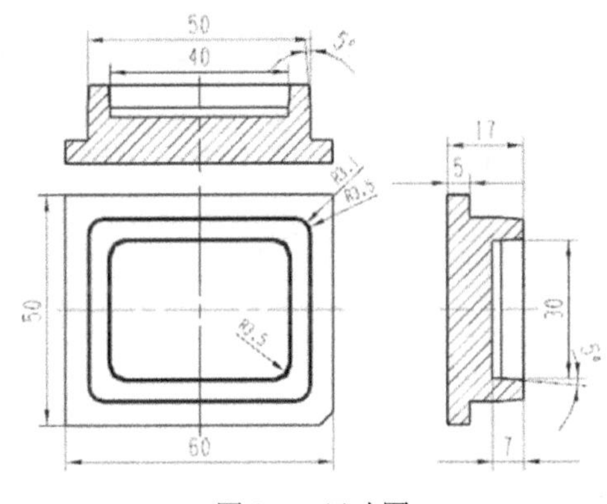

图3-1　尺寸图

1. 加工工序分析图

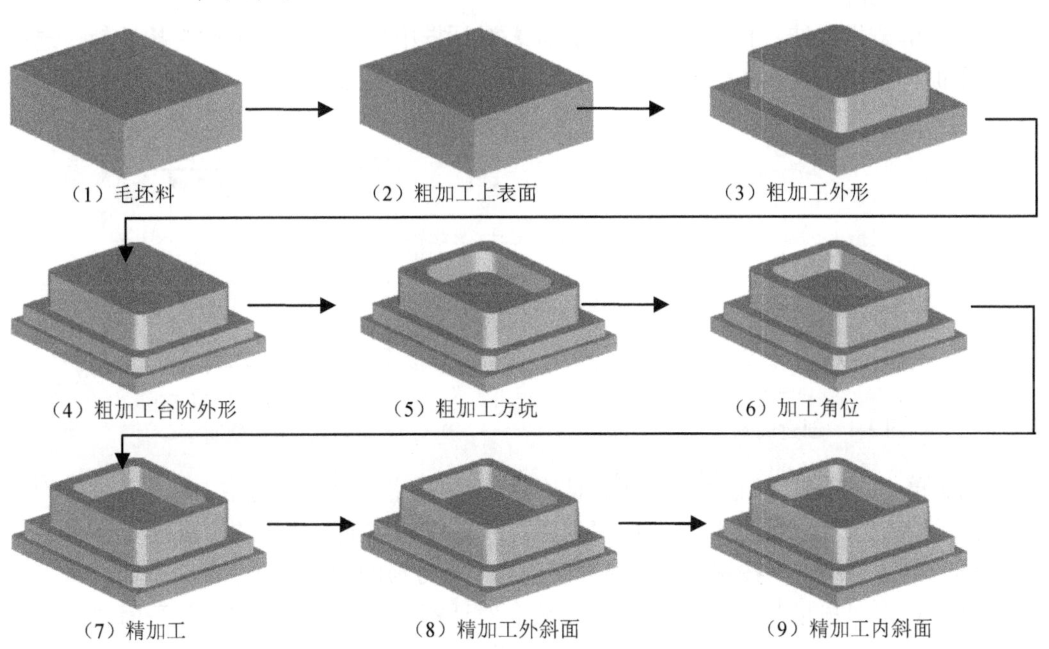

2. 建模过程

（1）启动 NX 10.0，单击“新建”按钮，在【新建】对话框中选取“模型”选项卡，在模板框中“单位”选择“毫米”，选取“模型”模板，“名称”设为“EX3.prt”，文件夹选取“E:\UG10.0 数控编程\项目 3”（在这里选定文件夹的目的是所创建的文件都保存在指定的文件夹内）。

（2）单击“拉伸”按钮，在【拉伸】对话框中单击“绘制截面”按钮，选取 *XOY* 平面为草绘平面，*X* 轴为水平参考，以原点为中心绘制截面（一），如图 3-2 所示。

（3）单击“完成”按钮，在【拉伸】对话框中“指定矢量”选取“ZC↑”按钮，“开始”选取“值”，“距离”设为 0，“结束”选取“值”，“距离”设为 5mm，“布尔”选取“无”，参考图 1-10。

（4）单击“确定”按钮，创建一个拉伸特征，如图 3-3 所示。

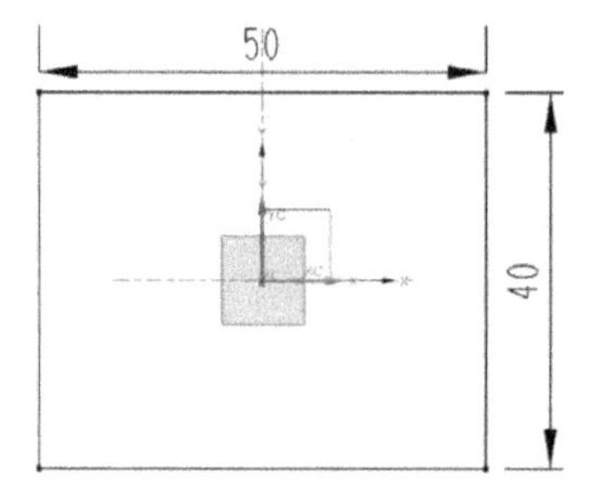

图 3-2　绘制截面（一）

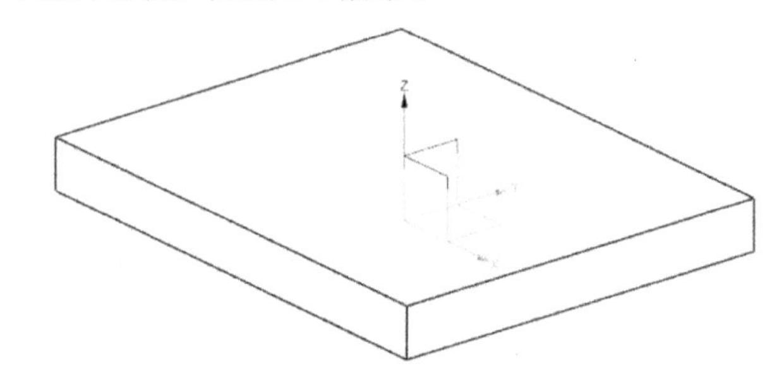

图 3-3　创建拉伸特征

（5）单击“边倒圆”按钮，在零件上选取 4 条竖直的边，创建倒圆角特征（R3.5mm），如图 3-4 所示。

（6）单击“拉伸”按钮，在【拉伸】对话框中单击“绘制截面”按钮，选取 *XOY* 平面为草绘平面，*X* 轴为水平参考，以原点为中心绘制截面（二），如图 3-5 所示。

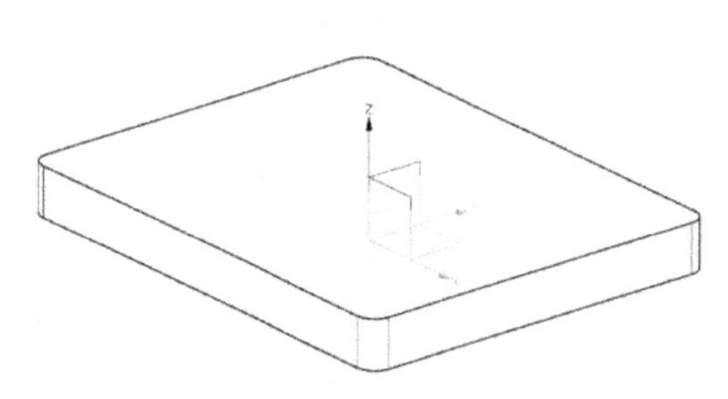

图 3-4　创建倒圆角特征

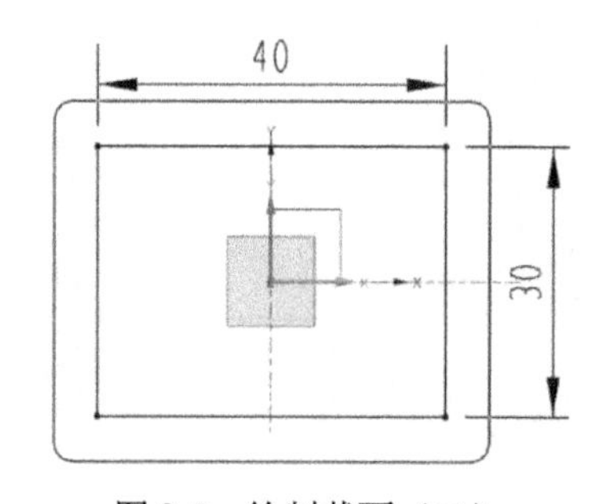

图 3-5　绘制截面（二）

（7）单击“完成”按钮，在【拉伸】对话框中“指定矢量”选取“ZC↑”按钮，“开始”选取“值”，“距离”设为 0，“结束”选取“贯通”，“布尔”选取“求差”。

（8）单击“确定”按钮，在实体中间创建一个方形的通孔，如图 3-6 所示。

（9）单击“拔模”按钮，在【拔模】对话框中“类型”选取“从平面或曲面”，

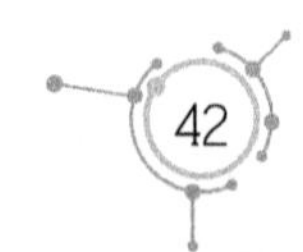

“脱模方向”选取“ZC↑”选项，“拔模方向”选取“固定面”选项，选取 *XOY* 平面为拔模固定面，选取零件内、外侧面（包括圆弧面）为拔模面，“拔模角度”设为5°。

（10）单击“确定”按钮，创建拔模特征。此时，圆弧面的半径呈线性变化，从上往下逐渐变大，上面的半径小，下面的半径大，如图3-7所示。

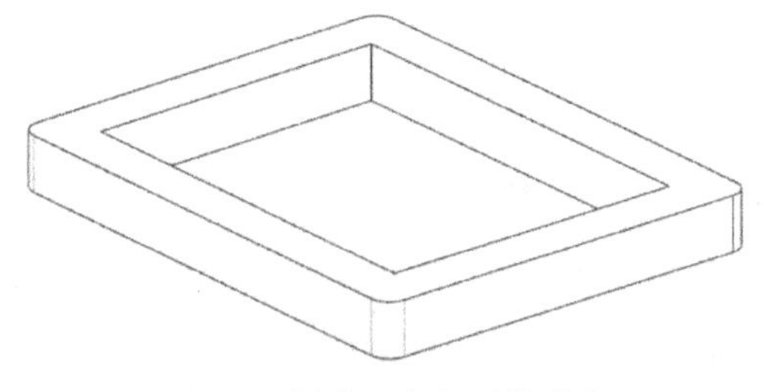

图3-6 创建一个方形的通孔

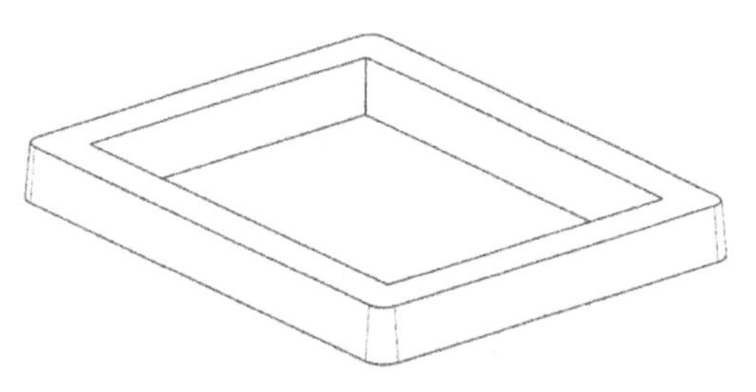

图3-7 创建拔模特征

（11）单击“边倒圆”按钮，在零件上选取内框的4条竖直边，创建内框倒圆特征（R3.5mm）。此时，圆弧面上不同位置的半径是相等的，如图3-8所示。

（12）依次选取“菜单｜插入｜同步建模｜拉出面”命令，选取零件的下表面，在【拉出面】对话框中“运动”选取“距离”，“指定矢量”选取“-ZC↓”选项，“距离”设为2mm。

（13）单击“确定”按钮，创建拉出面特征，如图3-9所示。

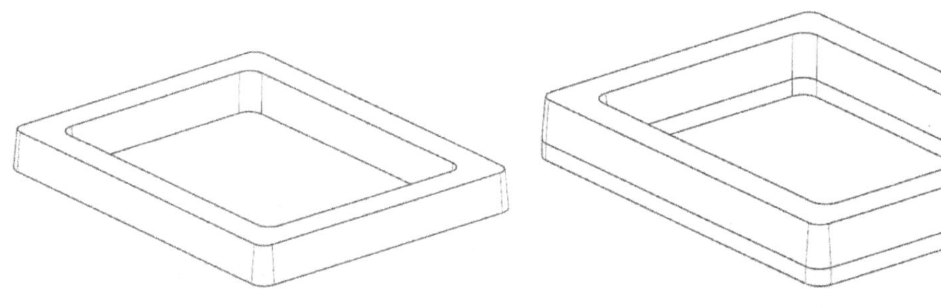

图3-8 内框倒圆特征　　图3-9 创建拉出面特征

（14）单击“拉伸”按钮，在工作区上方的工具条中选取“相切曲线”选项，如图3-10所示。

仅在工作部件内　相切曲线

图3-10 选取“相切曲线”选项

（15）在零件图上选取下底面的外边线，如图3-11所示。

（16）在【拉伸】对话框中“指定矢量”选取“-ZC↓”按钮，“开始”选取“值”，“距离”设为0，“结束”选取“值”，“距离”设为5mm，“布尔”选取“求和”。

（17）单击“确定”按钮，在实体下方创建拉伸特征，如图3-12所示。

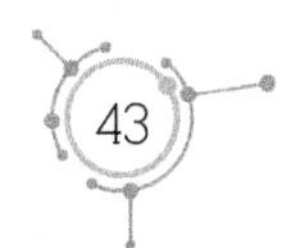

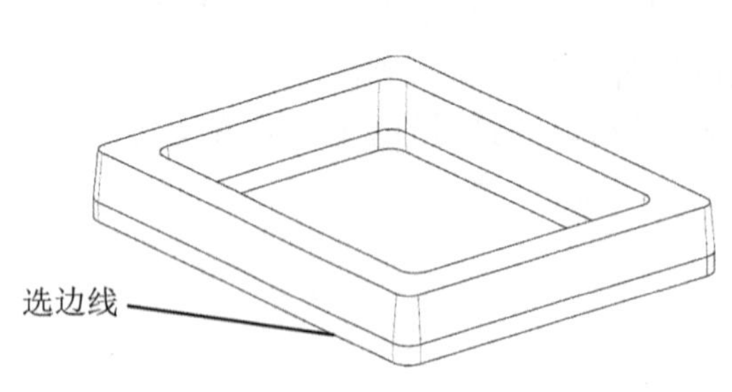

图 3-11　选取下底面的外边线

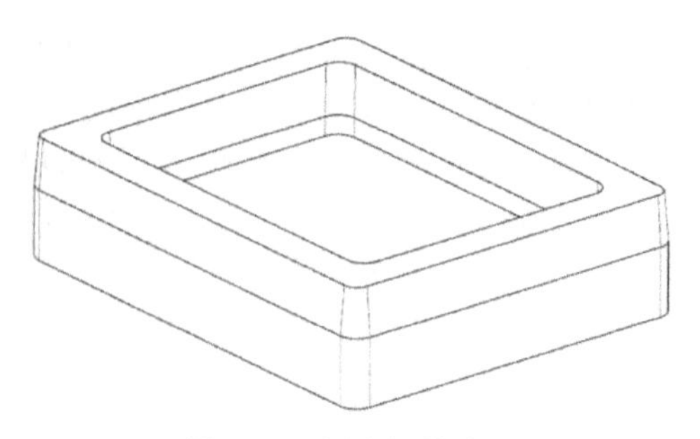

图 3-12　创建拉伸特征

（18）单击“拉伸”按钮，在【拉伸】对话框中单击“绘制截面”按钮，选取工件下底面为草绘平面，*X* 轴为水平参考，以原点为中心绘制截面（三），如图 3-13 所示。

（19）单击“完成”按钮，在【拉伸】对话框中“指定矢量”选取“-ZC↓”选项，“开始”选取“值”，“距离”设为 0，“结束”选取“值”，“距离”设为 5mm，“布尔”选取“求和”。

（20）单击“确定”按钮，创建拉伸特征（台阶），如图 3-14 所示。

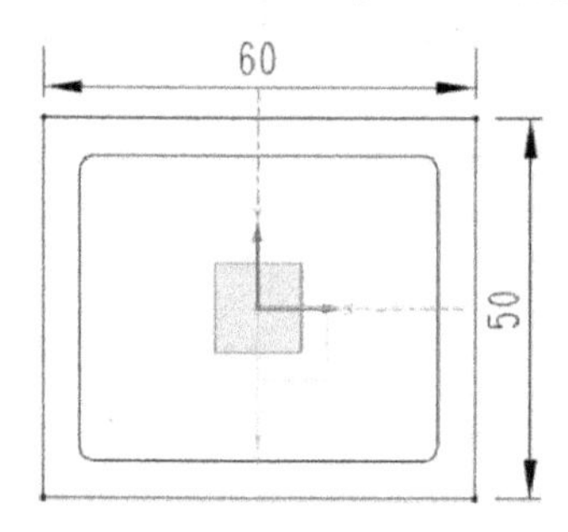

图 3-13　绘制截面（三）

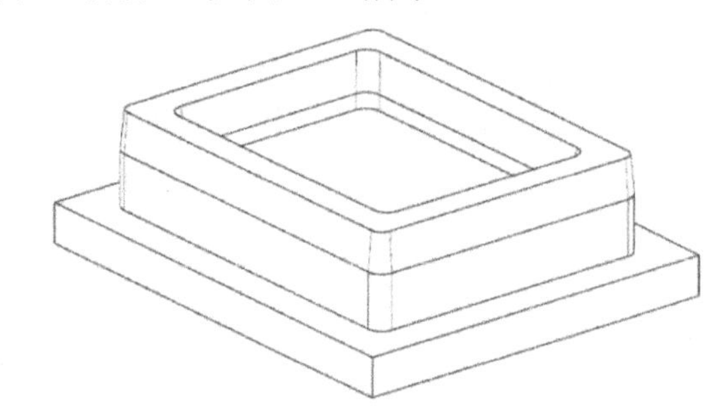

图 3-14　创建拉伸特征（台阶）

（21）单击“倒斜角”按钮，在【倒斜角】对话框中对“横截面”选取“对称”，“距离”设为 3mm，如图 3-15 所示。

（22）选取工件台阶右下角的竖直边，创建倒斜角特征，如图 3-16 所示。

图 3-15　设置“倒斜角”参数

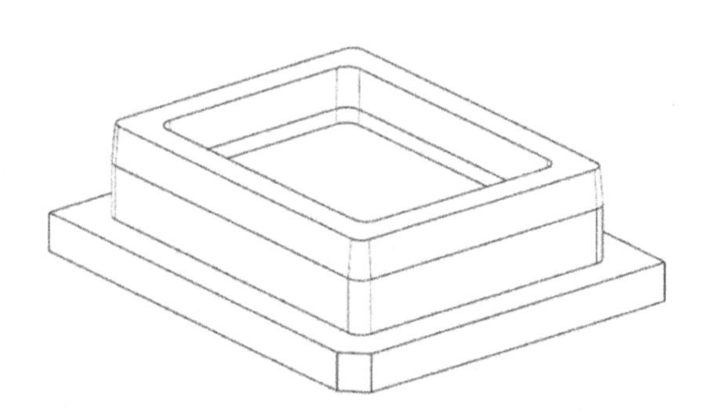

图 3-16　创建倒斜角特征

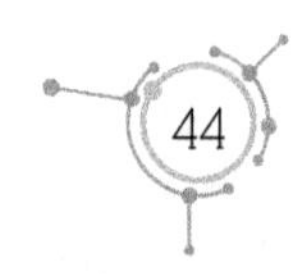

（23）选取“菜单 | 格式 | WCS | 定向”命令，在【CSYS】对话框中对“类型”选取“对象的 CSYS”选项，如图 3-17 所示。

（24）选取工件的上表面，把动态坐标系移至上表面的中心。单击键盘上的 W 键，动态坐标系就会显示出来，如图 3-18 所示。

图 3-17 设定【CSYS】对话框

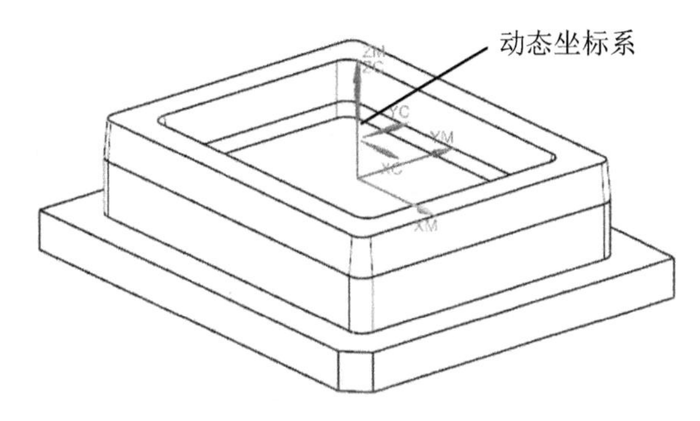

图 3-18 把动态坐标系移至上表面的中心

（25）选取“菜单 | 编辑 | 移动对象”命令，选取工件。在【移动对象】对话框中对“运动”选取“从 CSYS 到 CSYS”选项，“指定起始 CSYS”选取“动态”，“指定目标 CSYS”选取“绝对 CSYS”，选中“◉ 移动原先的”单选框，如图 3-19 所示。

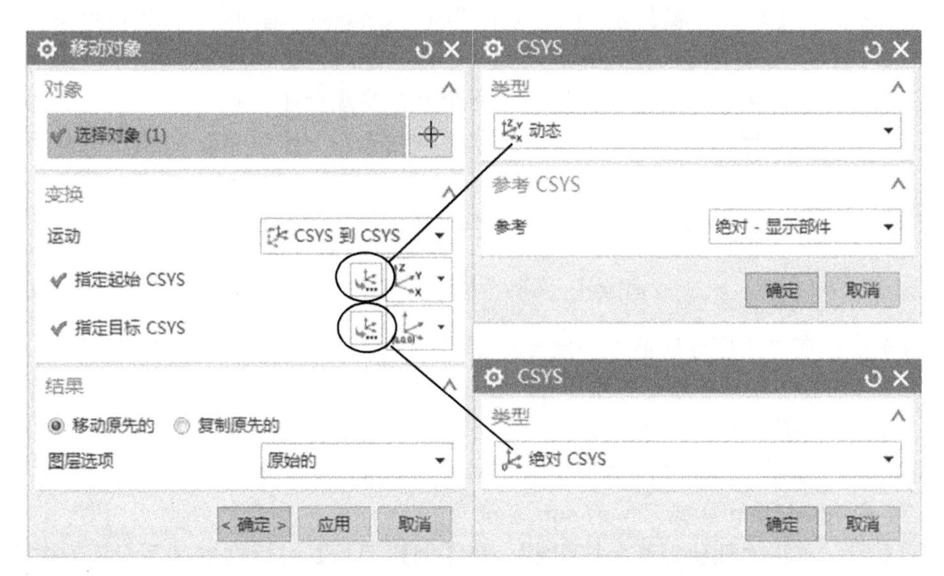

图 3-19 设定“移动对象”参数

（26）单击“确定”按钮，工件坐标系就移到工件上表面的中心，如图 3-20 所示。

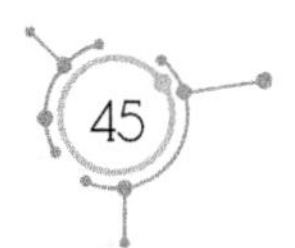

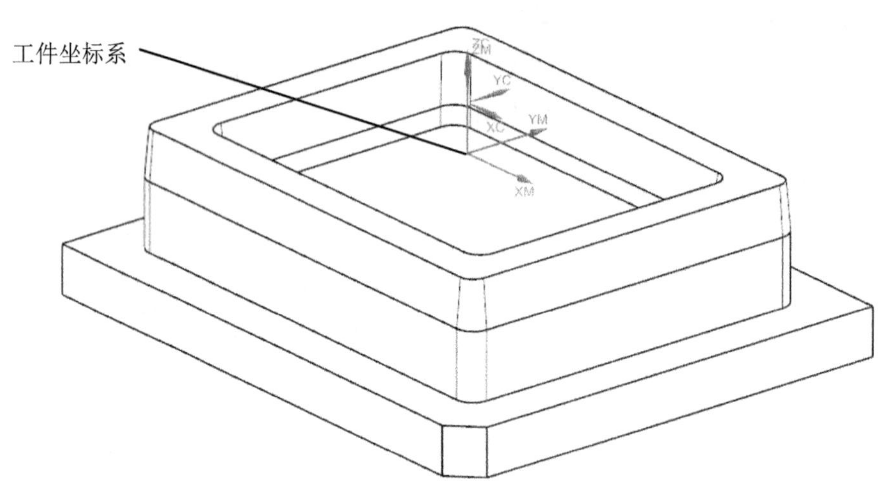

图 3-20 工件坐标系移至工件上表面中心

3. 数控编程过程

（1）进入 UG 加工环境。

第 1 步：在横向菜单中单击“应用模块”选项卡，再单击“加工”命令，参考图 1-17。

第 2 步：在【加工环境】对话框中选择“cam_general”选项和“mill_contour”选项，参考图 1-18。单击“确定”按钮，进入加工环境。此时，工作区中出现两个坐标系，一个是基准坐标系，另一个是工件坐标系，两个坐标系重合在一起。

第 3 步：在屏幕左上方的工具条中选取“几何视图”按钮，如图 3-21 所示。

图 3-21 选取“几何视图”按钮

第 4 步：在“工序导航器”中展开 MCS_MILL，再双击“WORKPIECE”按钮。

第 5 步：在【工件】对话框中单击“指定部件”按钮，在绘图区中选取整个零件，单击“确定”按钮，单击“指定毛坯”按钮，在【毛坯几何体】对话框中“类型”选择“包容块”选项，“XM-”、“YM-”、“XM+”、“YM+”、“ZM+”设为 1mm。

（2）创建 ϕ12mm 立铣刀与 ϕ6mm 立铣刀。

第 1 步：单击“创建刀具”按钮，在【创建刀具】对话框中对“刀具子类型”选取“MILL”按钮，“名称”设为 D12R0，单击“确定”按钮。

第 2 步：在【铣刀－5 参数】对话框中“直径”设为ϕ12mm，“下半径”设为 0。

第 3 步：按照上述方法，创建 D6R0 立铣刀，“直径”设为ϕ6mm，“下半径”设为 0。

（3）创建边界面铣刀路（粗加工程序）。

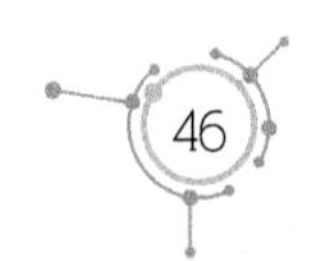

第 1 步：单击“创建工序”按钮，在【创建工序】对话框中对“类型”选取“mill_planar”，“工序子类型”选取“使用边界面铣削”按钮，“程序”选取“NC_PROGRAM”，“刀具”选取 D12R0，“几何体”选取 WORKPIECE，“方法”选取“METHOD”，如图 3-22 所示，单击“确定”按钮。

第 2 步：在【面铣】对话框中单击“指定面边界”按钮，在【毛坯边界】对话框中“选择方法”选取“面”，在工件上选取台阶面，如图 3-23 所示。

图 3-22 【创建工序】对话框

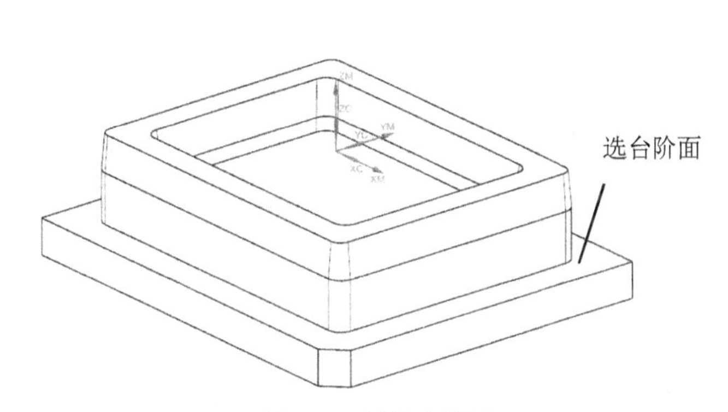

图 3-23 选取台阶面

第 3 步：在【毛坯边界】对话框中“刀具侧”选取“内部”，“刨”选取“指定”，勾选“☑余量”复选框，“余量”设为 2mm，如图 3-24 所示。在工作区中选取工件最高位，在滑板中“距离”设为 3mm，如图 3-25 所示。

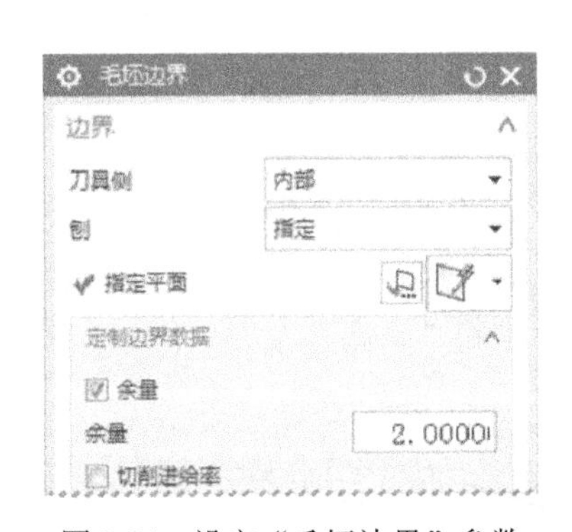

图 3-24 设定“毛坯边界”参数

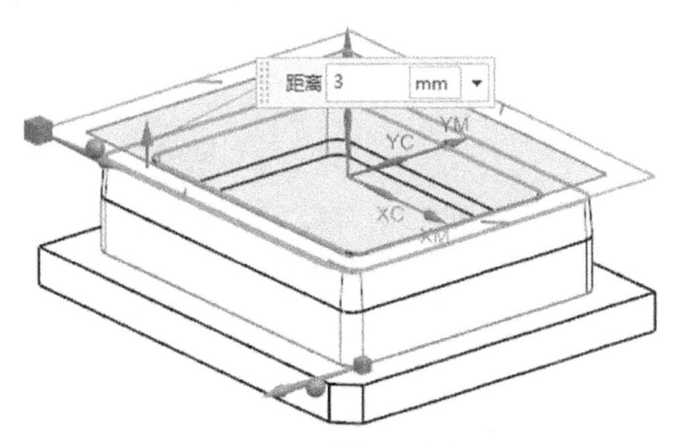

图 3-25 “距离”设为 3mm

第 4 步：在【面铣】对话框中对“方法”选取“METHOD”，“切削模式”选取“往复”，“步距”选取“刀具平直百分比”，“平面直径百分比”设为 75%，毛坯距离设为 3mm，“每刀切削深度”设为 0.5mm，“最终底面余量”设为 0.1mm，如图 3-26 所示。

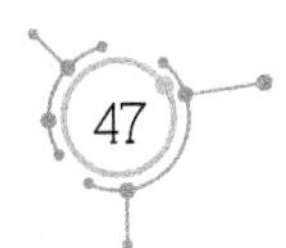

第 5 步：单击“切削参数”按钮，在【切削参数】对话框中对“策略”选项卡中的“切削角”选取“指定”，“与 XC 的夹角”设为 0，在“余量”选项卡中部件余量设为 0.2mm。

第 6 步：单击“非切削移动”按钮，在【非切削移动】对话框中单击“进刀”选项卡，在“开放区域”中，“进刀类型”选取“线性”，“长度”设为 5mm，“高度”设为 3mm，“最小安全距离”设为 8mm。

第 7 步：单击“进给率和速度 ”按钮，主轴速度设为 1000 r/min，进给率设为 1200 mm/min。

第 8 步：单击“生成”按钮，生成面铣刀路，如图 3-27 所示。

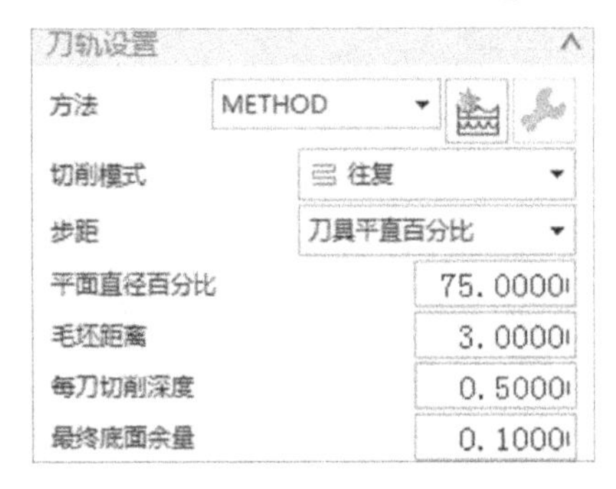

图 3-26 “刀轨设置”参数

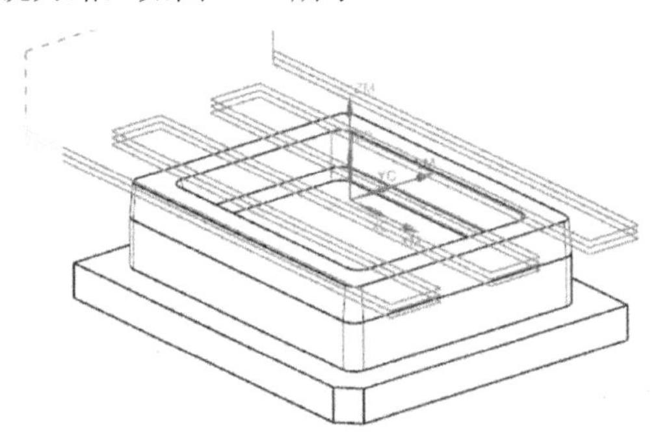

图 3-27 面铣刀路

第 9 步：在辅助工具条中单击“前视图”按钮，从前视图中可看出刀路与工件相距 3mm，如图 3-28 所示，这个 3mm 就是图 3-25 中所设置的距离（3mm）。

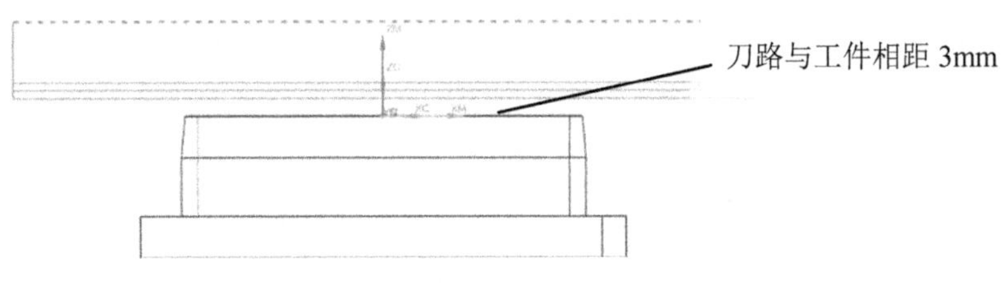

图 3-28 前视图刀路

第 10 步：在“工序导航器”中双击 FACE_MILLING，在【面铣】对话框中单击“指定面边界”按钮，在【毛坯边界】对话框中连续单击“列表”栏中的“移除”按钮，移除列表栏中的数据。再重新选取台阶面，并在图 3-25 中将“距离”设为 0.1mm，重新生成的刀路与工件贴在一起，如图 3-29 所示。

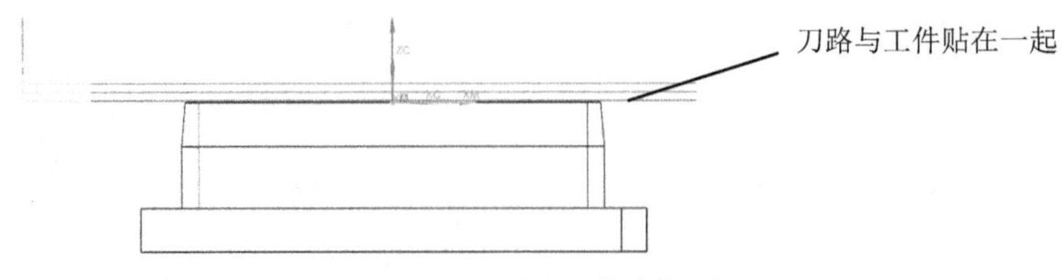

图 3-29 刀路与工件贴在一起

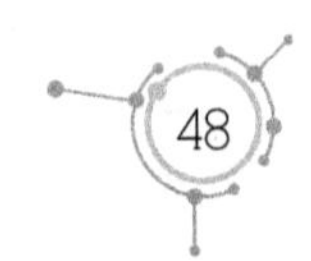

第 11 步：在“工序导航器”中双击 FACE_MILLING，在图 3-25 中将距离改为 0，重新生成的刀路如图 3-30 所示，这是因为图 3-25 中所设定的距离小于图 3-26 中的“最终底面余量”。

第 12 步：如果在图 3-24 中将余量改为 30mm，“偏移距离”设为 2mm，那么重新生成的刀路如图 3-31 所示（加工范围扩大）。这里的余量指的是范围，正值为扩大，负值为缩小。

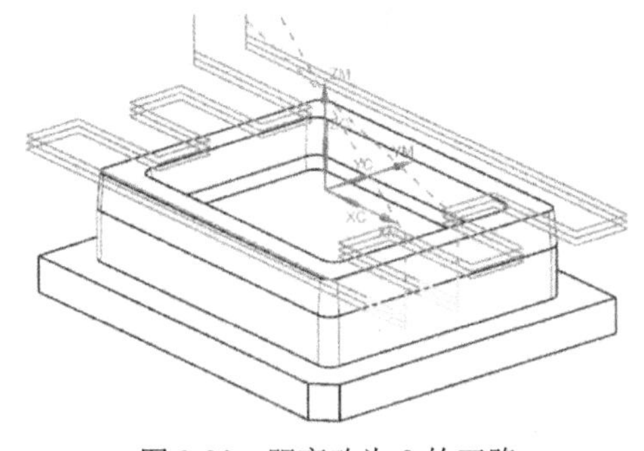

图 3-30　距离改为 0 的刀路

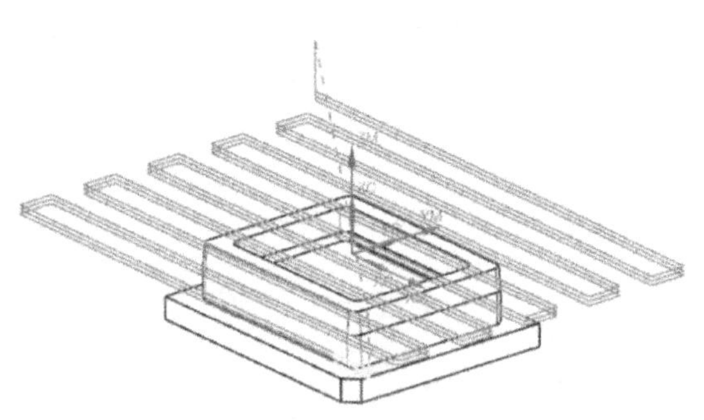

图 3-31　余量改为 30mm 的刀路

（4）创建外形铣削刀路（粗加工程序）。

第 1 步：选择主菜单中“插入｜工序”命令，在【创建工序】对话框中对“类型”选取“mill_planar”，“工序子类型”选取“平面铣”按钮，“程序”选取“NC_PROGRAM”，“刀具”选取 D12R0，“几何体”选取 WORKPIECE，“方法”选取“METHOD”，如图 3-32 所示，单击“确定”按钮。

第 2 步：在【平面铣】对话框中单击“指定部件边界”按钮，在【边界几何体】对话框中“模式”选取“面”，“材料侧”选取“内部”，取消“□忽略岛”、“□忽略孔”、“□忽略倒斜角”复选框前面的“√”，如图 3-33 所示。

图 3-32　“工序子类型”选取“平面铣”按钮

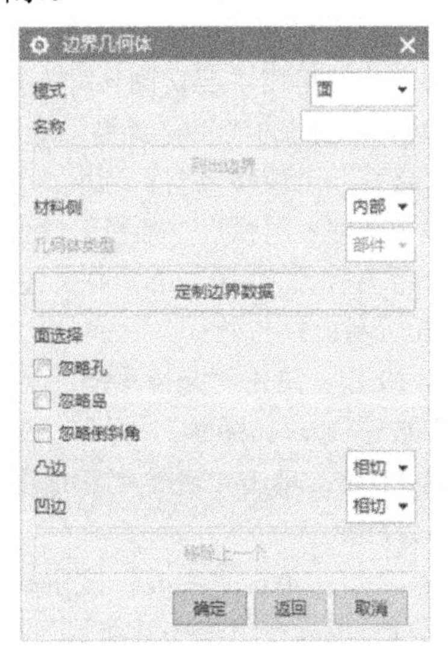

图 3-33 设定【边界几何体】对话框

第 3 步：选中工件台阶面，单击“确定”按钮，在【编辑边界】对话框中单击“下一步”按钮▶，外部边线加强显示（外边线呈黄色）后，点“移除”按钮，移除外边线，内边线加强显示（内边线呈黄色），如图 3-34 所示。

第 4 步：在【编辑边界】对话框中“刨”选取“用户定义”，选中工件的最高点，“偏移距离”设为 0，单击“确定”按钮。

第 5 步：在【平面铣】对话框中单击“指定底面”按钮，选取工件的台阶面。

第 6 步：在【平面铣】对话框中，“方法”选取“METHOD”，“切削模式”选取“轮廓” 轮廓，“步距”选取“恒定”，“最大距离”设为 10mm，“附加刀路”设为 1，如图 3-35 所示。

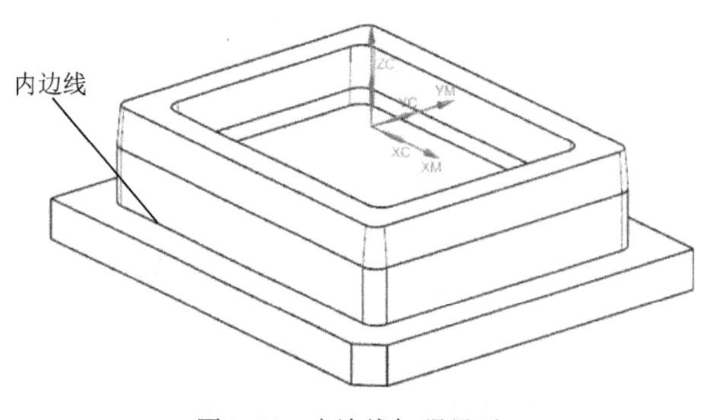

图 3-34　内边线加强显示

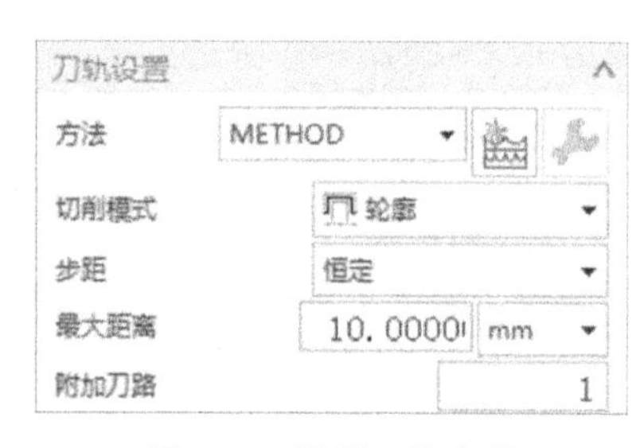

图 3-35　设置刀轨参数

第 7 步：单击“切削层”按钮，在【切削层】对话框中对“范围类型”选取“恒定”，“公共”设为 0.5mm。

第 8 步：单击“切削参数”按钮，在【切削参数】对话框中单击“策略”选项卡，“切削方向”选取“顺铣”，“切削顺序”选取“深度优先”选项，在“余量”选项卡中，“部件余量”设为 0.3 mm，“最终底面余量”设为 0.2 mm，“内（外）公差”设为 0.01。

第 9 步：单击“非切削移动”按钮，在【非切削移动】对话框中“转移/快速”选项卡中区域之间的“转移类型”选取“安全距离-刀轴”，在区域内的“转移方式”选取“进刀/退刀”，“转移类型”选取“直接”。在“进刀”选项卡，在“开放区域”中，“进刀类型”选取“圆弧”，“半径”设为 3mm，“圆弧角度”设为 90°，“高度”设为 0，“最小安全距离”设为 10 mm，在“退刀”选项卡中“退刀类型”选取“与进刀相同”，如图 3-36 所示。

第 10 步：单击“起点/钻点”选项卡，“重叠距离”设为 3mm，“指定点”选取“控制点”按钮，如图 3-37 所示，在工件上选取左下角一条边的中点为起始点。

第 11 步：单击“进给率和速度 ”按钮，主轴速度设为 1000 r/min，进给率设为 1200mm/min。

第 12 步：单击“生成”按钮，生成的加工台阶面刀路如图 3-38 所示。

第 13 步：在“工序导航器”中选取 PLANAR_MILL，单击鼠标右键，选取“复制”命令，再次选取 PLANAR_MILL，单击鼠标右键，选取“粘贴”命令。

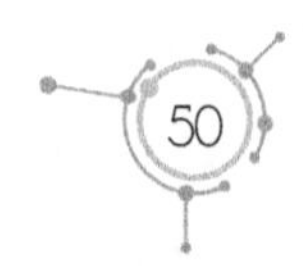

图 3-36 设定“进刀”参数

图 3-37 设定“起点/钻点”参数

第 14 步：在“工序导航器”中双击 PLANAR_MILL_COPY，在【平面铣】对话框中单击“指定部件边界”按钮，在【编辑边界】对话框中单击“全部重选”按钮 全部重选 。

第 15 步：在【边界几何体】对话框中“模式”选取“面”，“材料侧”选取“内部”，勾选“忽略岛”、“忽略孔”复选框。

第 16 步：选中工件台阶面，单击“确定”按钮，外边线加强显示，系统选取台阶的外边线。

第 17 步：在【编辑边界】对话框中“刨”选取“用户定义”，选中工件的台阶，“偏移距离”设为 0，单击“确定”按钮。

第 18 步：在【平面铣】对话框中单击“指定底面”按钮，选取工件的下底面，偏移距离设为 0，单击“确定”按钮。

第 19 步：在【平面铣】对话框中，“附加刀路”设为 0。

第 20 步：单击“生成”按钮，生成的加工台阶外形刀路如图 3-39 所示。

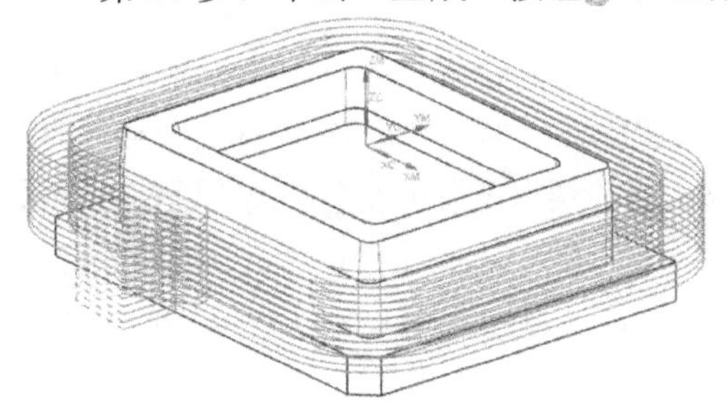

图 3-38 加工台阶面刀路

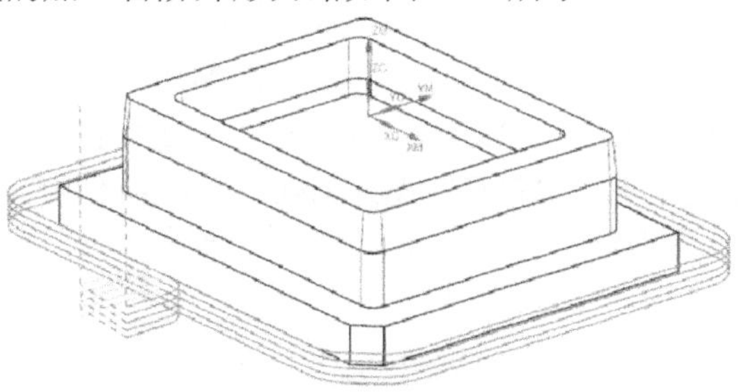

图 3-39 加工台阶外形刀路

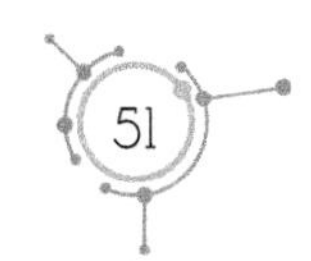

第 21 步：在“工序导航器”中选取 PLANAR_MILL，单击鼠标右键，选取“复制”命令，再次选取 PLANAR_MILL，单击鼠标右键，选取“粘贴”命令。

第 22 步：在“工序导航器”中双击 PLANAR_MILL_COPY_1，在【平面铣】对话框中单击“指定部件边界”按钮，在【编辑边界】对话框中单击“全部重选”按钮 全部重选 。

第 23 步：在【边界几何体】对话框中对“模式”选取“面”，对“材料侧”选取“外部”，如图 3-40 所示。

第 24 步：选中工件孔的底面，单击“确定”按钮，系统选取工件孔的边线。

第 25 步：在【编辑边界】对话框中“刨”选取“用户定义”，选中工件的上表面，“偏移距离”设为 0，单击“确定”按钮。

第 26 步：在【平面铣】对话框中单击“指定底面”按钮，选取孔的下底面，偏移距离设为 0，单击“确定”按钮。

第 27 步：在【平面铣】对话框中，“切削模式”选取“跟随周边” 跟随周边 ，“步距”选取“恒定”，“最大距离”设为 10mm，如图 3-41 所示。

图 3-40 对“材料侧”选取“外部”

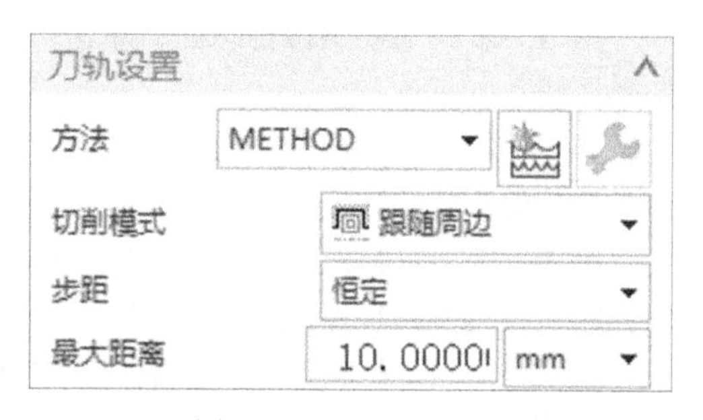

图 3-41 设置刀轨参数

第 28 步：单击“非切削移动”按钮，在【非切削移动】对话框中单击“进刀”选项卡，在“封闭区域”的“进刀类型”选取“螺旋”，“半径”设为 10 mm，“斜坡角”设为 1°，“高度”设为 1mm，“高度起点”选取“当前层”，“最小安全距离”设为 1 mm，“最小斜坡长度”设为 10mm，如图 3-42 所示。在“退刀”选项卡中“退刀类型”选取“与进刀相同”（为了初学者加深对这些参数的认识，可以夸张地修改这些参数，重新生成刀路后观察刀路的变化）。

第 29 步：单击“生成”按钮，生成挖槽刀路，如图 3-43 所示。

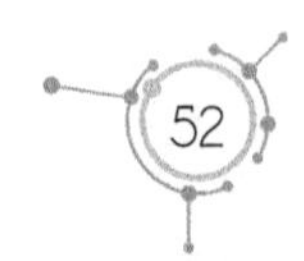

图 3-42 设定进刀参数

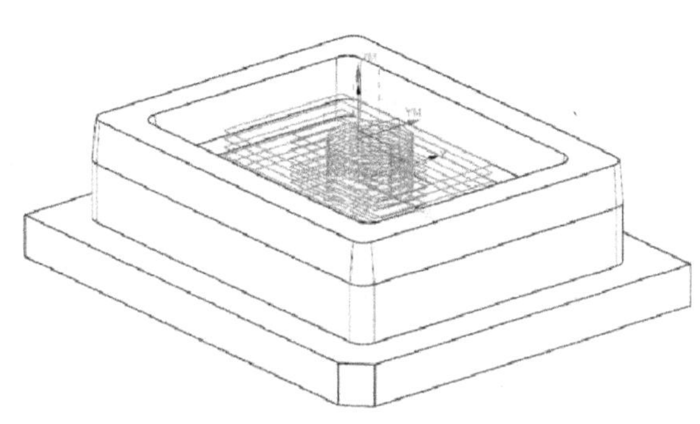

图 3-43 挖槽刀路

第 30 步：在工作区上方的工具条中选取“程序顺序视图”按钮，如图 3-44 所示。

图 3-44 选取“程序顺序视图”按钮

第 31 步：在“工序导航器”中将“PROGRAM”改名为“ A1”，并把所创建的程序移到 A1 下面，如图 3-45 所示。

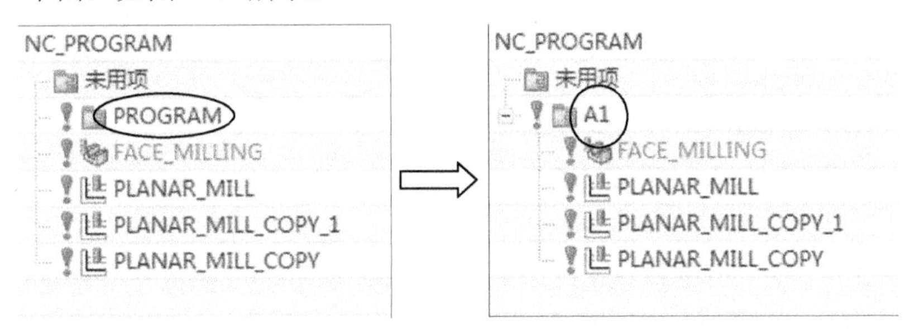

图 3-45 修改工序导航器

（5）创建精加工刀路。

第 1 步：依次选取“菜单｜插入｜程序”命令，在【创建程序】对话框中对“类型”选取“mill_planar”，“程序”选取“NC_PROGRAM”，“名称”设为“A2”。

第 2 步：单击“确定”按钮，创建 A2 程序组。此时，A2 与 A1 并列，且 A2 和 A1 都在“NC_PROGRAM”下，如图 3-46 所示。

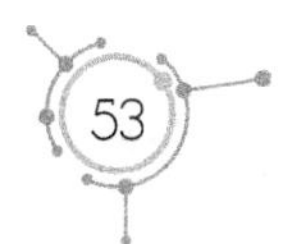

第 3 步：在“工序导航器”中选取 PLANAR_MILL、 PLANAR_MILL_COPY 两个程序，单击鼠标右键，选取“复制”命令。再选中“A2”，单击鼠标右键，选取“内部粘贴”命令，将上述两个程序粘贴到 A2 程序组，如图 3-47 所示。

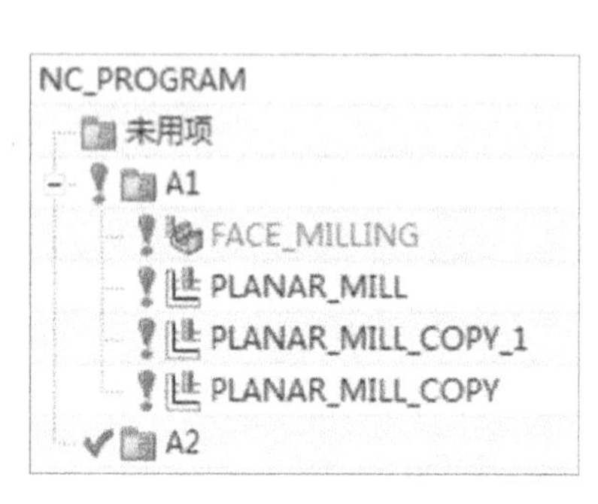

图 3-46　创建 A2 程序组

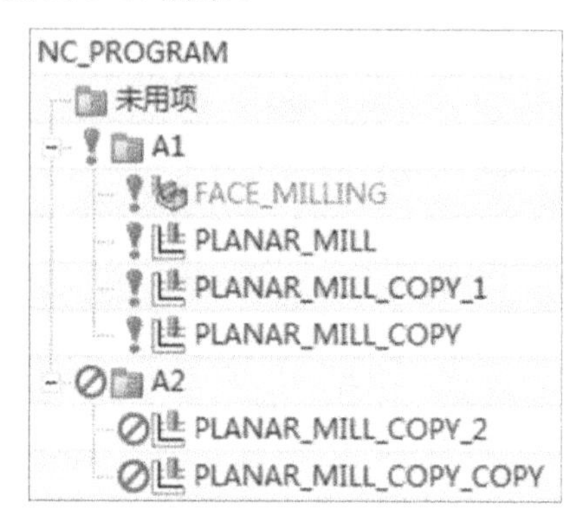

图 3-47　复制工序

第 4 步：在“工序导航器”中双击 PLANAR_MILL_COPY_2，在【平面铣】对话框中将“最大距离”改为 0.1mm，“附加刀路”改为 2。单击“切削层”按钮，在【切削层】对话框中选取“仅底面”选项，单击“切削参数”按钮，在【切削参数】对话框中将“余量”改为 0，单击“进给率和速度 ”按钮，主轴转速设为 1200 r/min，进给率设为 500 mm/min。

第 5 步：单击“生成”按钮，生成精加工台阶刀路，如图 3-48 所示。

第 6 步：采用相同的方法，修改 PLANAR_MILL_COPY_COPY，生成精加工外形刀路如图 3-49 所示。

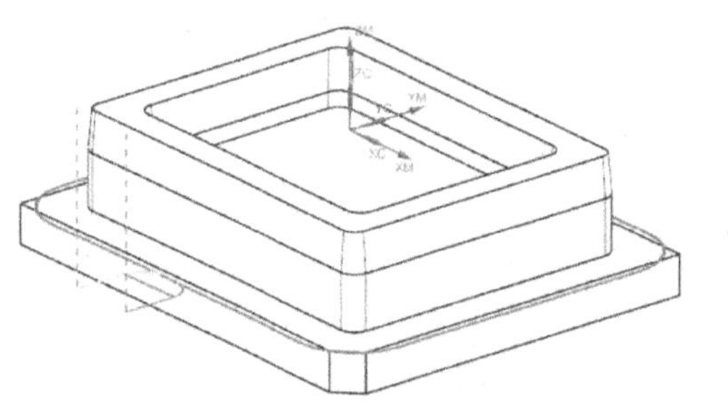

图 3-48　精加工台阶刀路

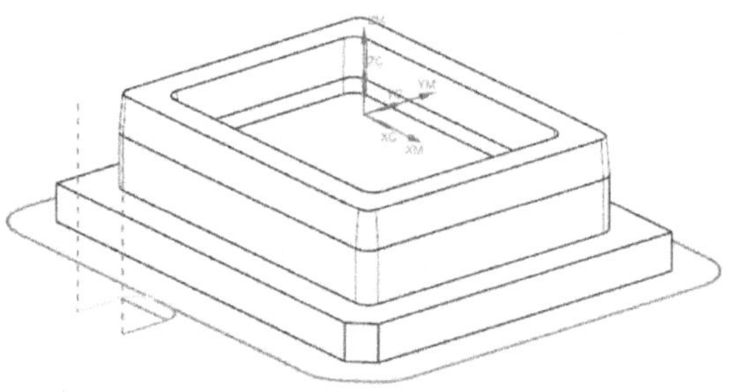

图 3-49　精加工外形刀路

（6）创建 ϕ6mm 立铣刀刀路。

第 1 步：创建一个新的程序组，命令设为 A3。

第 2 步：在“工序导航器”中选取 PLANAR_MILL_COPY_1，单击鼠标右键，选取“复制”命令。再选中“A3”，单击鼠标右键，选取“内部粘贴”命令，将 PLANAR_MILL_COPY_1粘贴到 A3 程序组，如图 3-50 所示。

第 3 步：在“工序导航器”中双击 PLANAR_MILL_COPY_1_COPY，在【平面铣】对话框中选取“D6R0”铣刀，如图 3-51 所示。

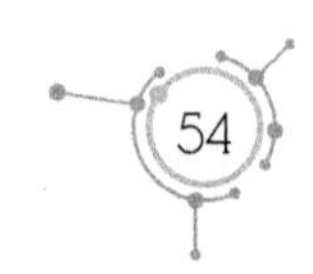

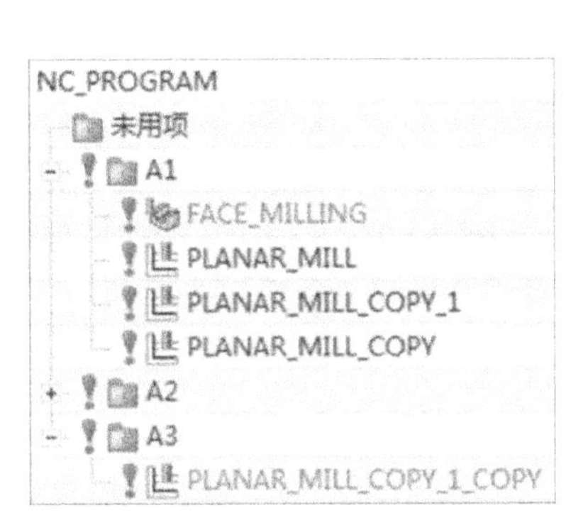

图 3-50　复制刀路

图 3-51　选取“D6R0”铣刀

第 4 步：在【平面铣】对话框中对“切削模式”改选取“轮廓”选项轮廓，单击“切削层”按钮，在【切削层】对话框中把“公共每刀切削深度”设为 0.3mm。单击“切削参数”按钮，在【切削参数】对话框中选中“空间范围”选项卡，“处理中的工件”选取“使用参考刀具”，“参考刀具”选取“ϕ12R0”，“重叠距离”设为 2mm，如图 3-52 所示。单击“非切削移动”按钮，在【非切削移动】对话框中单击“进刀”选项卡，在“封闭区域”中，“进刀类型”选取“与开放区域相同”，在“开放区域”中，“进刀类型”选取“圆弧”，“半径”设为 1mm，“圆弧角度”设为 90°，“最小安全距离”设为 2mm，如图 3-53 所示。

图 3-52　设置“空间范围”

图 3-53　设置进刀参数

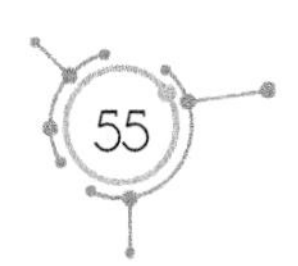

第 5 步：单击“生成”按钮，生成清角刀路，如图 3-54 所示。

第 6 步：在“工序导航器”中选中 PLANAR_MILL_COPY_1_COPY，单击鼠标右键，选取“复制”命令。再选取中 A3，单击鼠标右键，选取“内部粘贴”命令，将 PLANAR_MILL_COPY_1_COPY 粘贴到 A3 程序组。

第 7 步：双击 PLANAR_MILL_COPY_1_COPY_COPY，在【平面铣】对话框中“最大距离”改为 0.1mm，“附加刀路”改为 2。单击“切削层”按钮，在【切削区】对话框中“类型”改为“仅底面”。单击“切削参数”按钮，在【切削参数】对话框中选中“空间范围”选项，“处理中的工件”选取“无”，单击“余量”选项卡，“部件余量”、“最终底面余量”设为 0。

第 8 步：单击“生成”按钮，生成精加工刀路，如图 3-55 所示。

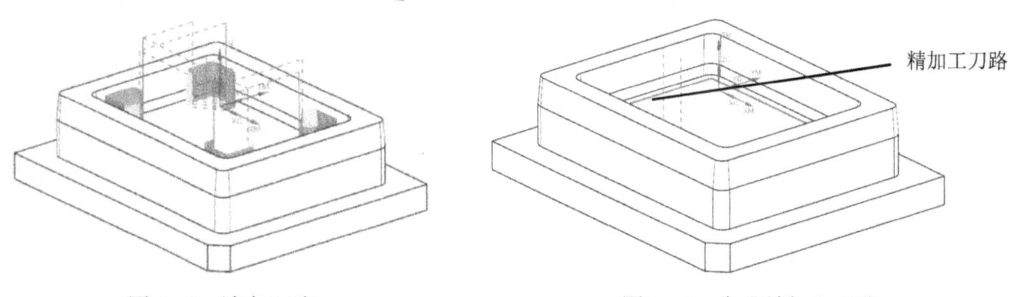

图 3-54　清角刀路　　　　图 3-55　生成精加工刀路

第 9 步：在“工序导航器”中选中 PLANAR_MILL_COPY_1_COPY_COPY，单击鼠标右键，选取“复制”命令。再选中 A3，单击鼠标右键，选取“内部粘贴”命令，将 PLANAR_MILL_COPY_1_COPY_COPY 粘贴到 A3 程序组。

第 10 步：双击 PLANAR_MILL_COPY_1_COPY_COPY_COPY，在【平面铣】对话框中“切削模式”改为“跟随周边” 跟随周边，“最大距离”改为 2mm。单击“进给率和速度”按钮，主轴转速设为 1200 r/min，进给率设为 500 mm/min。

第 11 步：单击“生成”按钮，生成加工底面的刀路如图 3-56 所示。

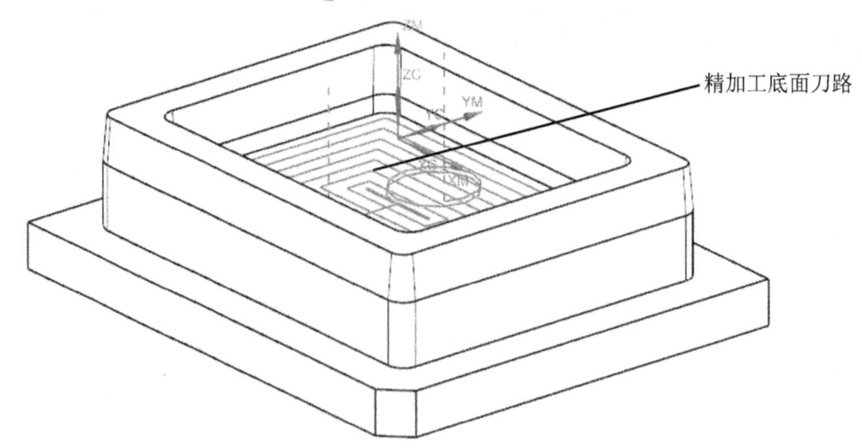

图 3-56　加工底面的刀路

第 12 步：单击“创建工序”按钮，在【创建工序】对话框中对“类型”选取“mill_planar”，“子类型”选取“底壁加工”按钮，“程序”选取“A3”，“刀具”选取“D6R0”，“几何体”选取“WORKPLECE”，如图 3-57 所示。

第 13 步：单击“确定”按钮，在【底壁加工】对话框中单击“指定切削区底面”按钮，选取工件的上表面，单击“确定”按钮。

第 14 步：在【底壁加工】对话框中单击“指定修剪边界”按钮，在【修剪边界】对话框中选取“曲线”选项，“修剪侧”选取“内部”，如图 3-58 所示。

图 3-57　设定“创建工序”参数

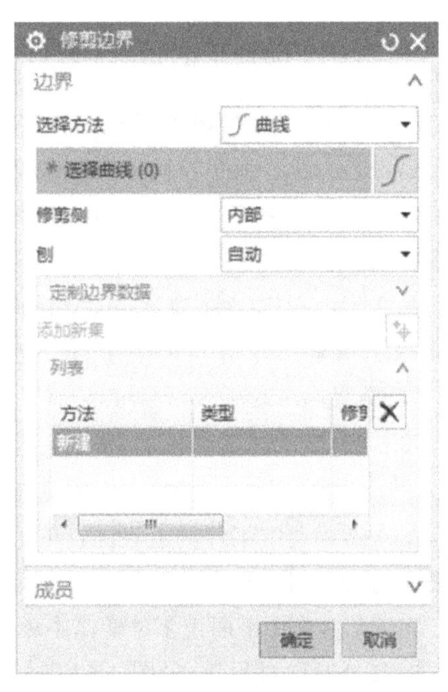

图 3-58　设定修剪边界参数

第 15 步：在工作区上方的工具条中选取“相切曲线”选项，如图 3-59 所示。

图 3-59　选取“相切曲线”

第 16 步：在工作区中选取工件口部靠内的曲线，如图 3-60 所示。

第 17 步：在【底壁加工】对话框中对“切削区域空间范围”选取“底面”，“切削模式”选取“往复”，“步距”选取“刀具平直百分比”，“平面直径百分比”设为 75%。

第 18 步：单击“切削参数”按钮，在【切削参数】对话框中“余量”设为 0。

第 19 步：单击“进给率和速度 ”按钮，主轴转速设为 1200 r/min，进给率设为 500 mm/min。

第 20 步：单击“生成”按钮，生成加工口部刀路，如图 3-61 所示。

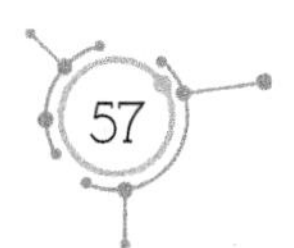

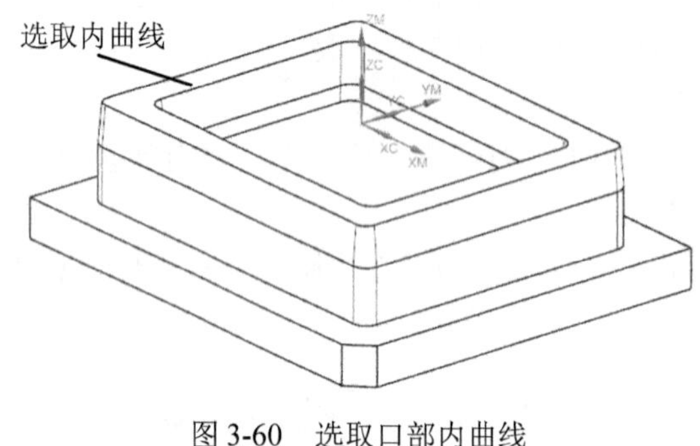

图 3-60　选取口部内曲线

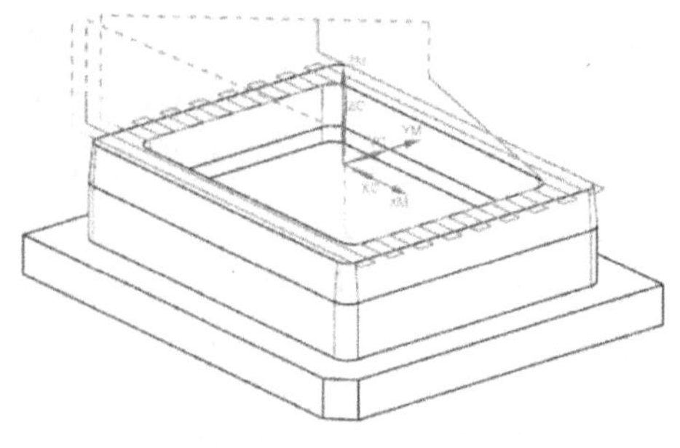

图 3-61　加工口部的刀路

（7）创建加工斜面的刀路。

第 1 步：在“工序导航器”中选取 PLANAR_MILL_COPY_1_COPY_COPY，单击鼠标右键，选取“复制”命令。再选中“A3”程序组，单击鼠标右键，选取“内部粘贴”命令。

第 2 步：双击 PLANAR_MILL_COPY_1_COPY_COPY_COPY_1，在【平面铣】对话框中单击“指定部件边界”按钮，在【编辑边界】对话框中单击“全部重选”按钮 全部重选 。

第 3 步：在【边界几何体】对话框中“模式”选取“面”，“材料侧”选取“内部”，勾选“☑忽略孔”、“☑忽略岛”复选框。

第 4 步：选中工件的上表面，单击“确定”按钮，系统选取上表面的外边线。此时，上表面的外边线呈棕色，如图 3-62 所示，单击“确定”按钮。

第 5 步：在【平面铣】对话框中单击“指定底面”按钮，在【刨】对话框中对“类型”选取“通过对象”，如图 3-63 所示。

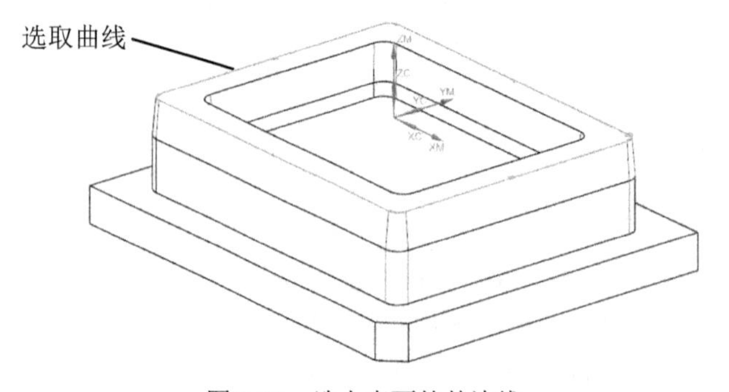

图 3-62　选上表面的外边线

图 3-63　对“类型”选取“通过对象”

第 6 步：选取工件侧面的圆弧边线（见图 3-64），系统显示该圆弧所在的平面，如图 3-65 所示，单击“确定”按钮。

第 7 步：单击“确定”按钮，在【编辑边界】对话框中“材料侧”选取“内部”选项，单击“确定”按钮。

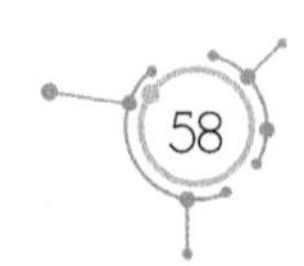

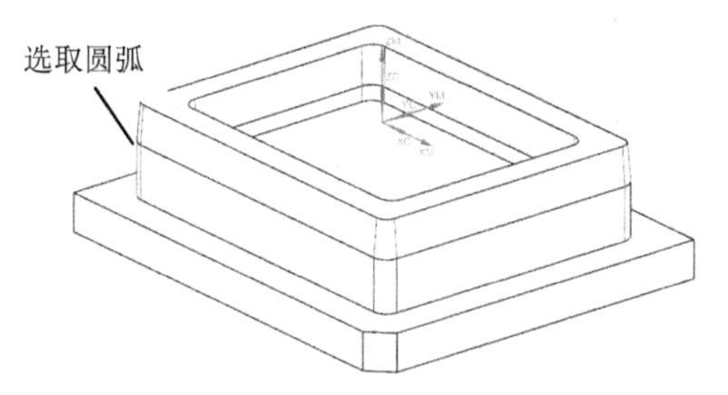

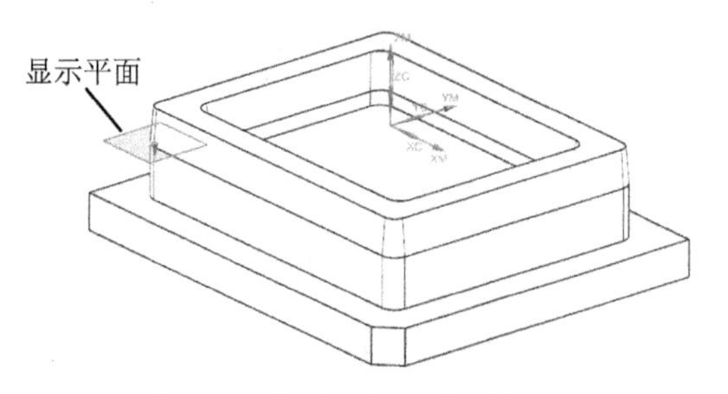

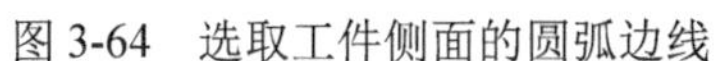

图 3-64 选取工件侧面的圆弧边线　　图 3-65 显示该圆弧所在的平面

第 8 步：在【平面铣】对话框中，“附加刀路”设为 0。

第 9 步：单击“切削层”，在【切削层】对话框中“范围类型”选取“恒定”，“公共”设为 0.1mm，“增量侧面余量”设为 0.1*tan(5)（应在英文输入法下输入“()”，否则会报警），如图 3-66 所示。

第 10 步：单击“切削参数”按钮，在【切削参数】对话框中单击 “余量”选项卡，“部件余量”设为 0，“最终底面余量”设为 0，“内（外）公差”设为 0.01。

第 11 步：单击“进给率和速度 ”按钮，主轴转速设为 1200 r/min，进给率设为 500 mm/min。

第 12 步：单击“生成”按钮，生成刀路，单击“前视图”按钮，平面铣刀路如图 3-67 所示，从图上可看出生成的刀路有斜度。

图 3-66 设定斜度

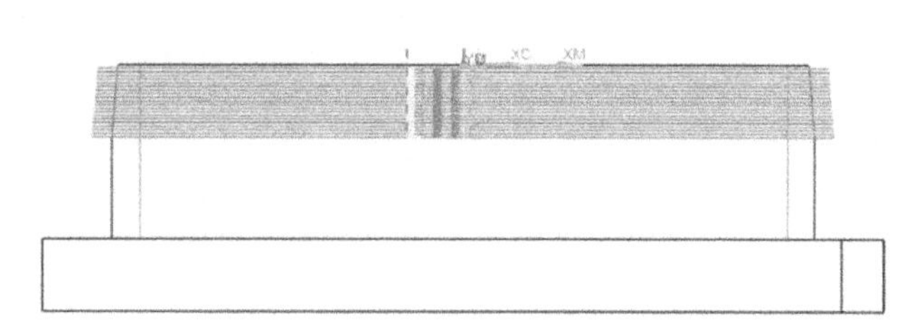

图 3-67 用平面铣刀路加工斜度

第 13 步：选择主菜单中“插入 | 工序”命令，在【创建工序】对话框中对“类型”选取“mill_contour”，“工序子类型”选取“深度轮廓加工”按钮，“程序”选取 A3，“刀具”选取 D6R0，“几何体”选取 WORKPIECE，“方法”选取“METHOD”，如图 3-68 所示，单击“确定”按钮。

第 14 步：在【深度轮廓加工】对话框中单击“指定切削区域”按钮，在零件图上选取孔周围的 4 个斜面和圆弧面如图 3-69 所示。

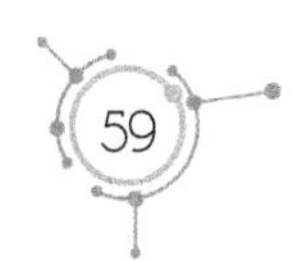

图 3-68　选“深度轮廓加工”选项

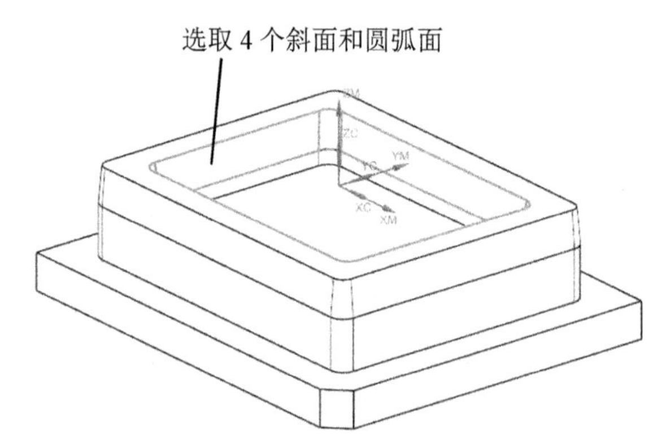

图 3-69　选取孔周围的 4 个斜面和圆弧面

第 15 步：在【深度轮廓加工】对话框中“最大距离”设为 0.1mm。

第 16 步：“切削参数”、“非切削移动”、“进给率和速度”按前面的方式进行设置。

第 17 步：单击“生成”按钮，生成刀路即用“深度轮廓加工”方式加工斜度如图 3-70 所示。

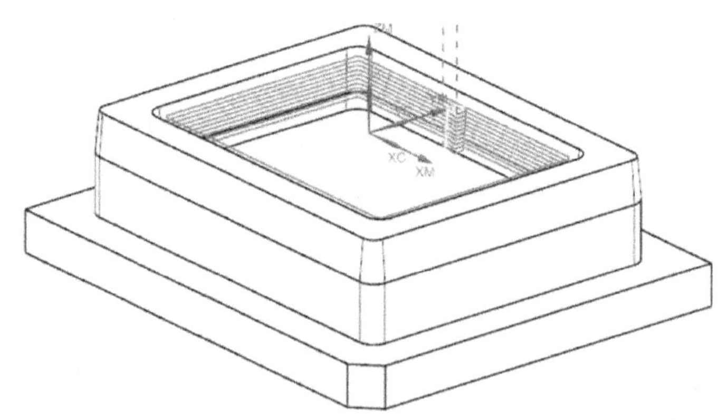

图 3-70　用“深度轮廓加工”方式加工斜度

4. 装夹方式

（1）用虎钳装夹工件时，工件的上表面至少高出台钳平面 17mm。

（2）工件采用四边分中，设上表面为 Z0，参考图 1-70。

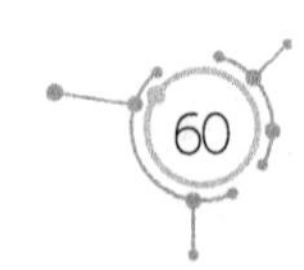

5. 加工程序单

加工程序单见表 3-1。

表 3-1 加工程序单

序号	刀具	加工深度	备注
A1	ϕ12 平底刀	17mm	粗加工
A2	ϕ6 平底刀	17mm	精加工
A3	ϕ6 平底刀	7mm	精加工

小 结

本章主要介绍以下几个方面的内容:

- 在“工序导航器”为“几何视图”模式下创建几何体。
- 运用“平面铣”刀路加工工件的外形以及开框。
- “平面铣”刀路清角功能的应用。
- 运用“底壁”加工刀路加工工件的表面。
- 刀路修剪的应用。
- 用两种不同的方式加工侧面的斜度，一种是用平面铣（加工方框外部的斜面），另一种是用深度轮廓铣（加工方框内部的斜面），用平面铣的方法加工侧面斜度时，侧面的斜度是通过设定 h*tan(α)（其中：h 为每次切削的深度，α 为斜度）来实现的，因此侧面拐角位的 R 位是线性变化的，而用深度轮廓加工方法加工侧面的斜度时，对拐角位的 R 是变化的还是恒定的，没有要求。

项目 4　带凸台的零件

本项目详细介绍了在 UG 数控编程中“使用边界面铣削”命令开框及加工侧面斜度的方法，工件的材料为铝块，尺寸如图 4-1 所示。

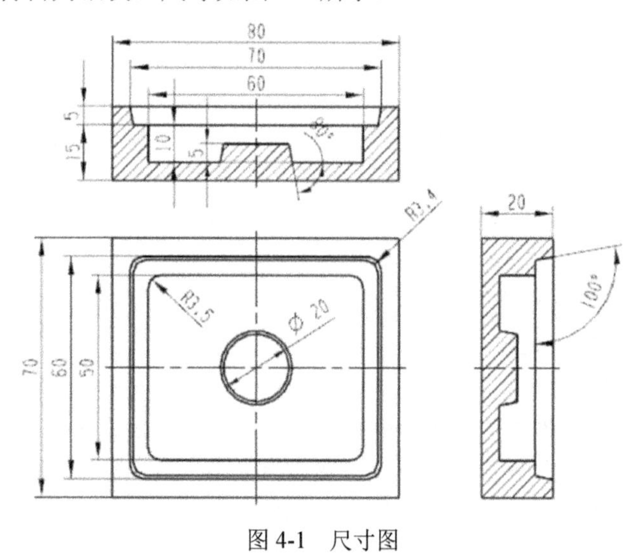

图 4-1　尺寸图

1. 加工工序分析图

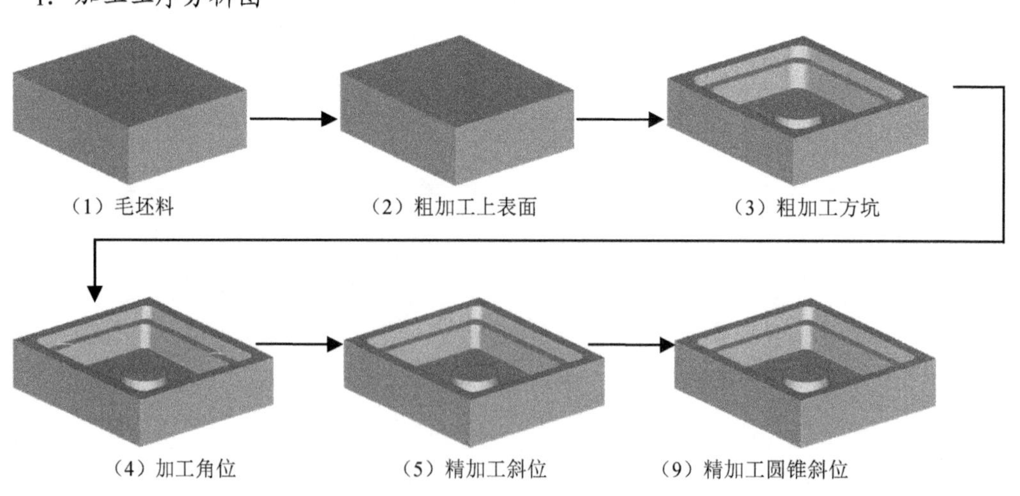

2. 建模过程

（1）启动 NX 10.0，单击“新建”按钮，在【新建】对话框中选取“模型”选项卡，在模板框中“单位”选择“毫米”，选取“模型”模板，“名称”设为“EX4.prt”，文件夹选取“E:\UG10.0 数控编程\项目 4”。

（2）单击“拉伸”按钮，在【拉伸】对话框中单击“绘制截面”按钮，选取 *XOY* 平面为草绘平面，*X* 轴为水平参考，以原点为中心绘制截面（一），如图 4-2 所示。

（3）单击“完成”按钮，在【拉伸】对话框中“指定矢量”选取“ZC↑”按钮，“开始”选取“值”，“距离”设为 0，“结束”选取“值”，“距离”设为 20mm，“布尔”选取“无”，如图 1-10 所示。

（4）单击“确定”按钮，创建一个拉伸特征，如图 4-3 所示。

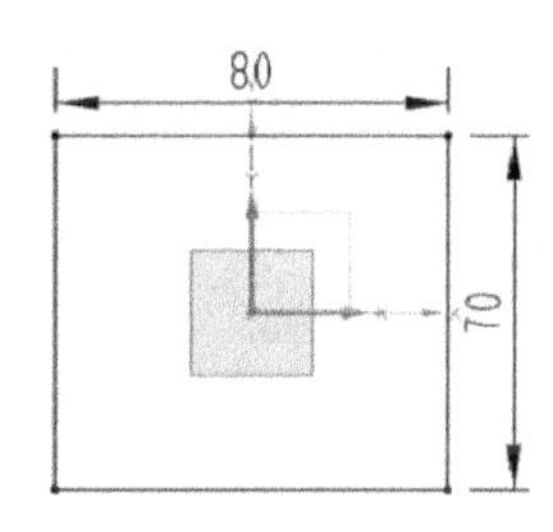

图 4-2　绘制截面（一）

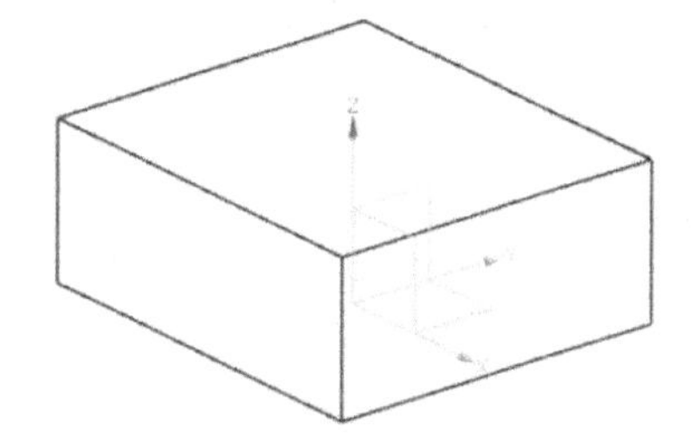

图 4-3　拉伸特征

（5）单击“拉伸”按钮，在【拉伸】对话框中单击“绘制截面”按钮，选取工件上表面为草绘平面，*X* 轴为水平参考，以原点为中心绘制截面（二），如图 4-4 所示。

（6）单击“完成”按钮，在【拉伸】对话框中“指定矢量”选取“ZC↑”按钮，“开始”选取“值”，“距离”设为 0，“结束”选取“值”，“距离”设为-5mm，“布尔”选取“求差”按钮，“拔模”选取“从起始限制”，“角度”为-10°，如图 4-5 所示。

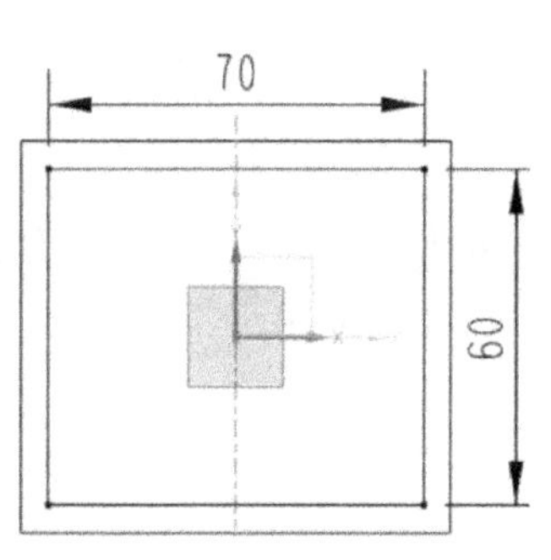

图 4-4　绘制截面（二）

图 4-5　设置【拉伸】对话框参数

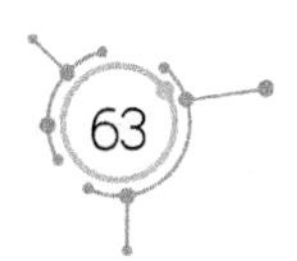

（7）单击“确定”按钮，在实体上表面创建一个带斜度的方坑，如图 4-6 所示。

（8）单击“拉伸”按钮，在【拉伸】对话框中单击“绘制截面”按钮，选取工件方坑的上表面为草绘平面，*X* 轴为水平参考，以原点为中心绘制截面（三），如图 4-7 所示。

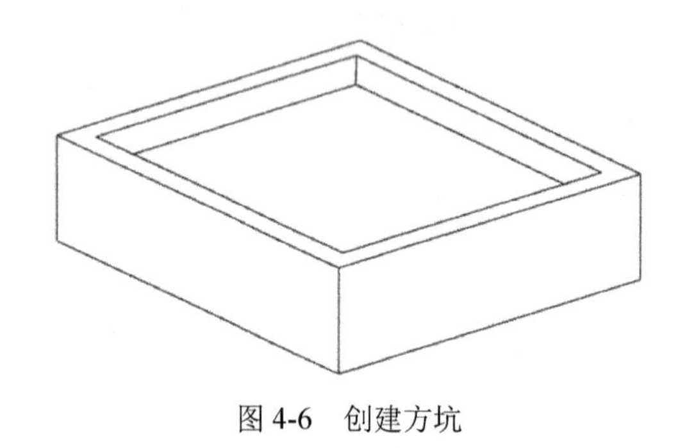

图 4-6　创建方坑

图 4-7　绘制截面（三）

（9）单击“完成”按钮，在【拉伸】对话框中对“指定矢量”选取“ZC↑”按钮，“开始”选取“值”，“距离”设为 0，“结束”选取“值”，“距离”设为-10mm，“布尔”选取“求差”按钮，“拔模”选取“无”。

（10）单击“确定”按钮，在实体表面创建一个方坑，如图 4-8 所示。

（11）单击“边倒圆”按钮，在零件上选取内框的 8 条竖直边，创建倒圆特征（R3.5mm）。此时，圆弧面的半径是均匀的，如图 4-9 所示。

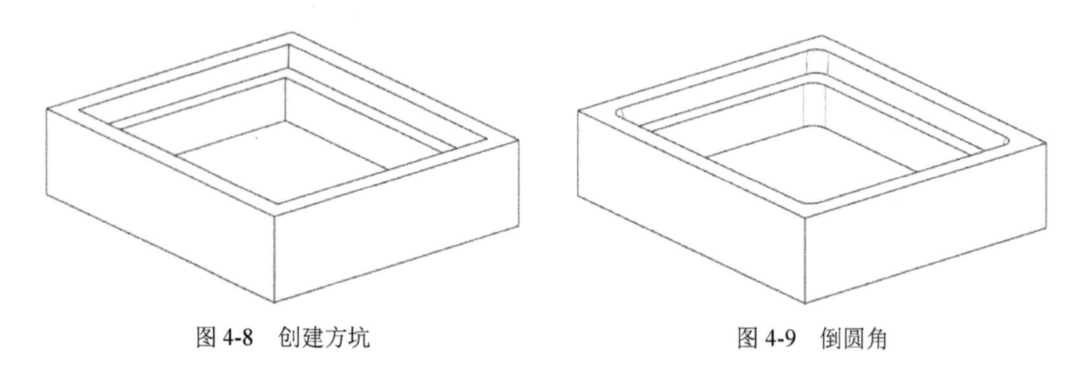

图 4-8　创建方坑

图 4-9　倒圆角

（12）选取“菜单｜插入｜设计特征｜圆锥”命令，在【圆锥】对话框中对“类型”选取“底部直径，高度和半角”选项，“指定矢量”选取“ZC↑”，“底部直径”为 ϕ20mm，“高度”设为 5mm，“半角”设为 10°，“布尔”选取“求和”，单击“指定点”按钮，在【点】对话框中输入（0，0，5），如图 4-10 所示。

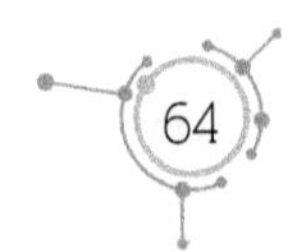

图 4-10　设置【圆锥】参数

（13）单击“确定”按钮，创建圆锥特征，如图 4-11 所示。

3. 数控编程过程

（1）进入 UG 加工环境。

第 1 步：在横向菜单中单击“应用模块”选项卡，再单击“加工”命令，参考图 1-17。

第 2 步：在【加工环境】对话框中选择“cam_general”选项和“mill_contour”选项，单击“确定”按钮，进入加工环境。此时，工作区中出现两个坐标系，一个是基准坐标系，另一个是工件坐标系，两个坐标系重合在一起。

第 3 步：单击键盘上的 W 键，还会再出现一个坐标系（动态坐标系），三个坐标系重合。

第 4 步：选取“菜单｜编辑｜移动对象”命令，在【移动对象】对话框中对“运动”选取“距离”，“指定矢量”选取“ZC↑”选项，“距离”为-20mm，“结果”选取“◉移动原先的”，参考图 1-18。

第 5 步：单击“确定”按钮，工件坐标系移至工件最高点，如图 4-12 所示。

第 6 步：在屏幕左上方的工具条中选取“几何视图”按钮，参考图 3-21。

第 7 步：在“工序导航器”中展开+ MCS_MILL，再双击“WORKPIECE”按钮。

第 8 步：在【工件】对话框中单击“指定部件”按钮，在绘图区中选取整个零件，单击“确定”按钮，单击“指定毛坯”按钮，在【毛坯几何体】对话框中对“类型”选择“包容块”选项，把“XM-”、“YM-”、“XM+”、“YM+”、“ZM+”设为 1mm。

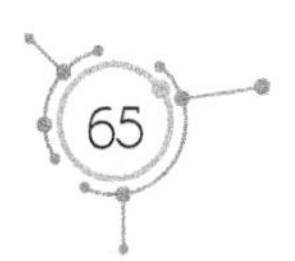

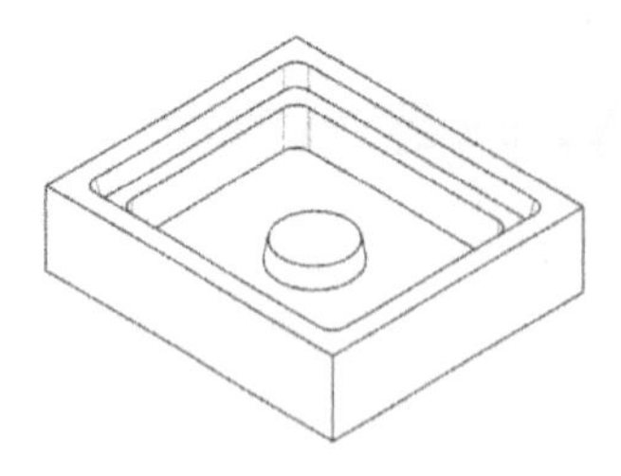

图 4-11　创建圆锥特征

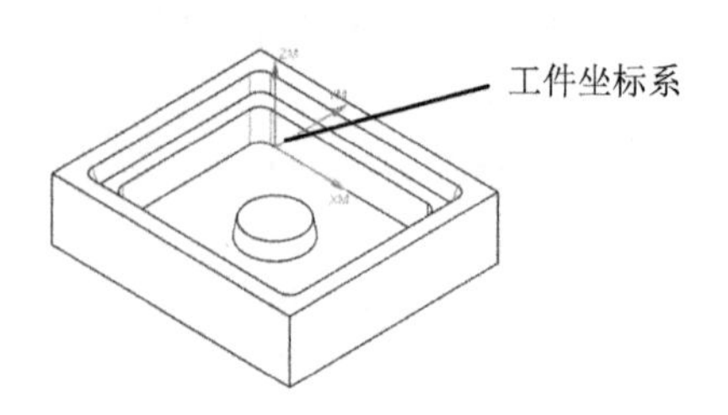

图 4-12　工件坐标系在上表面中心

（2）创建 ϕ12mm 立铣刀与 ϕ6mm 立铣刀

第 1 步：单击“创建刀具”按钮，在【创建刀具】对话框中对“刀具子类型”选取“MILL”按钮，“名称”设为 D12R0，单击“确定”按钮。

第 2 步：在【铣刀－5 参数】对话框中“直径”设为 ϕ12mm，“下半径”设为 0。

第 3 步：按照上述方法，创建 D6R0 立铣刀，“直径”设为 ϕ6mm，“下半径”设为 0。

（3）创建 ϕ12mm 立铣刀刀路（粗加工程序）

第 1 步：单击“创建工序”按钮，在【创建工序】对话框中对“类型”选取“mill_planar”，“工序子类型”选取“使用边界面铣削”按钮，“程序”选取“NC_PROGRAM”，“刀具”选取 D12R0，“几何体”选取 WORKPIECE，“方法”选取 MILL_ROUGH，如图 4-13 所示，单击“确定”按钮。

第 2 步：在【面铣】对话框中单击“指定面边界”按钮，在【毛坯边界】对话框中对“选择方法”选取“曲线”，“刀具侧”选取“内部”，“刨”选取“指定”，如图 4-14 所示。

图 4-13　设定【创建工序】参数

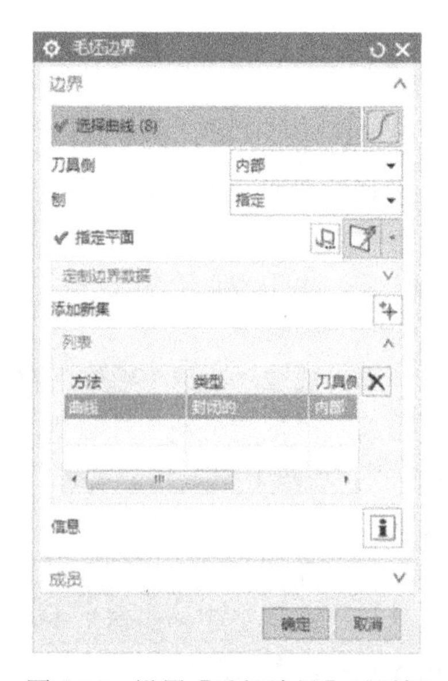

图 4-14　设置【毛坯边界】对话框

第 3 步：在工作区上方的工具条中选取“相切曲线”选项，如图 4-15 所示。

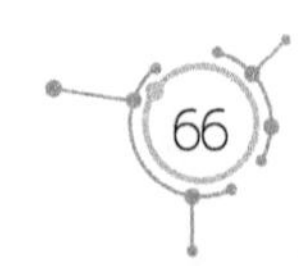

图 4-15　选取“相切曲线”选项

第 4 步：在零件图上选取方坑口部的内边线为边界曲线，选取坑的底面为刨面（加工的最低深度），如图 4-16 所示。

第 5 步：在【面铣】对话框中对“刀轴”选取“+ZM 轴”，“切削模式”选取“往复”，“步距”选取“刀具平直百分比”，“平面直径百分比”设为 75%，“毛坯距离”设为 15mm，“每刀切削深度”设为 0.5mm，“最终底面余量”设为 0.1mm，如图 4-17 所示。

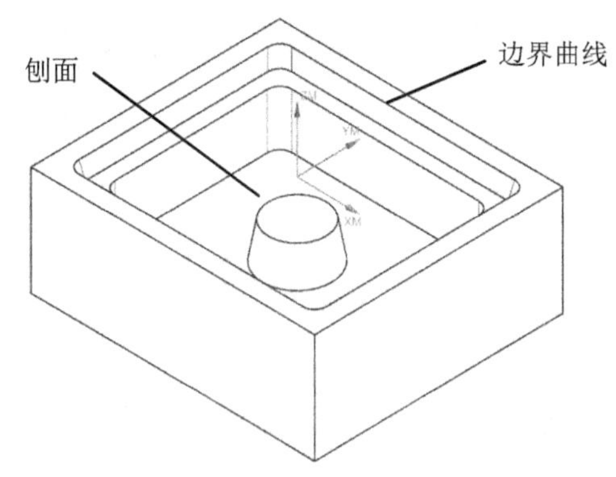

图 4-16　选定边界曲线和刨面

图 4-17　设置刀轨参数

第 6 步：单击“切削参数”按钮，在【切削参数】对话框中单击“策略”选项卡，“切削方向”选取“顺铣”，“切削角”选取“指定”，“与 XC 的夹角”设为 0°，勾选“☑添加精加工刀路”复选框，“刀路数”设为 1，“精加工步距”设为 1mm，如图 4-18 所示。单击“余量”选项卡，将“部件余量”设为 0.2mm，“壁余量”设为 0.2mm，“最终底面余量”设为 0.1mm。单击“拐角”选项卡，“光顺”选取“所有刀路”，“半径”设为 2mm，如图 4-19 所示。

图 4-18　设定“策略”参数

图 4-19　设定“拐角”参数

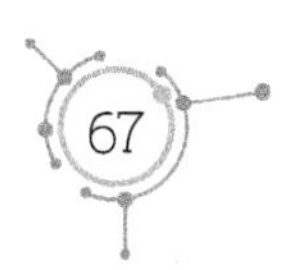

第7步：单击“非切削移动”按钮，在【非切削移动】对话框中单击“进刀”选项卡，在“封闭区域”中，“进刀类型”选取“螺旋”，“直径”设为10mm，“斜坡角”设为1°，“高度”设为1mm，“高度起点”选取“当前层”，“最小安全距离”设为10mm，如图4-20所示。单击“转移/快速”选项卡，“区域内”的“转移方式”选取“进刀/退刀”，“转移类型”选取“前一平面”，“安全距离”设为2mm，如图4-21所示。

提示：为了能更好地理解这些参数的含义，读者可以夸张地改变这些参数的大小，观察重新生成的刀路有什么变化。

图4-20　设置“进刀参数”

图4-21　设置“转移/快速”参数

第8步：单击“进给率和速度”按钮，主轴速度设为1000r/min，进给率设为1200mm/min。

第9步：单击“生成”按钮，生成面铣刀路，如图4-22所示，仿真模拟的刀路，四周平顺如图4-23所示。

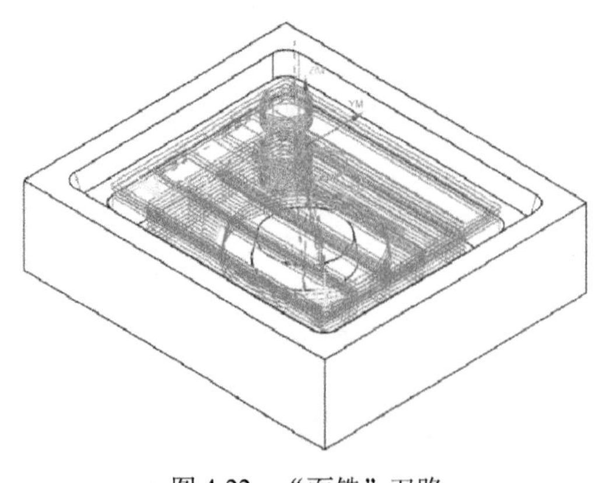

图4-22　“面铣”刀路

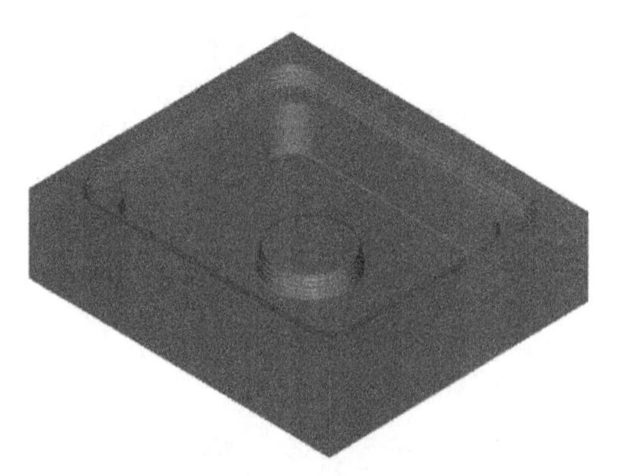

图4-23　仿真模拟的刀路

如果在图 4-18 中取消“添加精加工刀路”复选框前面的☑，那么生成的刀路如图 4-24 所示，仿真模拟后的刀路四周有凸起，如图 4-25 所示。

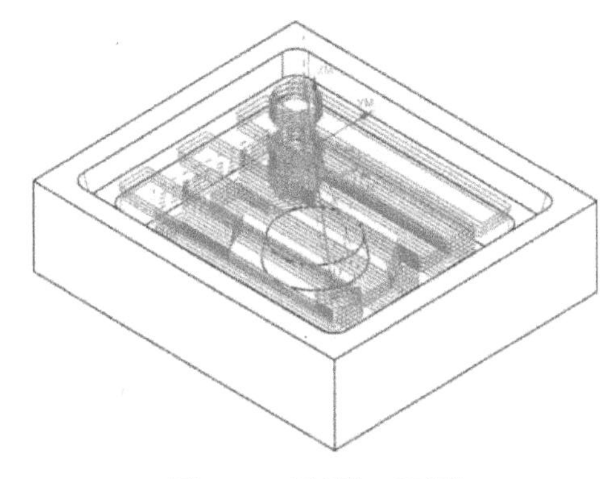
图 4-24　无精加工刀路

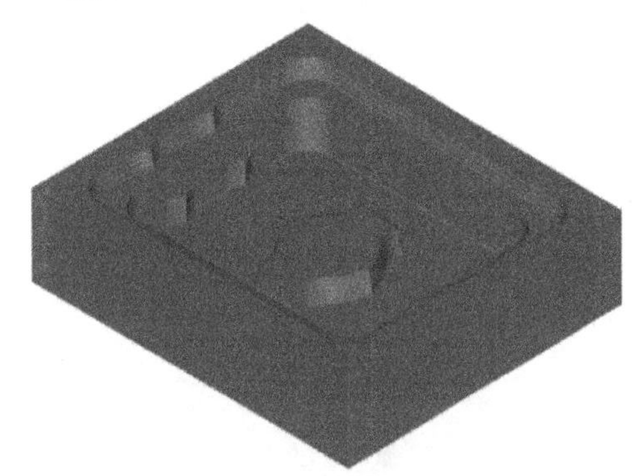
图 4-25　仿真模拟的刀路

读者可以自行在图 4-19 中对“光顺”选取“无”，拐角处的刀路变成直角，这样的刀路在实际加工时，容易损伤刀具。

提示： 运用“使用边界面铣削”命令编写加工程序时，应注意以下几点：

- 通过设定毛坯距离的方法来设定加工的高度。
- 在图 4-14 中，“边界”的选择方法是“曲线”而不是“面”，因此刀轴应选“+Z 轴”。

（4）创建清理拐角刀路。

第 1 步：在辅助工具条中选取“程序顺序视图”按钮，参考图 1-57。在工序导航器中将 Program 改为 A1，并把刚才创建的刀路程序移到 A1 下面。

第 2 步：选取“菜单｜插入｜程序”命令，在【创建程序】对话框中对“类型”选取“mill_contour”，“程序”选取“NC_PROGRAM”，“名称”设为 A2。

第 3 步：单击“确定”按钮，创建 A2 程序组。此时，A2 与 A1 并列，并且 A1 与 A2 都在“NC_PROGRAM”下面，如图 4-26 所示。

第 4 步：单击“创建工序”按钮，在【创建工序】对话框中对“类型”选取“mill_contour”，“工序子类型”选取“剩余铣”按钮，“程序”选取“A2”，“刀具”选取 D6R0，“几何体”选取 WORKPIECE，“方法”选取“METHOD”，如图 4-27 所示，单击“确定”按钮。

第 5 步：在【剩余铣】对话框中单击“指定切削区域”按钮，选取零件内部的曲面。

第 6 步：在【剩余铣】对话框中“切削模式”选取“轮廓”，“附加刀路”设为 0，“公共每刀切削深度”选取“恒定”，“最大距离”设为 1mm，如图 4-28 所示。

第 7 步：单击“切削参数”按钮，在【切削参数】对话框中单击“策略”选项卡，“切削方向”选取“顺铣”，“切削顺序”选取“深度优先”。单击“余量”选项卡，将“部件侧面余量”设为 0.3mm，“部件底面余量”设为 0.1mm。

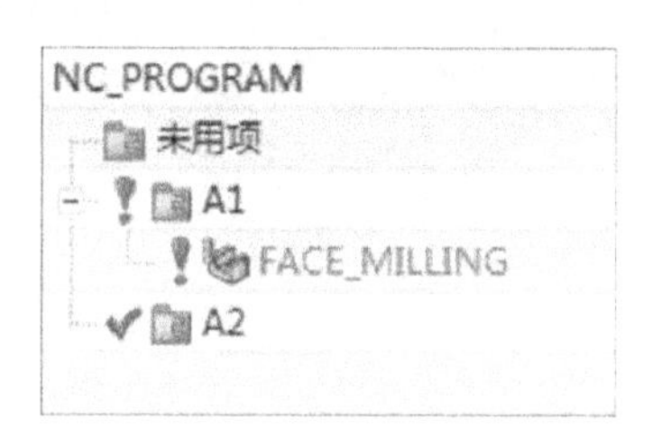

图 4-26　创建 A2 程序组

图 4-27　设定"剩余铣"参数

第 8 步：单击"非切削移动"按钮，在【非切削移动】对话框中单击"进刀"选项卡，在"封闭区域"中，"进刀类型"选取"与开放区域相同"，在"开放区域"中，"进刀类型"选取"圆弧"，"半径"设为 2mm，"圆弧角度"设为 90°，"高度"设为 1mm，"最小安全距离"设为 5mm。单击"转移/快速"选项卡，"区域内"的"转移方式"选取"进刀/退刀"，"转移类型"选取"直接"。

提示：为了能更好地理解这些参数的含义，读者可以夸张地改变这些参数的大小，观察重新生成的刀路有什么变化。

第 9 步：单击"进给率和速度"按钮，主轴速度设为 1000r/min，进给率设为 1200mm/min。

第 10 步：单击"生成"按钮，生成剩余铣刀路，如图 4-29 所示。

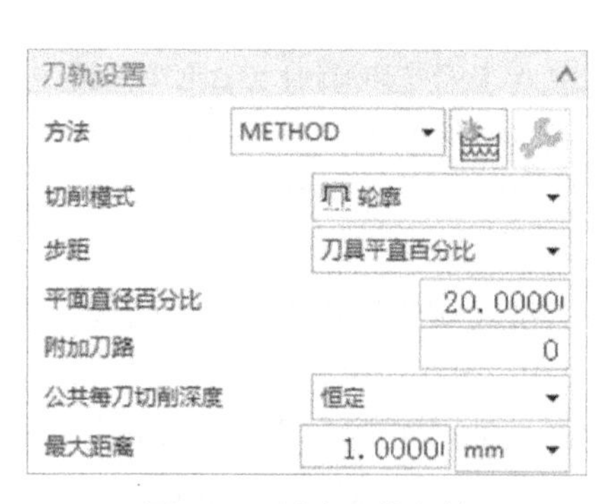

图 4-28　设定刀轨参数

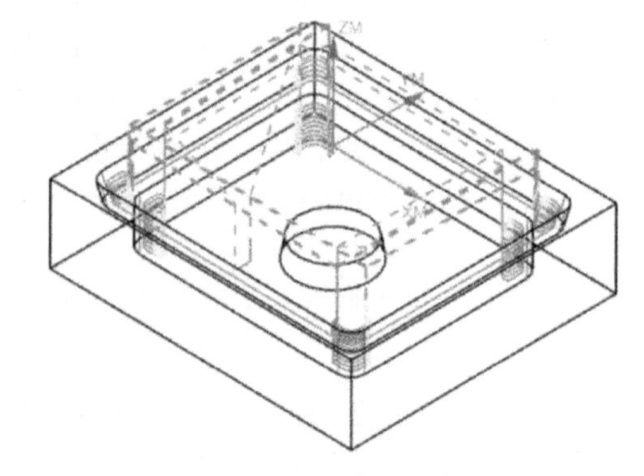

图 4-29　生成剩余铣刀路

第 11 步：如果在图 4-28 中将"最大距离"设为 0.5mm，那么生成的刀路如图 4-30 所示。图 4-30 的刀路与图 4-29 相比，在加工四周的斜面时每隔一层，多了一层刀路，

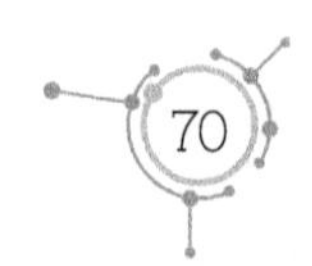

也多了加工中间圆台斜面的刀路，这是因为上一个程序 FACE_MILLING 的“每刀切削深度”设为 1mm，上一层刀路与下一层刀路之间有一个台阶，如图 4-31 所示，而在图 4-30 比图 4-29 多出来的刀路正好用来切削台阶。而零件的下半部分没有斜度，也就不会产生台阶，因此下半部分的刀路只需切削角位。

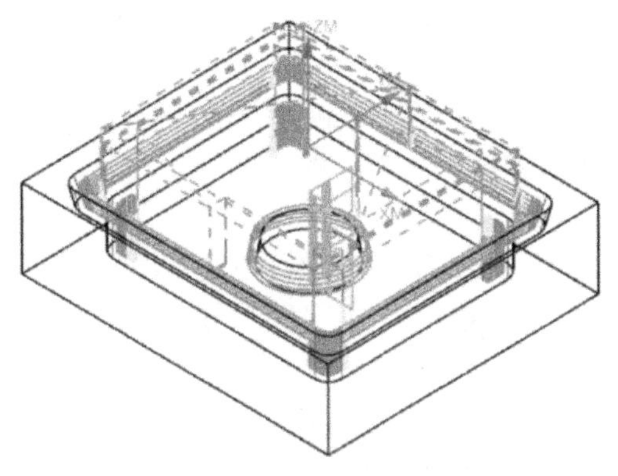

图 4-30　重新生成“剩余铣”刀路

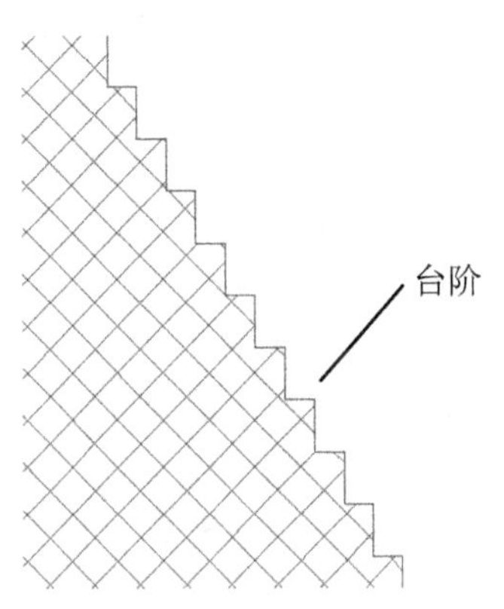

图 4-31　铣削斜面留下的台阶

第 12 步：修剪图 4-30 的刀路：在“工序导航器”中双击 REST_MILLING，在【剩余铣】对话框中单击“指定修剪边界”按钮，在【修剪边界】对话框中选取“点”选项，“修剪侧”选取“外部”，如图 4-32 所示。

第 13 步：单击“俯视图”按钮，在工件左上角位处选取 4 个点，绘制一个封闭的范围（封闭的范围比上一个刀路 FACE_MILLING 在拐角位的残留余量略大就可以了），如图 4-33 左上角所示。

第 14 步：在【修剪边界】对话框中单击“添加新集”按钮，在工件右上角位处选取 4 个点，绘制一个封闭的范围，如图 4-33 右上角所示。

第 15 步：采用相同的方法，绘制左下角与右下角的封闭范围，如图 4-33 所示。

图 4-32　选取“点”选项

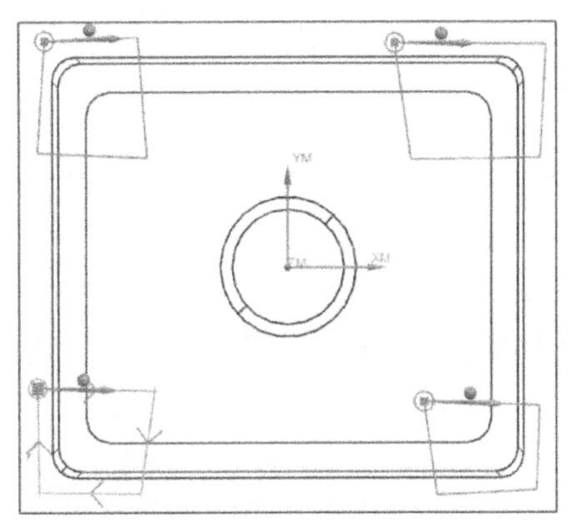

图 4-33　绘制 4 个封闭的范围

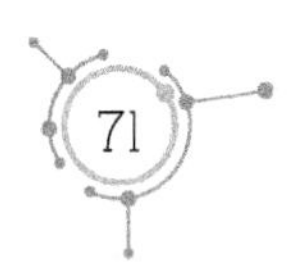

第16步：单击“生成”按钮，修剪后的刀路如图4-34所示。

（5）创建精加工刀路。

第1步：选取“菜单｜插入｜程序”命令，在【创建程序】对话框中对“类型”选取“mill_contour”，“程序”选取“NC_PROGRAM”，“名称”设为A3。

第2步：单击“确定”按钮，创建A3程序组。此时，A1、A2和A3并列，并且A1、A2和A3都在“NC_PROGRAM”下。

第3步：在“工序导航器”中选取FACE_MILLING，单击鼠标右键，选取“复制”命令。再选中“A3”，单击鼠标右键，选取“内部粘贴”命令，将FACE_MILLING粘贴到A3程序组下。

第4步：在“工序导航器”中双击FACE_MILLING_COPY，在【面铣】对话框中单击“指定面边界”按钮，在【毛坯边界】对话框中“刨”选取“指定”，在工件上选取台阶面为刨面（加工的最低深度）。

第5步：在【面铣】对话框中选取D6R0的刀具，如图4-35所示。

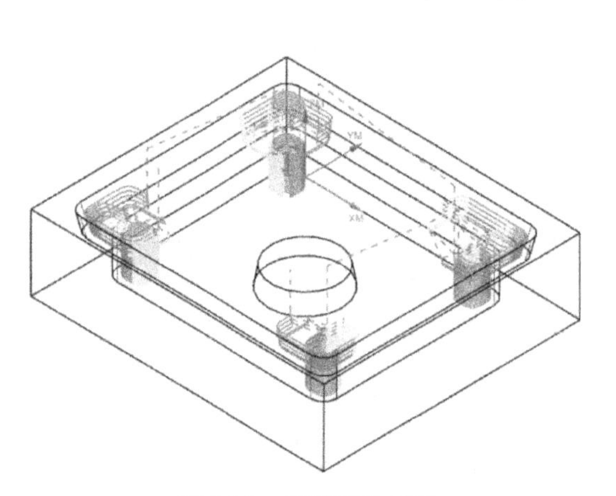

图4-34　修剪后的刀路

图4-35　选取D6R0刀具

第6步：在【面铣】对话框中对“切削模式”选取“轮廓”选项，“毛坯距离”设为5mm，“每刀切削深度”设为0.2mm，“最终底面余量”设为0，“附加刀路”设为0，如图4-36所示。

第7步：单击“切削参数”按钮，在【切削参数】对话框中单击“余量”选项卡，将“部件余量”、“壁余量”、“最终底面余量”设为0。

第8步：单击“非切削移动”按钮，在【非切削移动】对话框中单击“进刀”选项卡，在“封闭区域”中，“进刀类型”选取“与开放区域相同”，在“开放区域”中，“进刀类型”选取“圆弧”，“半径”设为2mm，“圆弧角度”设为90°，“高度”设为0，“最小安全距离”设为5mm。单击“转移/快速”选项卡，“区域内”的“转移方式”选取“进刀/退刀”，“转移类型”选取“直接”。

第9步：单击“进给率和速度”按钮，主轴转速设为1200 r/min，进给率设为500 mm/min。

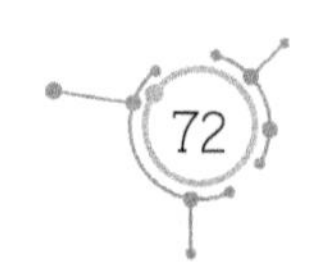

第 10 步：单击“生成”按钮，生成面铣刀路，如图 4-37 所示。

图 4-36 设置刀轨参数

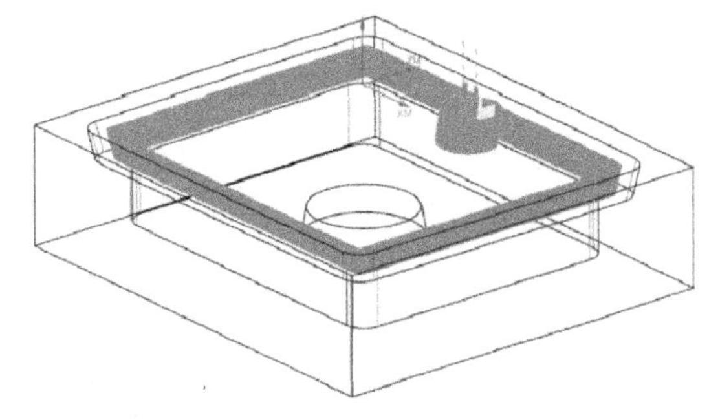

图 4-37 面铣刀路

第 11 步：单击“前视图”按钮，可看出刀路有斜度，如图 4-38 所示。

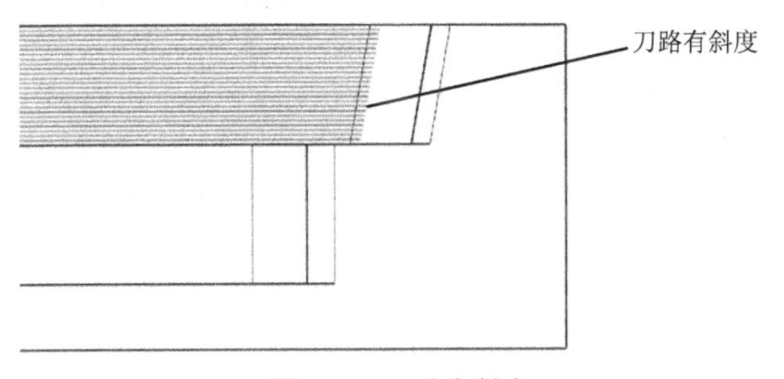

图 4-38 刀路有斜度

第 12 步：在“工序导航器”中选取 FACE_MILLING，单击鼠标右键，选取“复制”命令，再选中“A3”，单击鼠标右键，选取“内部粘贴”命令，将 FACE_MILLING 粘贴到 A3 程序组下面。

第 13 步：在“工序导航器”中双击 FACE_MILLING_COPY_1，在【面铣】对话框中选取 D6R0 的刀具，如图 4-35 所示。“每刀切削深度”设为 0，“最终底面余量”设为 0，单击“进给率和速度 ”按钮，主轴转速设为 1200 r/min，进给率设为 500 mm/min。

第 14 步：单击“生成”按钮，生成精加工底面刀路，如图 4-39 所示。

第 15 步：在“工序导航器”中选取 FACE_MILLING_COPY_1，单击鼠标右键，选取“复制”命令，再选中“A3”，单击鼠标右键，选取“内部粘贴”命令，将 FACE_MILLING 粘贴到 A3 程序组下。

第 16 步：在“工序导航器”中双击 FACE_MILLING_COPY_1_COPY，在【面铣】对话框中“切削模式”选取“轮廓”，“步距”选取“恒定”，“最大步距”设为 0.2mm，“每刀切削深度”设为 0，“最终底面余量”设为 0，“附加刀路”设为 3。单击“切削参数”按钮，在【切削参数】对话框中单击“余量”选项卡，将“部件余量”、“壁余量”、“最终底面余量”设为 0。

第 17 步：单击“进给率和速度 ”按钮，主轴转速设为 1200 r/min，进给率设为 500 mm/min。

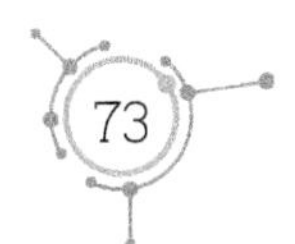

第 18 步：单击“生成”按钮，生成精加工侧壁刀路，如图 4-40 所示。

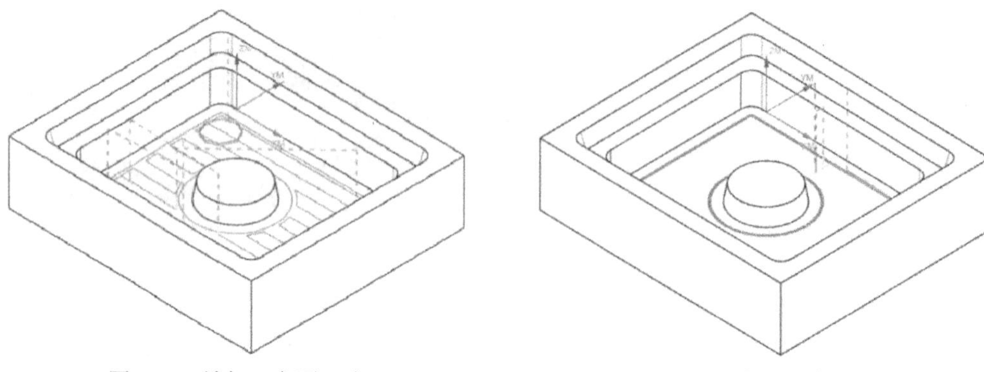

图 4-39　精加工底面刀路　　　　图 4-40　精加工侧壁刀路

第 19 步：单击“创建工序”按钮，在【创建工序】对话框中对“类型”选取“mill_planar”，“工序子类型”选取“底壁加工”按钮，“程序”选取“NC_PROGRAM”，“刀具”选取 D6R0，“几何体”选取 WORKPIECE，“方法”选取 MILL_ROUGH，参考图 4-13，单击“确定”按钮。

第 20 步：在【底壁加工】对话框中单击“指定切削区底面”按钮，在工件中选取圆台的上表面，如图 4-41 所示。

第 21 步：在【底壁加工】对话框中对“切削区域空间范围”选取“底面”，“切削模式”选取“往复”，“步距”选取“刀具平直百分比”，“平面直径百分比”设定为 75%，“底面毛坯厚度”、“每刀切削深度”、“Z 向深度偏置”设为 0，如图 4-42 所示。

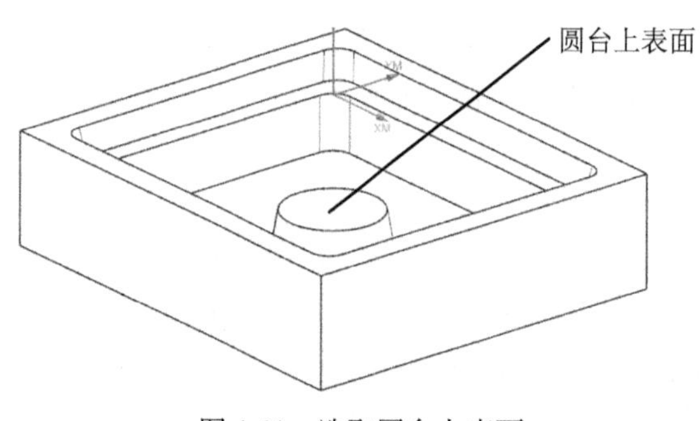

图 4-41　选取圆台上表面

图 4-42　刀轨参数

第 22 步：单击“切削参数”按钮，在【切削参数】对话框中单击“余量”选项卡，将“部件余量”、“壁余量”、“最终底面余量”设为 0。

第 23 步：单击“非切削移动”按钮，在【非切削移动】对话框中单击“进刀”选项卡，在“封闭区域”中，“进刀类型”选取“与开放区域相同”，在“开放区域”中，“进刀类型”选取“线性”，“长度”设为 3mm，“高度”设为 2mm，“最小安全距离”设为 5mm。

提示： 为了能更好地理解这些参数的含义，读者可以夸张地改变这些参数的大小，观察重新生成的刀路有什么变化。

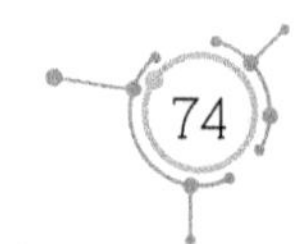

第 24 步：单击“进给率和速度 ”按钮，主轴转速设为 1200 r/min，进给率设为 500 mm/min。

第 25 步：单击“生成”按钮，生成底壁加工刀路，如图 4-43 所示。

第 26 步：选择主菜单中“插入 | 工序”命令，在【创建工序】对话框中“类型”选取“mill_planar”，“工序子类型”选取“平面铣”按钮，“程序”选取“A3”，“刀具”选取 D6R0，“几何体”选取 WORKPIECE，“方法”选取“METHOD”，单击“确定”按钮。

第 27 步：在【平面铣】对话框中单击“指定部件边界”按钮，在【边界几何体】对话框中“模式”选取“面”，“材料侧”选取“内部”，选取圆台的上表面，单击“指定底面”按钮，选取圆台的下底面。

第 28 步：在【平面铣】对话框中“切削模式”选取“轮廓”，“附加刀路”设为 0。

第 29 步：单击“切削层”按钮，在【切削层】对话框中“类型”选取“恒定”，“每刀切削深度”设为 0.1mm，“增量侧面余量”设为 0.1*tan(10)，如图 4-44 所示（应在英文输入法下输入“( )”，否则会报警）。

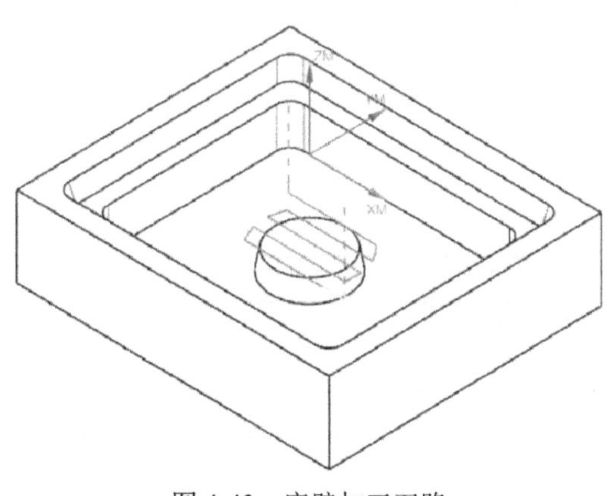

图 4-43　底壁加工刀路

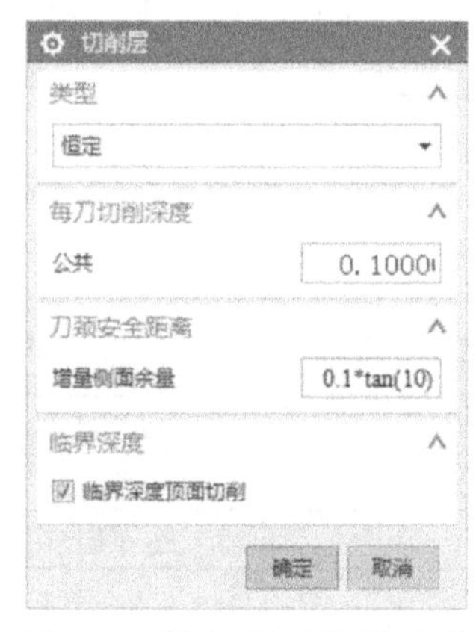

图 4-44　设定【切削层】参数

第 30 步：单击“切削参数”按钮，在【切削参数】对话框中单击“余量”选项卡，将“部件余量”、“最终底面余量”设为 0。

第 31 步：单击“非切削移动”按钮，在【非切削移动】对话框中单击“进刀”选项卡，在“开放区域”中，“进刀类型”选取“圆弧”，“半径”设为 2mm，“圆弧角度”设为 90°，“高度”设为 0，“最小安全距离”设为 5mm。单击“快速/转移”选项卡，“区域内”的“转移类型”选取“直接”。

提示：为了能更好地理解这些参数的含义，读者可以夸张地改变这些参数的大小，观察重新生成的刀路有什么变化。

第 32 步：单击“进给率和速度 ”按钮，主轴转速设为 1200 r/min，进给率设为 500 mm/min。

第 33 步：单击“生成”按钮，生成平面铣加工斜面的刀路，如图 4-45 所示。

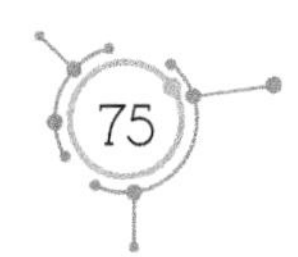

第 34 步：仿真模拟刀路如图 4-46 所示。

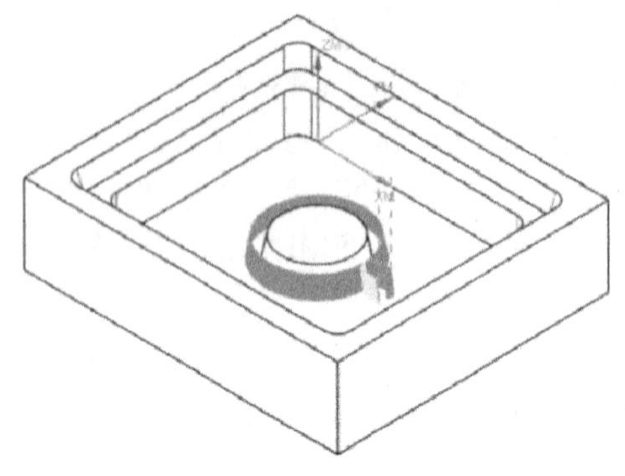

图 4-45　平面铣加工斜面的刀路

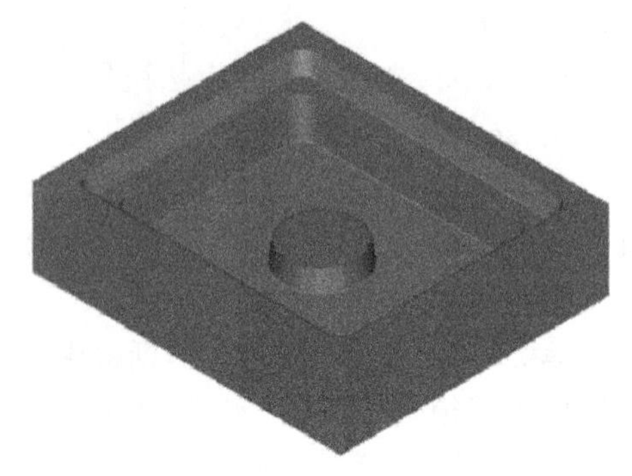

图 4-46　仿真模拟刀路

4. 装夹方式

（1）用虎钳装夹工件时，工件的上表面至少高出台钳平面 15mm。
（2）工件采用四边分中，设上表面为 Z0，参考图 1-70。

5. 加工程序单

加工程序单见表 4-1。

表 4-1　加工程序单

序号	刀具	加工深度	备注
A1	ϕ12 平底刀	15mm	粗加工
A2	ϕ6 平底刀	15mm	粗加工
A3	ϕ6 平底刀	15mm	精加工

小　　结

本章主要介绍以下几个方面的内容：

- 在“工序导航器”为“几何视图”模式下创建几何体。
- 讲述了三种加工的刀路，一种是使用边界面铣削，一种是平面铣削、一种是底壁加工。
- 用两种不同的方式加工侧面的斜度，一种是用平面铣（在本章中加工圆台侧面），另一种是用面铣（在本章节中加工方坑口部的侧面）。用平面铣的方法加工侧面斜度时，侧面拐角位的 R 位是线性变化的，侧面的斜度可以通过设定 h*tan(α)（其中：h 为每次切削的深度，α 为斜度）来实现。而对于 R 值是恒定不变的工件，不能用这个刀路。用面铣方法加工侧面的斜度时，对拐角位的 R 是变化的还是恒定的，没有要求。

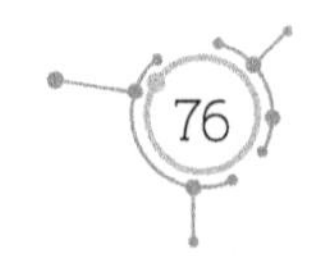

项目 5　带缺口的零件

本项目详细介绍了在 UG 数控编程中“使用边界面铣削”命令开框及清除前一程序未加工区域的方法，工件的材料为铝块，尺寸如图 5-1 所示。

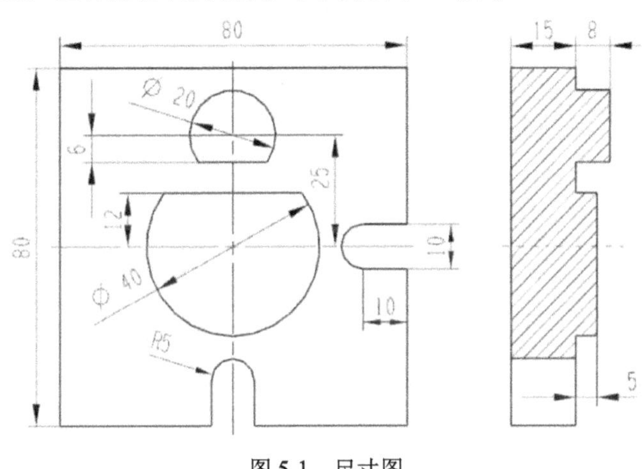

图 5-1　尺寸图

1. 加工工序分析图

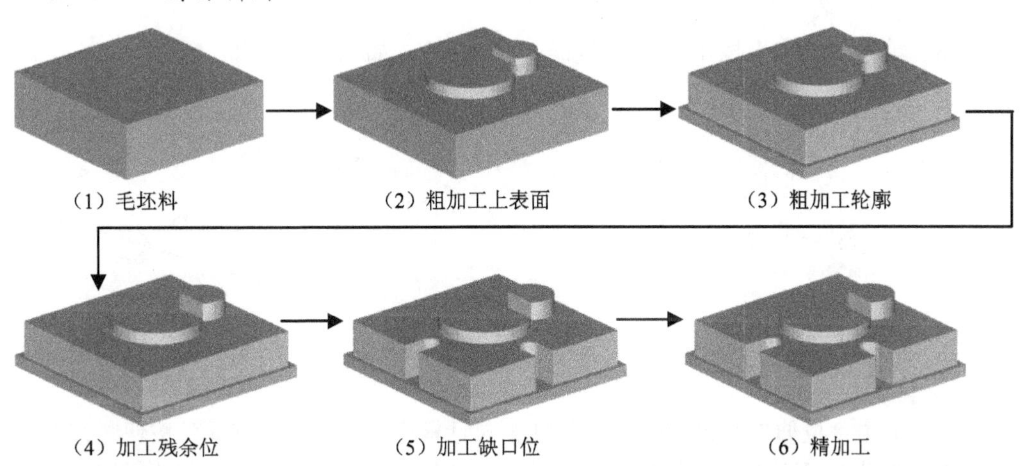

2. 建模过程

（1）启动 NX 10.0，单击“新建”按钮，在【新建】对话框中选取“模型”选项卡，在模板框中“单位”选择“毫米”，选取“模型”模板，“名称”设为“EX5.prt”，文件夹选取“E:\UG10.0 数控编程\项目 5”。

（2）单击“拉伸”按钮，在【拉伸】对话框中单击“绘制截面”按钮，选取*XOY*平面为草绘平面，*X*轴为水平参考，以原点为中心绘制截面 80mm×80mm。

（3）单击“完成”按钮，在【拉伸】对话框中“指定矢量”选取“ZC↑”按钮，“开始”选取“值”，“距离”设为 0，“结束”选取“值”，“距离”设为 15mm，“布尔”选取“无”，参考图 1-10。

（4）单击“确定”按钮，创建第一个拉伸特征，如图 5-2 所示。

（5）单击“拉伸”按钮，在【拉伸】对话框中单击“绘制截面”按钮，选取工件上表面为草绘平面，*X*轴为水平参考，绘制一个圆弧与一条直线，如图 5-3 所示。

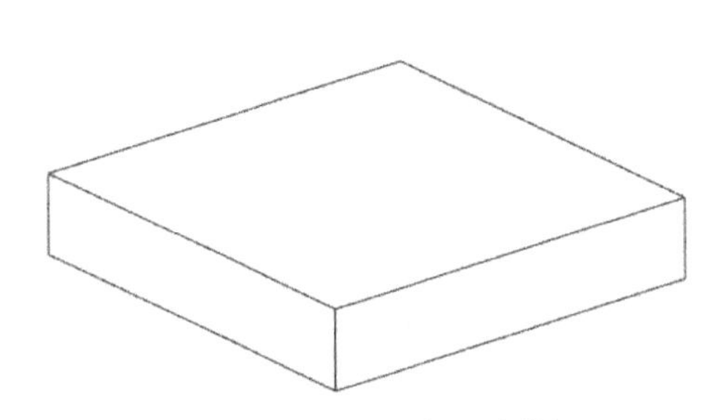
图 5-2　创建第一个拉伸特征

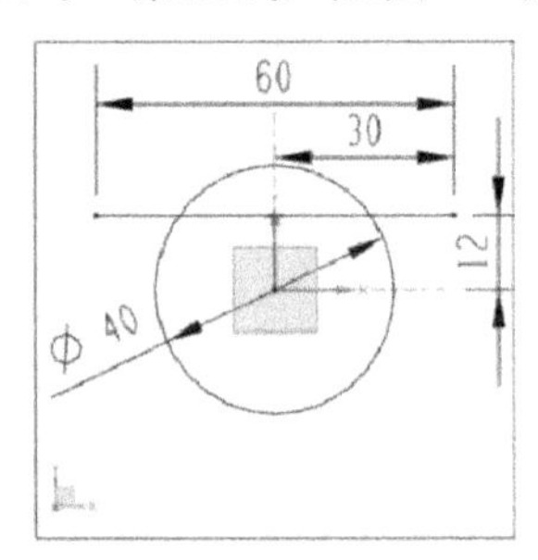

图 5-3　绘制一个圆弧与一条直线

（6）单击“快速修剪”按钮，修剪图 5-3 中多余的曲线，绘制截面（二），如图 5-4 所示。

（7）单击“完成”按钮，在【拉伸】对话框中对“指定矢量”选取“ZC↑”按钮，“开始”选取“值”；把“距离”设为 0，“结束”选取“值”，“距离”设为 5mm，“布尔”选取“求和”按钮。

（8）单击“确定”按钮，创建第二个拉伸特征，如图 5-5 所示。

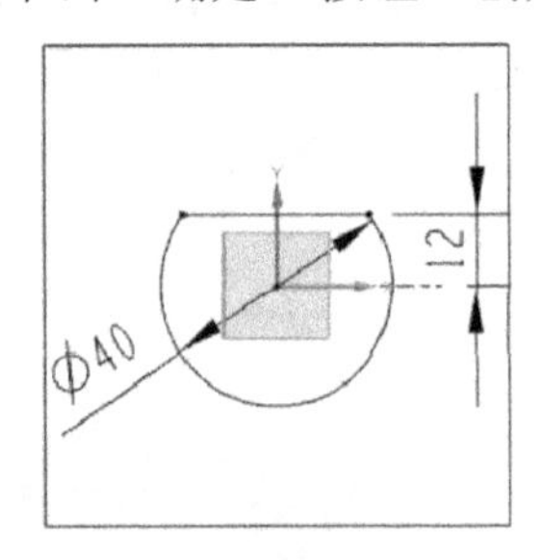

图 5-4　绘制截面（二）

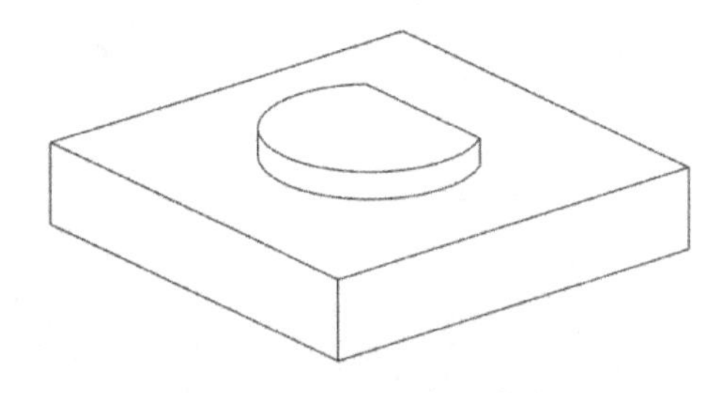
图 5-5　创建第二个拉伸特征

（9）单击“拉伸”按钮，在【拉伸】对话框中单击“绘制截面”按钮，选取工件上表面为草绘平面，*X*轴为水平参考，以原点为中心绘制截面（三），如图 5-6 所示。

（10）单击“完成”按钮，在【拉伸】对话框中对“指定矢量”选取“ZC↑”按钮，“开始”选取“值”，“距离”设为 0，“结束”选取“值”，“距离”设为 8mm，“布尔”选取“求和”按钮，“拔模”选取“无”。

（11）单击“确定”按钮，创建第三个拉伸特征，如图 5-7 所示。

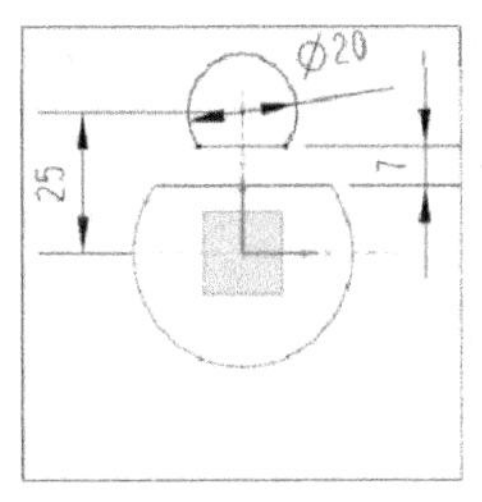

图 5-6　绘制截面（三）

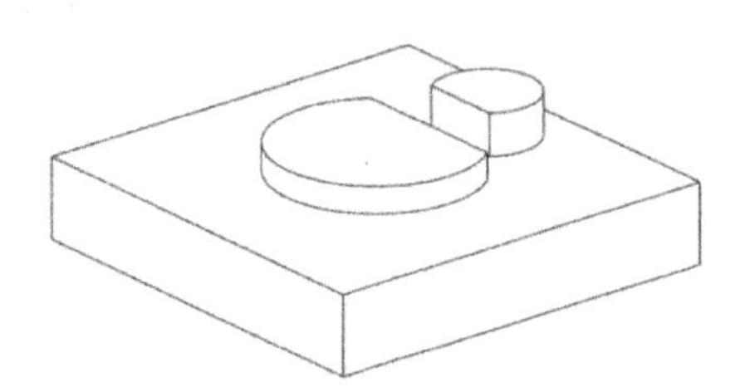
图 5-7　创建第三个拉伸特征

（12）单击“拉伸”按钮，在【拉伸】对话框中单击“绘制截面”按钮，选取 *XOY* 面为草绘平面，*X* 轴为水平参考，以原点为中心绘制截面（四），如图 5-8 所示。

（13）单击“完成”按钮，在【拉伸】对话框中“指定矢量”选取“ZC↑”按钮，“开始”选取“值”，“距离”设为 0，“结束”选取“贯通”，“布尔”选取“求差”按钮，“拔模”选取“无”。

（14）单击“确定”按钮，创建两个缺口，如图 5-9 所示。

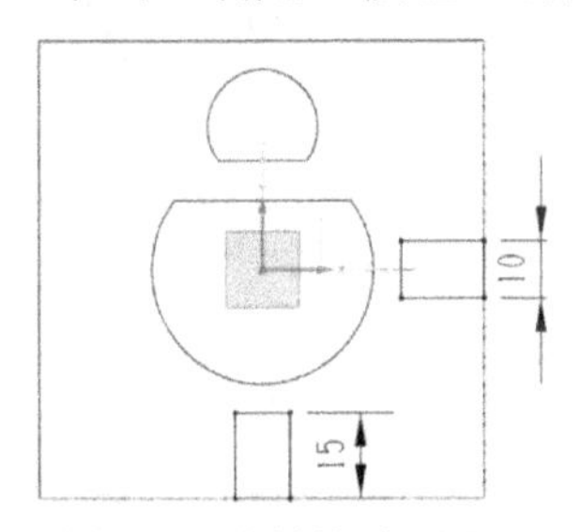

图 5-8　绘制截面（四）

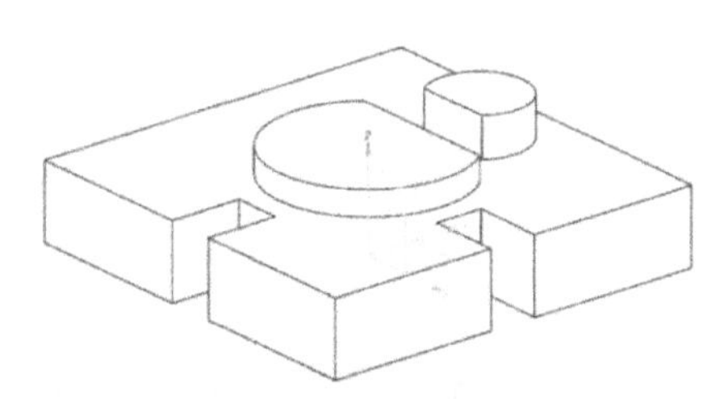
图 5-9　创建两个缺口

（15）选取“菜单｜插入｜细节特征｜面倒圆”命令，在【面倒圆】对话框中对“类型”选取“三个定义面链”选项，截面方向选取“滚球”，如图 5-10 所示。

（16）选取第一个面为面链①，第 2 个面为面链②，中间的面为面链③，且三个面的箭头方向有交点，如图 5-11 所示。

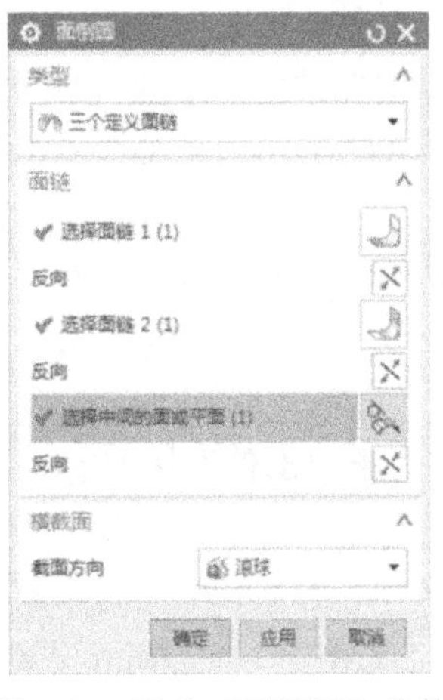

图 5-10　设定“面倒圆”参数

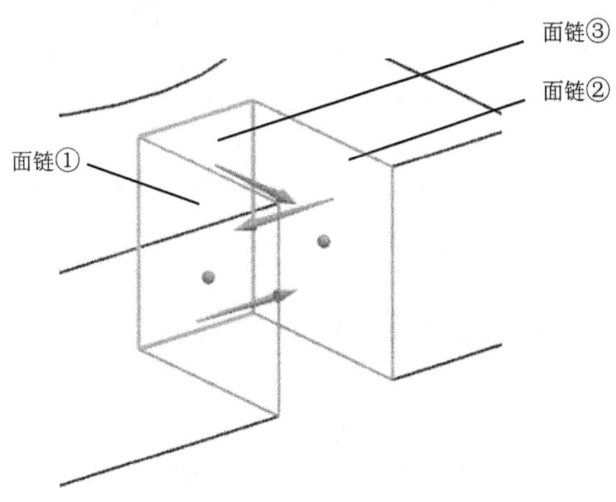

图 5-11　选取三个面

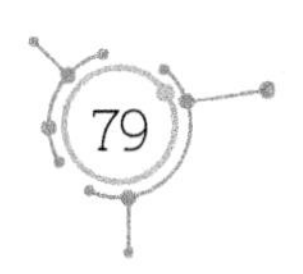

（17）单击“确定”按钮，创建倒圆角特征（全圆角）。采用相同的方法，创建另一个倒圆角，如图 5-12 所示。

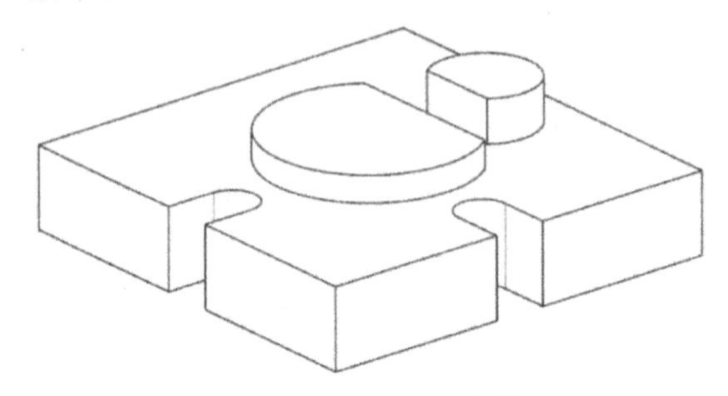

图 5-12　创建倒全圆角特征

3. 数控编程过程

（1）进入 UG 加工环境。

第 1 步：在横向菜单中单击“应用模块”选项卡，再单击“加工”命令，参考图 1-17。

第 2 步：在【加工环境】对话框中选择“cam_general”选项和“mill_planar”选项，参考图 1-18，单击“确定”按钮，进入加工环境。此时，工作区中出现两个坐标系，一个是基准坐标系，另一个是工件坐标系，两个坐标系重合。

第 3 步：选取“菜单｜编辑｜移动对象”命令，在【移动对象】对话框中对“运动”选取“距离”，“指定矢量”选取“ZC↑”选项，“距离”设为-23mm，“结果”选取“◉移动原先的”，参考图 1-19。

第 4 步：选取工件后，单击“确定”按钮，工件坐标系移至上表面，基准坐标系位置不变，如图 5-13 所示。

第 5 步：选取“菜单｜插入｜几何体”命令，在【创建几何体】对话框中对“几何体子类型”选取，“几何体”选取“GEOMETRY”，“名称”设为 A，参考图 1-21。

第 6 步：单击“确定”按钮，在【MCS】对话框中对“安全设置选项”选取“自动平面”，“安全距离”设为 10mm，如图 1-22 所示，单击“确定”按钮，创建几何体。

第 7 步：在辅助工具条中选取“几何视图”按钮，参考图 1-23，系统在“工序导航器”中添加了刚才创建的几何体 A，参考图 1-24。

第 8 步：选取“菜单｜插入｜几何体”命令，在【创建几何体】对话框中对“几何体子类型”选取“WORKPIECE”按钮，“几何体”选取 A，“名称”设为 B，参考图 1-25。

第 9 步：单击“确定”按钮，在【工件】对话框中选取“指定部件”按钮，参考图 1-26，在工作区中选取整个零件，单击“确定”按钮，设定零件为工作部件。

第 10 步：在【工件】对话框中单击“指定毛坯”按钮，在【毛坯几何体】对话框中“类型”选择“包容块”，把“XM-”、“YM-”、“XM+”、“YM+”设为 1mm，“ZM+”设为 2mm，参考图 1-27。

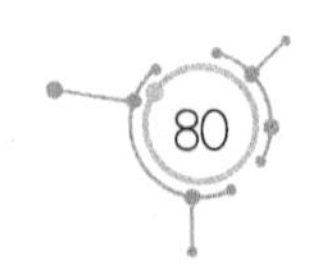

第 11 步：单击“确定丨确定”按钮，创建几何体 B，在“工序导航器”中展开 A，可以看出几何体 B 在坐标系 A 下面，参考图 1-2。

（2）创建刀具。

第 1 步：单击“创建刀具”按钮，在【创建刀具】对话框中对“刀具子类型”选取“MILL”按钮，“名称”设为 D12R0，参考图 1-29，单击“确定”按钮。

第 2 步：在【铣刀−5 参数】对话框中“直径”设为ϕ12mm，“下半径”设为 0，参考图 1-30。

第 3 步：采用相同的方法，创建 D6R0 平底刀，“直径”设为ϕ6mm，“下半径”设为 0。

（3）创建边界面铣刀路（粗加工程序）。

第 1 步：选择“菜单丨插入丨工序”命令，在【创建工序】对话框中对“类型”选取“mill_planar”，“工序子类型”选取“使用边界面铣削”按钮，“程序”选取“NC_PROGRAM”，“刀具”选取 D12R0，“几何体”选取“B”，“方法”选取 MILL_ROUGH，如图 5-14 所示。

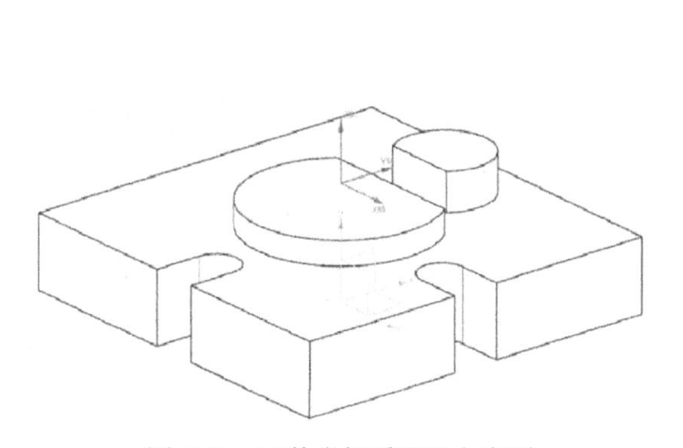

图 5-13　工件坐标系移至上表面

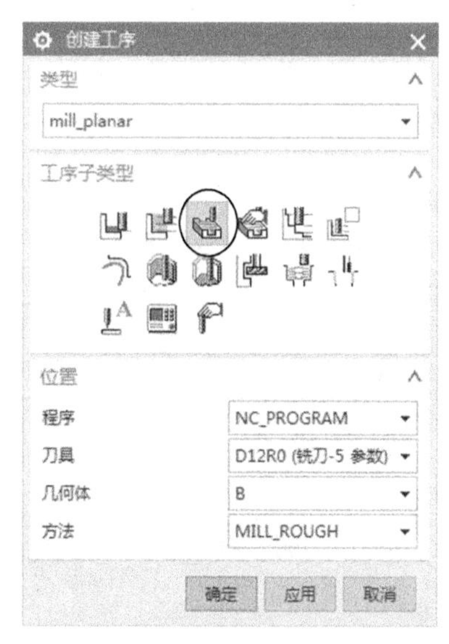

图 5-14　设定“创建工序”参数

第 2 步：单击“确定”按钮，在【面铣】对话框中单击“指定面边界”按钮，在【毛坯边界】对话框中“选择方法”选取“曲线”，“刀具侧”选取“内部”，“刨”选取“自动”，如图 5-15 所示。

第 3 步：依次选取台阶上表面的 80mm×80mm 的 4 条边线，如图 5-16 所示，所选取的边线自动形成一个封闭的边界。

第 4 步：在【面铣】对话框中对“刀轴”选取“+ZM”，“方法”选取“MILL_ROUGH”选项，“切削模式”选取“往复”，“毛坯距离”设为 10mm，“每刀切削深度”设为 0.5mm，“最终底面余量”设为 0.1mm，如图 5-17 所示。

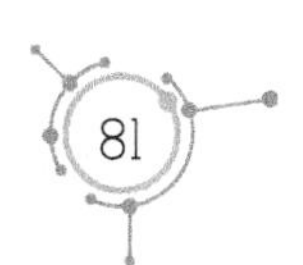

第 5 步：单击“切削参数”按钮，在【切削参数】对话框中单击“策略”选项卡，“切削方向”选取“顺铣”选项，“切削角”选取“指定”选项，“与 XC 的夹角”设为 0，勾选“☑添加精加工刀路”复选框，“刀路数”设为 1，“步距”设为 1mm，如图 5-18 所示。在“余量”选项卡中“部件余量”、“壁余量”设为 0.2mm，“最终底面余量”设为 0.1mm。

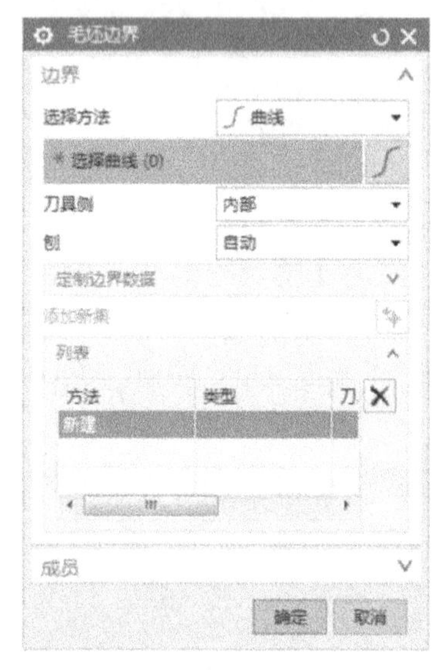

图 5-15　选取“曲线”选项

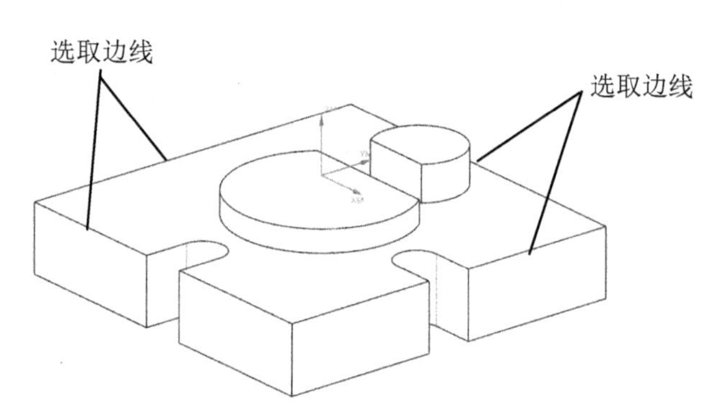

图 5-16　选取台阶上表面的 4 条边线

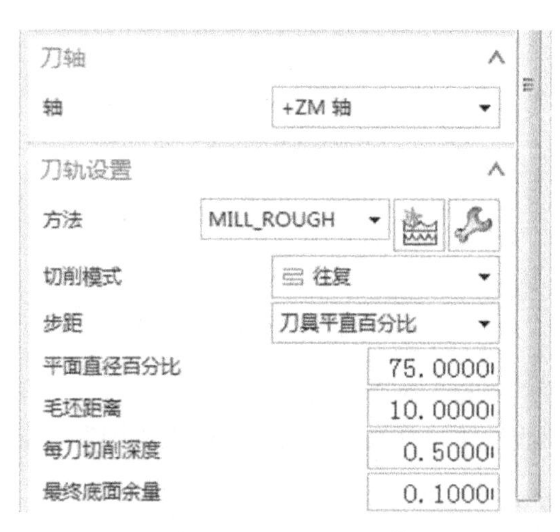

图 5-17　设定刀轨参数

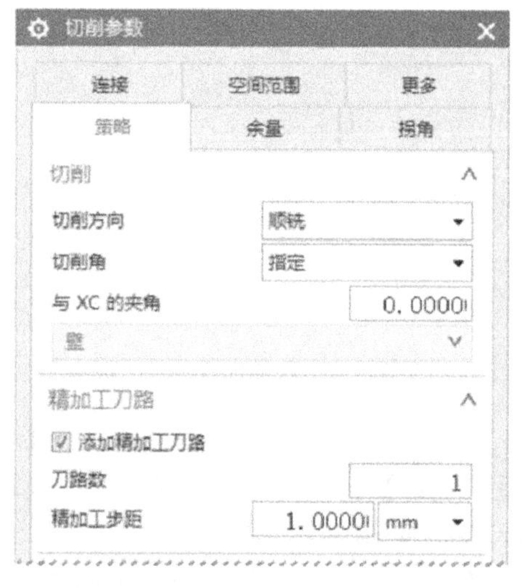

图 5-18　设定精加工刀路参数

第 6 步：单击“非切削移动”按钮，在【非切削移动】对话框中单击“进刀”选项卡，在“开放区域”中，“进刀类型”选取“线性”，“长度”设为 20mm，“高度”设为 2m，“最小安全距离”设为 5mm，勾选“☑修剪至最小安全距离”复选框。

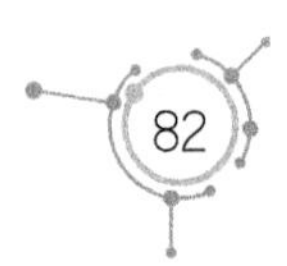

提示：对于初学者可在任意修改上述参数，重新生成刀路后观察刀路有什么变化，取消“修剪至最小安全距离”复选框前面的“√”，观察刀路的变化。

第7步：单击“进给率和速度”按钮，主轴速度设为1000r/min，进给率设为1200mm/min。

第8步：单击“生成”按钮，生成面铣刀路，如图5-19所示。

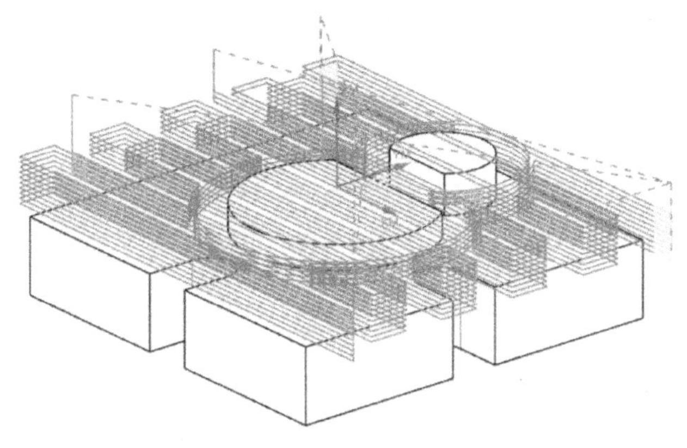

图5-19　面铣刀路

第9步：若在图5-17中将“毛坯距离”改为20mm，则刀路从离平面20mm处开始，如图5-20所示。

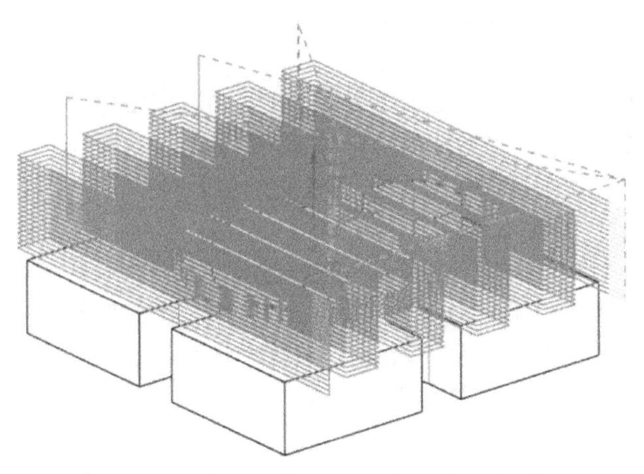

图5-20　“毛坯距离”设为20mm所生成的刀路

（4）创建边界面铣刀路（粗加工程序）。

第1步：选择“菜单｜插入｜工序”命令，在【创建工序】对话框中对“类型”选取“mill_planar”，“工序子类型”选取“平面铣”按钮，“程序”选取“NC_PROGRAM”，“刀具”选取D12R0，“几何体”选取“B”，“方法”选取MILL_FINISH，如图5-21所示。

第2步：在【平面铣】对话框中单击“指定部件边界”按钮，在【边界几何体】对话框中“模式”选取“点”，如图5-22所示。

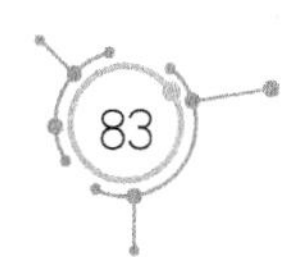

图 5-21　设定“创建工序”参数

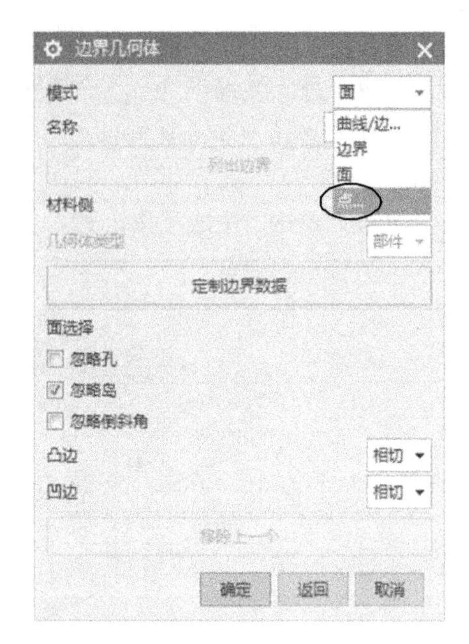

图 5-22　选取“点”

第 3 步：在零件上依次选取 *A*、*B*、*C*、*D* 四个顶点，四个顶点围成一个封闭的边界，如图 5-23 所示。

第 4 步：在【边界几何体】对话框中“材料侧”选取“内部”，“刨”选取“自动”，单击“确定”按钮。

第 5 步：在【平面铣】对话框中单击“指定底面”按钮，选取工件的下底面。

第 6 步：在【平面铣】对话框中“切削模式”选取“轮廓”，“附加刀路”设为 0。

第 7 步：单击“切削层”按钮，在【切削层】对话框中“类型”选取“恒定”，“公共每刀切削深度”设为 0.5mm。

第 8 步：单击“切削参数”按钮，在【切削参数】对话框中单击“策略”选项卡，“切削方向”选取“顺铣”选项，单击“余量”选项卡，“部件余量”设为 0.2mm。

第 9 步：单击“非切削移动”按钮，在【非切削移动】对话框中单击“进刀”选项卡，在“开放区域”中，“进刀类型”选取“圆弧”，“半径”设为 2mm，“圆弧角度”设为 90°，“高度”设为 5m，“最小安全距离”设为 10mm，勾选“修剪至最小安全距离”复选框。单击“起点/钻点”选项卡，单击“指定点”按钮，选取右边半径的圆心位置为进刀点。单击“转移/快速”选项卡，“区域内”的“转移类型”选取“直接”。

提示：对于初学者可在任意修改上述参数，重新生成刀路后观察刀路有什么变化，取消“修剪至最小安全距离”复选框前面的“√”，观察刀路的变化。

第 10 步：单击“进给率和速度 ”按钮，主轴速度设为 1000r/min，进给率设为 1200mm/min。

第 11 步：单击“生成”按钮，生成面铣刀路，如图 5-24 所示。

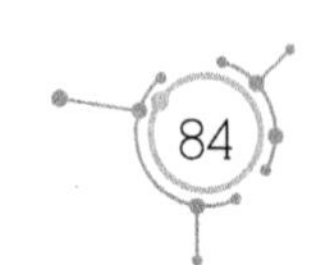

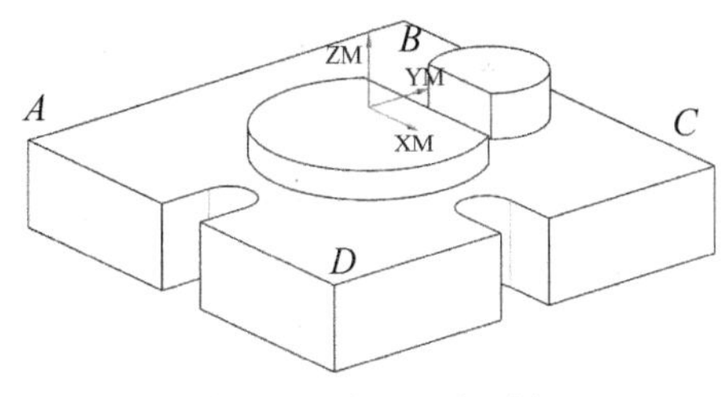

图 5-23　选取 4 个顶点

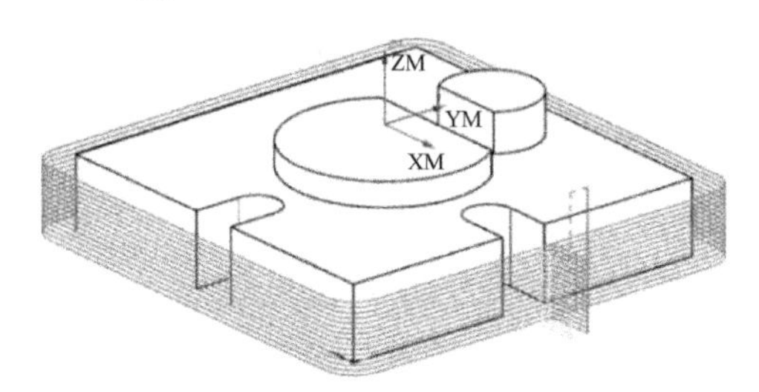

图 5-24　面铣刀路

（5）创建半精加工刀路。

第 1 步：在辅助工具条中选取“程序顺序视图”按钮，参考图 1-57。

第 2 步：在工序导航器中将 Program 改为 A1，并把刚才创建的两个刀路程序移到 A1 下面。

第 3 步：选取“菜单丨插入丨程序”命令，在【创建程序】对话框中“程序”选取“NC_PROGRAM”，“名称”设为 A2，创建 A2 程序组。

第 4 步：在“工序导航器”选取 FACE_MILLING、 PLANAR_MILL 两个刀路，单击鼠标右键，选“复制”命令，再选中“A2”，单击鼠标右键，选“内部粘贴”命令，将两个刀路复制到 A2 程序组中。

第 5 步：在“工序导航器”中双击 FACE_MILLING_COPY，在【面铣】对话框中单击“指定面边界”按钮，在【毛坯边界】对话框中单击“列表”栏中的“移除”按钮，清除以前选取的边界，再在【毛坯边界】对话框中“选择方法”选取“点”，如图 5-22 所示，依次选取 *A*、*B*、*C*、*D* 四个顶点（所选取 4 个顶点在同一个平面上），四个顶点围成一个封闭的边界，如图 5-25 所示。

第 6 步：在【毛坯边界】对话框中“刀具侧”选取“内部”，“刨”选取“自动”，单击“确定”按钮。

第 7 步：在【面铣】对话框中“刀具”选取“D6R0”（如果没有创建 D6R0 的刀具，那么应选创建），“切削模式”选取“轮廓”，“每刀切削深度”改为 0.3mm，如图 5-26 所示。

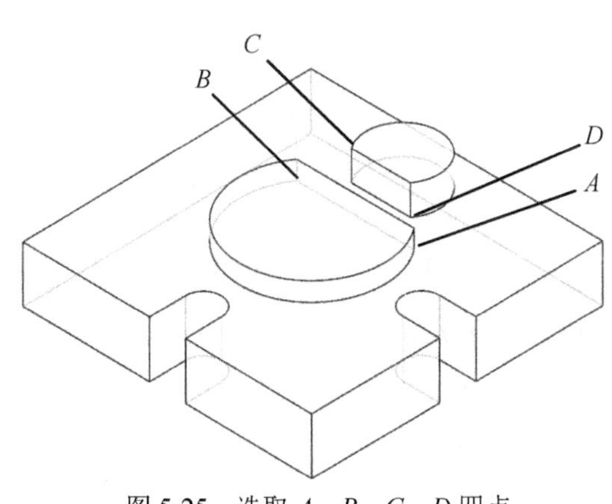

图 5-25　选取 *A*、*B*、*C*、*D* 四点

图 5-26　选“D6R0”与“轮廓”

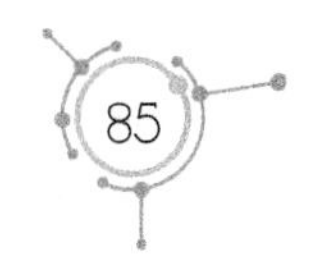

第 8 步：单击“生成”按钮，生成面铣刀路，如图 5-27 所示。

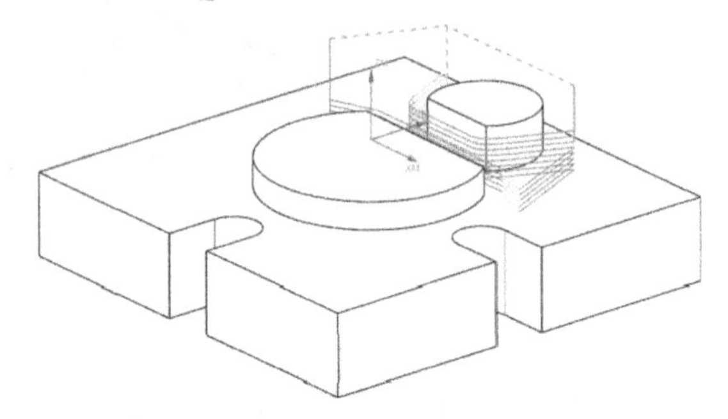

图 5-27　面铣刀路

第 9 步：在“工序导航器”中双击 PLANAR_MILL_COPY，在【平面铣】对话框中单击“指定部件边界”按钮，在【编辑边界】对话框中单击“全部重选”按钮 全部重选 。

第 10 步：在【边界几何体】对话框中选“曲线/边…”选项，如图 5-28 所示。

第 11 步：在【创建边界】对话框中“类型”选取“开放的”，“刨”选取“自动”，“材料侧”选取“右”，“刀具位置”选取“相切”，如图 5-29 所示。

图 5-28　“模式”选取“曲线/边…”选项

图 5-29　设置边界参数

第 12 步：在工件上依次选取 3 段曲线，如图 5-30 所示。

提示： 确定数控铣加工刀路方向的原则：公顺母逆或者凸顺凹逆，“顺”指顺时针，“逆”指逆时针，图 5-30 是凹形，因此按逆时针顺序选取 3 条曲线，“材料侧”选取“右”指的是材料在刀具前进方向的右侧。

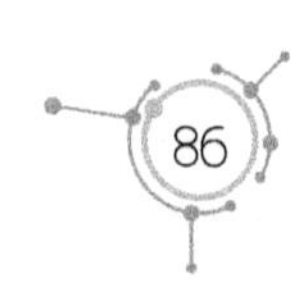

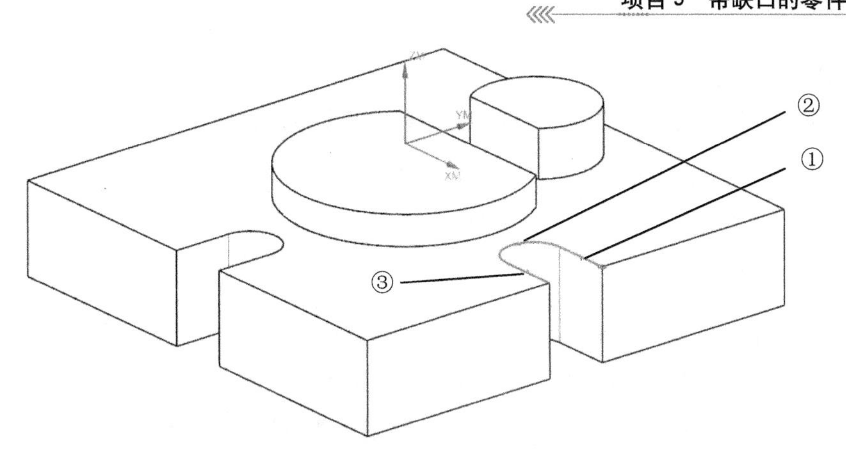

图 5-30　按逆时针方向选取凹边的 3 段曲线

第 13 步：选取完上述 3 条曲线后，在【创建边界】对话框中单击“创建下一个边界”按钮，再按刚才的方法选取另一个凹形的 3 条边。

第 14 步：在【面铣】对话框中“刀具”选取“D6R0”，如图 5-26 所示。

第 15 步：单击“切削层”按钮，在【切削层】对话框中把“公共每刀切削深度”改为 0.3mm。

第 16 步：单击“非切削移动”按钮，在【非切削移动】对话框中单击“进刀”选项卡，在“开放区域”中，“进刀类型”选取“线性”，“长度”设为 5mm，“高度”设为 2m，“最小安全距离”设为 10mm，勾选“☑修剪至最小安全距离”复选框。单击“转移/快速”选项卡，“区域内”的“转移类型”选取“直接”。

提示：对于初学者可在任意修改上述参数，重新生成刀路后观察刀路有什么变化，取消“修剪至最小安全距离”复选框前面的“√”，观察刀路的变化。

第 17 步：单击“进给率和速度 ”按钮，主轴速度设为 1000r/min，进给率设为 1200mm/min。

第 18 步：单击“生成”按钮，生成面铣刀路，如图 5-31 所示。

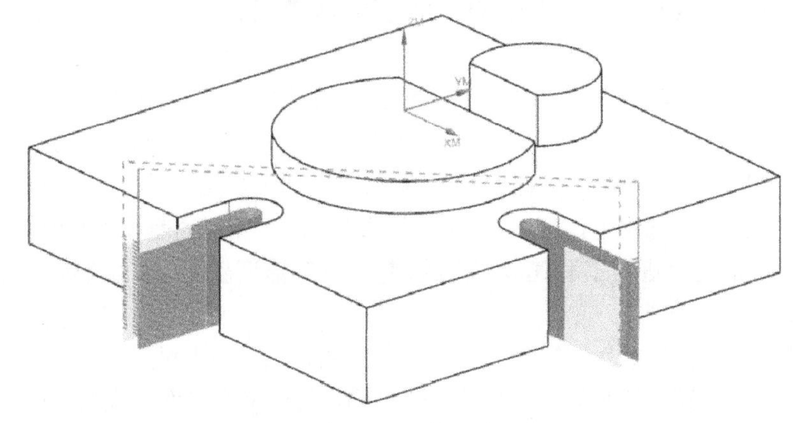

图 5-31　面铣刀路

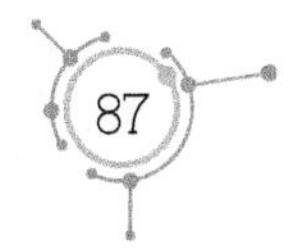

（6）创建精加工刀路。

第 1 步：选取“菜单｜插入｜程序”命令，在【创建程序】对话框中对“程序”选取“NC_PROGRAM”，“名称”设为 A3，创建 A3 程序组。

第 2 步：在“工序导航器”选取 FACE_MILLING_COPY、PLANAR_MILL_COPY 两个刀路，单击鼠标右键，选择“复制”命令。再选中“A3”，单击鼠标右键，选“内部粘贴”命令，将两个刀路复制到 A3 程序组中。

第 3 步：在“工序导航器”中双击 FACE_MILLING_COPY_COPY，在【面铣】对话框中单击“指定面边界”按钮。在【毛坯边界】对话框中单击“列表”栏中的“移除”按钮，清除以前选取的边界。再在【毛坯边界】对话框中“选择方法”选取“面”，选取第一个圆台顶面，最后在【毛坯边界】对话框中单击“添加新集”按钮，如图 5-32 所示。选择第二个圆台顶面，单击“添加新集”按钮；再选择台阶平面；如图 5-33 所示。

图 5-32 “添加新集”按钮

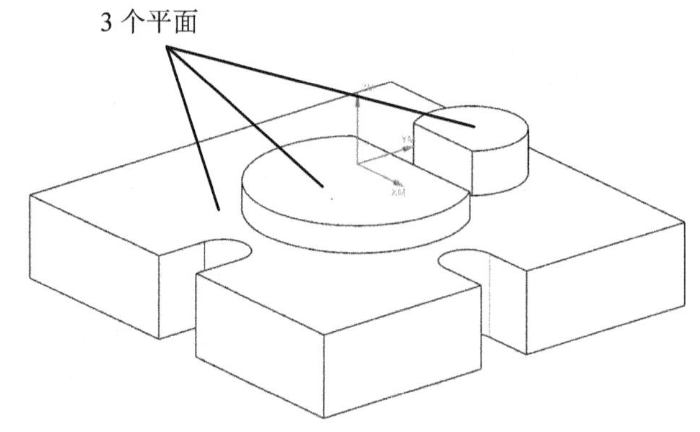

图 5-33 选取三个平面

第 4 步：在【面铣】对话框中“切削模式”选取“往复”，“步距”选取“刀具平直百分比”，“平面直径百分比”设为 70%，“毛坯距离”设为 0，“最终底面余量”设为 0，如图 5-34 所示。

第 5 步：单击“切削参数”按钮，在【切削参数】对话框中单击“策略”选项卡，“切削方向”选取“顺铣”选项，“切削角”选取“指定”选项，“与 XC 的夹角”设为 0，勾选“☑添加精加工刀路”，“刀路数”设为 3，“精加工步距”设为 0.1mm，如图 5-35 所示。单击“余量”选项卡，“部件余量”设为 0，内（外）公差设为 0.01。

第 6 步：单击“进给率和速度 ”按钮，主轴速度设为 1000r/min，进给率设为 600mm/min。

第 7 步：单击“生成”按钮，生成面铣刀路，从刀路上可以看出，只有大平面上的刀路有精加工刀路，这是因为大平面上有岛屿，另外两个平面上没有岛屿，如图 5-36 所示。

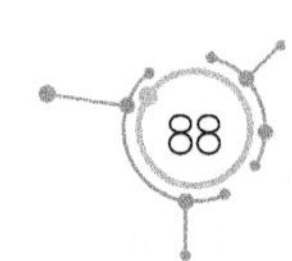

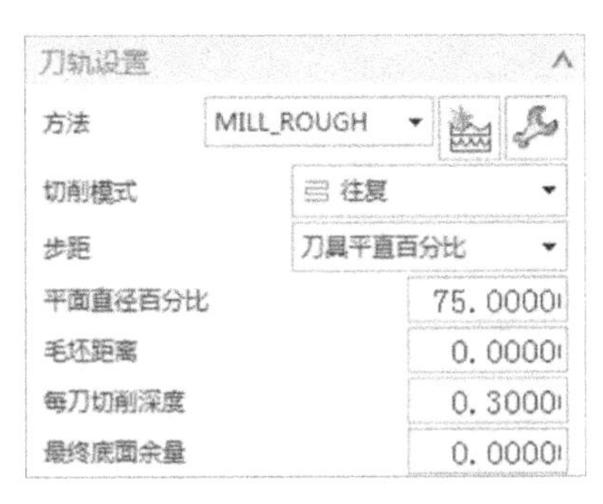

图 5-34　设定刀轨参数

图 5-35　设定“策略”参数

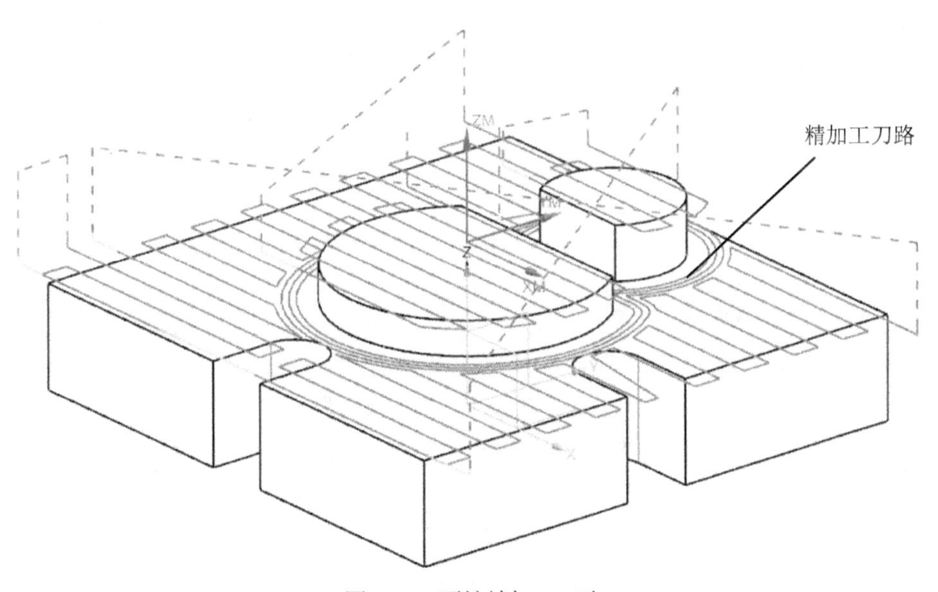

图 5-36　面铣精加工刀路

第 8 步：在“工序导航器”中双击 PLANAR_MILL_COPY_COPY，在【平面铣】对话框中单击“指定部件边界”按钮，在【编辑边界】对话框中单击“全部重选”按钮 全部重选 。

第 9 步：在【边界几何体】对话框中选“面”选项，“材料侧”选“内部”，勾选“忽略岛”、“忽略孔”复选框，如图 5-37 所示。

第 10 步：选取工件的台阶面，单击“确定”，可以看出工件的外边界加强显示，说明选中了工件的外边界。

第 11 步：在【平面铣】对话框中“步距”改选取“恒定”选项，“最大距离”设为 0.1mm，“附加刀路”设为 2，如图 5-38 所示。

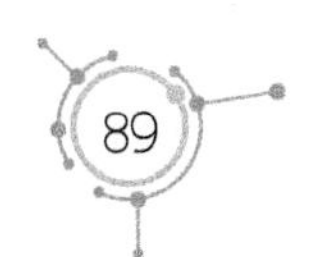

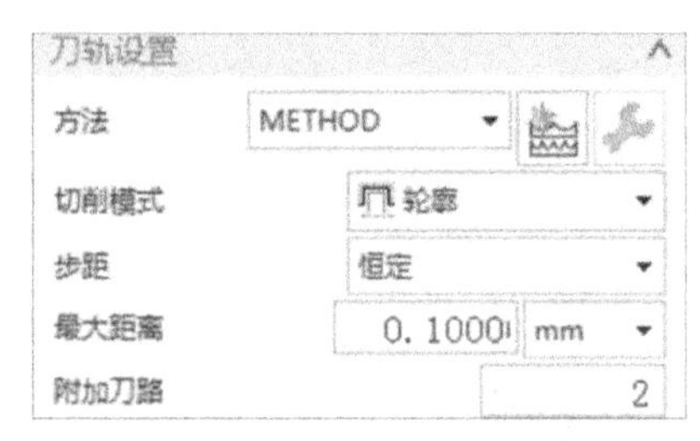

图 5-37　设置【边界几何体】参数

图 5-38　设置刀轨参数

第 12 步：单击“切削层”按钮，在【切削层】对话框中对“类型”选取“仅底面”。

第 13 步：单击“切削参数”按钮，在【切削参数】对话框中单击“余量”选项卡，“部件余量”、“最终底面余量”设为 0，内（外）公差设为 0.01。

第 14 步：单击“非切削移动”按钮，在【非切削移动】对话框中单击“进刀”选项卡，在“开放区域”中，“进刀类型”选取“圆弧”，“半径”设为 1mm，“圆弧角度”设为 90°，“高度”设为 2m，“最小安全距离”设为 10mm，勾选“修剪至最小安全距离”复选框。单击“起点/钻点”选项卡，再单击“指定点”按钮，选取右边下半段边线的中点为进刀点。单击“转移/快速”选项卡，“区域内”的“转移类型”选取“直接”。

第 15 步：单击“进给率和速度 ”按钮，主轴速度设为 1000r/min，进给率设为 600mm/min。

第 16 步：单击“生成”按钮，生成“平面铣”外形刀路，如图 5-39 所示。

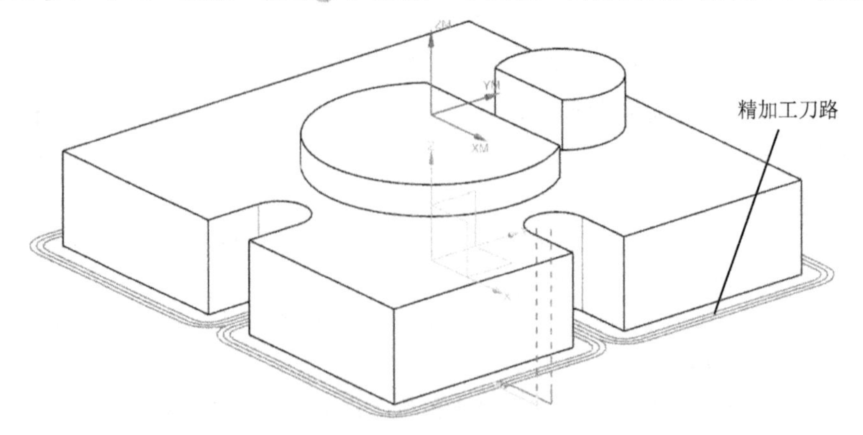

图 5-39　“平面铣”外形刀路

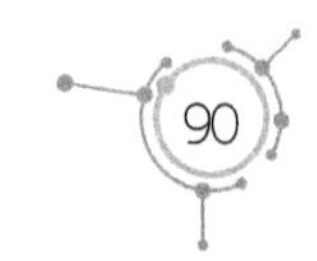

4. 装夹方式

（1）用虎钳装夹工件时，工件的上表面至少高出台钳平面 23mm。
（2）工件采用四边分中，设上表面为 Z0，参考图 1-70。

5. 加工程序单

加工程序单见表 5-1。

表 5-1　加工程序单

序号	刀具	加工深度	备注
A1	ϕ12 平底刀	23mm	粗加工
A2	ϕ6 平底刀	23mm	粗加工
A3	ϕ6 平底刀	23mm	精加工

小　　结

本章主要讲述了两个刀路：面铣和平面铣。
（1）运用“面铣”刀路时：
- 若使用曲线方式设定边界，则刀轴应选取“+ZM 轴”。
- 系统默认选取的边界所在的平面是面铣方式的加工底面。
- 开粗时，通过设定毛坯距离的高度来实现。
- 可以通过面、点、线、边界等方式来确定加工的边界。

（2）运用“平面铣”刀路时：
- 系统默认选取边界所在的平面是加工起始面，如需更改加工的起始位置，应通过设置“刨”的方法设置起始面。
- 加工的深度应通过指定底面来实现。
- 可以通过面、点、线、边界等方式来确定加工的边界。

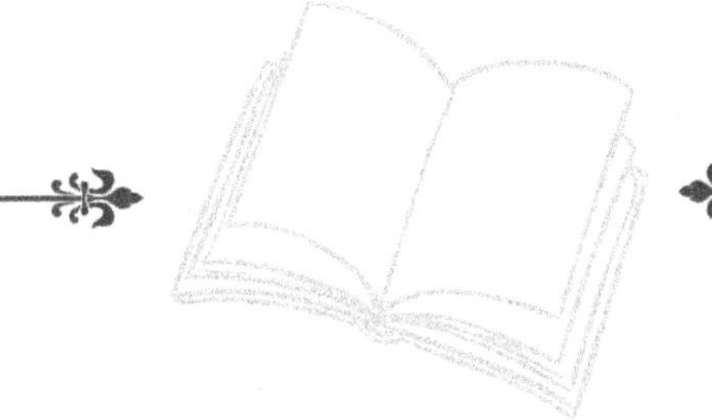

中级工考证篇

项目6　五　角　板

本项目以一个数控铣中级工考证的习题为例，详细介绍了从建模、加工工艺、编程、工件装夹等内容。工件尺寸如图 6-1 所示，材料为铝块（毛坯铝块的尺寸为 85mm×85mm×35mm）。

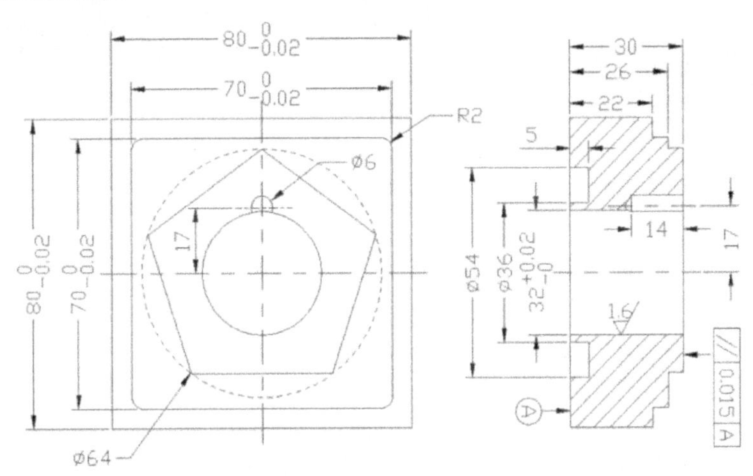

图 6-1　工作尺寸图

1. 第一面加工工序分析图

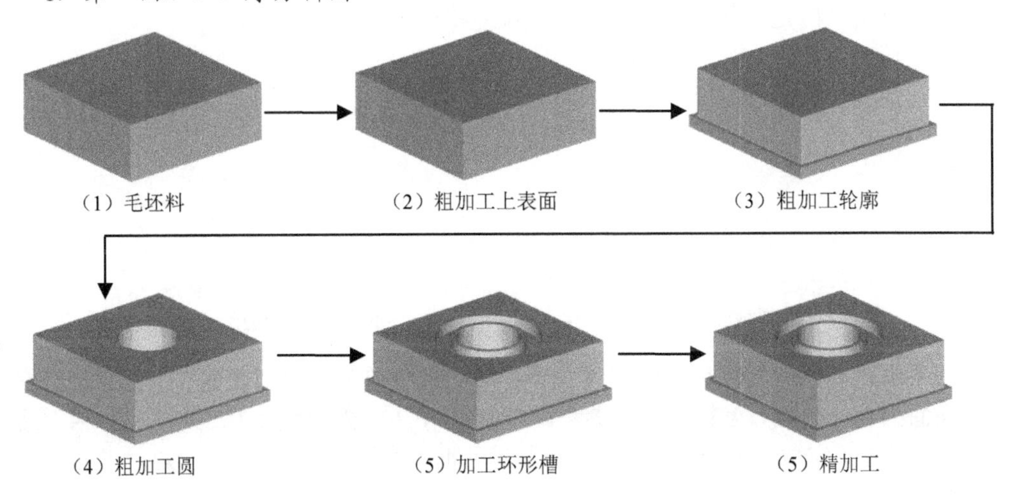

2. 第二面加工工序分析图

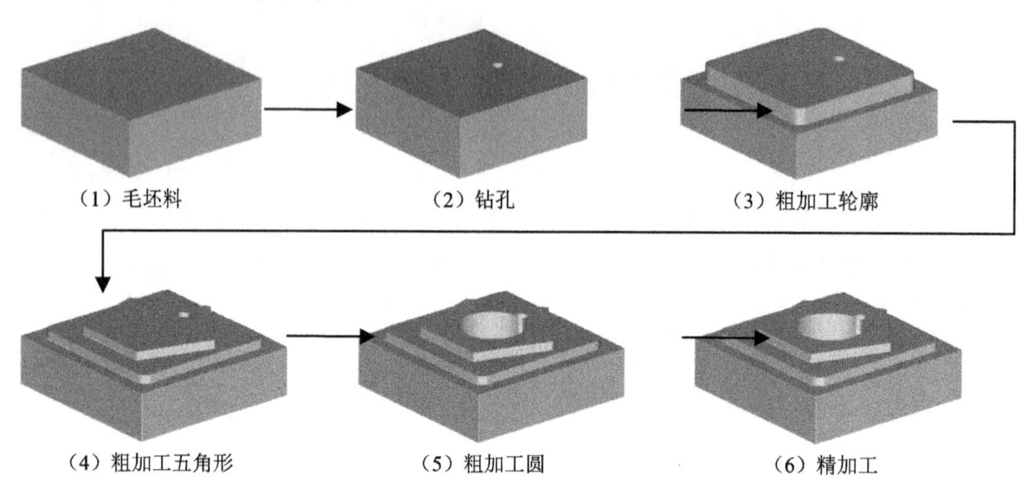

3. 建模过程

（1）启动NX 10.0，单击“新建”按钮，在【新建】对话框中选取“模型”选项卡，在模板框中“单位”选择“毫米”，选取“模型”模板，“名称”设为“ex6.prt”，文件夹选取“E:\UG10.0数控编程\项目6”。

（2）单击“拉伸”按钮，在【拉伸】对话框中单击“绘制截面”按钮，选取*XOY*平面为草绘平面，*X*轴为水平参考，以原点为中心绘制截面（一），如图6-2所示。

（3）单击“完成”按钮，在【拉伸】对话框中“指定矢量”选取“ZC↑”按钮，“开始”选取“值”，“距离”设为0，“结束”选取“值”，“距离”设为22mm，“布尔”选取“无”，如图1-10所示。

（4）单击“确定”按钮，创建第一个拉伸特征，如图6-3所示。

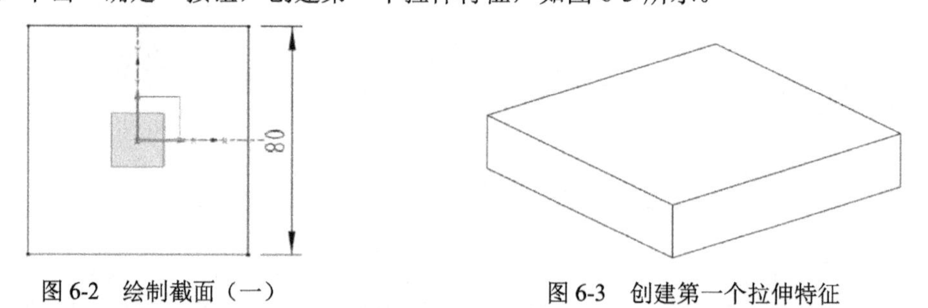

图6-2　绘制截面（一）　　图6-3　创建第一个拉伸特征

（5）单击“拉伸”按钮，在【拉伸】对话框中单击“绘制截面”按钮，选取工件上表面为草绘平面，*X*轴为水平参考，以原点为中心绘制截面（二），如图6-4所示。

（6）单击“完成”按钮，在【拉伸】对话框中“指定矢量”选取“ZC↑”按钮，“开始”选取“值”，“距离”设为0，“结束”选取“值”，“距离”设为4mm，“布尔”选取“求和”按钮。

（7）单击“确定”按钮，创建第二个拉伸特征，如图6-5所示。

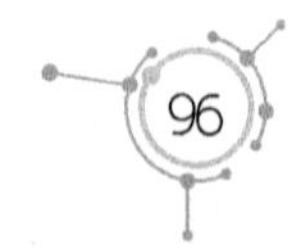

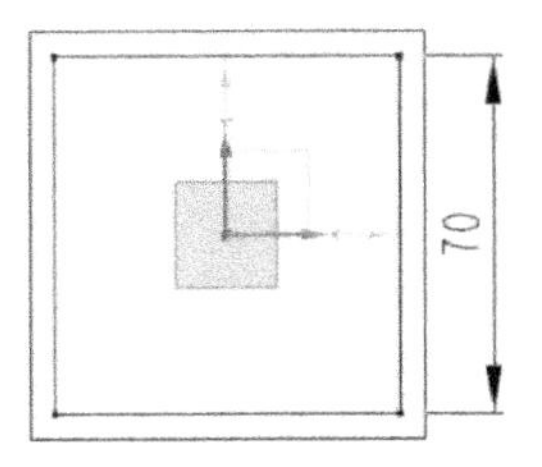

图 6-4 绘制截面（二）

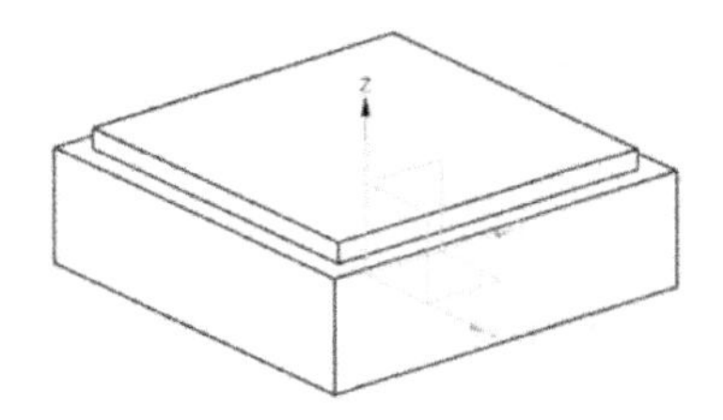

图 6-5 创建第二个拉伸特征

（8）单击“拉伸”按钮，在【拉伸】对话框中单击“绘制截面”按钮，选取工件上表面为草绘平面，*X* 轴为水平参考，单击“确定”按钮，进入草绘模式。

（9）选取“菜单 | 插入 | 曲线 | 多边形”命令，在【多边形】对话框中“边数”设为 5，“大小”选取“外接圆半径”，“半径”设为 32mm，单击 Enter 键，半径前面出现☑，“角度”设为 90°，再单击 Enter 键，旋转前面出现☑。在“中心”区域单击“指定点”按钮，在【点】对话框中输入（0，0，0），如图 6-6 所示。

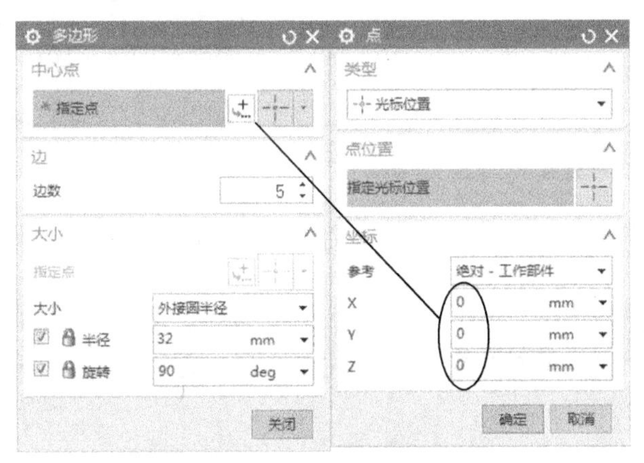

图 6-6 设定多边形参数

（10）单击“确定”按钮，以原点为中心绘制正五边形的截面（三），如图 6-7 所示。

（11）单击“完成”按钮，在【拉伸】对话框中对“指定矢量”选取“ZC↑”按钮，“开始”选取“值”，“距离”设为 0，“结束”选取“值”，“距离”设为 4mm，“布尔”选取“求和”按钮，“拔模”选取“无”。

（12）单击“确定”按钮，创建第三个拉伸特征，如图 6-8 所示。

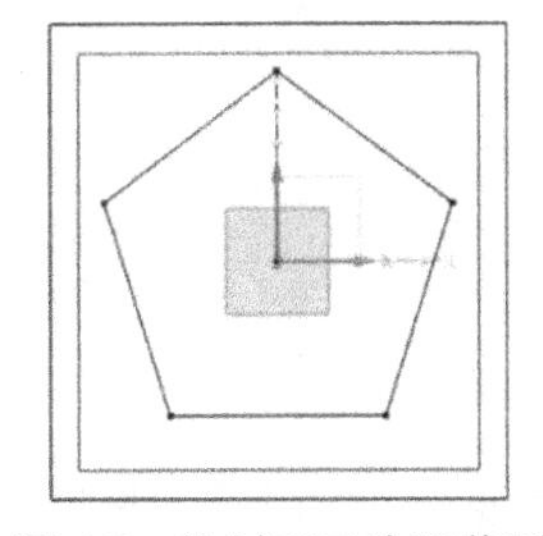

图 6-7 绘制正五边形截面

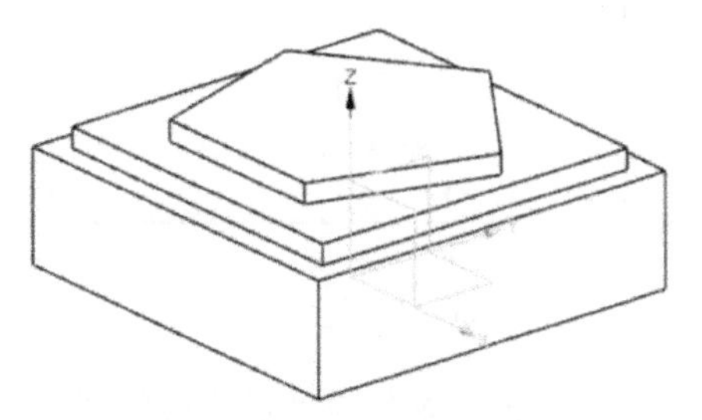

图 6-8 创建第三个拉伸特征

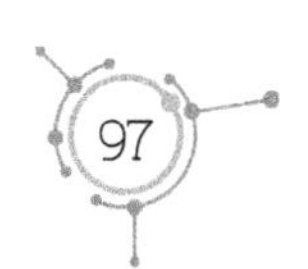

（13）单击“拉伸”按钮，在【拉伸】对话框中单击“绘制截面”按钮，选取 *XOY* 平面为草绘平面，*X* 轴为水平参考，以原点为中心绘制截面（四）（ϕ32mm 的圆周），如图 6-9 所示。

（14）单击“完成”按钮，在【拉伸】对话框中对“指定矢量”选取“ZC↑”按钮，“开始”选取“值”，“距离”设为 0，“结束”选取“贯通”，“布尔”选取“求差”。

（15）单击“确定”按钮，创建第四个拉伸特征（通孔），如图 6-10 所示。

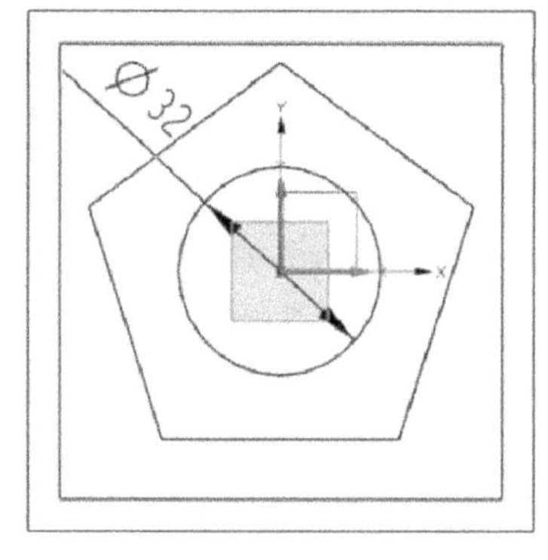

图 6-9　绘制截面（四）

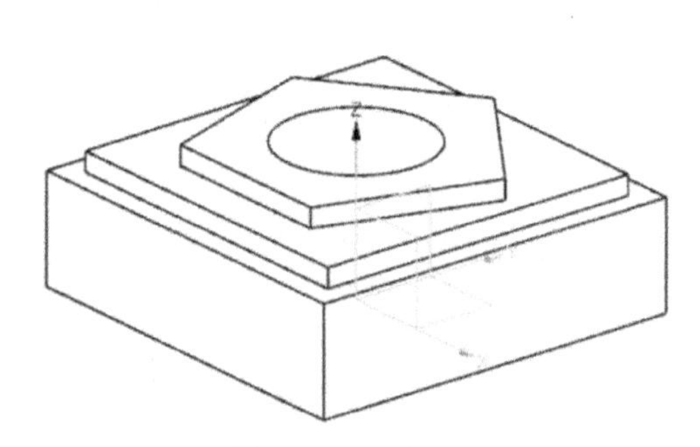

图 6-10　创建通孔

（16）选取“菜单｜插入｜设计特征｜孔”命令，在【孔】对话框中单击“绘制截面”按钮，选取工件的上表面为草绘平面，*X* 轴为水平参考，先任意绘制一个点，如图 6-11 所示。

（17）再单击“几何约束”按钮，在【几何约束】对话框中单击“点在曲线上”按钮，如图 6-12 所示。

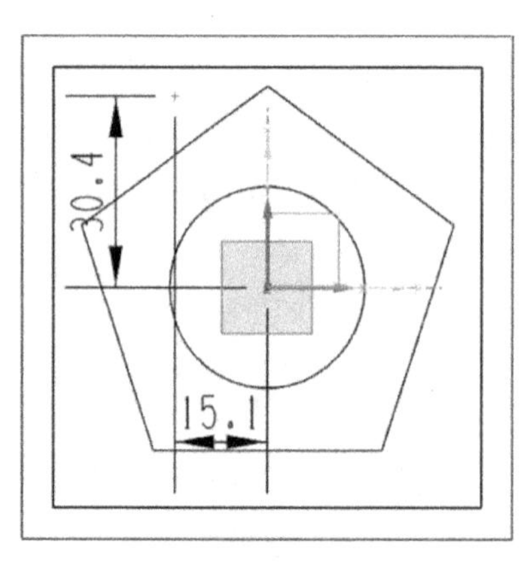

图 6-11　任意绘制点

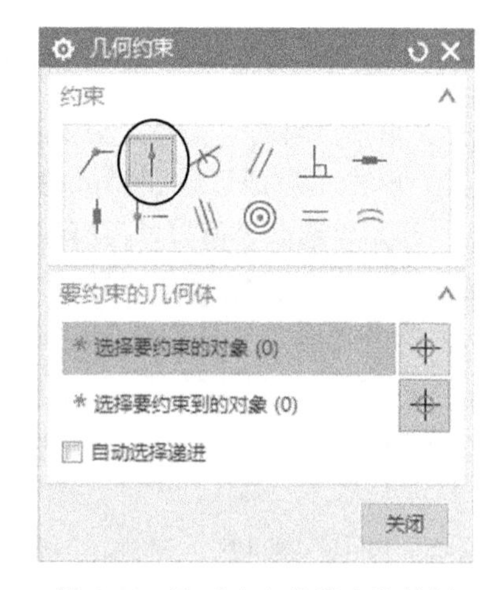

图 6-12　选“点在曲线上”按钮

（18）选取该点为“要约束的对象”，*Y* 轴为“要约束到的对象”，将该点约束到 *Y* 轴上，修改尺寸后如图 6-13 所示。

（19）单击“完成”按钮，在【孔】对话框中“类型”选取“常规孔”选项，“孔方向”选取“垂直于面”，“形状”选取“简单孔”，“直径”设为 ϕ6mm，“深度限制”选取“值”，“深度”设为 14mm，“锥顶角”设为 118°，“布尔”选取“求差”，如图 6-14 所示。

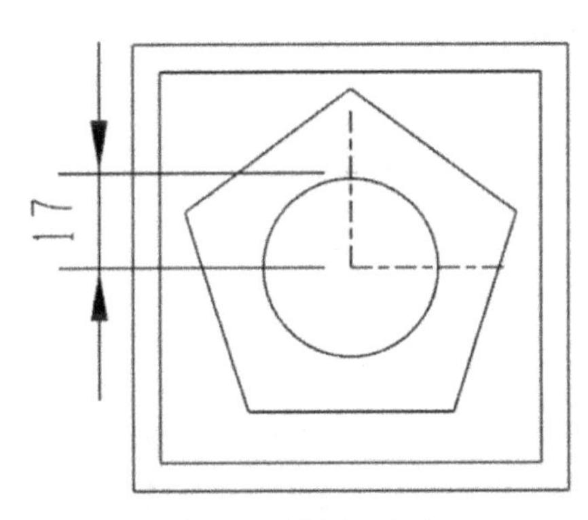

图 6-13　绘制一个点

图 6-14　设定“孔”参数

（20）单击“确定”按钮，创建孔特征，如图 6-15 所示。

（21）单击“边倒圆”按钮，选取 70mm×70mm 台阶 4 个角位的边线，创建倒圆角特征（R2mm），如图 6-16 所示。

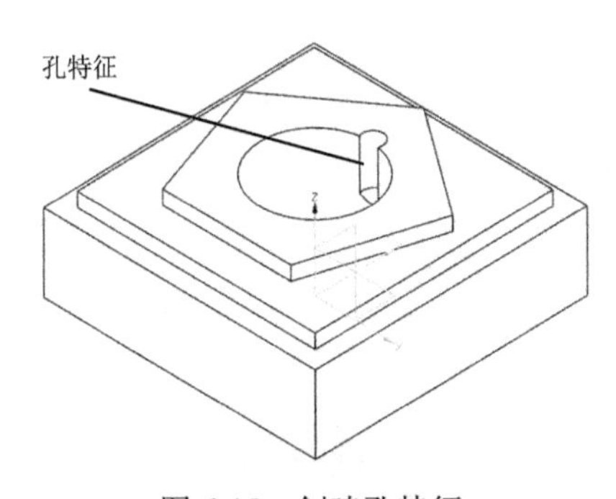

图 6-15　创建孔特征

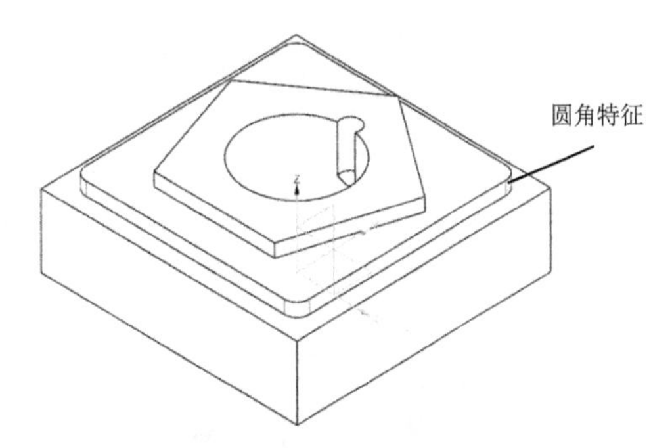

图 6-16　创建倒圆角特征

（22）选取“菜单｜格式｜图层设置”命令，在【图层设置】对话框中的“工作图层”文本框中输入：2，设定第 2 层为工作图层，如图 6-17 所示。

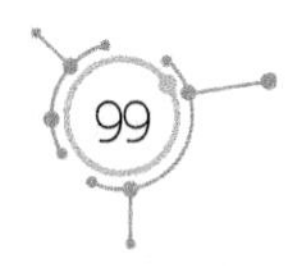

（23）选取“菜单 | 格式 | 图层设置”命令，在【图层设置】对话框中取消图层 1 前面的☑，如图 6-17 所示，隐藏第 1 层的图素

图 6-17　设定第 2 层为工作图层

（24）选取“菜单 | 插入 | 设计特征 | 圆柱体”命令，在【圆柱体】对话框中对“类型”选取 轴、直径和高度 选项，“指定矢量”选取“ZC↑”，“直径”设为 ϕ54mm，“高度”设为 5mm，“布尔”选取“无”；单击“指定点”按钮，在【点】对话框中输入（0，0，0），如图 6-18 所示。

图 6-18　设定圆柱参数

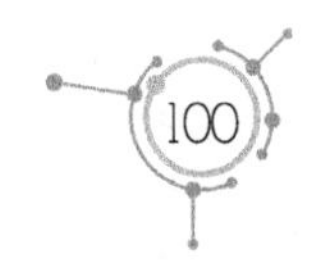

（25）单击“确定”按钮，创建圆柱，如图 6-19 所示。

（26）选取“菜单｜插入｜设计特征｜圆柱体”命令，在【圆柱体】对话框中对“类型”选取 轴、直径和高度 选项，“指定矢量”选取“ZC↑”，“直径”设为 ϕ36mm，“高度”设为 5mm，“布尔”选取“求差”，单击“指定点”按钮，在【点】对话框中输入（0，0，0）。

（27）单击“确定”按钮，创建圆环，如图 6-20 所示。

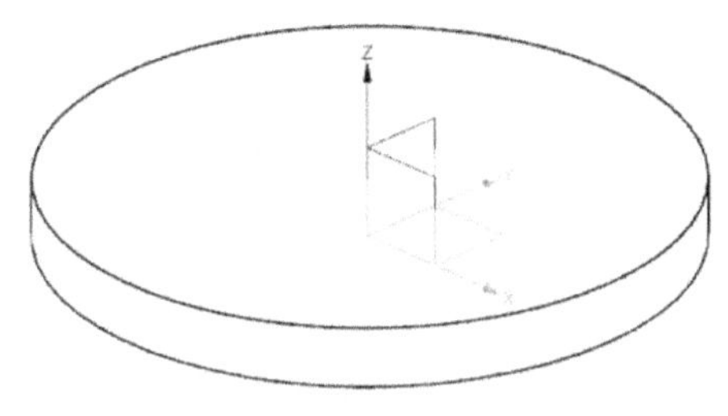

图 6-19　创建圆柱

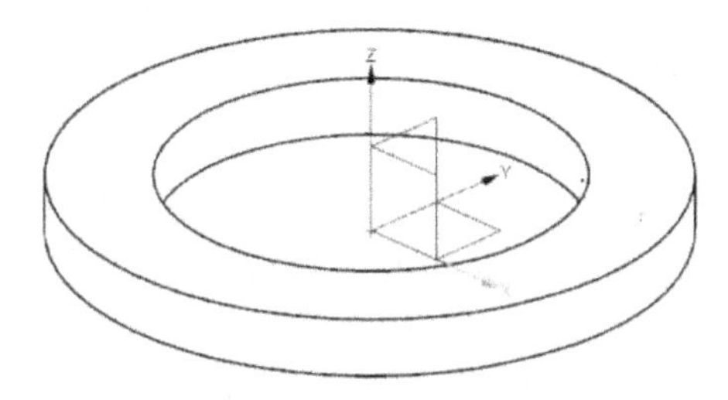

图 6-20　创建圆环

（28）选取“菜单｜格式｜图层设置”命令，在【图层设置】对话框中勾选“1”，显示第 1 层的图素。

（29）选取“菜单｜插入｜组合｜减去”命令，选取方体为目标体，圆环为工具体（在选取圆环时，可以按住鼠标中键，翻转实体，使实体底部朝上），在【求差】对话框中取消“□保存目标”、“□保存工具”前面的“√”，如图 6-21 所示。

（30）单击“确定”按钮，在工件底部创建环形槽，按住鼠标中键，翻转实体，使实体底部朝上后如图 6-22 所示。

图 6-21　设置【求差】对话框参数

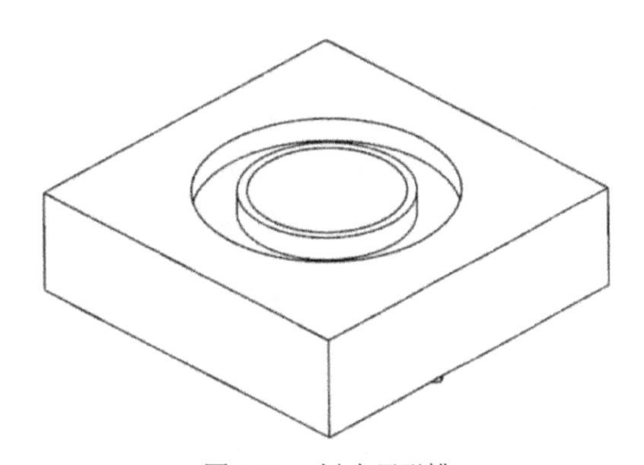

图 6-22　创建环形槽

（31）单击“保存”按钮，保存文档，文件名为 EX6.prt。

4. 加工工艺分析

（1）这是一道中级工考证的练习题，工件的材料是铝块，与铁块相比，铝块的切削特性较软，但铝粉屑容易黏刀，在编程时应考虑铝块的切削特性来设定切削速率及吃刀量。

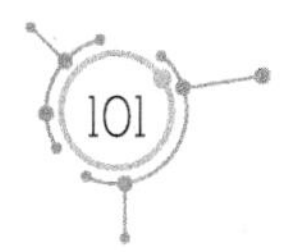

（2）常用的毛坯材料是 85mm×85mm×35mm 的铝块，而零件的尺寸是 80mm×80mm×30mm，建议零件加工时，毛坯正、反两面的平面各加工 2.5mm，以保持统一，便于初学者学习。

（3）根据零件形状，为方便第二次装夹，建议先加工有圆形槽，再反过来加工五边形。

（4）根据零件的形状，建议在加工零件表面时及外形时，用 ϕ12mm 的平底刀，加工中间的小孔用 ϕ6mm 钻嘴，加工反面的圆形槽时用 ϕ8mm 平底刀。

（5）因为铝块的表面是平面，且铝块较软，所以加工 ϕ6mm 小孔时，可以直接用 ϕ6mm 钻嘴加工，而不需要预先用中心钻预钻孔。

（6）在加工工件中间 ϕ32mm 的圆孔时，对于没有吹气设备的数控铣床，铝渣较难排出，且铝渣容易附在立铣刀上，建议正、反两面各粗加工 15mm，两面铣通后，再精加工。

（7）在加工中间 ϕ32mm 圆孔时，用外形铣削方式中的斜向式进刀。这种加工方式是斜向进刀，既可以避免踩刀，也可以省去预钻孔这一个工序。

（8）加工反面的圆形槽时，用外形铣削方式中的斜插式。这种加工方式是斜向进刀，既可以避免踩刀，也可以省去预钻孔这一个工序。

（9）因为加工零件的材质是铝，在加工过程中刀具的磨损较小，所以可以在粗加工后不用换刀，直接精加工，但需要调高主轴转速，同时降低进给率。

（10）对于初学者，建议将零件保存为两个文档：加工正面时保存为一个文档，加工反面时保存为另一个文档，以免混淆。

5. 第一次装夹的数控编程

（1）打开 EX6.prt 文档，选取“菜单｜文件｜另存为”命令，“文件名”设为“EX6(1).prt”。（先将文件另存为其他文件名，防止在后面保存文件时因疏忽大意导致覆盖原文件。）

（2）选取“菜单｜编辑｜移动对象”命令，在【移动对象】对话框中对“运动”选取“角度”，“指定矢量”选取“YC↑”选项，“角度”设为 180°，“结果”选取“◉移动原先的”，单击“指定轴点”按钮，在【点】对话框中输入（0，0，0），如图 6-23 所示。

图 6-23　设定移动对象参数

（3）单击“确定”按钮，工件旋转180°，底面朝上（圆环面），如图6-24所示。

（4）在横向菜单中单击“应用模块”选项卡，再单击“加工”命令，参考图1-17。在【加工环境】对话框中选择“cam_general”选项和“mill_planar”选项，参考图1-18。单击“确定”按钮，进入加工环境，此时工作区中出现两个坐标系，一个是基准坐标系（朝下），另一个是工件坐标系（朝上），如图6-25所示。

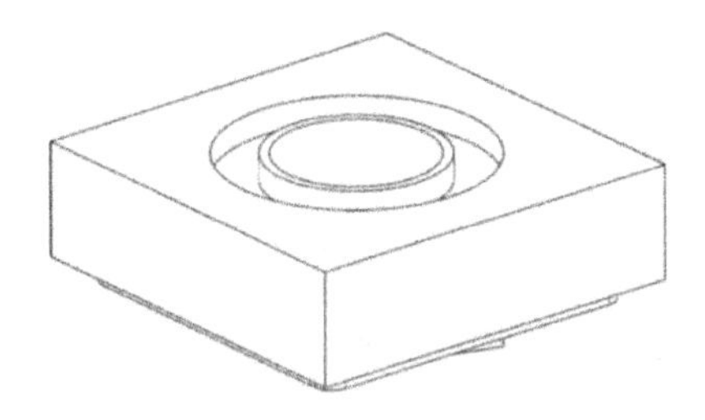

图6-24　有圆环的面朝上

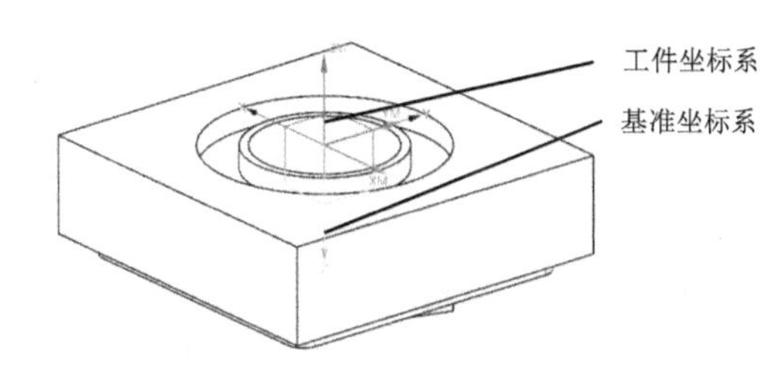

图6-25　两个坐标系

（5）单击“创建刀具”按钮，创建ϕ12mm立铣刀(D12R0)与ϕ8mm立铣刀(D8R0)。

（6）选取“菜单｜插入｜几何体”命令，在【创建几何体】对话框中对“几何体子类型”选取，“几何体”选取“GEOMETRY”，“名称”设为A，参考图1-21。

（7）单击“确定”按钮，在【MCS】对话框中“安全设置选项”选取“自动平面”，“安全距离”设为10mm，参考图1-22。单击“确定”按钮，创建几何体。

（8）在辅助工具条中选取“几何视图”按钮，参考图1-23。系统在“工序导航器”中添加了刚才创建的几何体A，参考图1-24。

（9）选取“菜单｜插入｜几何体”命令，在【创建几何体】对话框中“几何体子类型”选取“WORKPIECE”按钮，“几何体”选取A，“名称”设为B，参考图1-25。

（10）单击“确定”按钮，在【工件】对话框中选取“指定部件”按钮，参考图1-26。在工作区中选取整个零件，单击“确定”按钮，设定零件为工作部件。

（11）在【工件】对话框中单击“指定毛坯”按钮，在【毛坯几何体】对话框中对“类型”选择“包容块”，把“XM-”、“YM-”、“XM+”、“YM+”、“ZM+”设为2.5mm。

（12）单击“确定｜确定”按钮，创建几何体B，在“工序导航器”中展开A，可以看出几何体B在坐标系A下面，如图1-28所示。

（13）选择“菜单｜插入｜工序”命令，在【创建工序】对话框中对“类型”选取“mill_planar”，“工序子类型”选取“使用边界面铣削”按钮，“程序”选取“NC_PROGRAM”，“刀具”选取D12R0，“几何体”选取“B”，“方法”选取“MILL_ROUGH”。

（14）单击“确定”按钮，在【面铣】对话框中单击“指定面边界”按钮，在【毛坯边界】对话框中“选择方法”选取“面”，选取工件的上表面，如图6-26所示。“刀具侧”选取“内部”，“刨”选取“指定”，选取工件的上表面，“距离”设为0，如图6-27所示。

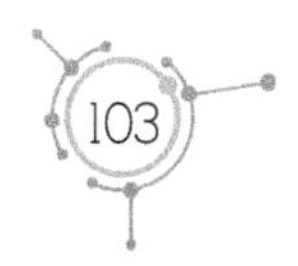

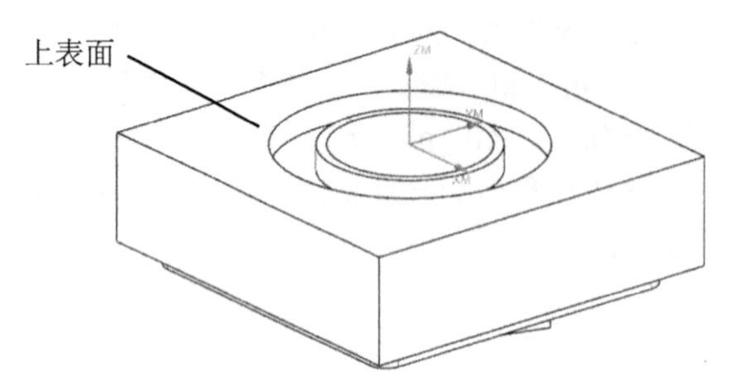

图 6-26　选取工件上表面

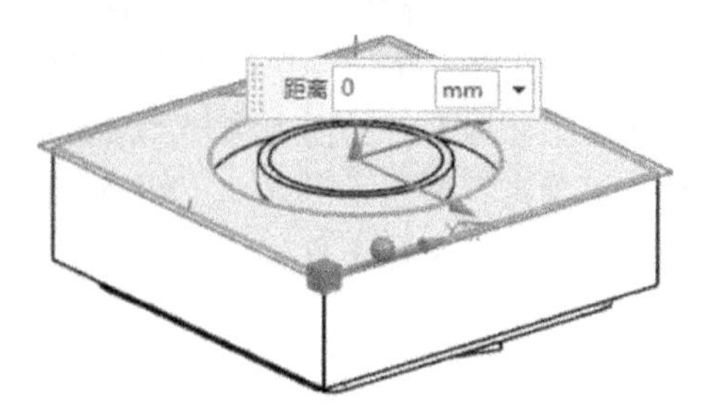

图 6-27　设定“刨”面，“距离”设为 0

（15）在【面铣】对话框中对“切削模式”选取“往复”，“步距”选取“恒定”，把“最大距离”设为 10mm，“毛坯距离”设为 2.5mm，“每刀切削深度”设为 0.8mm，“最终底面余量”设为 0.1mm，如图 6-28 所示。

（16）单击“切削参数”按钮，在【切削参数】对话框中单击“策略”选项卡，“切削方向”选取“顺铣”选项，“切削角”选取“指定”选项，“与 XC 的夹角”设为 0。在“余量”选项卡中“最终底面余量”设为 0.1mm，“内（外）公差”设为 0.01。

（17）单击“非切削移动”按钮，在【非切削移动】选用默认参数。

（18）单击“进给率和速度 ”按钮，主轴速度设为 1000r/min，进给率设为 1200mm/min。

（19）单击“生成”按钮，生成面铣刀路，如图 6-29 所示。

图 6-28　设定“刀轨”参数

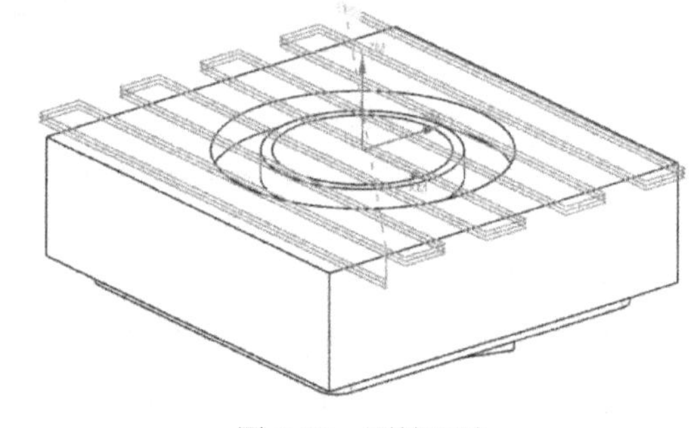

图 6-29　面铣刀路

（20）选择“菜单 | 插入 | 工序”命令，在【创建工序】对话框中“类型”选取“mill_planar”，“工序子类型”选取“平面铣”按钮，“程序”选取“NC_PROGRAM”，“刀具”选取 D12R0，“几何体”选取“B”，“方法”选取 MILL_FINISH，如图 5-21 所示。

（21）在【平面铣】对话框中单击“指定部件边界”按钮，在【边界几何体】对话框中“模式”选取“面”，“材料侧”选取“内部”，勾选“☑忽略岛”、“☑忽略孔”复选框，如图 6-30 所示。

（22）选取工件的上表面，单击“确定”按钮，系统选取上表面的外边界（80mm×80mm 矩形边界，呈棕色，圆环的边界与圆孔边界被忽略），如图 6-31 所示。

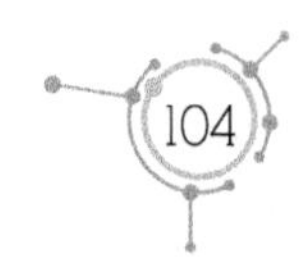

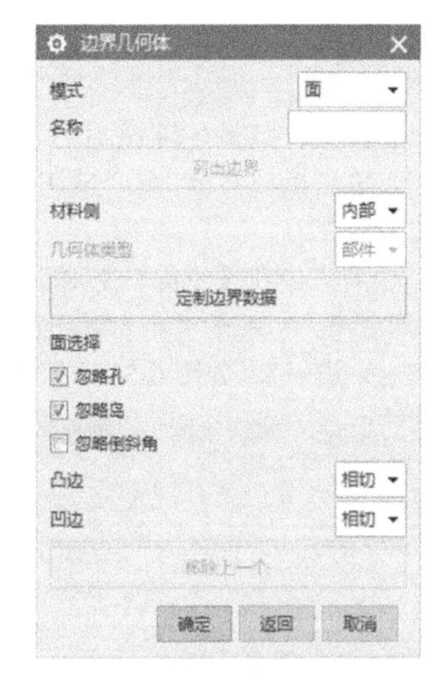

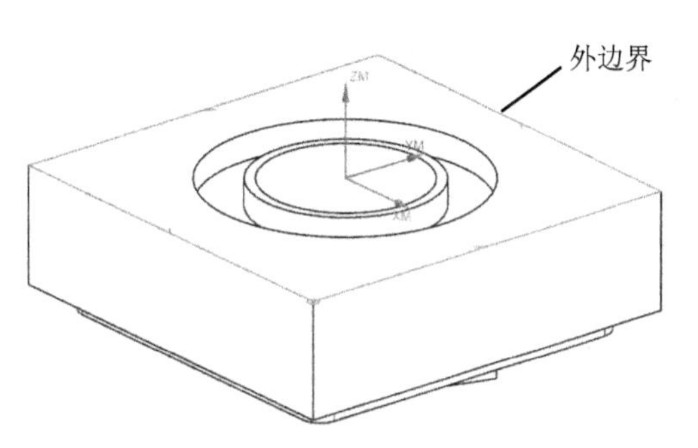

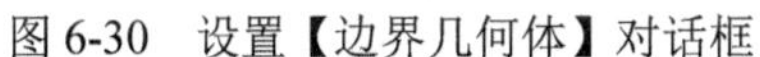

图 6-30　设置【边界几何体】对话框　　　　图 6-31　选外边界

（23）在【平面铣】对话框中单击“指定底面”按钮，选取工件的台阶面，“距离”设为 2mm，如图 6-32 所示。

（24）在【平面铣】对话框中对“切削模式”选取“轮廓”，把“附加刀路”设为 0，如图 6-33 所示。

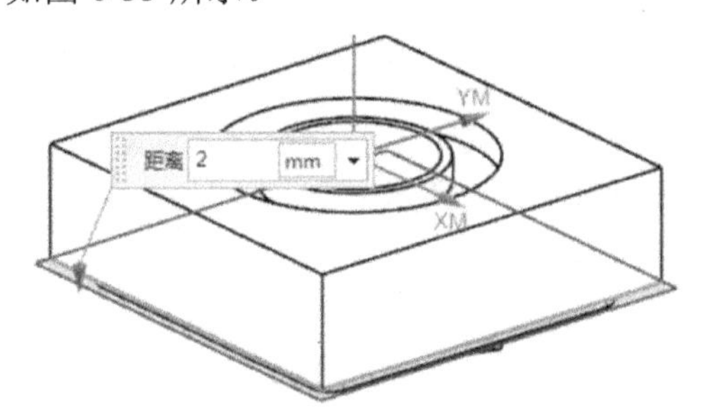

图 6-32　选取台阶，距离设为 2mm　　　　图 6-33　设置刀轨参数

（25）单击“切削层”按钮，在【切削层】对话框中对“类型”选取“恒定”，“公共每刀切削深度”设为 0.8mm。

（26）单击“切削参数”按钮，在【切削参数】对话框中单击“策略”选项卡，“切削方向”选取“顺铣”选项，单击“余量”选项卡，“部件余量”设为 0.2mm。

（27）单击“非切削移动”按钮，在【非切削移动】对话框中单击“转移/快速”选项卡，“区域内”的“转移类型”选取“直接”。单击“进刀”选项卡，在“开放区域”中，“进刀类型”选取“圆弧”，“半径”设为 2mm，“圆弧角度”设为 90°，“高度”设为 1mm，“最小安全距离”设为 5mm，勾选“修剪至最小安全距离”复选框。单击“起点/钻点”选项卡，单击“指定点”按钮，选取右边边线的中点为进刀点。

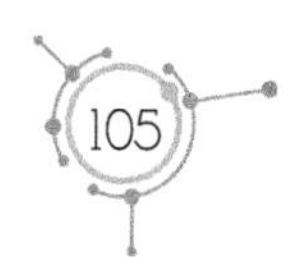

（28）单击“进给率和速度 ”按钮，主轴速度设为 1000r/min，进给率设为 1200mm/min。

（29）单击“生成”按钮，生成平面铣加工外形刀路，如图 6-34 所示。

（30）在“工序导航器”中选取 PLANAR_MILL，单击鼠标右键，选“复制”命令，再选取 PLANAR_MILL，单击鼠标右键，选“粘贴”命令。

（31）在“工序导航器”中双击 PLANAR_MILL_COPY，在【平面铣】对话框中单击“指定部件边界”按钮，在【编辑边界】对话框中单击“全部重选”按钮 全部重选 ，在【边界几何体】对话框中选“曲线/边…”，如图 6-35 所示。

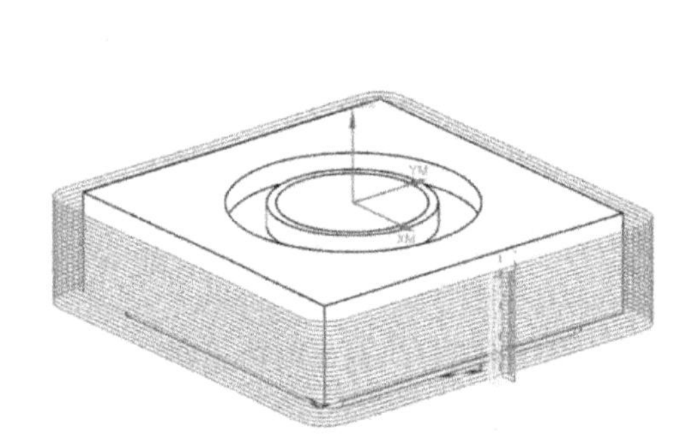

图 6-34 平面铣刀路加工外形刀路

图 6-35 选“曲线/边…”

（32）在【创建边界】对话框中“类型”选取“封闭的”，“刨”选取“自动”，“材料侧”选取“外部”，“刀具位置”选取“相切”，如图 6-36 所示。

（33）选取 ϕ32mm 圆周的边线，如图 6-37 所示。

图 6-36 设置【创建边界】参数

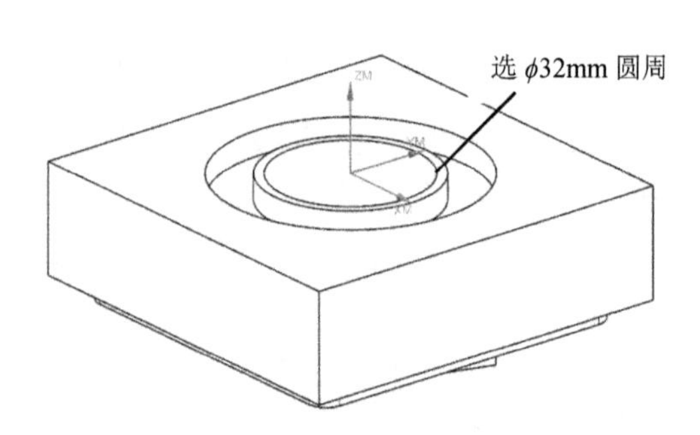

图 6-37 选 ϕ32mm 圆周的边线

（34）在【平面铣】对话框中单击“指定底面”按钮，选取工件的上表面，“距离”设为-16mm，如图 6-38 所示。

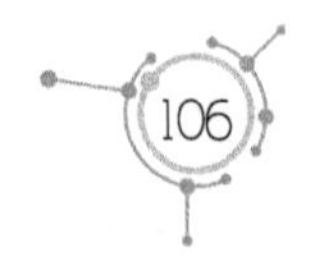

（35）在【平面铣】对话框中对“切削模式”选取“跟随部件”，“步距”选取“恒定”，“最大距离”设为5mm，如图6-39所示。

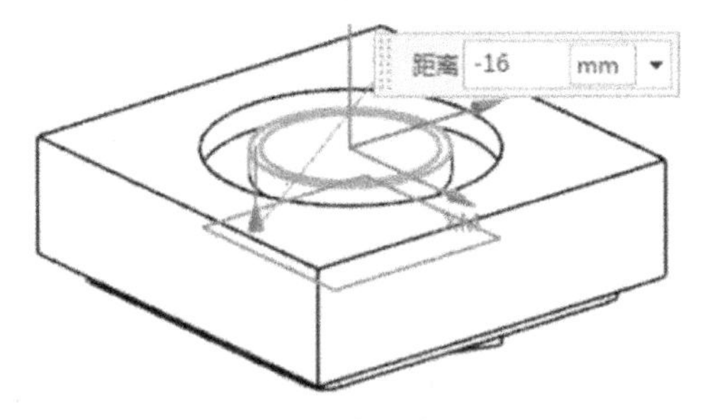

图6-38　距离设为-16mm

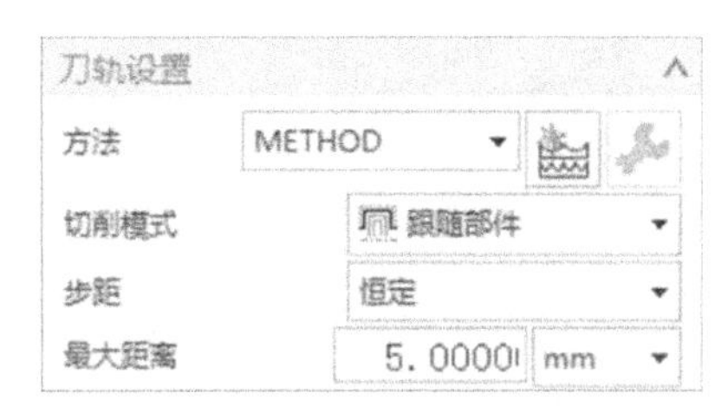

图6-39　设定刀轨参数

（36）单击“切削层”按钮，在【切削层】对话框中对“类型”选取“恒定”，“公共每刀切削深度”设为0.5mm。

（37）单击“切削参数”按钮，在【切削参数】对话框中单击“策略”选项卡，“切削方向”选取“顺铣”选项，单击“余量”选项卡，“部件余量”设为0.2mm。

（38）单击“非切削移动”按钮，在【非切削移动】对话框中单击“进刀”选项卡，在“封闭区域”中，“进刀类型”选取“螺旋”，“半径”设为10mm，“斜坡角度”设为1°，“高度”设为0.5m，“高度”设为0.5mm，“高度起点”选取“当前层”，“最小安全距离”设为1mm，“最小斜面长度”设为10mm。

（39）单击“进给率和速度 ”按钮，主轴速度设为1000r/min，进给率设为1000mm/min。

（40）单击“生成”按钮，生成平面铣挖槽刀路，如图6-40所示。

（41）在辅助工具条中选取“程序顺序视图”按钮，参考图1-57。

（42）在“工序导航器”中将Program改为A1，并把刚才创建的3个刀路程序移到A1下面，如图1-58所示。

（43）选取“菜单｜插入｜程序”命令，在【创建程序】对话框中“类型”选取“mill_contour”，“程序”选取“NC_PROGRAM”，“名称”设为A2，参考图1-59。

（44）单击“确定”按钮，创建A2程序组。此时，A2与A1并列，并且A1与A2都在“NC_PROGRAM”下，参考图1-60。

（45）在工序导航器中选取FACE_MILLING，PLANAR_MILL，单击鼠标右键，选取“复制”命令。

（46）再在工序导航器中选取“A2”，单击鼠标右键，选取“内部粘贴”命令，把FACE_MILLING，PLANAR_MILL两个程序粘贴到A2程序组。

（47）在工序导航器中双击FACE_MILLING_COPY，在【面铣】对话框中“每刀切削深度”设为0，“最终底面余量”设为0，单击“进给率和速度 ”按钮，主轴速度设为1500r/min，进给率设为500mm/min。

（48）单击“生成”按钮，生成面铣精加工刀路，如图6-41所示。

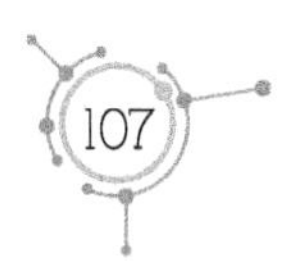

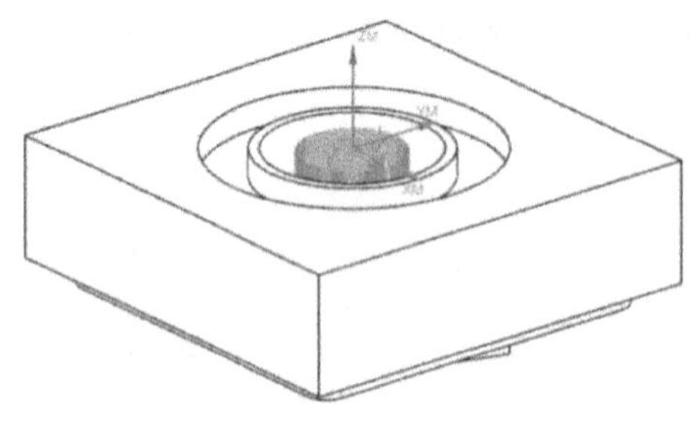

图 6-40　平面铣挖槽刀路

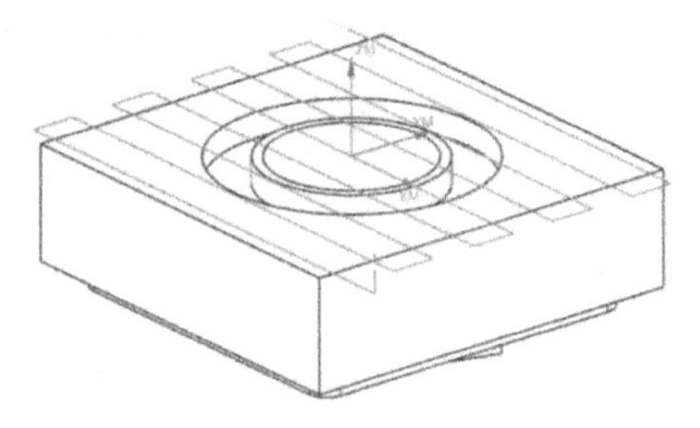

图 6-41　面精加工刀路

（49）在“工序导航器”中双击 PLANAR_MILL_COPY_1，在【平面铣】对话框中“步距”选取“恒定”，“最大距离”设为 0.2mm，“附加刀路”设为 3，单击“切削层”按钮，在【切削层】对话框中“类型”选取“仅底面”，单击“切削参数”按钮，在【切削参数】对话框中单击“余量”选项卡，“部件余量”设为 0。单击“进给率和速度”按钮，主轴速度设为 1500r/min，进给率设为 500mm/min。

（50）单击“生成”按钮，生成平面铣精加工外形的刀路，如图 6-42 所示。

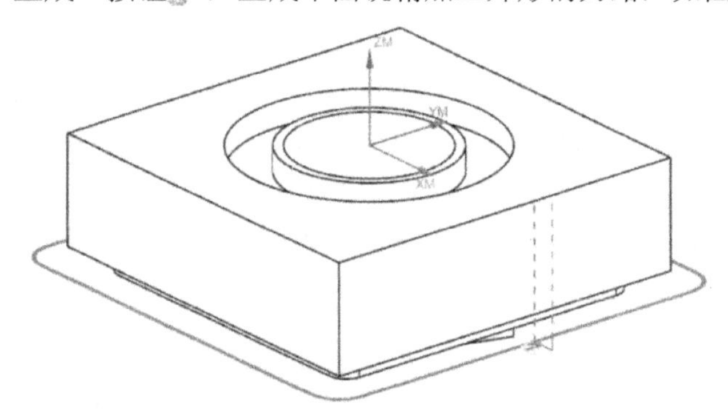

图 6-42　平面铣精加工外形的刀路

（51）选取“菜单丨插入丨程序”命令，在【创建程序】对话框中“类型”选取“mill_contour”，“程序”选取“NC_PROGRAM”，“名称”设为 A3。

（52）单击“确定”按钮，创建 A3 程序组。此时，A3 与 A1、A2 并列，并且 A1、A2 与 A3 都在“NC_PROGRAM”下。

（53）选择“菜单丨插入丨工序”命令，在【创建工序】对话框中“类型”选取“mill_planar”，“工序子类型”选取“平面铣”按钮，“程序”选取“A3”，“刀具”选取 D8R0，“几何体”选取“B”，“方法”选取 MILL_FINISH。

（54）在【平面铣】对话框中单击“指定部件边界”按钮，在【边界几何体】对话框中“模式”选取“线/边…”，在【创建边界】对话框中对“类型”选取“封闭的”，“刨”选“自动”，“材料侧”选取“外部”，“刀具位置”选取“相切”，如图 6-43 所示。

（55）在工件的上表面选取 ϕ54mm 的边界，如图 6-44 所示。

（56）单击“指定底面”按钮，选取工件的上表环形槽的底面，如图 6-44 所示，“距离”设为 0。

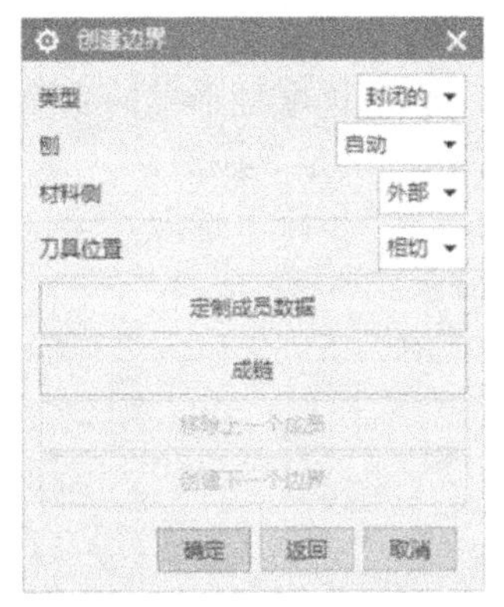

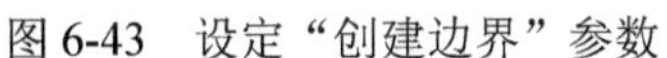

图6-43 设定“创建边界”参数

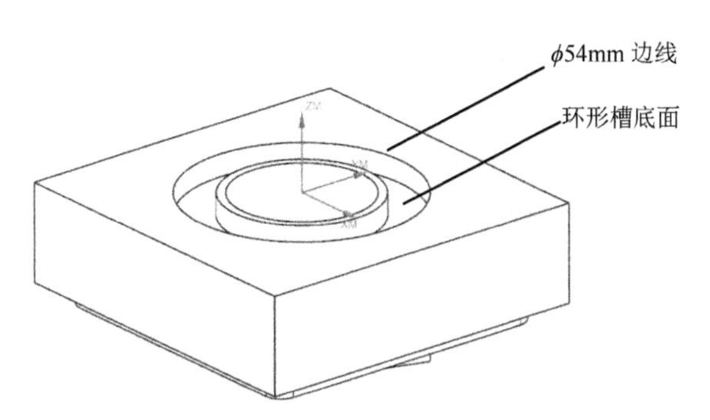

图6-44 选 ϕ54mm 的边界

（57）在【平面铣】对话框中“切削模式”选取“轮廓”。

（58）单击“切削层”按钮，在【切削层】对话框中对“类型”选取“仅底面”。

（59）单击“切削参数”按钮，在【切削参数】对话框中单击“余量”选项卡，“部件余量”设为0.5mm，“最终底面余量”设为0.1mm。

（60）单击“非切削移动”按钮，在【非切削移动】对话框中单击“进刀”选项卡，在“开放区域”中，“进刀类型”选取“与封闭区域相同”。在“封闭区域”中，“进刀类型”选取“沿形状斜进刀”，“斜坡角度”设为0.1°，“高度”设为0.5m，“高度起点”选取“前一层”，“最小安全距离”设为0，“最小斜面长度”设为10mm。

（61）单击“进给率和速度 ”按钮，主轴速度设为1000r/min，进给率设为1000mm/min。

（62）单击“生成”按钮，生成平面铣环形槽刀路，如图6-45所示。

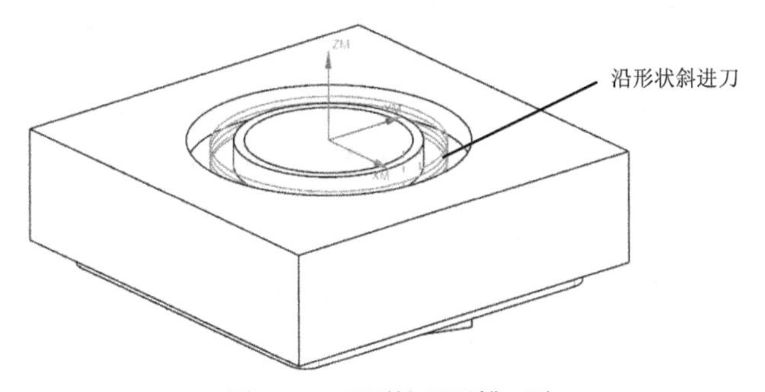

图6-45 平面铣环形槽刀路

提示：这种刀路是充分利用非切削移动的功能，在沿形状进刀时，就已经完成了切削动作，避免两边同时切削，能很好地提高切削速度，在切削宽度比刀具稍宽时，这种刀路非常实用。

（63）选择“菜单丨插入丨工序”命令，在【创建工序】对话框中“类型”选取“mill_planar”，“工序子类型”选取“使用边界面铣削”按钮，“程序”选取“A3”，“刀具”选取D8R0，“几何体”选取“B”，“方法”选取MILL_FINISH。

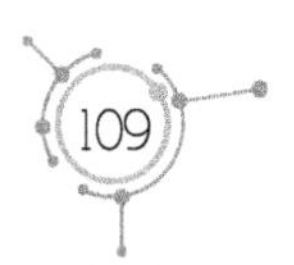

（64）单击“确定”按钮，在【面铣】对话框中单击“指定面边界”按钮，在【毛坯边界】对话框中“类型”选取“面”，“刨”选取“自动”，选取环形槽的底面，系统自动捕捉到环形槽底面的两条边线，如图 6-46 所示，单击“确定”按钮。

（65）在【面铣】对话框中“切削模式”选取“轮廓”，“步距”选取“恒定”，“最大距离”设为 0.1mm，“附加刀路”设为 2，如图 6-47 所示。

图 6-46　捕捉到环形槽底面的两条边线

图 6-47　“刀轨设置”参数

（66）单击“切削参数”按钮，在【切削参数】对话框中单击“余量”选项卡，“部件余量”设为 0，“最终底面余量”设为 0。

（67）单击“非切削移动”按钮，在【非切削移动】对话框中单击“进刀”选项卡，在“封闭区域”中，“进刀类型”选取“沿形状斜进刀”，“斜坡角度”设为 15°，“高度”设为 0.5mm，“高度起点”选取“前一层”，“最小安全距离”设为 0.3mm，“最小斜面长度”设为 10mm。

（68）单击“进给率和速度”按钮，主轴速度设为 1000r/min，进给率设为 500mm/min。

（69）单击“生成”按钮，生成平面铣精加工槽底面刀路，如图 6-48 所示。

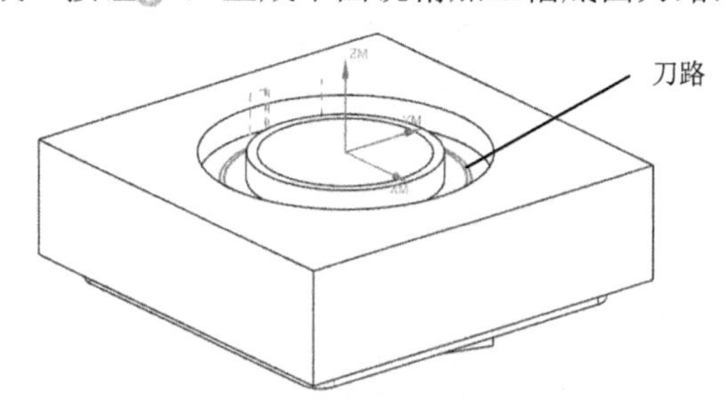

图 6-48　平面铣精加工槽底面刀路

（70）单击“保存”按钮，保存文档，文件名为 EX6（1）。

6. 第二次装夹的数控编程

（1）打开 EX6.prt，打开 EX6.prt 文档，如图 6-49 所示。

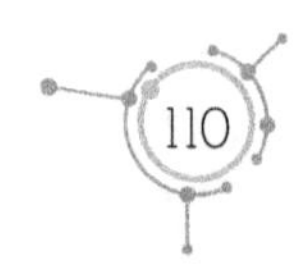

（2）选取“菜单丨文件丨另存为”命令，“文件名”设为“EX6(2).prt”。（首先将文件另存为其他文件名，防止在后面保存文件时因疏忽大意导致覆盖原文件。）

（3）在横向菜单中单击“应用模块”选项卡，再单击“加工”命令，参考图 1-17。

（4）在【加工环境】对话框中选择“cam_general”选项和“mill_planar”选项，参考图 1-18，单击“确定”按钮，进入加工环境。此时，工作区中出现两个坐标系。

（5）单击“创建刀具”按钮，创建 ϕ12mm 立铣刀(D12R0)与 ϕ6mm 钻头(D6R0)。

（6）选取“菜单丨插入丨几何体”命令，在【创建几何体】对话框中对“几何体子类型”选取，“几何体”选取“GEOMETRY”，“名称”设为 A，参考图 1-21。

（7）单击“确定”按钮，在【MCS】对话框中“安全设置选项”选取“自动平面”，“安全距离”设为 5mm，参考图 1-22。单击“确定”按钮，创建几何体。

（8）在辅助工具条中选取“几何视图”按钮，参考图 1-23，系统在“工序导航器”中添加了刚才创建的几何体 A，参考图 1-24。

（9）选取“菜单丨插入丨几何体”命令，在【创建几何体】对话框中“几何体子类型”选取“WORKPIECE”按钮，“几何体”选取 A，“名称”设为 B，参考图 1-25。

（10）单击“确定”按钮，在【工件】对话框中选取“指定部件”按钮，参考图 1-26，在工作区中选取整个零件，单击“确定”按钮，设定零件为工作部件。

（11）在【工件】对话框中单击“指定毛坯”按钮，在【毛坯几何体】对话框中对“类型”选择“包容块”，把“XM-”、“XM+”、“YM+”、“ZM+”设为 2.5mm，“YM-”设为 0。

（12）单击“确定丨确定”按钮，创建几何体 B，在“工序导航器”中展开 A，可以看出几何体 B 在坐标系 A 下面，参考图 1-28。

提示：因为材料是铝块，表面比较平整，且铝块的切削性能较软，所以可以直接用钻头在毛坯铝块上钻孔，而不需要先铣平表面，也不需要用中心钻预钻孔。

（13）选择“菜单丨插入丨工序”命令，在【创建工序】对话框中对“类型”选取“drill”，“工序子类型”选取“啄钻”按钮，“程序”选取“NC_PROGRAM”，“刀具”选取 D6(钻刀)，“几何体”选取“B”，“方法”选取 DRILL_METHOD，如图 6-50 所示。

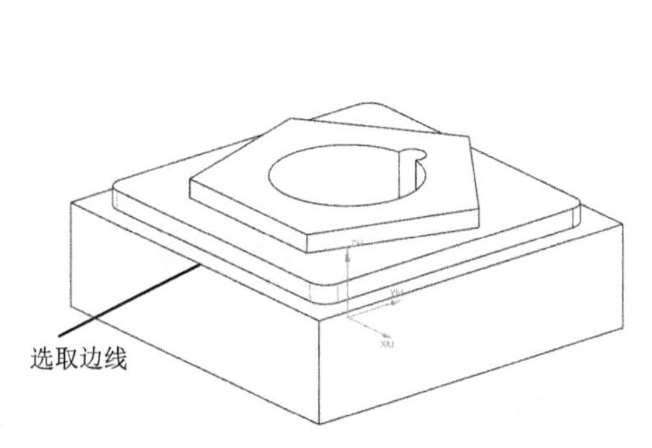

图 6-49 EX6 图档

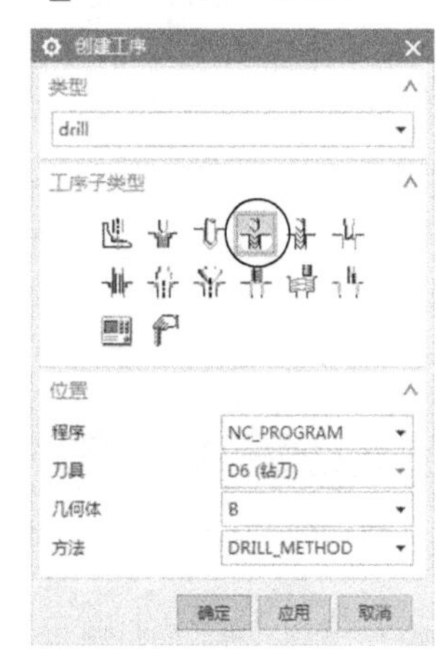

图 6-50 设定钻孔参数

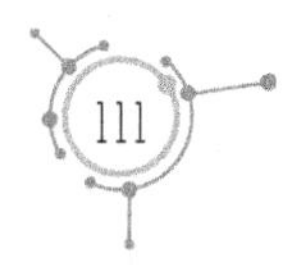

（14）在【啄钻】对话框中单击“指定孔”按钮，如图 6-51 所示，在【点到点几何体】对话框中单击“选择”按钮，如图 6-52 所示。

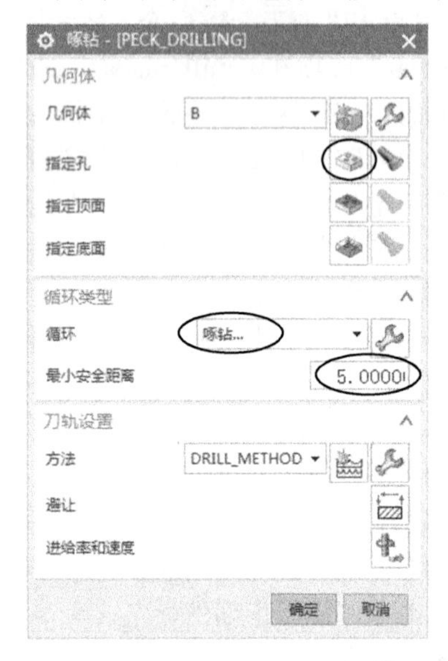

图 6-51　选“指定孔”按钮

图 6-52　单击“选择”按钮

（15）在对话框中选取“一般点”按钮，如图 6-53 所示。在【点】对话框中“参考”选取“绝对－工件部件”，输入（0，17，33），如图 6-54 所示。

图 6-53　选取“一般点”按钮

图 6-54　输入（0，17，33）

（16）单击“确定｜确定｜确定”按钮，在【啄钻】对话框中把“最小安全距离”设为 5mm，“循环类型”选取“啄钻”选项，如图 6-51 所示。“距离”设为 1.0mm，如

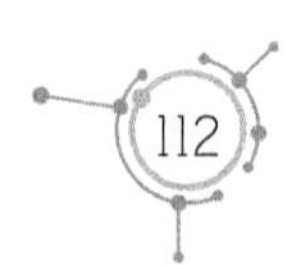

图 6-55 所示。单击“确定”按钮，在【指定参数组】对话框中“Number of Sets”设为 1，如图 6-56 所示。

图 6-55 “距离”设为 1mm

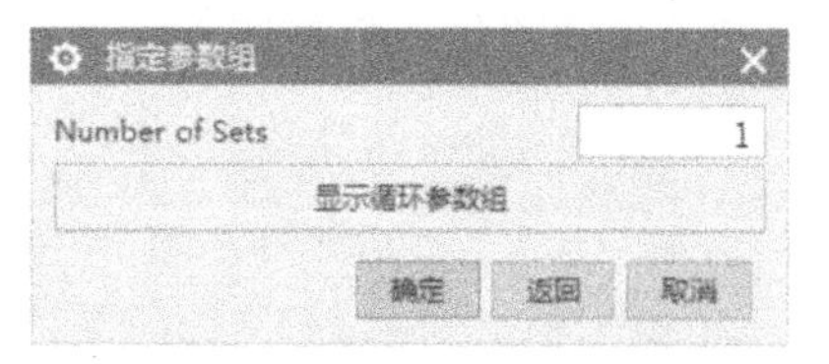

图 6-56 “Number of Sets”设为 1

（17）单击“确定”按钮，在【Cycle 参数】对话框中单击“Depth－模型深度”按钮，如图 6-57 所示。

（18）在【Cycle 参数】对话框中单击“刀尖深度”按钮，如图 6-58 所示。

图 6-57 “Depth－模型深度”按钮

图 6-58 单击“刀尖深度”按钮

（19）在【深度】对话框中输入“17”，如图 6-59 所示。

提示： 17 是指从 33mm 高度处开始钻孔，工件的实际高度是 30mm，孔的实际深度是 14mm，因此 33−30+14 = 17。

（20）单击“确定”按钮，在图 6-57 中单击“Increment－无”按钮，在【增量】对话框中单击“恒定”按钮，如图 6-60 所示。

图 6-59 输入“17”

图 6-60 单击“恒定”按钮

（21）在“增量”文本框中输入 1，如图 6-61 所示。

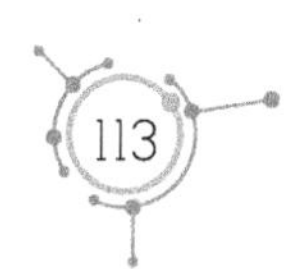

（22）单击“进给率和速度 ”按钮，主轴速度设为 1000r/min，进给率设为 250mm/min。

（23）单击“生成”按钮，生成钻孔刀路，如图 6-62 所示。

图 6-61 “增量”为 1mm

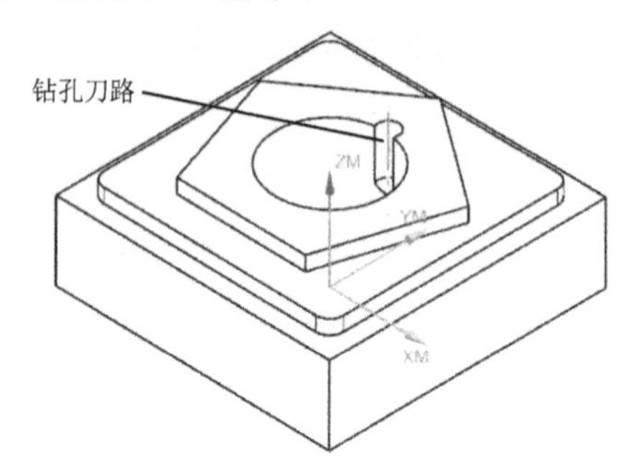

图 6-62 钻孔刀路

（24）在辅助工具条中选取“程序顺序视图”按钮，参考图 1-57。

（25）在“工序导航器”中将 Program 改为 B1，并把刚才创建钻孔刀路程序移到 B1 下面。

（26）选取“菜单｜插入｜程序”命令，在【创建程序】对话框中“类型”选取“mill_contour”，“程序”选取“NC_PROGRAM”，“名称”设为 B2，单击“确定”按钮，创建 B2 程序组。此时，B2 与 B1 并列，并且 B1 与 B2 都在“NC_PROGRAM”下面。

（27）选择“菜单｜插入｜工序”命令，在【创建工序】对话框中“类型”选取“mill_planar”，“工序子类型”选取“使用边界面铣削”按钮，“程序”选取“B2”，“刀具”选取 D12R0，“几何体”选取“B”，“方法”选取“MILL_ROUGH”。

（28）单击“确定”按钮，在【面铣】对话框中单击“指定面边界”按钮，在【毛坯边界】对话框中“选择方法”选取“曲线”，选取工件 80mm×80mm 的边线，如图 6-49 所示。“刀具侧”选取“内部”，“刨”选取“指定”，选取工件的上表面，“距离”设为 0，如图 6-63 所示。

（29）在【面铣】对话框中展开“刀轴”，“轴”选取“+ZM 轴”，“切削模式”选取“往复”，“毛坯距离”设为 2.5mm，“每刀切削深度”设为 0.8mm，“最终底面余量”设为 0.1mm

（30）单击“切削参数”按钮，在【切削参数】对话框中单击“余量”选项卡，“部件余量”设为 0.3mm，“最终底面余量”设为 0.1mm。

（31）单击“非切削移动”按钮，在【非切削移动】对话框中选默认参数。

（32）单击“进给率和速度 ”按钮，主轴速度设为 1000r/min，进给率设为 1200mm/min。

（33）单击“生成”按钮，生成面铣粗加工上表面刀路，如图 6-64 所示。

（34）选择“菜单｜插入｜工序”命令，在【创建工序】对话框中对“类型”选取“mill_planar”，“工序子类型”选取“平面铣”按钮，“程序”选取“B2”，“刀具”选取 D12R0，“几何体”选取“B”，“方法”选取 MILL_FINISH。

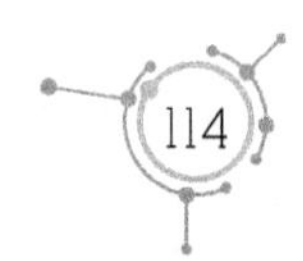

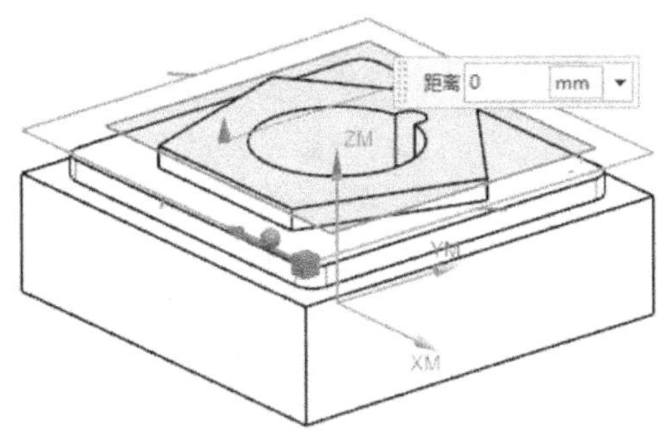

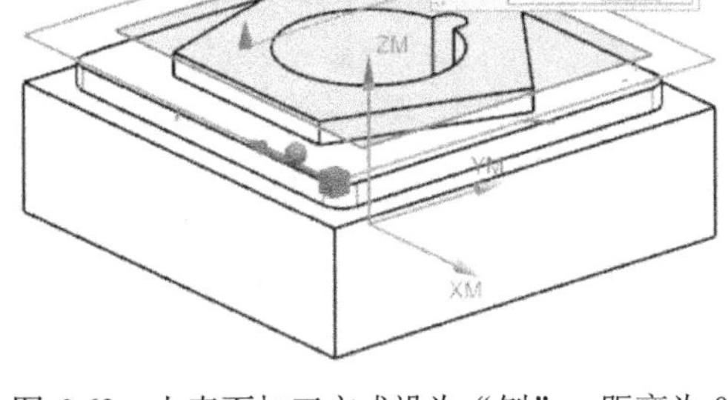

图 6-63 上表面加工方式设为“刨”，距离为 0

图 6-64 面铣刀路加工上表面

（35）在【平面铣】对话框中单击“指定部件边界”按钮，在【边界几何体】对话框中对“模式”选取“面”，“材料侧”选取“内部”，勾选“☑忽略岛”、“☑忽略孔”复选框，再选取工件 70mm×70mm 的台阶平面，如图 6-65 所示。

（36）单击“确定”按钮，70mm×70mm 台阶的边界呈棕色，此时已选中 70mm×70mm 的边线。

（37）在【编辑边界】对话框中“刨”选取“用户定义”，选取工件的上表面为刨面，“距离”设为 0，“材料侧”选取“内部”。

（38）单击“指定底面”按钮，选取 80mm×80mm 台阶面，“距离”设为 0。

（39）在【平面铣】对话框中展开“刀轴”，“轴”选取“+ZM 轴”，“切削模式”选取“轮廓”。

（40）单击“切削层”按钮，在【切削层】对话框中“类型”选取“恒定”，“公共”设为 0.8mm。

（41）单击“切削参数”按钮，在【切削参数】对话框中单击“余量”选项卡，“部件余量”设为 0.3mm，“最终底面余量”设为 0.1mm，“内（外）公差”设为 0.01。

（42）单击“非切削移动”按钮，在【非切削移动】对话框中单击“进刀”选项卡，在“开放区域”中，“进刀类型”选取“圆弧”，“半径”设 2mm，“圆弧角度”设为 90°，“高度”设为 3mm，“最小安全距离”设为 5mm。 单击“转移/快速”选项卡，“区域内”的“转移类型”选取“直接”。单击“起点/钻点”选项卡，单击“指定点”按钮，在【点】对话框中“类型”选取“控制点”，选取右边边线的中点，设定右边边线的中点为进刀点。

（43）单击“进给率和速度 ”按钮，主轴速度设为 1000r/min，进给率设为 1200mm/min。

（44）单击“生成”按钮，生成平面铣轮廓刀路，如图 6-66 所示。

（45）在“工序导航器”中选取 PLANAR_MILL，单击鼠标右键，选取“复制”命令，再选中“B2”，单击鼠标右键，选取“内部粘贴”命令。

（46）在“工序导航器”中双击 PLANAR_MILL_COPY，在【平面铣】对话框中单击“指定部件边界”按钮，在【编辑边界】对话框中单击“全部重选”按钮

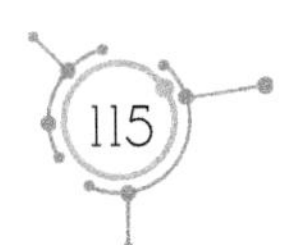

全部重选，在【边界几何体】对话框中“模式”选取“面”，“材料侧”选取“内部”，勾选“☑忽略岛”、“☑忽略孔”复选框，参考图 6-30。

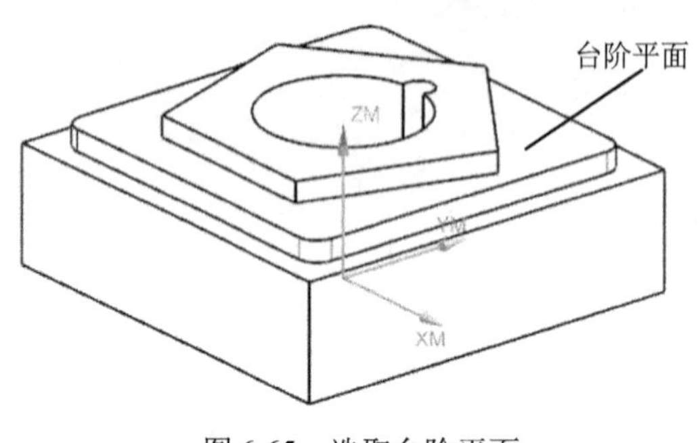

图 6-65　选取台阶平面

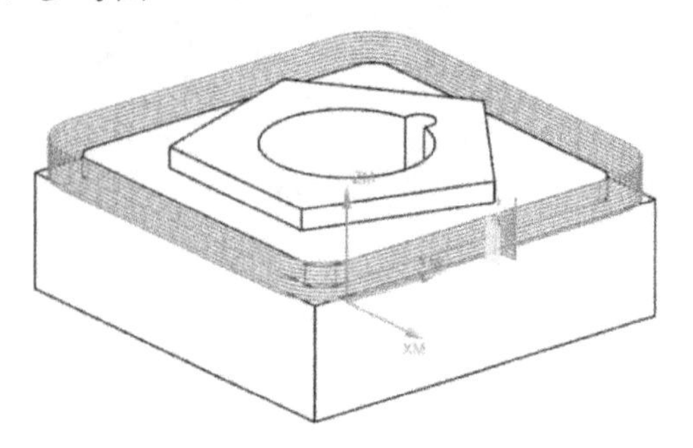

图 6-66　平面铣轮廓刀路

（47）选取五边形的上表面，单击“确定”按钮，系统选取五边形上表面的边界（五边形边界呈棕色，圆环的边界与圆孔边界被忽略）。

（48）在【平面铣】对话框中单击“指定底面”按钮，选取 70mm×70mm 台阶面，“距离”设为 0。

（49）在【平面铣】对话框中“切削模式”选取“恒定”，“最大距离”设为 10mm，“附加刀路”设为 1。

（50）单击“生成”按钮，生成平面铣轮廓刀路，如图 6-67 所示。

（51）在“工序导航器”中选取 PLANAR_MILL，单击鼠标右键，选取“复制”命令，再选中“B2”，单击鼠标右键，选取“内部粘贴”命令。

（52）在“工序导航器”中双击 PLANAR_MILL_COPY_1，在【平面铣】对话框中单击“指定部件边界”按钮，在【编辑边界】对话框中单击“全部重选”按钮全部重选，在【边界几何体】对话框中“模式”选取“曲线/边…”，选取中间 ϕ32mm 圆孔的下边线（因为圆孔的上边线不是一个完整的圆），在【创建边界】对话框中“类型”选取“封闭的”，“材料侧”选取“外部”，“刨”选取“用户定义”，选取五边形上表面，“距离”设为 0，单击“确定｜确定｜确定”按钮。

（53）在【平面铣】对话框中单击“指定底面”按钮，选取五边形的上表面，“距离”设为-16mm，如图 6-68 所示。

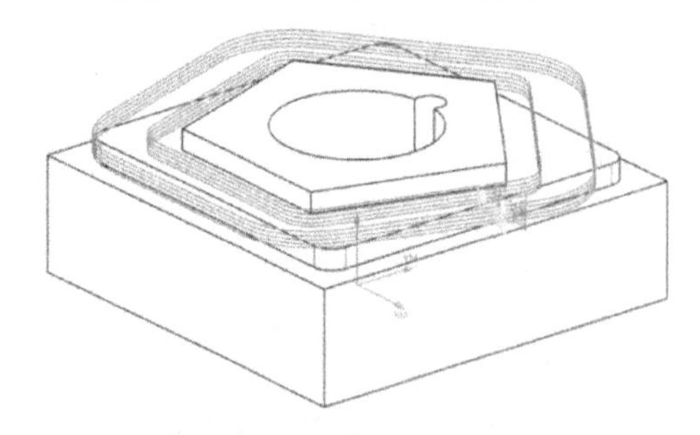
图 6-67　平面铣轮廓刀路

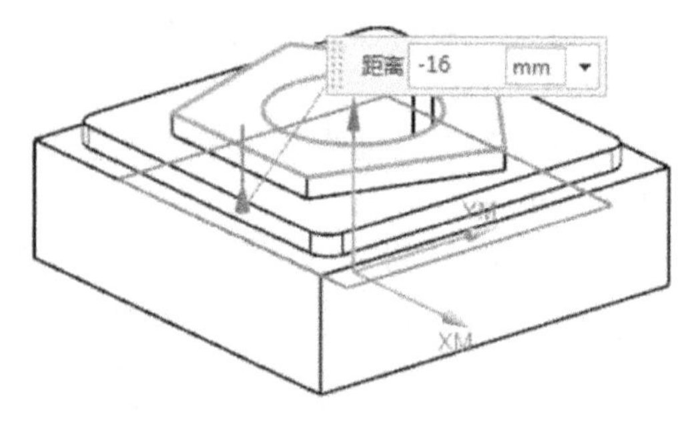

图 6-68　选取五边形上表面，距离设为-16mm

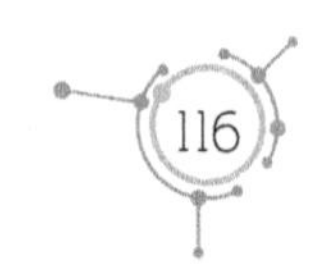

（54）在【平面铣】对话框中“切削模式”选取“跟随部件”，“步距”选取“恒定”，“最大距离”设为5mm。

（55）单击“非切削移动”按钮，在【非切削移动】对话框中单击“进刀”选项卡，在“封闭区域”中，“进刀类型”选取“沿形状斜进刀”，“斜坡角”设为1°，“高度”设为0.8mm，“高度起点”选取“当前层”，“最小安全距离”设为1mm，“最小斜面长度”设为5mm。

（56）单击“生成”按钮，生成平面铣轮廓刀路，如图6-69所示。

（57）选取“菜单｜插入｜程序”命令，在【创建程序】对话框中对“类型”选取“mill_contour”，“程序”选取“NC_PROGRAM”，“名称”设为B3，单击“确定”按钮，创建B3程序组，此时B3与B1、B2并列，并且B1、B2、B3都在“NC_PROGRAM”下。

（58）在“工序导航器”中选取B2下面的4个程序，单击鼠标右键，选取“复制”命令，再选中B3，单击鼠标右键，选取“内部粘贴”命令，结果如图6-70所示。

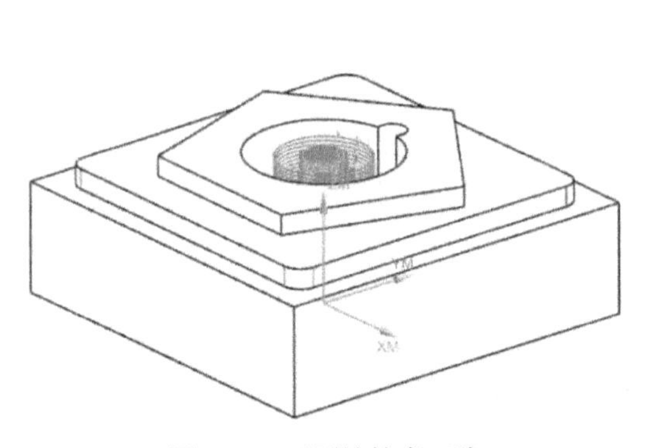

图6-69　平面铣轮廓刀路

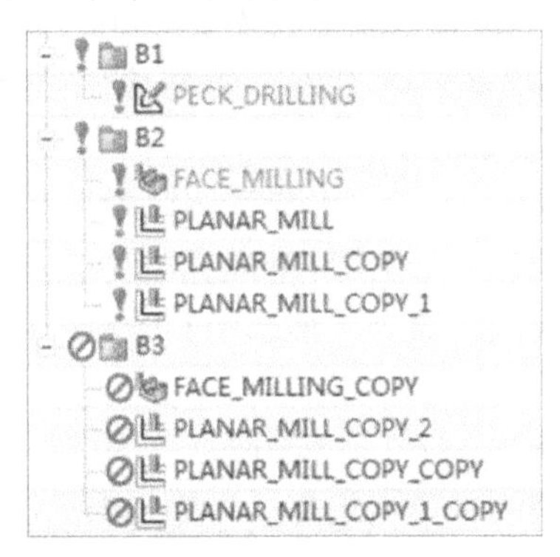

图6-70　复制刀路

（71）在“工序导航器”中双击FACE_MILLING_COPY，在【面铣】对话框中单击“指定面边界”按钮，在【毛坯边界】对话框中单击“移除”按钮，移除列表框中的数据。然后在【毛坯边界】对话框中“类型”选取“面”，“刀具侧”选取“内部”，“刨”选取“自动”，选取五边形的上表面，单击“确定”按钮。

（72）在【面铣】对话框中“每刀切削深度”改为0，“最终底面余量”改为0。

（73）单击“进给率和速度 ”按钮，主轴速度设为1500r/min，进给率设为500mm/min。

（74）单击“生成”按钮，生成平面铣刀路，如图6-71所示。

（75）在“工序导航器”中双击PLANAR_MILL_COPY_2，在【平面铣】对话框中对“步距”选取“恒定”，“最大距离”设为0.1mm，“附加刀路”设为2。单击“切削层”按钮，在【切削层】对话框中“类型”选取“仅底面”。单击“切削参数”按钮，在【切削参数】对话框中单击“余量”选项卡，“部件余量”设为0，“最终底面余量”设为0，“内（外）公差”设为0.01。

（76）单击“进给率和速度 ”按钮，主轴速度设为1500r/min，进给率设为500mm/min。

（77）单击“生成”按钮，生成平面铣轮廓刀路，如图6-72所示。

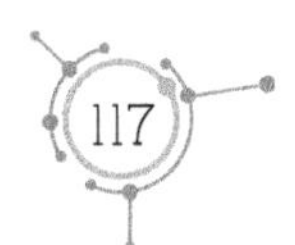

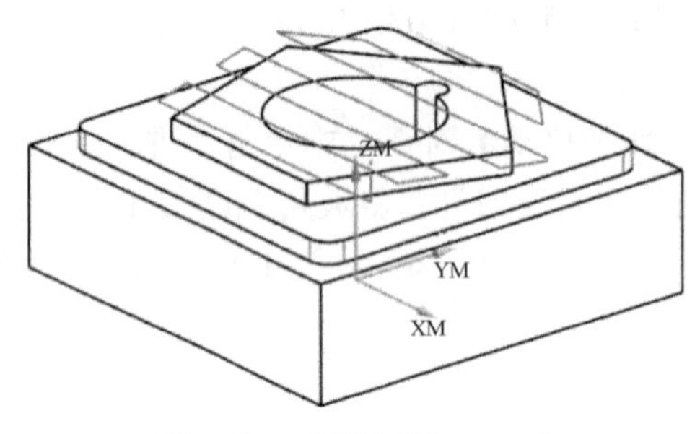

图 6-71　平面铣精加工刀路

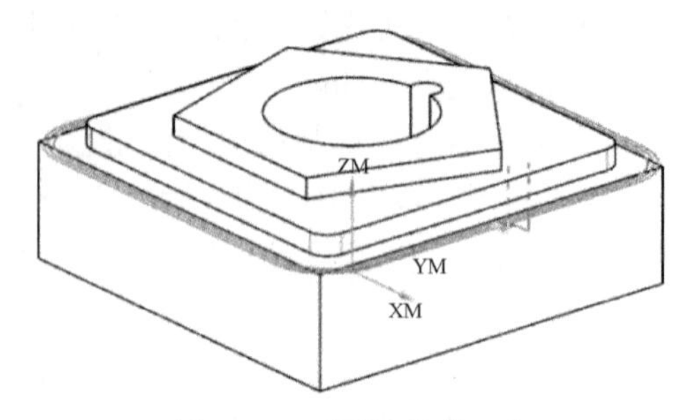

图 6-72　平面铣轮廓刀路

（78）在“工序导航器”中双击 PLANAR_MILL_COPY_COPY，在【平面铣】对话框中把“附加刀路”设为 0，单击“切削层”按钮，在【切削层】对话框中“类型”选取“仅底面”。单击“切削参数”按钮，在【切削参数】对话框中单击“余量”选项卡，“部件余量”设为 10mm，“最终底面余量”设为 0，“内（外）公差”设为 0.01。

（79）单击“进给率和速度 ”按钮，主轴速度设为 1500r/min，进给率设为 500mm/min。

（80）单击“生成”按钮，生成平面铣轮廓刀路，如图 6-73 所示。

（81）在“工序导航器”中选取 PLANAR_MILL_COPY_COPY，单击鼠标右键，选取“复制”命令，再选中 PLANAR_MILL_COPY_COPY，单击鼠标右键，选取“粘贴”命令。

（82）在“工序导航器”中双击 PLANAR_MILL_COPY_COPY_COPY，在【平面铣】对话框中“最大距离”设为 0.1mm，“附加刀路”设为 3，单击“切削参数”按钮，在【切削参数】对话框中单击“余量”选项卡，“部件余量”设为 0。

（83）单击“生成”按钮，生成平面铣轮廓刀路，如图 6-74 所示。

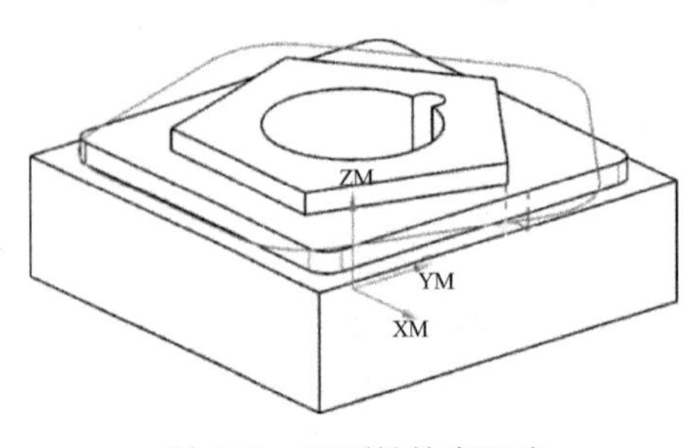

图 6-73　平面铣轮廓刀路

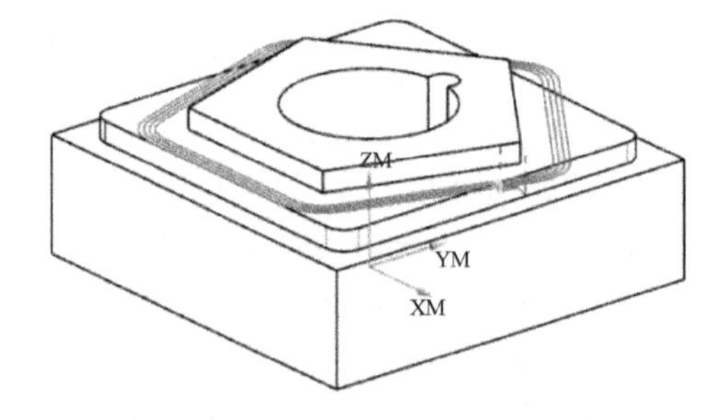

图 6-74　平面铣轮廓刀路

（84）在“工序导航器”中双击 PLANAR_MILL_COPY_1_COPY，在【平面铣】对话框中单击“指定底面”按钮，选取工件下底面，“距离”设 2mm。“切削模式”选取“轮廓”，“步距”选取“恒定”，“最大距离”设为 0.1mm，“附加刀路”设为 3。单击“切削层”按钮，在【切削层】对话框中对“类型”选取“仅底面”。单击“切削参数”按钮，在【切削参数】对话框中单击“余量”选项卡，“部件余量”设为 0，“内（外）公差”设为 0.01。

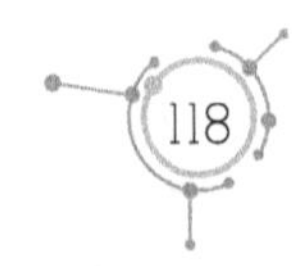

（85）单击“进给率和速度 ”按钮，主轴速度设为1500r/min，进给率设为500mm/min。

（86）单击“生成”按钮，生成平面铣轮廓刀路，如图6-75所示。

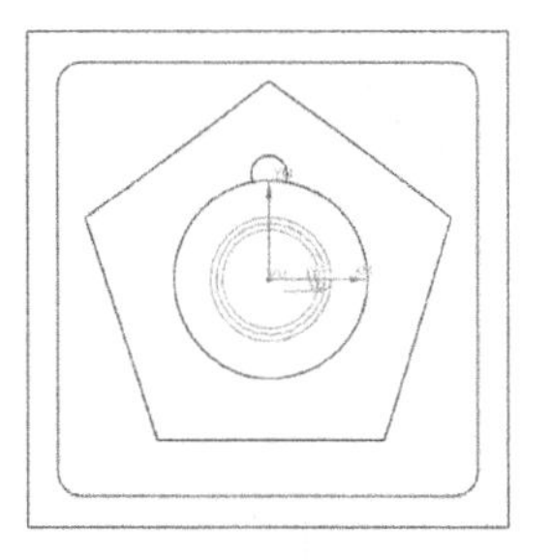

图6-75 平面铣轮廓刀路

7. 第一次装夹工件

（1）第一次装夹的加工程序单见表6-1。

表6-1 第一次装夹加工程序单

序号	程序名	刀具	加工深度	备注
1	A1	ϕ12mm 平底刀	24mm	粗加工
2	A2	ϕ12mm 平底刀	24mm	精加工
3	A3	ϕ8mm 平底刀	5mm	精加工

（2）第一次加工时，毛坯的上表面整个平面降低2.5mm，实际加工深度为24mm，因此在装夹时毛坯高出虎钳面距离至少为26.5mm（24+2.5＝26.5mm）。

（3）工件对刀时，采用四边分中的方法来确定工件坐标系，即工件上表面的中心为工件坐标系的原点（0，0），如图6-76所示。

（4）*Z*方向对刀时，先把刀尖刚好接触工件的上表面，再稍微提升刀具，把刀具移至安全区域，然后降低2.5mm，设为Z0，如图6-77所示。

提示：在数控编程时已经编好加工程序，直接开启程序，即可用编制好的数控程序将毛坯表面降低2.5mm。

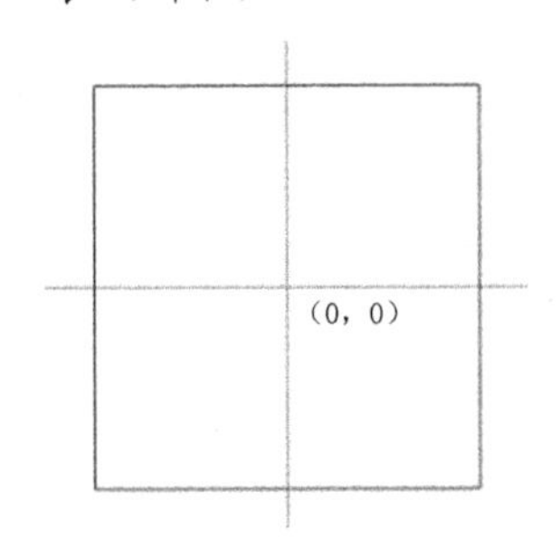

图6-76 工件坐标系原点(0，0)

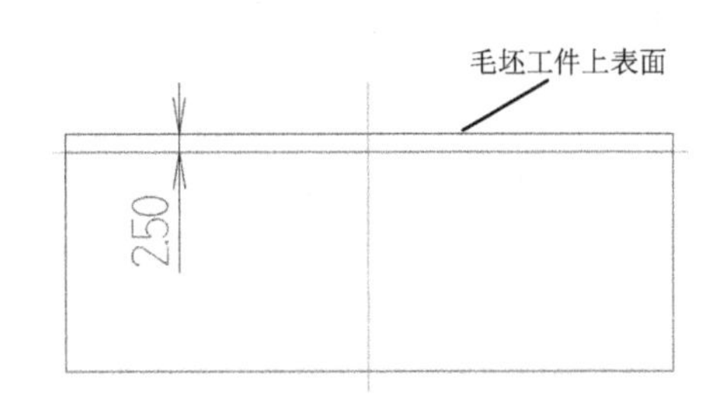

图6-77 工件表面降低2.5mm为Z0

8. 第二次装夹工件

（1）第二次装夹的加工程序单见表6-2。

表6-2 第二次装夹加工程序单

序号	程序名	刀具	加工深度	备注
1	B1	ϕ6mm 钻头	17mm	钻孔
2	B2	ϕ12mm 平底刀	32mm	粗加工
3	B3	ϕ12mm 平底刀	32mm	精加工

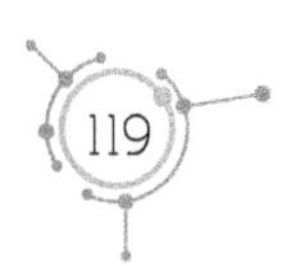

（2）第二次用虎钳装夹时，工件上表面超出虎钳至少 10.5mm（毛坯表面降低 2.5mm，工件 70mm×70mm 的外形加工深度为 8mm，8+2.5＝10.5mm）。

（3）对刀时，采用四边分中的方法确定工件坐标系原点(0，0)。

（4）以工件下方垫铁的上表面为 *Z* 方向的对刀位置，设为 Z0。

9. 工件第一次装夹

工件第一次装夹示意如图 6-78 所示。

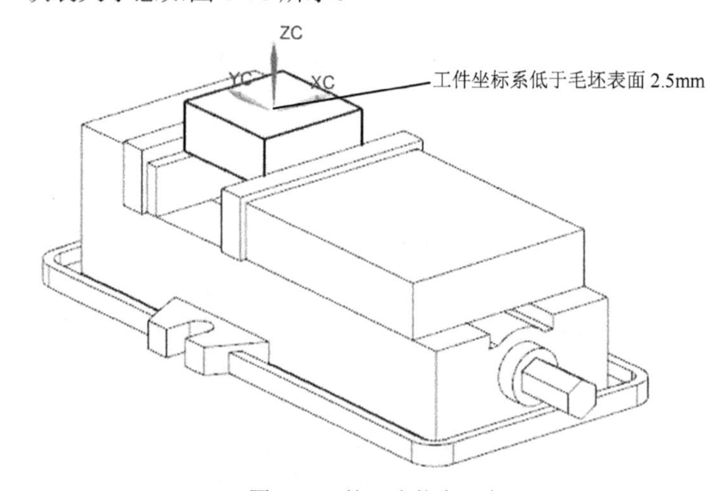

图 6-78　第一次装夹示意

10. 工件第二次装夹

工件第二次装夹示意如图 6-79 所示。

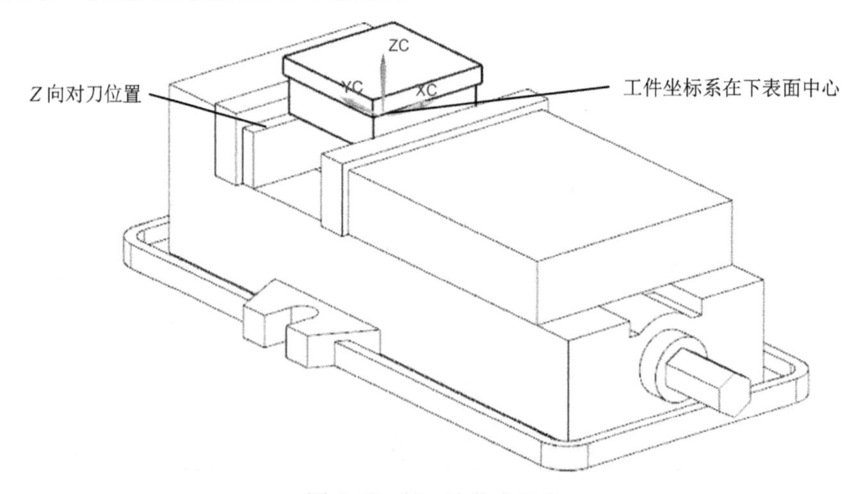

图 6-79　第二次装夹示意

高级工考证篇

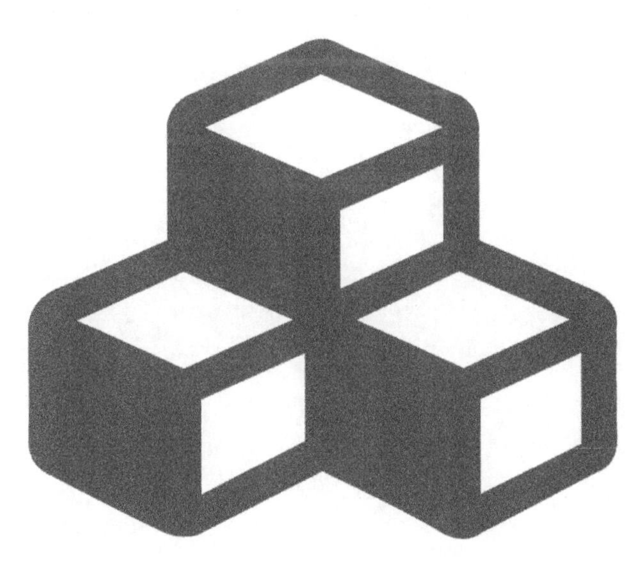

项目7 弯 凸 台

本项目以一个带曲面的数控铣高级工考证的习题为例，与前面的章节有所不同，本项目着重讲述了另一种建模方式（创建长方体），也讲述了设计复杂草绘的方法及几何约束的应用。零件尺寸如图 7-1 和图 7-2 所示，图 7-3 是两个零件的装配图，材料为铝块（毛坯铝块的尺寸为 85mm×85mm×35mm）。

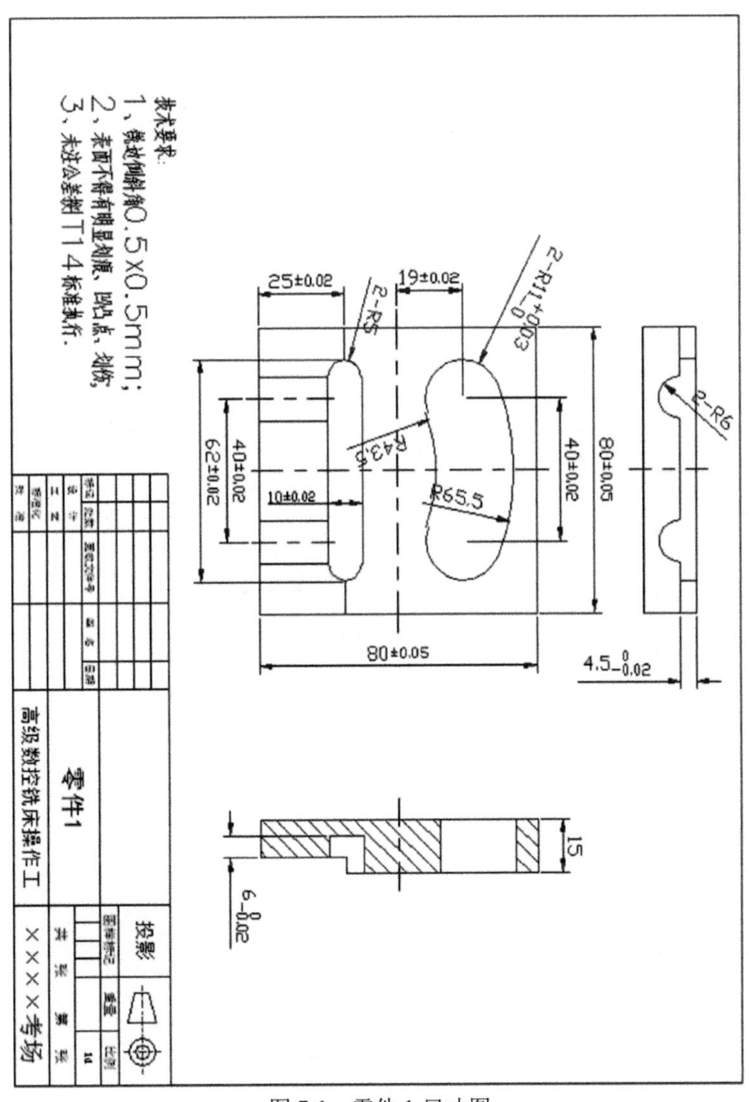

图 7-1　零件 1 尺寸图

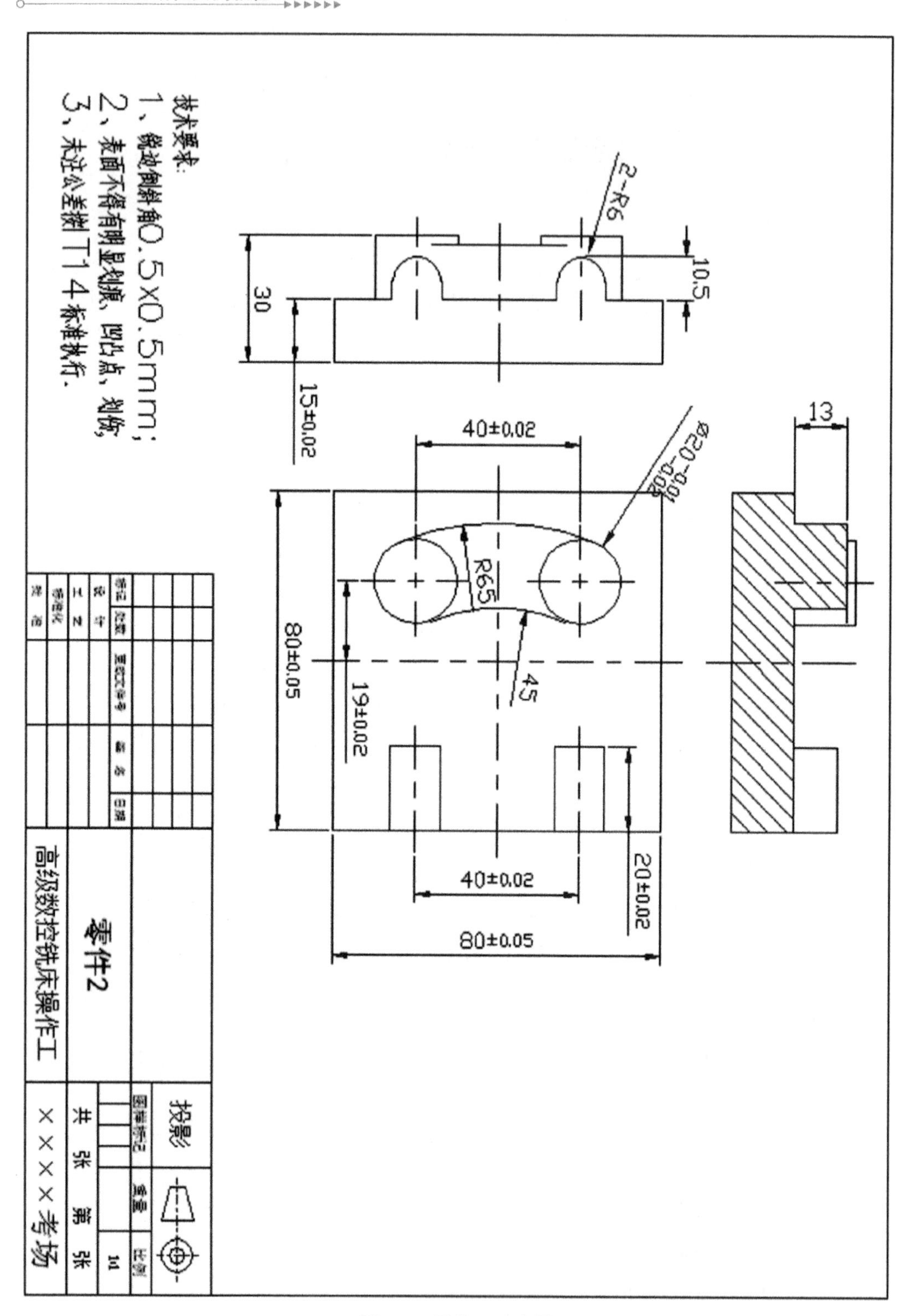
技术要求:
1、锐边倒斜角0.5x0.5mm;
2、表面不得有明显划痕、凹凸点，划伤;
3、未注公差按IT14标准执行.
2-R6
10.5
30
15±0.02
40±0.02
Ø20
R65
45
80±0.05
19±0.02
20±0.02
40±0.02
80±0.05
13
零件2
高级数控铣床操作工
投影
共 张 第 张
××××考场

图 7-2　零件 2 尺寸图

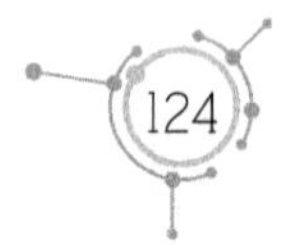

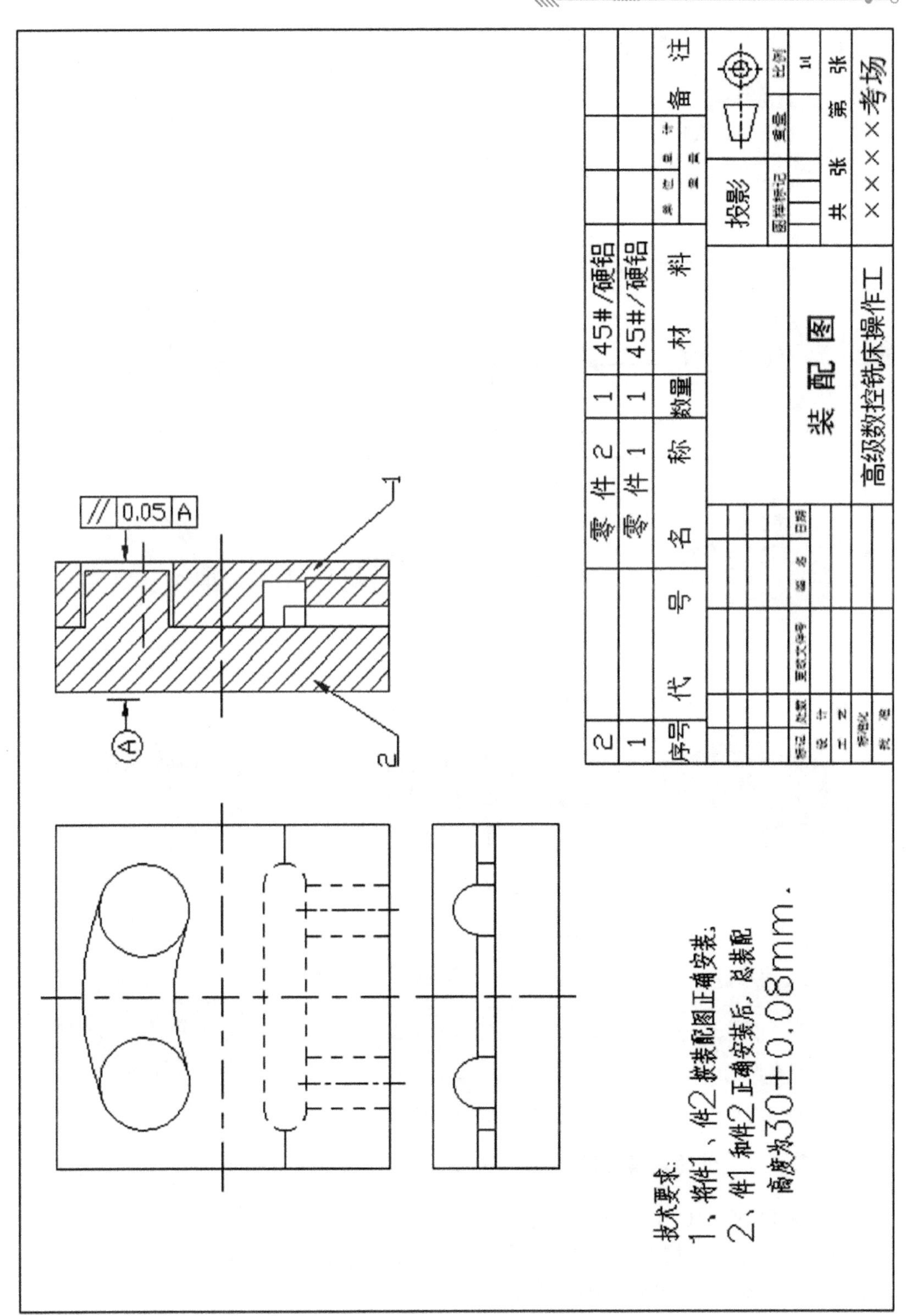

0.05 A
A
1
2
技术要求：
1、将件1、件2按装配图正确安装；
2、件1和件2正确安装后，总装配高度为30±0.08mm.
2 零件2 1 45#/硬铝
1 零件1 1 45#/硬铝
序号 代号 名称 数量 材料 备注
投影
共 张 第 张
装配图
高级数控铣床操作工
×××考场

图 7-3 装配图

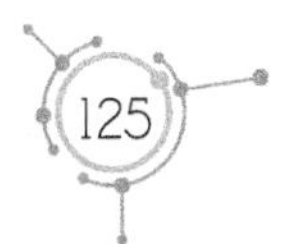

1. 工件（一）的第一面加工工序分析图

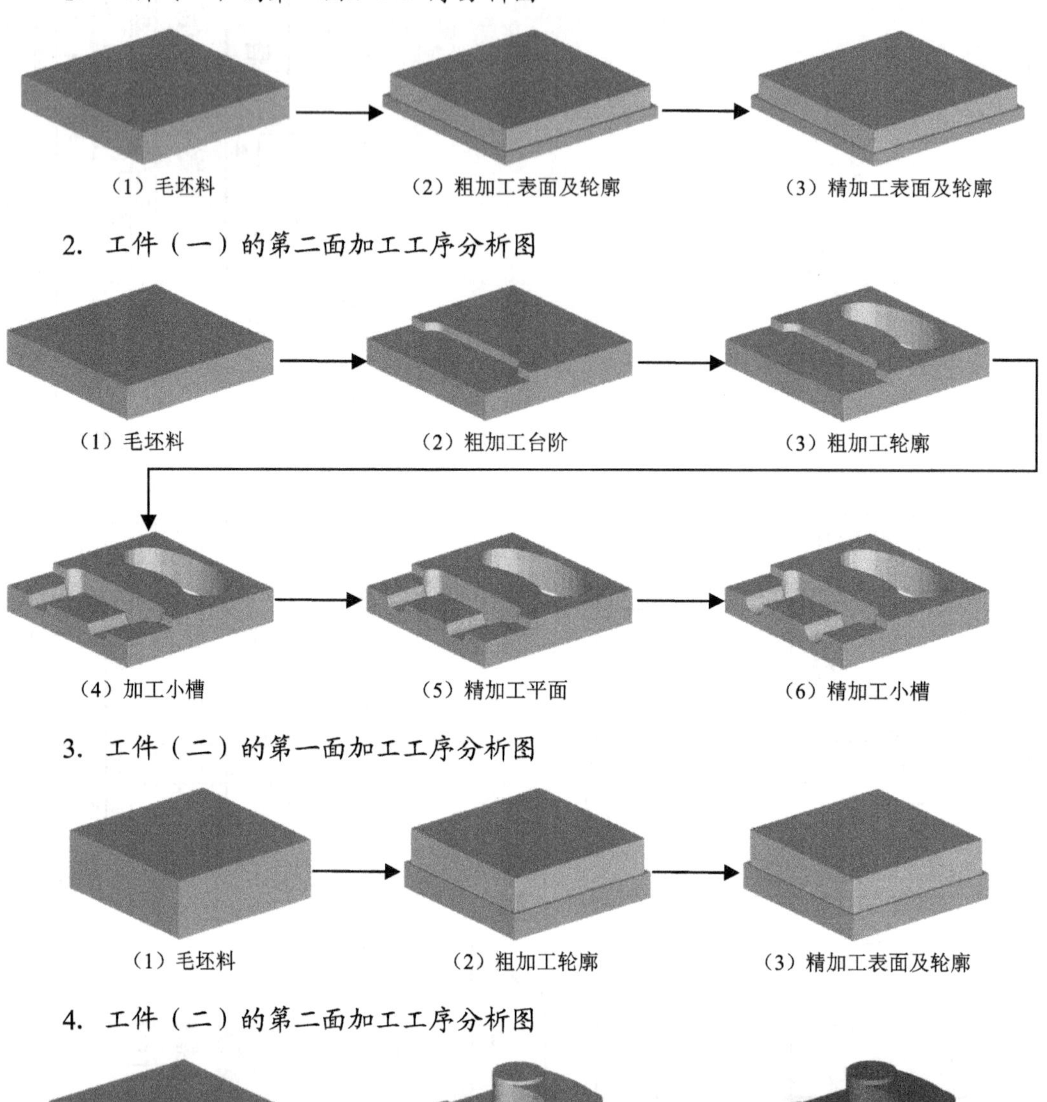

（1）毛坯料　（2）粗加工表面及轮廓　（3）精加工表面及轮廓

2. 工件（一）的第二面加工工序分析图

（1）毛坯料　（2）粗加工台阶　（3）粗加工轮廓

（4）加工小槽　（5）精加工平面　（6）精加工小槽

3. 工件（二）的第一面加工工序分析图

（1）毛坯料　（2）粗加工轮廓　（3）精加工表面及轮廓

4. 工件（二）的第二面加工工序分析图

（1）毛坯料　（2）粗加工型芯　（3）精加工

5. 第一个零件的建模过程

（1）启动 NX 10.0，单击“新建”按钮，在【新建】对话框中选取“模型”选项卡，在模板框中“单位”选择“毫米”，选取“模型”模板，“名称”设为“EX7A.prt”，文件夹选取“E:\UG10.0 数控编程\项目 7”。

（2）选取“菜单 | 插入 | 设计特征 | 长方体”命令，在【块】对话框中对“类型”

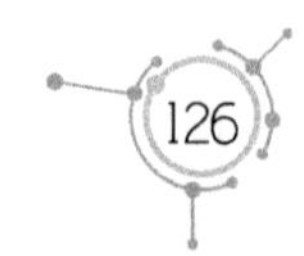

选取“原点和边长”选项，XC 设为 80mm，YC 设为 80mm，ZC 设为 15mm，“布尔”选取“无”。单击“指定点”按钮，在【点】对话框中“参考”选取“绝对－工件部件”，输入（-40，-40，0），如图 7-4 所示。

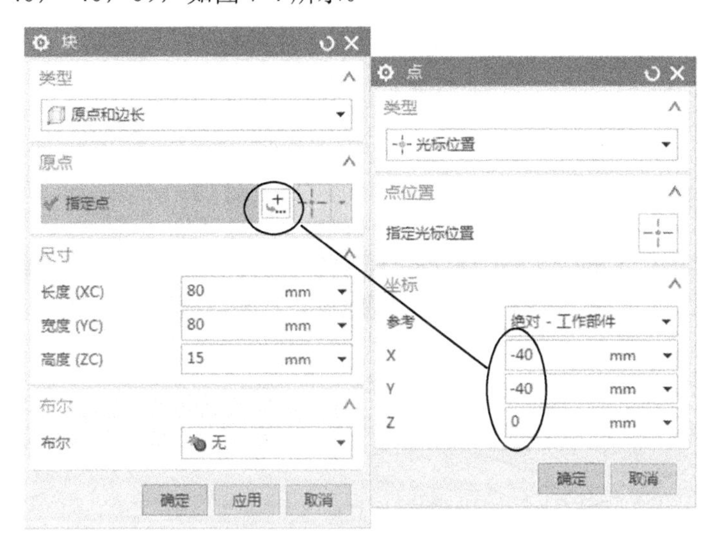

图 7-4　设定【块】参数

（3）单击“确定”按钮，创建一个长方体，坐标系在长方体的下底面中心，如图 7-5 所示。

（4）选取“菜单｜插入｜设计特征｜长方体”命令，在【块】对话框中“类型”选取“原点和边长”选项，XC 设为 80mm，YC 设为 25mm，ZC 设为 4.5mm，“布尔”选取“求差”。单击“指定点”按钮，在【点】对话框中“参考”选取“绝对－工件部件”，输入（-40，-40，11.5）。

（5）单击“确定”按钮，在长方体上创建一个台阶，如图 7-6 所示。

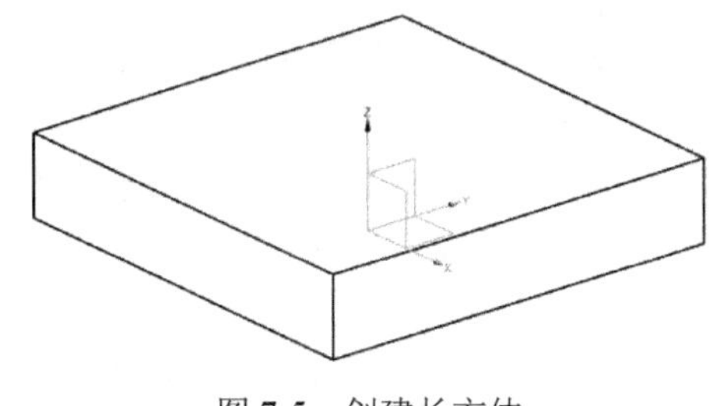

图 7-5　创建长方体

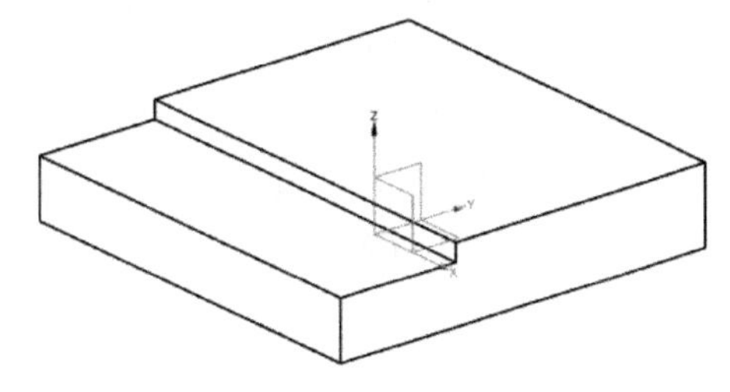

图 7-6　创建台阶

（6）单击“拉伸”按钮，在【拉伸】对话框中单击“绘制截面”按钮，以 *XOY* 平面为草绘平面，*X* 轴为水平参考，绘制一个截面（62mm×10mm），如图 7-7 所示。

（7）单击“完成草图”按钮，在【拉伸】对话框中“指定矢量”选取“ZC↑”，“开始”选取“值”，“距离”设为 0，“结束”选取“贯通”，“布尔”选取“求差”。

（8）单击“确定”按钮，创建方形通孔，如图 7-8 所示。

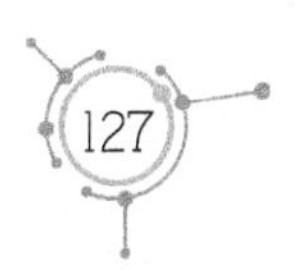

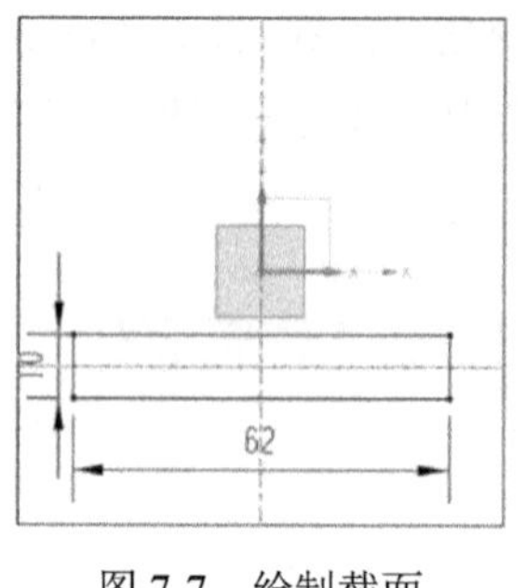

图 7-7　绘制截面

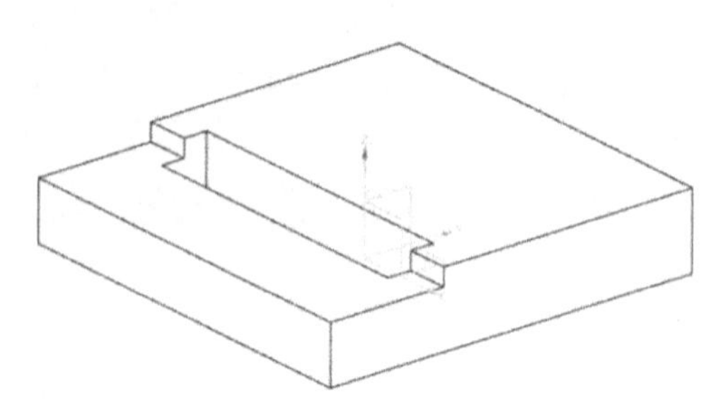

图 7-8　创建方形通孔

（9）选取“菜单｜插入｜细节特征｜面倒圆”命令，在【面倒圆】对话框中选取“三个定义面链”选项，“截面方向”选取“滚球”，选取面链 1、面链 2 和中间面链，如图 7-9 所示。

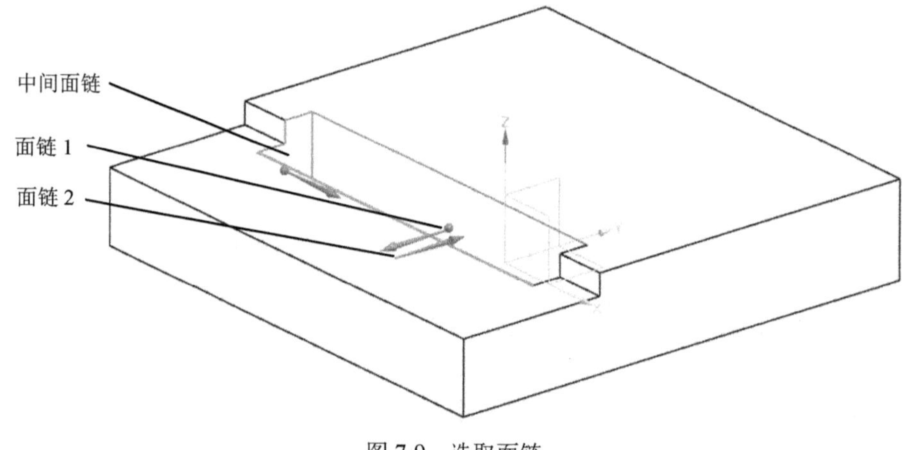

图 7-9　选取面链

（10）单击“确定”按钮，创建面倒圆特征，如图 7-10 所示。

（11）重新选取“菜单｜插入｜细节特征｜面倒圆”命令，在工作区上方选取“单个面”选项，采用相同的方法，创建另一端的面倒圆特征。

（12）选取“菜单｜插入｜同步建模｜替换面”命令，在零件上选取要替换的面与替换面，如图 7-11 所示。

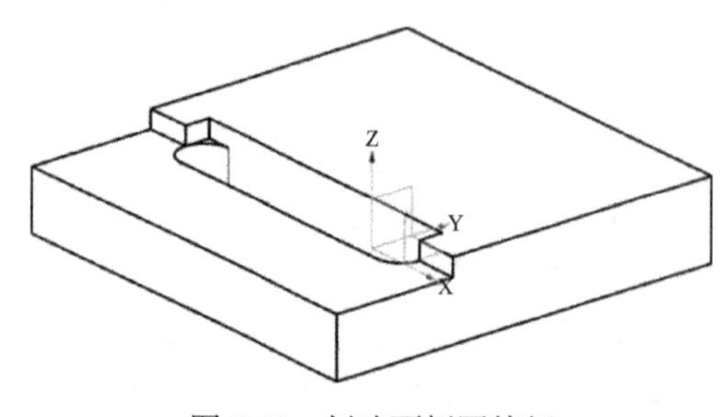

图 7-10　创建面倒圆特征

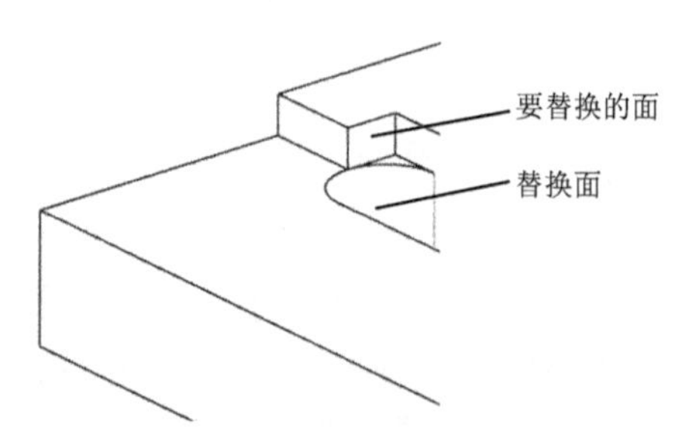

图 7-11　选取要替换的面与替换面

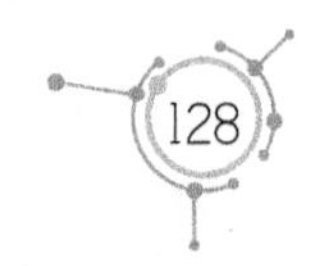

（13）单击“确定”按钮，创建替换特征。

（14）采用相同的方法，创建另一端的替换特征，如图 7-12 所示。

（15）单击“拉伸”按钮，在【拉伸】对话框中单击“绘制截面”按钮，以实体的端面为草绘平面，如图 7-13 所示。以 *X* 轴为水平参考，绘制一个截面（ϕ12mm），如图 7-14 所示。

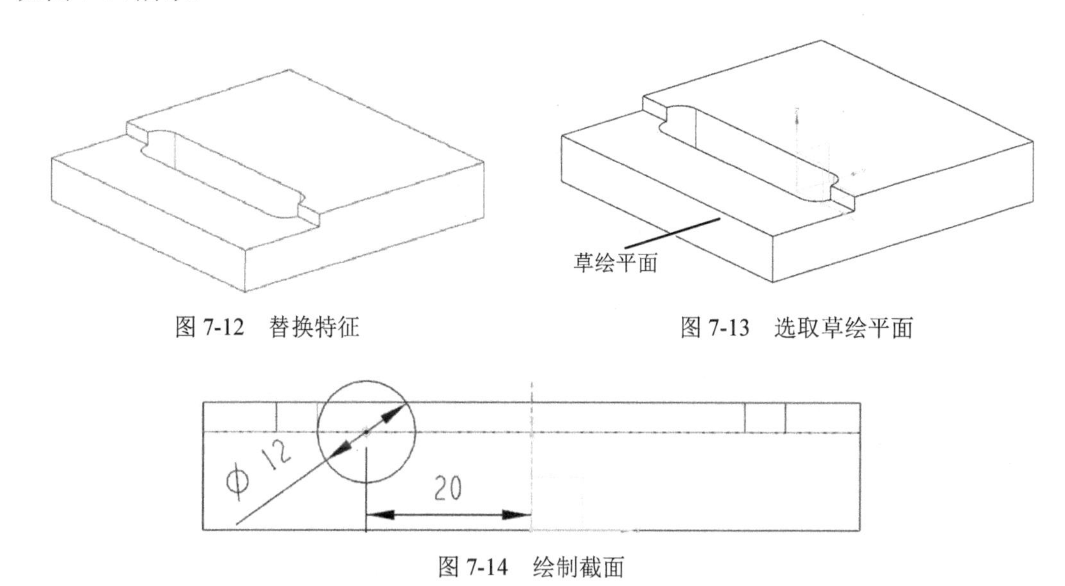

图 7-12　替换特征　　图 7-13　选取草绘平面

图 7-14　绘制截面

（16）单击“完成草图”按钮，在【拉伸】对话框中“指定矢量”选取“YC↑”，“开始”选取“值”，“距离”设为 0，“结束”选取“值”，“距离”设为 25mm，“布尔”选取“求差”。

（17）单击“确定”按钮，创建切除特征。

（18）采用相同的方法，创建另一个切除特征，如图 7-15 所示。

（19）单击“拉伸”按钮，在【拉伸】对话框中单击“绘制截面”按钮，以 *XOY* 平面为草绘平面，*X* 轴为水平参考，任意绘制 4 条圆弧，如图 7-16 所示。

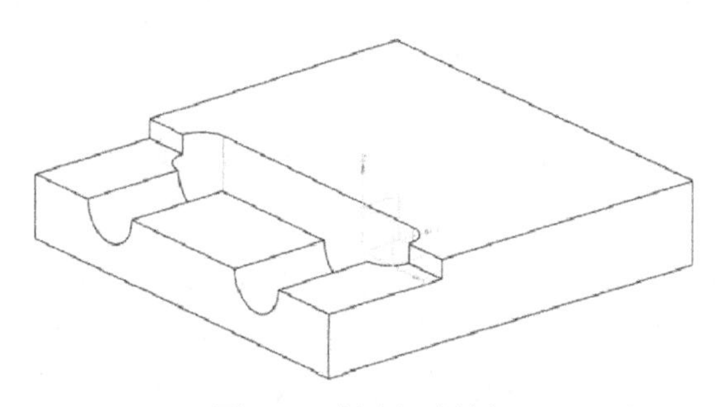

图 7-15　创建切除特征

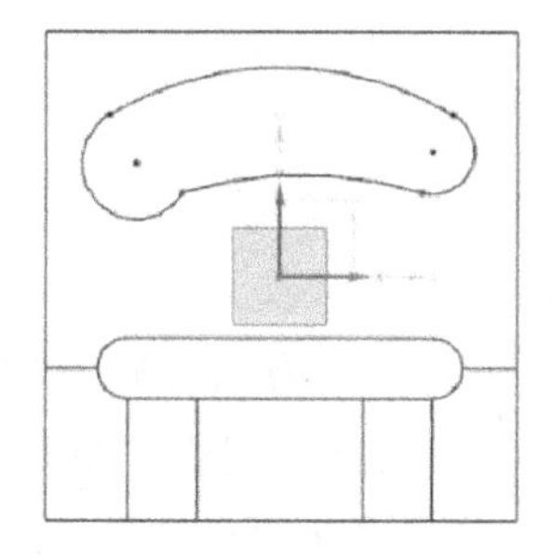

图 7-16　任意绘制 4 条圆弧

（20）单击“设为对称”按钮，先选取左边圆弧的圆心点，再选右边圆弧的圆心点，最后选取 *Y* 轴，左、右圆弧的圆心点关于 *Y* 轴对称，如图 7-17 所示。

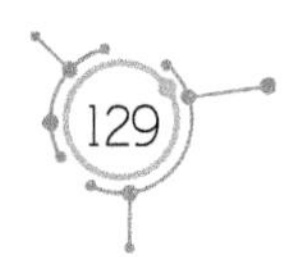

（21）单击“几何约束”按钮，在【几何约束】对话框中单击“等半径”按钮，如图 7-18 所示。

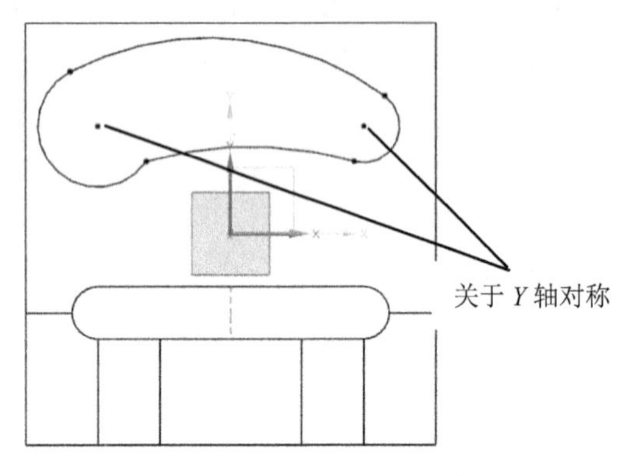

图 7-17　左、右圆心关于 *Y* 轴对称

图 7-18 单击“等半径”按钮

（22）先选取左边的圆弧，再选取右边的圆弧，两圆弧半径相等，如图 7-19 所示。

（23）单击“几何约束”按钮，在【几何约束】对话框中单击“相切”按钮。

（24）先选取其中一条圆弧为“要约束的对象”，再选另一条相邻的圆弧为“要约束到的对象”，设定两条圆弧相切。

（25）采用相同的方法，设定其他圆弧两两相切，如图 7-20 所示。

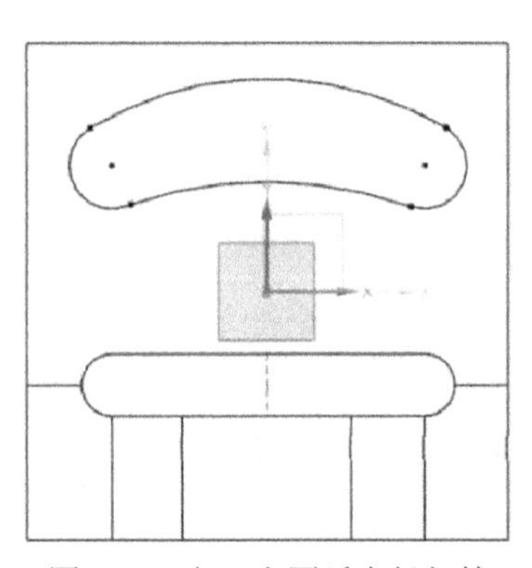

图 7-19　左、右圆弧半径相等

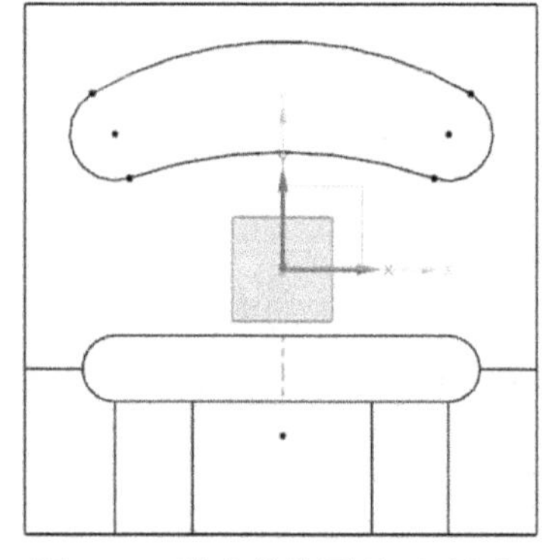

图 7-20　设定其他圆弧两两相切

（26）单击“几何约束”按钮，在【几何约束】对话框中单击“同心”按钮，参考图 7-18。

（27）先选取上方的圆弧为“要约束的对象”，再选下方的圆弧为“要约束到的对象”，设定上、下两条圆弧同心，如图 7-21 所示。

（28）单击“快速尺寸 ”按钮，标上尺寸，或修改尺寸标注，如图 7-22 所示。

（29）单击“完成草图”按钮，在【拉伸】对话框中对“指定矢量”选取“ZC↑”，“开始”选取“值”，“距离”设为 0，“结束”选取“贯通”，“布尔”选取“求差”。

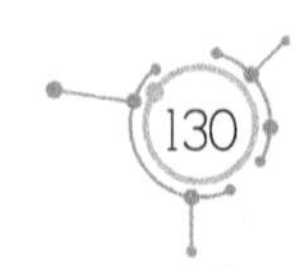

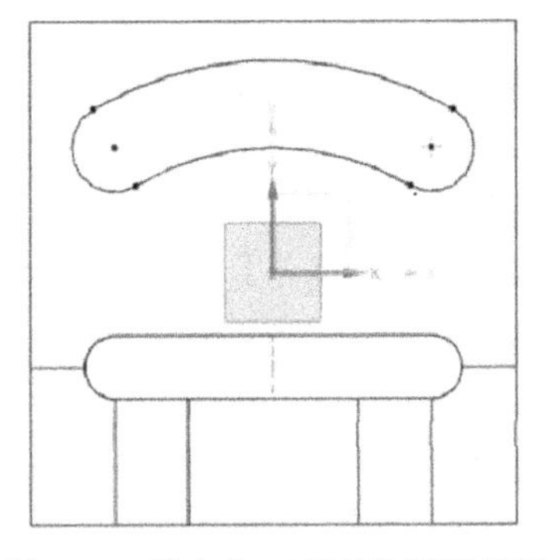

图 7-21 设定上、下两条圆弧相切

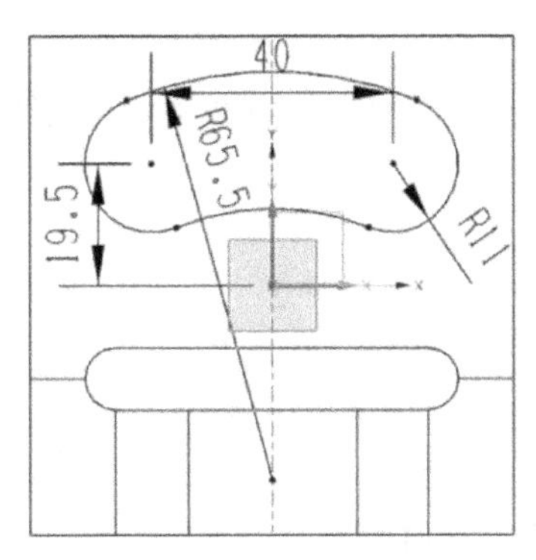

图 7-22 修改尺寸标注

（30）单击“确定”按钮，创建通孔，如图 7-23 所示。

（31）单击“保存”按钮，保存文档，文件名为 EX7A。

6. 第一个零件第一次装夹的编程过程

（1）打开 EX7A 文档，单击“文件 | 另存为”按钮，保存文档，文件名为 EX7A1。

（2）选取“菜单 | 编辑 | 移动对象”命令，在【移动对象】对话框中“运动”选取“角度”，“指定矢量”选取“YC↑”，“角度”设为 180°，单击“指定轴点”按钮，在【点】对话框中“参考”选取“绝对坐标”，输入（0，0，0），“结果”选取“◉移动原先的”。

（3）单击“确定”按钮，工件旋转 180°，如图 7-24 所示。

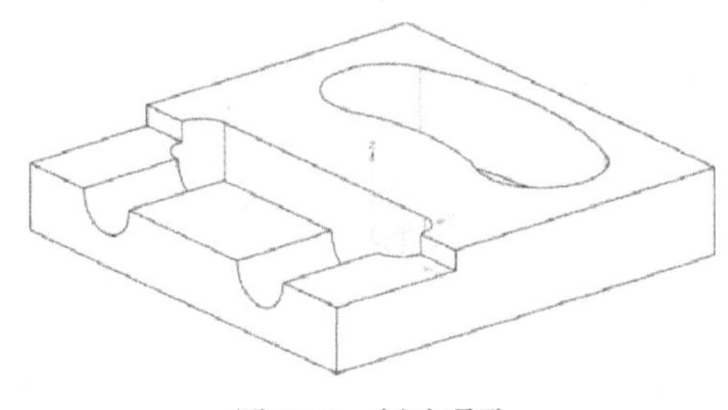

图 7-23 创建通孔

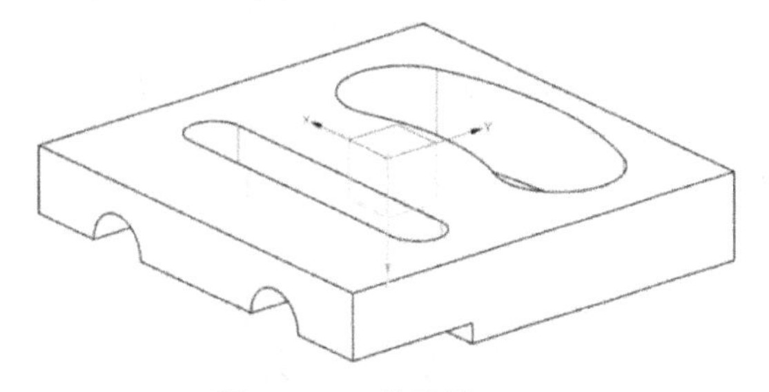

图 7-24 工件旋转 180°

（4）在横向菜单中单击“应用模块”选项卡，再单击“加工”命令，在【加工环境】对话框中选择“cam_general”选项和“mill_planar”选项。单击“确定”按钮，进入加工环境。此时，工作区中出现两个坐标系，一个是工件坐标系，另一个是基准坐标系。

（5）选取“菜单 | 插入 | 几何体”命令，在【创建几何体】对话框中对“几何体子类型”选取，“几何体”选取“GEOMETRY”，“名称”设为 A，参考图 1-21。

（6）单击“确定”按钮，在【MCS】对话框中“安全设置选项”选取“自动平面”，“安全距离”设为 5mm，参考图 1-22。单击“确定”按钮，创建几何体。

（7）在辅助工具条中选取“几何视图”按钮，参考图 1-23。系统在“工序导航器”中添加了刚才创建的几何体 A，参考图 1-24。

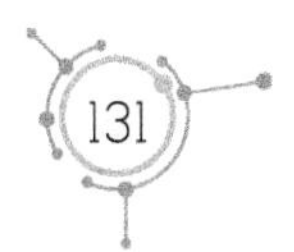

（8）选取“菜单 | 插入 | 几何体”命令，在【创建几何体】对话框中对“几何体子类型”选取“WORKPIECE”按钮，“几何体”选取 A，“名称”设为 B，参考图 1-25。

（9）单击“确定”按钮，在【工件】对话框中选取“指定部件”按钮，参考图 1-26。在工作区中选取整个零件，单击“确定”按钮，设定零件为工作部件。

（10）在【工件】对话框中单击“指定毛坯”按钮，在【毛坯几何体】对话框中对“类型”选择“包容块”，“XM-”、“YM-”、“XM+”、“YM+”设为 2.5mm，“ZM+”设为 1mm。

（11）单击“确定 | 确定”按钮，创建几何体 B。在“工序导航器”中展开 A，可以看出几何体 B 在坐标系 A 下面，参考图 1-28。

（12）单击“创建刀具”按钮，创建名称为 D12R0、直径为 ϕ12mm 的立铣刀。

（13）选择“菜单 | 插入 | 工序”命令，在【创建工序】对话框中对“类型”选取“mill_planar”，“工序子类型”选取“使用边界面铣削”按钮，“程序”选取“NC_PROGRAM”，“刀具”选取 D12R0，“几何体”选取“B”，“方法”选取“METHOD”。

（14）单击“确定”按钮，在【面铣】对话框中单击“指定面边界”按钮，在【毛坯边界】对话框中“选择方法”选取“面”，选取工件上表面，“刀具侧”选取“内部”，“刨”选取“自动”。

（15）单击“确定”按钮，在【面铣】对话框中对“切削模式”选取“往复”，“步距”选取“刀具平直百分比”，“平面直径百分比”设为 75%，“毛坯距离”设为 1mm（为方便第二次装夹，第一次加工时，上表面只切除 1mm），“每刀切削深度”设为 0.8mm，“最终底面余量”设为 0.1mm。

（16）单击“切削参数”按钮，在【切削参数】对话框中单击“策略”选项卡，“切削方向”选取“顺铣”选项，“切削角”选取“指定”选项，“与 XC 的夹角”设为 0°。

（17）单击“非切削移动”按钮，在【非切削移动】对话框中选用默认参数。

（18）单击“进给率和速度”按钮，主轴速度设为 1000r/min，进给率设为 1200mm/min。

（19）单击“生成”按钮，生成面铣刀路，如图 7-25 所示。

（20）选择“菜单 | 插入 | 工序”命令，在【创建工序】对话框中对“类型”选取“mill_planar”，“工序子类型”选取“平面铣”按钮，“程序”选取“NC_PROGRAM”，“刀具”选取 D12R0，“几何体”选取“B”，“方法”选取“METHOD”。

（21）单击“确定”按钮，在【平面铣】对话框中单击“指定部件边界”按钮，在【边界几何体】对话框中“模式”选取“面”，“材料侧”选取“内部”，勾选“☑忽略孔”复选框，选取工件的上表面，单击“确定”按钮，

（22）再次单击“指定部件边界”按钮，台阶的外边线呈棕色，在【编辑边界】对话框中“类型”选“封闭的”，“材料侧”选取“内部”，“刨”选取“自动”，单击“确定”按钮。

（23）在【平面铣】对话框中单击“指定底面”按钮，选取台阶底面，“距离”设为 1mm。

（24）在【平面铣】对话框中“切削模式”选取“轮廓”，“附加刀路”设为0。

（25）单击“切削层”按钮，在【切削层】对话框中对“类型”选取“恒定”，“公共每刀切削深度”设为0.8mm。

（26）单击“切削参数”按钮，在【切削参数】对话框中单击“策略”选项卡，“切削方向”选取“顺铣”。单击“余量”选项卡，“部件余量”设为0.3 mm。

（27）单击“非切削移动”按钮，在【非切削移动】对话框中单击“转移/快速”选项卡，“区域之间”的“转移类型”选取“安全距离-刀轴”，“区域内”的“转移方式”选取“进刀/退刀”，“转移类型”选取“直接”。单击“进刀”选项卡，在“开放区域”中，“进刀类型”选取“圆弧”，“半径”设为2mm，“圆弧角度”设为90°，“高度”设为1mm，“最小安全距离”设为10mm。在“起点/钻点”选项卡中单击“指定点”按钮，选取“控制点”选项，选取工件右边的边线，以该直线的中点设为进刀点。

（28）单击“进给率和速度 ”按钮，主轴速度设为1000r/min，进给率设为1200mm/min。

（29）单击“生成”按钮，生成平面铣轮廓刀路，如图7-26所示。

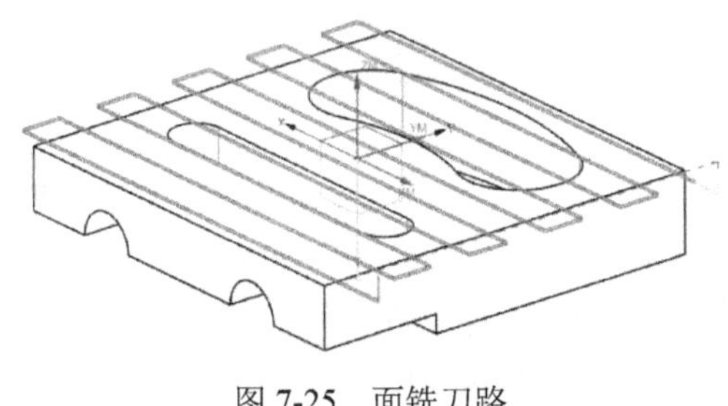

图7-25　面铣刀路

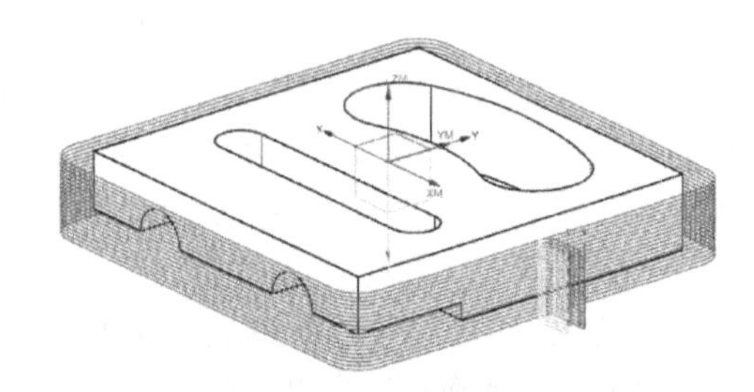

图7-26　平面铣轮廓刀路

（30）在辅助工具条中选取“程序顺序视图”按钮，在“工序导航器”选项中将Program改为A1，并把刚才创建的2个刀路程序移到A1下面。

（31）选取“菜单丨插入丨程序”命令，在【创建程序】对话框中对“类型”选取“mill_contour”，“程序”选取“NC_PROGRAM”，“名称”设为A2。

（32）单击“确定”按钮，创建A2程序组。此时，A2与A1并列，并且A1与A2都在“NC_PROGRAM”下面。

（33）在“工序导航器”中选取FACE_MILLING和PLANAR_MILL，单击鼠标右键，选取“复制”命令，再选取“A2”，单击鼠标右键，选取“内部粘贴”命令。

（34）在“工序导航器”中双击FACE_MILLING_COPY，在【面铣】对话框中“每刀切削深度”设为0，“最终底面余量”设为0。

（35）单击“进给率和速度 ”按钮，主轴速度设为1200r/min，进给率设为500mm/min。

（36）单击“生成”按钮，生成面铣刀路，如图7-27所示。

（37）双击PLANAR_MILL_COPY，在【平面铣】对话框中“步距”选取“恒定”，“最大距离”设为0.1mm，“附加刀路”设为2。单击“切削层”按钮，在【切削层】

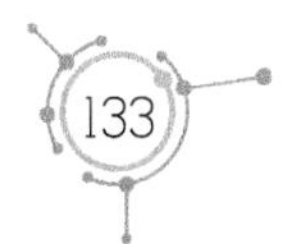

对话框中“类型”选取“仅底面”。单击“切削参数”按钮，在“余量”选项卡中“部件余量”设为0。

（38）单击“进给率和速度”按钮，主轴速度设为1200r/min，进给率设为500mm/min。

（39）单击“生成”按钮，生成平面铣轮廓刀路，如图7-28所示。

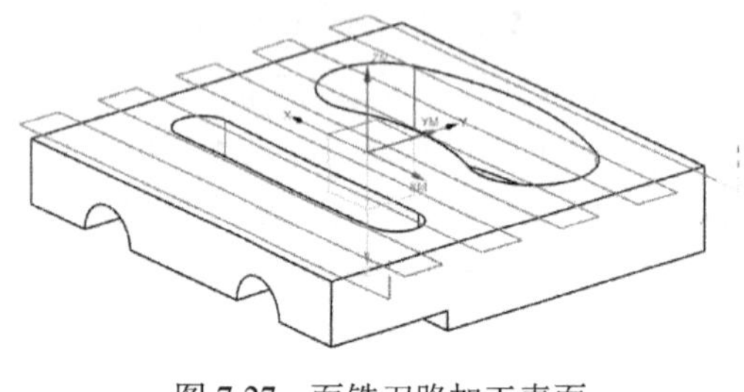
图7-27　面铣刀路加工表面

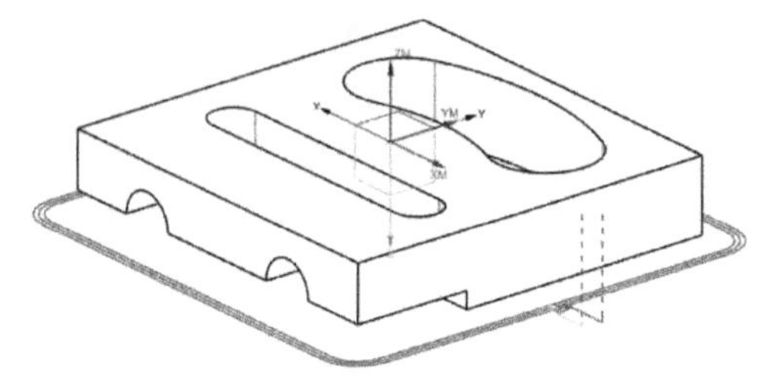
图7-28　平面铣刀路加工轮廓

7. 第一个零件第二次装夹的编程过程

（1）打开EX7A文档，单击“文件 | 另存为”按钮，保存文档，文件名为EX7A2。

（2）在横向菜单中单击“应用模块”选项卡，再单击“加工”命令，在【加工环境】对话框中选择“cam_general”选项和“mill_planar”选项。单击“确定”按钮，进入加工环境，此时工作区中出现两个坐标系，一个是工件坐标系，另一个是基准坐标系。

（3）选取“菜单 | 插入 | 几何体”命令，在【创建几何体】对话框中对“几何体子类型”选取，“几何体”选取“GEOMETRY”，“名称”设为A，参考图1-21。

（4）单击“确定”按钮，在【MCS】对话框中对“安全设置选项”选取“自动平面”，“安全距离”设为5mm，参考图1-22。单击“确定”按钮，创建几何体。

（5）在辅助工具条中选取“几何视图”按钮，参考图1-23。系统在“工序导航器”中添加了刚才创建的几何体A，参考图1-24。

（6）选取“菜单 | 插入 | 几何体”命令，在【创建几何体】对话框中对“几何体子类型”选取“WORKPIECE”按钮，“几何体”选取A，“名称”设为B，参考图1-25。

（7）单击“确定”按钮，在【工件】对话框中选取“指定部件”按钮，参考图1-26。在工作区中选取整个零件，单击“确定”按钮，设定零件为工作部件。

（8）在【工件】对话框中单击“指定毛坯”按钮，在【毛坯几何体】对话框中对“类型”选择“包容块”，把“XM-”、“YM-”、“XM+”、“YM+”设为2.5mm，“ZM+”设为4mm。

（9）单击“确定 | 确定”按钮，创建几何体B，在“工序导航器”中展开 A，可以看出几何体B在坐标系A下面，参考图1-28。

（10）单击“创建刀具”按钮，创建名称为D12R0，直径为ϕ12mm的立铣刀，再创建名称为D8R0，直径为ϕ8mm的立铣刀。

（11）选择“菜单 | 插入 | 工序”命令，在【创建工序】对话框中对“类型”选取“mill_planar”，“工序子类型”选取“使用边界面铣削”按钮，“程序”选取

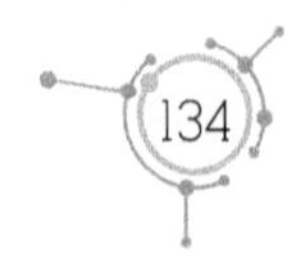

"NC_PROGRAM"，"刀具"选取 D12R0，"几何体"选取"B"，"方法"选取"METHOD"。

（12）单击"确定"按钮，在【面铣】对话框中单击"指定面边界"按钮，在【毛坯边界】对话框中"选择方法"选取"曲线"，依次选取上表面的 *a*、*b*、*c*、*d* 四条边线，如图 7-29 所示。形成一个封闭的区域，如图 7-30 所示。

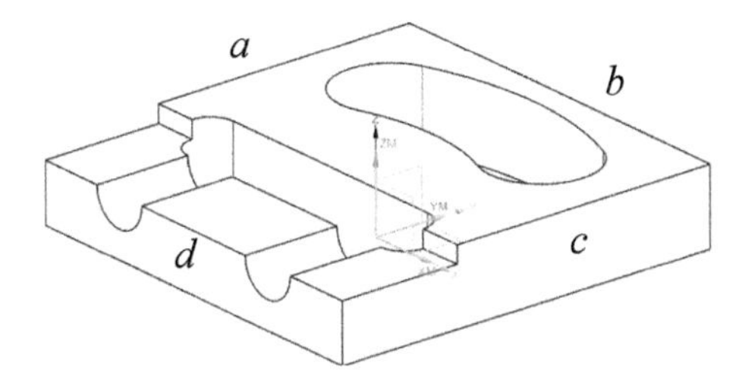

图 7-29 依次选取 *a*、*b*、*c*、*d* 四条边线

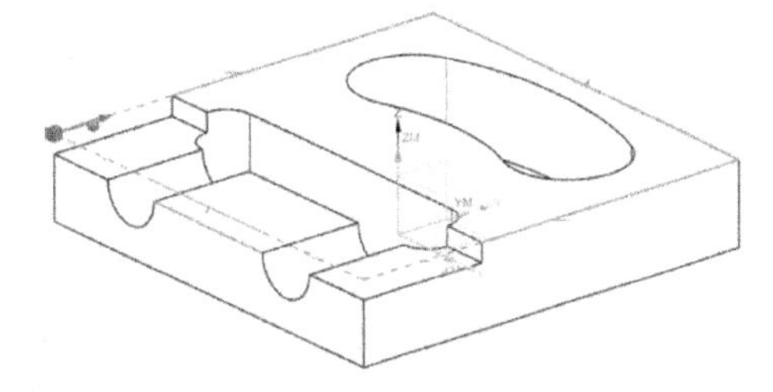
图 7-30 形成一个封闭的区域

（13）在【毛坯边界】对话框中对"刀具侧"选取"内部"，"刨"选取"自动"。

（14）单击"确定"按钮，在【面铣】对话框中对"刀轴"选取"+ZM 轴"，"切削模式"选取"往复"，"步距"选取"刀具平直百分比"，"平面直径百分比"设为 75%，"毛坯距离"设为 4mm，"每刀切削深度"设为 0.8mm，"最终底面余量"设为 0.1mm。

（15）单击"切削参数"按钮，在【切削参数】对话框中单击"策略"选项卡，"切削方向"选取"顺铣"选项，"切削角"选取"指定"选项，"与 XC 的夹角"设为 0°。

（16）单击"非切削移动"按钮，在【非切削移动】对话框中选用默认参数。

（17）单击"进给率和速度"按钮，主轴速度设为 1000r/min，进给率设为 1200mm/min。

（18）单击"生成"按钮，生成面铣刀路，如图 7-31 所示。

（19）在"工序导航器"中选取 FACE_MILLING，单击鼠标右键，选取"复制"命令，再选取 FACE_MILLING，单击鼠标右键，选取"粘贴"命令。

（20）在"工序导航器"中双击 FACE_MILLING_COPY，在【面铣】对话框中单击"指定面边界"按钮，在【毛坯边界】对话框中单击"移除"按钮，移除以前的选择，再在【毛坯边界】对话框中"选择方法"选取"曲线"，依次选取上表面的 *e*、*f*、*g*、*h* 四条边线，如图 7-32 所示，形成一个封闭的区域。

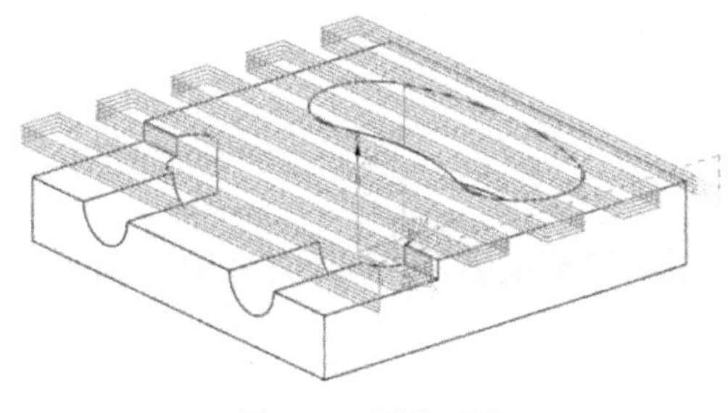
图 7-31 面铣刀路

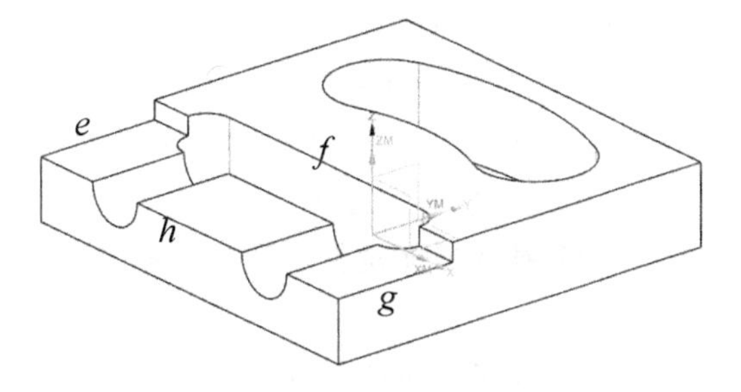

图 7-32 选取 *e*、*f*、*g*、*h* 四条边线

（21）在【毛坯边界】对话框中对"刀具侧"选取"内部"，"刨"选取"自动"。

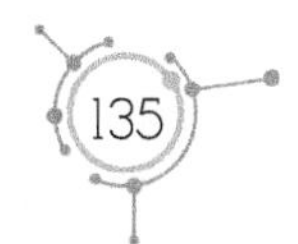

（22）单击“确定”按钮，在【面铣】对话框中对“切削模式”选取“跟随周边”，“步距”选取“刀具平直百分比”，“平面直径百分比”设为75%，“毛坯距离”设为4mm，“每刀切削深度”设为0.8mm，“最终底面余量”设为0.1mm。

（23）单击“切削参数”按钮，在【切削参数】对话框中单击“策略”选项卡，“切削方向”选取“顺铣”选项，“刀路方向”选取“向外”选项，单击“余量”选项卡，“部件余量”设为0.3mm，“最终底面余量”设为0.1mm。

（24）单击“非切削移动”按钮，在【非切削移动】对话框中单击“转移/快速”选项卡，“区域之间”的“转移类型”选取“安全距离-刀轴”，“区域内”的“转移方式”选取“进刀/退刀”，“转移类型”选取“安全距离-刀轴”。单击“进刀”选项卡，在“封闭区域”中，“进刀类型”选取“与开放区域相同”，在“开放区域”中，“进刀类型”选取“线性”，“长度”设为10mm，“旋转角度”、“斜坡角”设为0，“高度”设为1mm，“最小安全距离”设为10mm。

（25）单击“进给率和速度 ”按钮，主轴速度设为 1000r/min，进给率设为1200mm/min。

（26）单击“生成”按钮，生成面铣刀路，如图7-33所示。

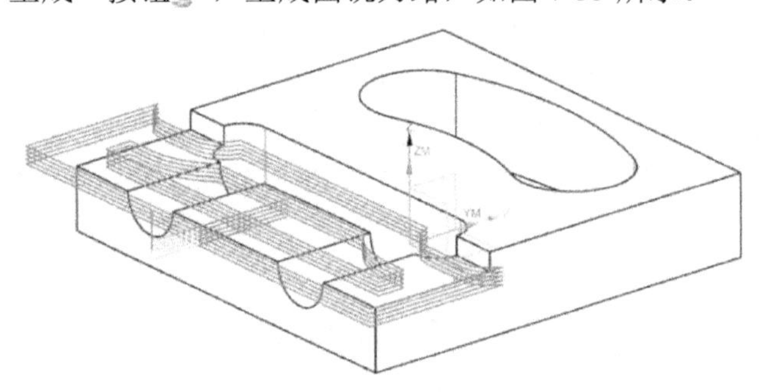

图7-33　面铣刀路

（27）选择“菜单 | 插入 | 工序”命令，在【创建工序】对话框中对“类型”选取“mill_planar”，“工序子类型”选取“平面铣”按钮，“程序”选取“NC_PROGRAM”，“刀具”选取D12R0，“几何体”选取“B”，“方法”选取“METHOD”。

（28）单击“确定”按钮，在【平面铣】对话框中单击“指定部件边界”按钮，在【边界几何体】对话框中“模式”选取“曲线/边…”，“类型”选取“封闭的”，“刨”选取“自动”，“材料侧”选取“外部”。

（29）在工作区上方的工具条中选取“相切曲线”选项，选取槽的边线，如图7-34所示，单击“确定”按钮。

（30）在【平面铣】对话框中单击“指定底面 ”按钮，选取工件底面，“距离”设为1mm。

（31）在【平面铣】对话框中“切削模式”选取“轮廓”，“附加刀路”设为0。

（32）单击“切削层”按钮，在【切削层】对话框中对“类型”选取“恒定”，“公共每刀切削深度”设为0.5mm。

（33）单击“切削参数”按钮，在【切削参数】对话框中单击“策略”选项卡，“切削方向”选取“顺铣”。单击“余量”选项卡，“部件余量”设为0.3 mm。

（34）单击“非切削移动”按钮，在【非切削移动】对话框中单击“转移/快速”选项卡，“区域之间”的“转移类型”选取“安全距离-刀轴”，“区域内”的“转移方式”选取“进刀/退刀”，“转移类型”选取“直接”。单击“进刀”选项卡，在“封闭区域”中，“进刀类型”选取“螺旋”，“直径”设为10mm，“斜坡角”设为0.5°，“高度”设为0.5mm，“高度起点”选取“前一层”，“最小安全距离”设为0，“最小斜面长度”设为5mm。

（35）单击“进给率和速度 ”按钮，主轴速度设为 1000r/min，进给率设为1200mm/min。

（36）单击“生成”按钮，生成平面铣加工轮廓刀路，如图7-34所示。

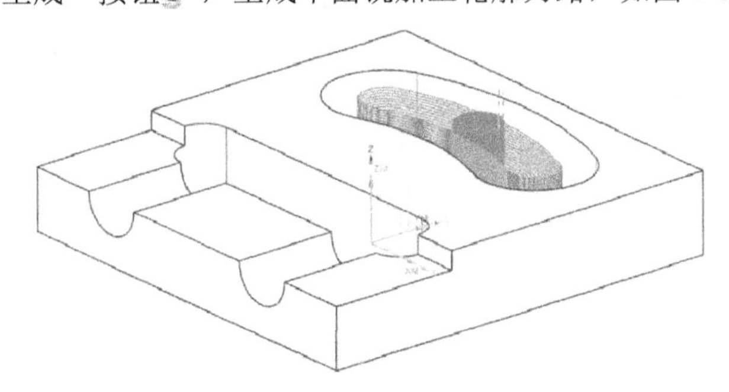

图7-34 平面铣加工轮廓刀路

（40）在辅助工具条中选取“程序顺序视图”按钮，在“工序导航器”中将Program改为B1，并把刚才创建的3个刀路程序移到B1下面。

（41）选取“菜单｜插入｜程序”命令，在【创建程序】对话框中对“类型”选取“mill_contour”，“程序”选取“NC_PROGRAM”，“名称”设为B2。

（42）单击“确定”按钮，创建B2程序组。此时，B2与B1并列，并且B1与B2都在“NC_PROGRAM”下面。

（43）在“工序导航器”中选取 PLANAR_MILL，单击鼠标右键，选取“复制”命令，再选取“B2”。单击鼠标右键，选取“内部粘贴”命令。

（44）在“工序导航器”中双击 PLANAR_MILL_COPY，在【平面铣】对话框中“步距”选取“恒定”，“最大距离”设为0.1mm，“附加刀路”设为2。单击“切削层”按钮，在【切削层】对话框中“类型”选取“仅底面”。单击“切削参数”按钮，在“余量”选项卡中“部件余量”设为-0.02mm（配合位，余量设为负值）单击“非切削移动”按钮，在【非切削移动】对话框中单击“进刀”选项卡，在“封闭区域”中，“进刀类型”选取“与开放区域相同”，在“开放区域”中，“进刀类型”选取“圆弧”，“半径”设为2mm，“圆弧角度”设为90°，“高度”设为3mm，“最小安全距离”设为3mm。

（45）单击“进给率和速度 ”按钮，主轴速度设为 1200r/min，进给率设为500mm/min。

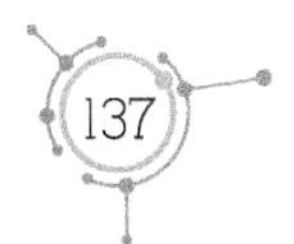

（46）单击“生成”按钮，生成平面铣轮廓刀路，如图 7-35 所示。

（47）选择“菜单｜插入｜工序”命令，在【创建工序】对话框中“类型”选取“mill_planar”，“工序子类型”选取“底壁加工”按钮，“程序”选取 B2，“刀具”选取 D12R0，“几何体”选取“B”，“方法”选取“METHOD”，单击“确定”按钮。

（48）在【底壁加工】对话框中单击“指定切削区底面”按钮，在【切削区域】对话框中选取“面”，选取工件的①、②、③、④共 4 个平面，如图 7-36 所示。

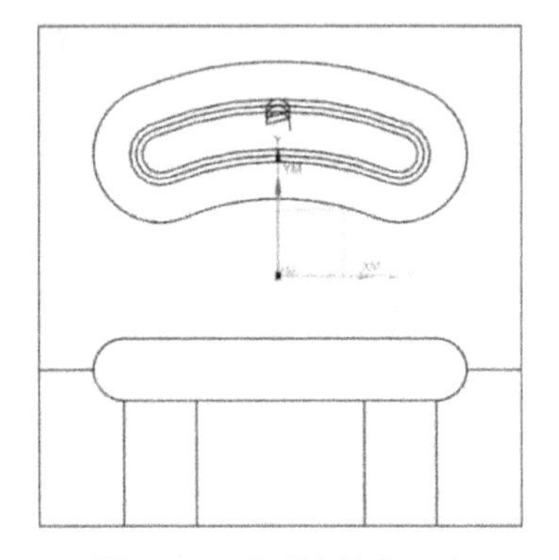

图 7-35　平面铣轮廓刀路

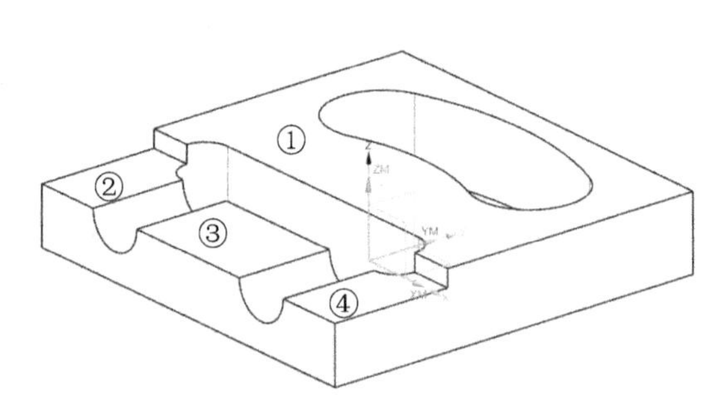

图 7-36　选取 4 个平面

（49）在【底壁加工】对话框中对“切削区域空间范围”选取“底面”，“切削模式”选取“跟随周边”，步距”选取“刀具平直百分比”，“平面直径百分比”设为 75%，“每刀切削深度”设为 0，“最终底面余量”设为 0。

（50）单击“切削参数”按钮，在【切削参数】对话框中单击“策略”选项卡，“切削方向”选取“顺铣”，“刀路方向”选取“向外”，勾选“添加精加工刀路”复选框，“刀路数”设为 2，“精加工步距”设为 0.1mm。单击“余量”选项卡，“部件余量”、“壁余量”、“最终底面余量”设为 0。

（51）单击“非切削移动”按钮，在【非切削移动】对话框中选用默认参数。

（52）单击“进给率和速度 ”按钮，主轴速度设为 1200r/min，进给率设为 500mm/min。

（53）单击“生成”按钮，生成底壁加工刀路，如图 7-37 所示。

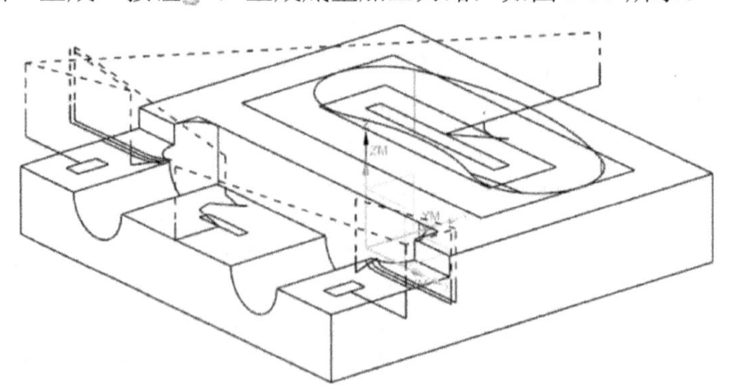

图 7-37　底壁加工刀路

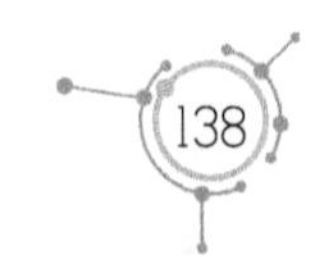

（54）选取“菜单｜插入｜程序”命令，在【创建程序】对话框中对“类型”选取“mill_contour”，“程序”选取“NC_PROGRAM”，“名称”设为B3。

（55）单击“确定”按钮，创建B3程序组，此时B3与B1、B2并列，并且B1、B2、B3都在“NC_PROGRAM”下面。

（56）选择“菜单｜插入｜工序”命令，在【创建工序】对话框中“类型”选取“mill_contour”，“工序子类型”选取“深度轮廓加工”按钮，“程序”选取B3，“刀具”选取D8R0，“几何体”选取“B”，“方法”选取“METHOD”，单击“确定”按钮。

（57）在【深度轮廓加工】对话框中单击“指定切削区域”按钮，在工作区上方的工具条中选取“相切面”选项，再在工件上选取曲面，如图7-38所示。

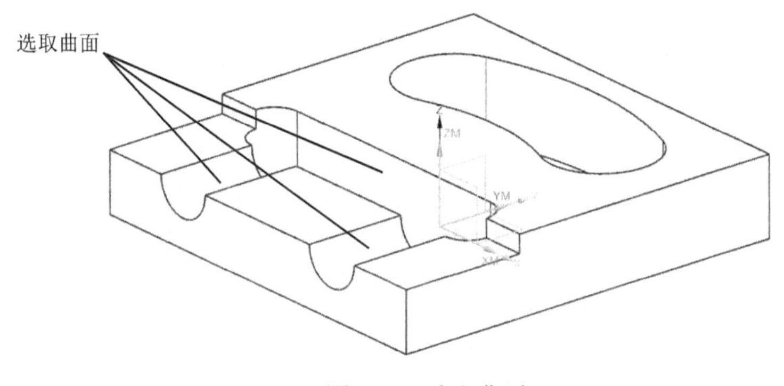

图7-38 选取曲面

（58）单击“确定”按钮，在【深度轮廓加工】对话框中对“公共每刀切削深度”选取“恒定”，“最大距离”设为0.3mm。

（59）单击“切削参数”按钮，在【切削参数】对话框中单击“策略”选项卡，“切削方向”选取“混合”，“切削顺序”选取“始终深度优先”。单击“余量”选项卡，“部件侧面余量”设为0.3 mm。

（60）单击“非切削移动”按钮，在【非切削移动】对话框中单击“转移/快速”选项卡，“区域之间”的“转移类型”选取“安全距离-刀轴”，“区域内”的“转移方式”选取“进刀/退刀”，“转移类型”选取“直接”。单击“进刀”选项卡，在“封闭区域”中，“进刀类型”选取“沿形状斜进刀”，“斜坡角”设为1°，“高度”设为0.5mm，“高度起点”选取“前一层”，在“开放区域”中，“进刀类型”选取“线性”，“斜面长度”设为6mm，“高度”设为3mm，“最小安全距离”设为6mm。

（61）单击“进给率和速度 ”按钮，主轴速度设为1000r/min，进给率设为1200mm/min。

（62）单击“生成”按钮，生成深度轮廓刀路，如图7-39所示。

（63）选取“菜单｜插入｜程序”命令，在【创建程序】对话框中对“类型”选取“mill_contour”，“程序”选取“NC_PROGRAM”，“名称”设为B4。

（64）单击“确定”按钮，创建B4程序组，此时B4与B1、B2、B3并列，并且B1、B2、B3、B4都在“NC_PROGRAM”下面。

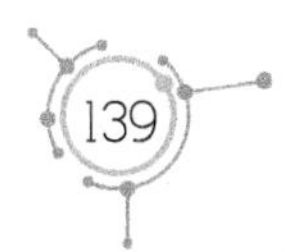

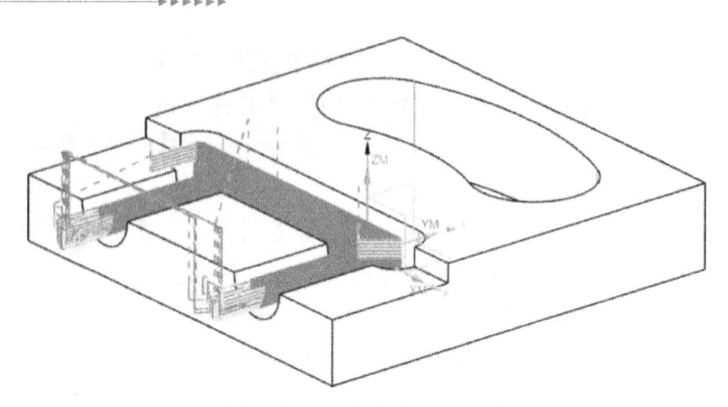

图 7-39　深度轮廓加工刀路

（65）在“工序导航器”中选取 PLANAR_MILL_COPY，单击鼠标右键，选取“复制”命令，再选中 B4 程序组，单击鼠标右键，选取“内部粘贴”命令。

（66）双击 PLANAR_MILL_COPY_COPY，在【平面铣】对话框中单击“指定部件边界”按钮，在【编辑边界】对话框中选取“全部重选”按钮 全部重选 ，在【边界几何体】对话框中“模式”选取“曲线/边…”。在【创建边界】对话框中“类型”选取“封闭的”，“刨”选取“自动”，“材料侧”选取“外部”。

（67）在工作区上方选取“相切曲线”，再选取小孔的边线，如图 7-40 所示。

（68）在【平面铣】对话框中选取 D8R0 的立铣刀。

（69）单击“进给率和速度 ”按钮，主轴速度设为 1200r/min，进给率设为 500mm/min。

（70）单击“生成”按钮，生成平面铣轮廓刀路，如图 7-41 所示。

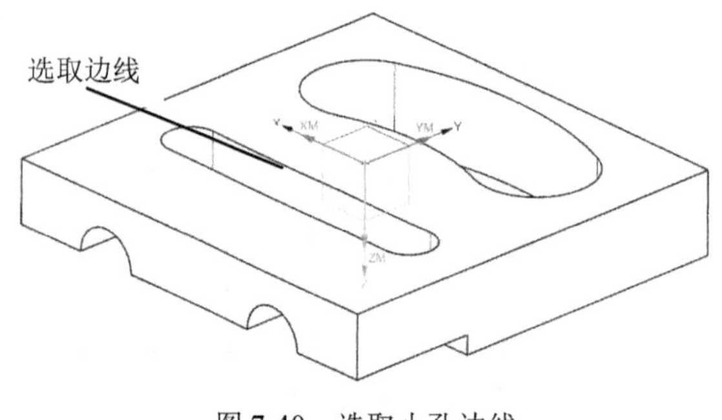

图 7-40　选取小孔边线

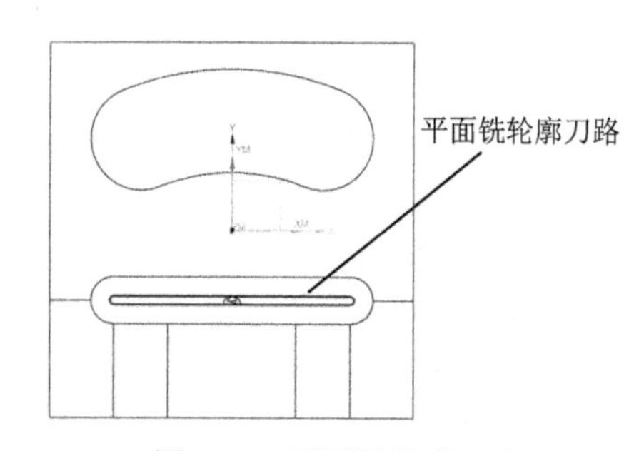

图 7-41　平面铣轮廓刀路

（71）选取“菜单 | 插入 | 程序”命令，在【创建程序】对话框中对“类型”选取“mill_contour”，“程序”选取“NC_PROGRAM”，“名称”设为 B5。

（72）单击“确定”按钮，创建 B5 程序组。此时，B4 与 B1、B2、B3、B4 并列，并且 B1、B2、B3、B4、B5 都在“NC_PROGRAM”下面。

（73）单击“创建刀具”按钮，“刀具子类型”选取“BALL_MILL”选项，“名称”设为 D8R4　，“球直径”设为 8mm。

（74）选择“菜单 | 插入 | 工序”命令，在【创建工序】对话框中对“类型”选取

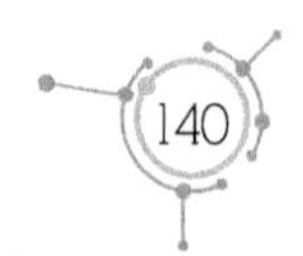

“mill_contour”，“工序子类型”选取“固定轮廓铣”按钮，“程序”选取B5，“刀具”选取D8R4，“几何体”选取“B”，“方法”选取“METHOD”，单击“确定”按钮。

（75）在【固定轮廓铣】对话框中单击“指定切削区域”按钮，工件上选取两个曲面，如图7-42所示。

（76）在【固定轮廓铣】对话框中对“驱动方法”选取“区域铣削”，在【区域铣削驱动方法】对话框中“非陡峭切削模式”选取“往复”，“切削方向”选取“顺铣”，“步距”选取“恒定”，“最大距离”设为1mm，“切削角”选取“指定”，“与XC的夹角”设为45°。

（77）单击“切削参数”按钮，在【切削参数】对话框中单击“余量”选项卡，“部件侧面余量”设为1mm。

（78）单击“非切削移动”按钮，在【非切削移动】对话框中选取默认参数。

（79）单击“进给率和速度”按钮，主轴速度设为1000r/min，进给率设为1200mm/min。

（80）单击“生成”按钮，生成固定轮廓铣刀路，如图7-43所示。

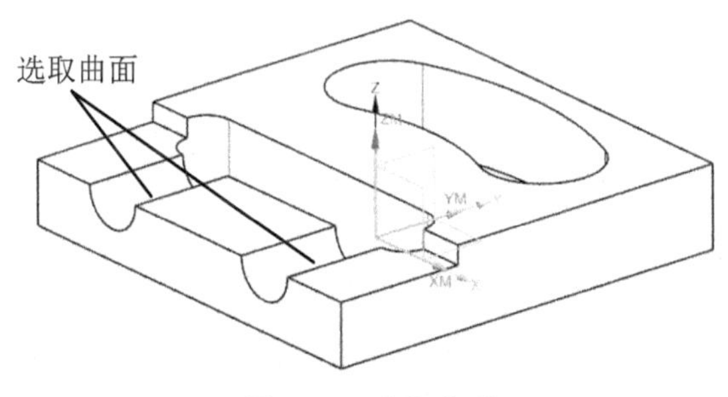

图7-42 选取曲面

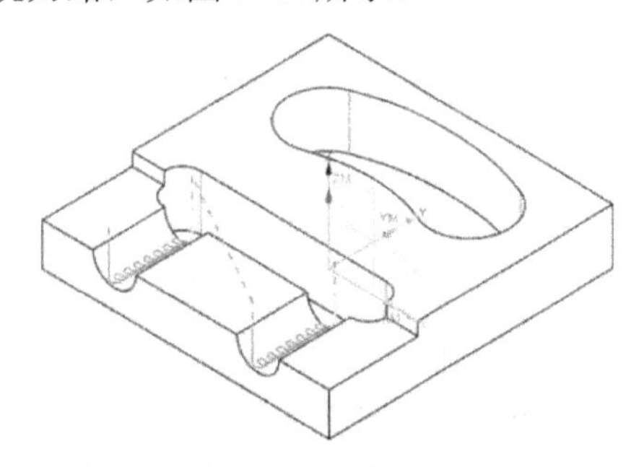

图7-43 固定轮廓铣刀路

（81）在“工序导航器”中选取 FIXED_CONTOUR，单击鼠标右键，选取“复制”命令，再选取“B5”，单击鼠标右键，选取“内部粘贴”命令。

（82）双击 FIXED_CONTOUR_COPY，在【固定轮廓铣】对话框中单击“切削参数”按钮，在【切削参数】对话框中单击“余量”选项卡，“部件侧面余量”设为0.5mm。其他参数不作改变，重新生成刀路，如图7-44所示。

（83）选取“菜单｜插入｜程序”命令，在【创建程序】对话框中对“类型”选取“mill_contour”，“程序”选取“NC_PROGRAM”，“名称”设为B6。

（84）单击“确定”按钮，创建B6程序组。此时，B6与B1、B2、B3、B4、B5并列，并且B1、B2、B3、B4、B5、B6都在“NC_PROGRAM”下面。

（85）在“工序导航器”中选取 FIXED_CONTOUR，单击鼠标右键，选取“复制”命令，再选取“B6”，单击鼠标右键，选取“内部粘贴”命令。

（86）双击 FIXED_CONTOUR_COPY_1，在【固定轮廓铣】对话框中单击“切削参数”按钮，在【切削参数】对话框中单击“余量”选项卡，“部件侧面余量”设为-0.02mm（配合位，余量设为负值），“公差”改为0.01。

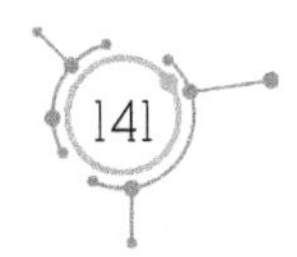

（87）在【固定轮廓铣】对话框中“驱动方法”单击“编辑”按钮，在【区域铣削驱动方法】对话框中“步距”选取“恒定”，“最大距离”设为0.2mm，其他参数不作改变。

（88）单击“生成”按钮，生成固定轮廓铣刀路，如图7-45所示。

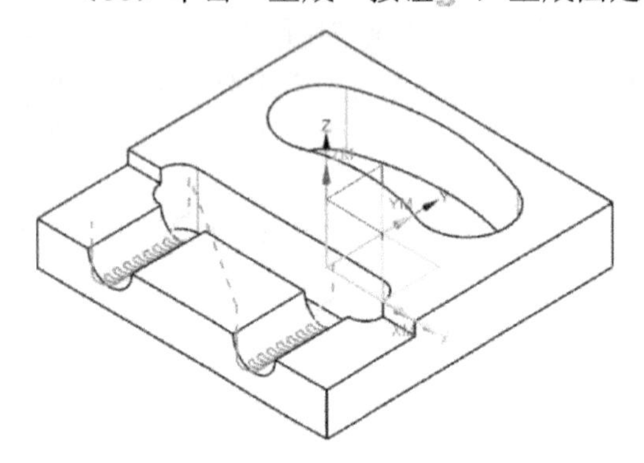

图7-44　预留量为0.5mm，步距为1mm

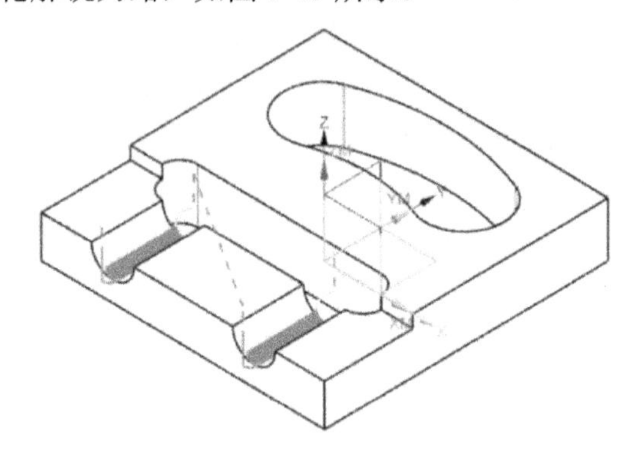

图7-44　预留量为0，步距为0.25mm

8. 第二个零件的建模过程

（1）启动NX10.0，单击“新建”按钮，在【新建】对话框中选取“模型”选项卡，在模板框中“单位”选择“毫米”，选取“模型”模板，“名称”设为“EX7B.prt”，文件夹选取“E:\UG10.0数控编程\项目7”。

（2）选取“菜单｜插入｜设计特征｜长方体”命令，在【块】对话框中对“类型”选取“原点和边长”选项，XC设为80mm，YC设为80mm，ZC设为15mm，“布尔”选取“无”，单击“指定点”按钮，在【点】对话框中“参考”选取“绝对－工件部件”，输入（-40，-40，0），如图7-4所示。

（3）单击“拉伸”按钮，在【拉伸】对话框中单击“绘制截面”按钮，以工件上表面为草绘平面，*X*轴为水平参考，按图7-16～图7-22的步骤绘制截面。

（4）单击“完成草图”按钮，在【拉伸】对话框中对“指定矢量”选取“ZC↑”，“开始”选取“值”，“距离”设为0，“结束”选取“值”，“距离”设为13mm，“布尔”选取“求和”选项。

（5）单击“确定”按钮，创建拉伸特征，如图7-46所示。

（6）选取“菜单｜插入｜细节特征｜圆柱体”命令，在【圆柱体】对话框中选取“轴、直径和高度”轴、直径和高度选项，“指定矢量”选取“ZC↑”，“指定点”选取“圆心点”选项，“直径”设为22mm，“高度”设为2mm，“布尔”选取“求和”，如图7-47所示。

（7）选取工件上表面右圆弧的圆心，创建圆柱特征，如图7-48右边的圆柱所示。

（8）采用相同的方法，创建左圆柱，如图7-48左边的圆柱所示。

（9）单击“拉伸”按钮，在【拉伸】对话框中单击“绘制截面”按钮。以工件左下角的侧面为草绘平面，*X*轴为水平参考，绘制截面12mm×10.5mm，如图7-49所示。

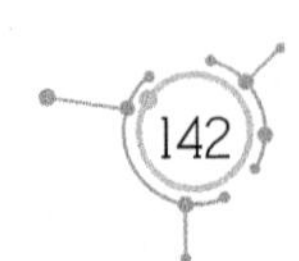

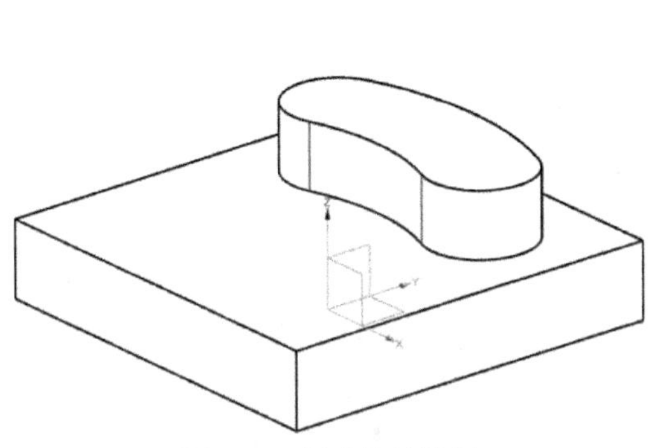

图 7-46　创建拉伸特征

图 7-47　【圆柱体】对话框

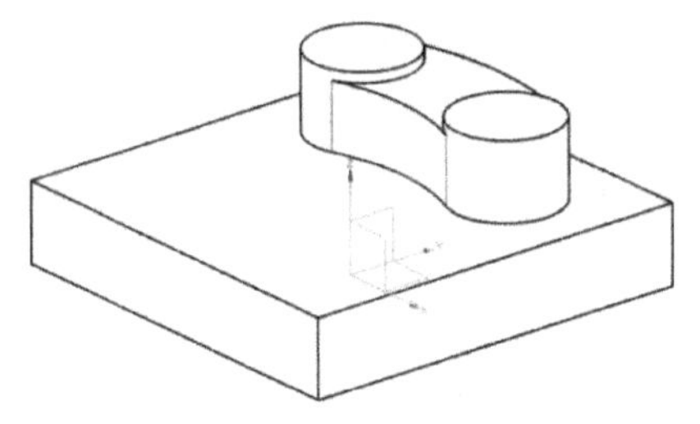

图 7-48　创建圆柱

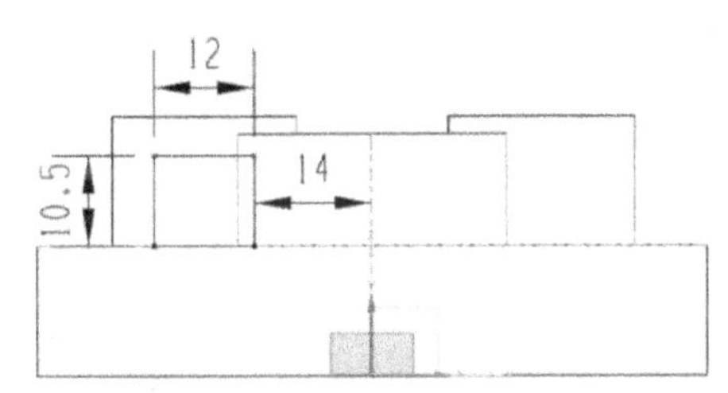

图 7-49　绘制截面

（10）单击“完成草图”按钮，在【拉伸】对话框中对“指定矢量”选取“YC↑”，“开始”选取“值”，“距离”设为 0，“结束”选取“值”，“距离”设为 20mm，“布尔”选取“求和”选项 。

（11）单击“确定”按钮，创建拉伸特征，如图 7-50 所示。

（12）选取“菜单 | 插入 | 细节特征 | 面倒圆”命令，在【面倒圆】对话框中选取“三个面链倒圆”选项，按照图 7-9 的方法，创建面倒圆特征，如图 7-51 左边圆角所示。

（13）在“部件导航器”中选取 拉伸 (5) 和 面倒圆 (6)，再选取“菜单 | 插入 | 关联复制 | 镜像特征”命令，选取 *ZOY* 平面为镜像平面，创建镜像特征，如图 7-51 右边的圆角所示。

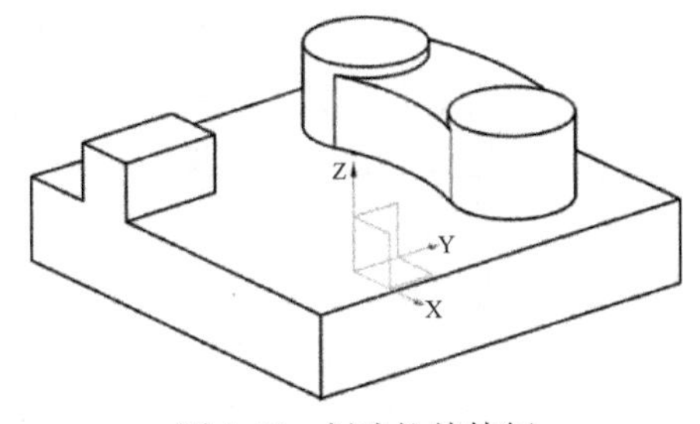

图 7-50　创建拉伸特征

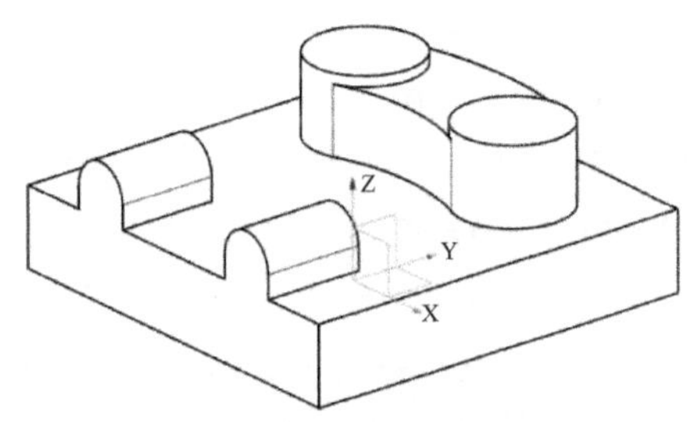

图 7-51　创建面倒圆特征

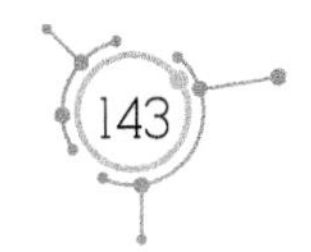

（14）单击“保存”按钮，保存文档，文件名为EX7B。

9. 第二个零件第一次装夹的编程过程

（1）打开EX7B文档，单击“文件 | 另存为”按钮，保存文档，文件名为EX7B1。

（2）选取“菜单 | 编辑 | 移动对象”命令，在【移动对象】对话框中“运动”选取“角度”，“指定矢量”选取“YC↑”，“角度”设为180°。单击“指定轴点”按钮，在【点】对话框中“参考”选取“绝对坐标”，输入（0，0，0），“结果”选取“◉移动原先的”。

（3）单击“确定”按钮，工件旋转180°，如图7-52所示。

（4）在横向菜单中单击“应用模块”选项卡，再单击“加工”命令，在【加工环境】对话框中选择“cam_general”选项和“mill_planar”选项。单击“确定”按钮，进入加工环境。此时，工作区中出现两个坐标系，一个是工件坐标系，另一个是基准坐标系。

（5）选取“菜单 | 插入 | 几何体”命令，在【创建几何体】对话框中对“几何体子类型”选取，“几何体”选取“GEOMETRY”，“名称”设为A，参考图1-21。

（6）单击“确定”按钮，在【MCS】对话框中对“安全设置选项”选取“自动平面”，“安全距离”设为5mm，参考图1-22。单击“确定”按钮，创建几何体。

（7）在辅助工具条中选取“几何视图”按钮，参考图1-23，系统在“工序导航器”中添加了刚才创建的几何体A，参考图1-24。

（8）选取“菜单 | 插入 | 几何体”命令，在【创建几何体】对话框中对“几何体子类型”选取“WORKPIECE”按钮，“几何体”选取A，“名称”设为B，参考图1-25。

（9）单击“确定”按钮，在【工件】对话框中选取“指定部件”按钮，参考图1-26，在工作区中选取整个零件，单击“确定”按钮，设定零件为工作部件。

（10）在【工件】对话框中单击“指定毛坯”按钮，在【毛坯几何体】对话框中对“类型”选择“包容块”，把“XM-”、“YM-”、“XM+”、“YM+”设为2.5mm，“ZM+”设为1mm。

（11）单击“确定 | 确定”按钮，创建几何体B，在“工序导航器”中展开 A，可以看出几何体B在坐标系A下面，参考图1-28。

（12）单击“创建刀具”按钮，创建名称为D12R0，直径为ϕ12mm的立铣刀。

（13）选择“菜单 | 插入 | 工序”命令，在【创建工序】对话框中对“类型”选取“mill_planar”，“工序子类型”选取“使用边界面铣削”按钮，“程序”选取“NC_PROGRAM”，“刀具”选取D12R0，“几何体”选取“B”，“方法”选取“METHOD”。

（14）单击“确定”按钮，在【面铣】对话框中单击“指定面边界”按钮，在【毛坯边界】对话框中“选择方法”选取“面”，选取工件上表面，“刀具侧”选取“内部”，“刨”选取“自动”。

（15）单击“确定”按钮，在【面铣】对话框中对“切削模式”选取“往复”，“步距”选取“刀具平直百分比”，“平面直径百分比”设为75%，“毛坯距离”设为1mm（为方便第二次装夹，第一次加工时，上表面只切除1mm），“每刀切削深度”设为0.8mm，“最终底面余量”设为0.1mm。

（16）单击“切削参数”按钮，在【切削参数】对话框中单击“策略”选项卡，“切削方向”选取“顺铣”选项，“切削角”选取“指定”选项，“与 XC 的夹角”设为 0°。

（17）单击“非切削移动”按钮，在【非切削移动】对话框中选用默认参数。

（18）单击“进给率和速度”按钮，主轴速度设为 1000r/min，进给率设为 1200mm/min。

（19）单击“生成”按钮，生成面铣刀路，如图 7-53 所示。

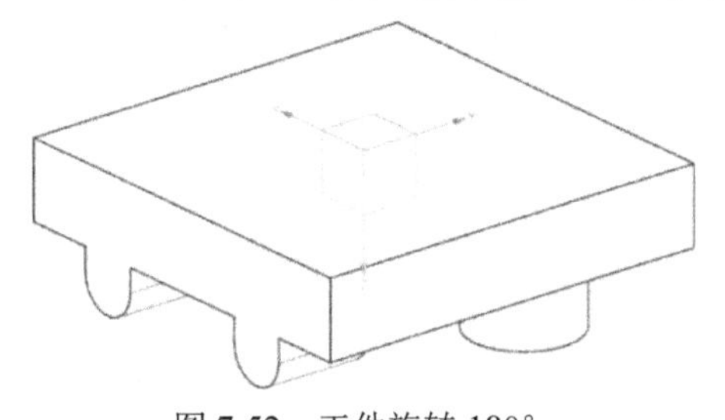

图 7-52 工件旋转 180°

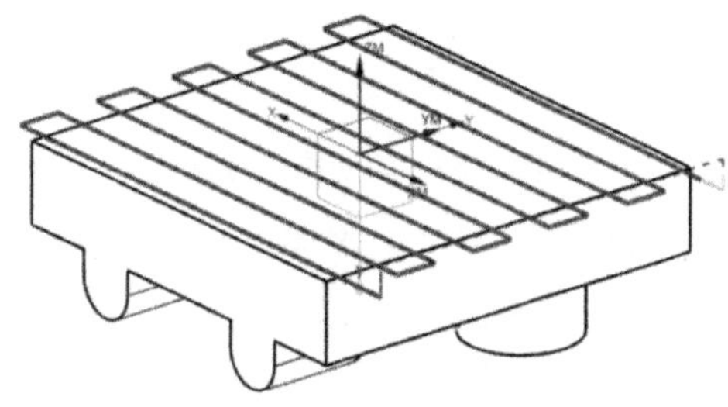

图 7-53 面铣刀路

（20）选择“菜单｜插入｜工序”命令，在【创建工序】对话框中对“类型”选取“mill_planar”，“工序子类型”选取“平面铣”按钮，“程序”选取“NC_PROGRAM”，“刀具”选取 D12R0，“几何体”选取“B”，“方法”选取“METHOD”。

（21）单击“确定”按钮，在【平面铣】对话框中单击“指定部件边界”按钮，在【边界几何体】对话框中“模式”选取“面”，“材料侧”选取“内部”，勾选“☑忽略孔”复选框，选取工件的上表面，单击“确定”按钮，

（22）再次单击“指定部件边界”按钮，台阶的外边线呈棕色，在【编辑边界】对话框中“类型”选“封闭的”，“材料侧”选取“内部”，“刨”选取“自动”，单击“确定”按钮。

（23）在【平面铣】对话框中单击“指定底面”按钮，选取上表面，“距离”设为-27mm，如图 7-54 所示。

（24）在【平面铣】对话框中“切削模式”选取“轮廓”，“附加刀路”设为 0。

（25）单击“切削层”按钮，在【切削层】对话框中对“类型”选取“恒定”，“公共每刀切削深度”设为 0.8mm。

（26）单击“切削参数”按钮，在【切削参数】对话框中单击“策略”选项卡，“切削方向”选取“顺铣”。单击“余量”选项卡，“部件余量”设为 0.3 mm。

（27）单击“非切削移动”按钮，在【非切削移动】对话框中单击“转移/快速”选项卡，“区域之间”的“转移类型”选取“安全距离-刀轴”，“区域内”的“转移方式”选取“进刀/退刀”，“转移类型”选取“直接”。单击“进刀”选项卡，在“开放区域”中，“进刀类型”选取“圆弧”，“半径”设为 2mm，“圆弧角度”设为 90°，“高度”设为 1mm，“最小安全距离”设为 10mm。在“起点/钻点”选项卡中单击“指定点”按钮，选取“控制点”选项，选取工件右边的边线，以该直线的中点设为进刀点。

（28）单击“进给率和速度”按钮，主轴速度设为 1000r/min，进给率设为 1200mm/min。

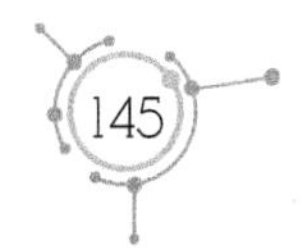

（29）单击“生成”按钮，生成平面铣轮廓刀路，如图 7-55 所示。

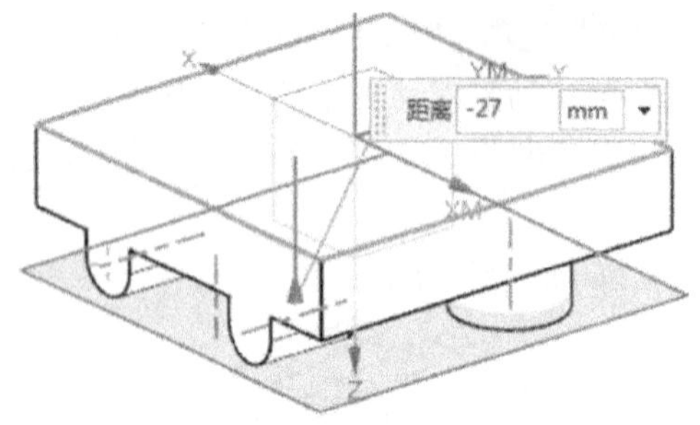

图 7-54　设定指定底面

图 7-55　平面铣轮廓刀路

（30）在辅助工具条中选取“程序顺序视图”按钮，在“工序导航器”中将 Program 改为 C1，并把刚才创建的 2 个刀路程序移到 C1 下面。

（31）选取“菜单 | 插入 | 程序”命令，在【创建程序】对话框中对“类型”选取“mill_contour”，“程序”选取“NC_PROGRAM”，“名称”设为 C2。

（32）单击“确定”按钮，创建 C2 程序组。此时，C2 与 C1 并列，并且 C1 与 C2 都在“NC_PROGRAM”下面。

（33）在“工序导航器”中选取 FACE_MILLING 和 PLANAR_MILL，单击鼠标右键，选取“复制”命令，再选取“C2”，单击鼠标右键，选取“内部粘贴”命令。

（34）在“工序导航器”中双击 FACE_MILLING_COPY，在【面铣】对话框中“每刀切削深度”设为 0，“最终底面余量”设为 0。

（35）单击“进给率和速度 ”按钮，主轴速度设为 1200r/min，进给率设为 500mm/min。

（36）单击“生成”按钮，生成面铣刀路，如图 7-56 所示。

（37）双击 PLANAR_MILL_COPY，在【平面铣】对话框中对“步距”选取“恒定”，“最大距离”设为 0.1mm，“附加刀路”设为 2。单击“切削层”按钮，在【切削层】对话框中“类型”选取“仅底面”。单击“切削参数”按钮，在“余量”选项卡中“部件余量”设为 0。

（38）单击“进给率和速度 ”按钮，主轴速度设为 1200r/min，进给率设为 500mm/min。

（39）单击“生成”按钮，生成平面铣轮廓刀路，如图 7-57 所示。

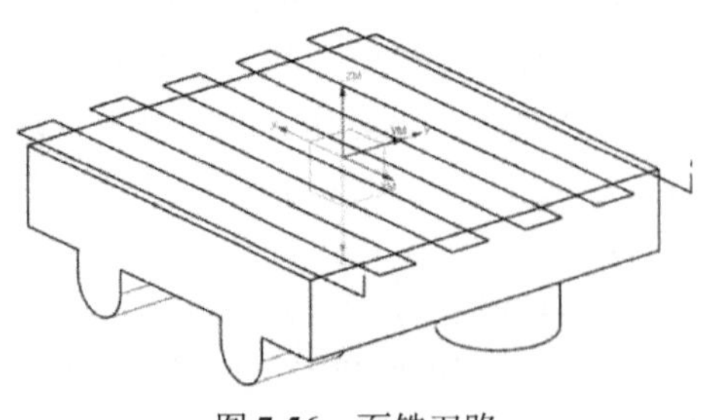

图 7-56　面铣刀路

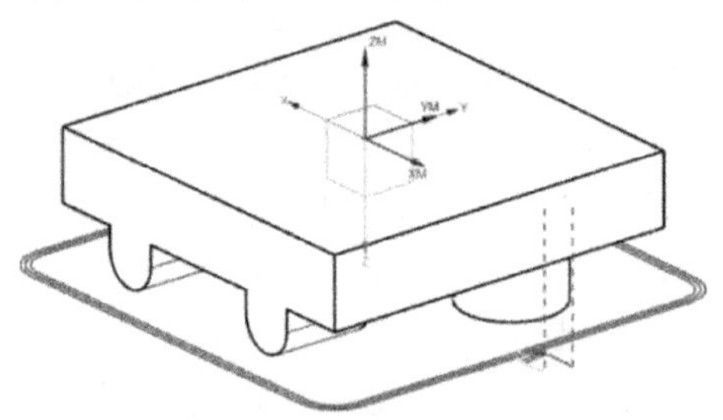

图 7-57　平面铣轮廓刀路

（40）单击“保存”按钮，保存文档，文件名为EX7B1。

10. 第二个零件第二次装夹的编程过程

（1）打开EX7B文档，单击“文件 | 另存为”按钮，保存文档，文件名为EX7B2。

（2）在横向菜单中单击“应用模块”选项卡，再单击“加工”命令，在【加工环境】对话框中选择“cam_general”选项和“mill_planar”选项。单击“确定”按钮，进入加工环境。此时，工作区中出现两个坐标系，一个是工件坐标系，另一个是基准坐标系。

（3）选取“菜单 | 插入 | 几何体”命令，在【创建几何体】对话框中“几何体子类型”选取，“几何体”选取“GEOMETRY”，“名称”设为A，参考图1-21。

（4）单击“确定”按钮，在【MCS】对话框中“安全设置选项”选取“自动平面”，“安全距离”设为5mm，如图1-22所示。单击“确定”按钮，创建几何体。

（5）在辅助工具条中选取“几何视图”按钮，参考图1-23。系统在“工序导航器”中添加了刚才创建的几何体A，参考图1-24。

（6）选取“菜单 | 插入 | 几何体”命令，在【创建几何体】对话框中“几何体子类型”选取“WORKPIECE”按钮，“几何体”选取A，“名称”设为B，参考图1-25。

（7）单击“确定”按钮，在【工件】对话框中选取“指定部件”按钮，参考图1-26。在工作区中选取整个零件，单击“确定”按钮，设定零件为工作部件。

（8）在【工件】对话框中单击“指定毛坯”按钮，在【毛坯几何体】对话框中对“类型”选择“包容块”，“XM-”、“YM-”、“XM+”、“YM+”设为2.5mm，“ZM+”设为4mm。

（9）单击“确定 | 确定”按钮，创建几何体B，在“工序导航器”中展开 A，可以看出几何体B在坐标系A下面，如图1-28所示。

（10）单击“创建刀具”按钮，创建名称为D12R0，直径为ϕ12mm的立铣刀。

（11）选择“菜单 | 插入 | 工序”命令，在【创建工序】对话框中对“类型”选取“mill_planar”，“工序子类型”选取“使用边界面铣削”按钮，“程序”选取“NC_PROGRAM”，“刀具”选取D12R0，“几何体”选取“B”，“方法”选取“METHOD”，单击“确定”按钮。

（12）在【面铣】对话框中单击“指定面边界”按钮，在【毛坯边界】对话框中对“选择方法”选取“曲线”选项，“刀具侧”选取“内部”，“刨”选取“指定”，选取台阶面，“距离”设为0。

（13）依次选取工件台阶面的a、b、c、d四条边线，如图7-58所示。

（14）在【面铣】对话框中对“刀轴”选取“+ZM轴”，“切削模式”选取“往复”，“步距”选取“刀具平直百分比”，“平面直径百分比”设为75%，“毛坯距离”设为19mm，“每刀切削深度”设为0.8mm，“最终底面余量”设为0.1mm。

（15）单击“切削参数”按钮，在【切削参数】对话框中单击“策略”选项卡，“切削方向”选取“顺铣”选项，“切削角”选取“指定”选项，“与XC的夹角”设为0°。勾选“☑添加精加工刀路”复选框，“刀路数”设为1，“精加工步距”设为1mm。单击

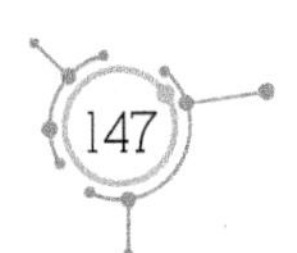

“余量”选项卡，“部件余量”、“壁余量”设为 0.3mm，“最终底面余量”设为 0.1mm。

（16）单击“非切削移动”按钮，在【非切削移动】对话框中选用默认参数。

（17）单击“进给率和速度 ”按钮，主轴速度设为 1000r/min，进给率设为 1200mm/min。

（18）单击“生成”按钮，生成面铣刀路，如图 7-59 所示。

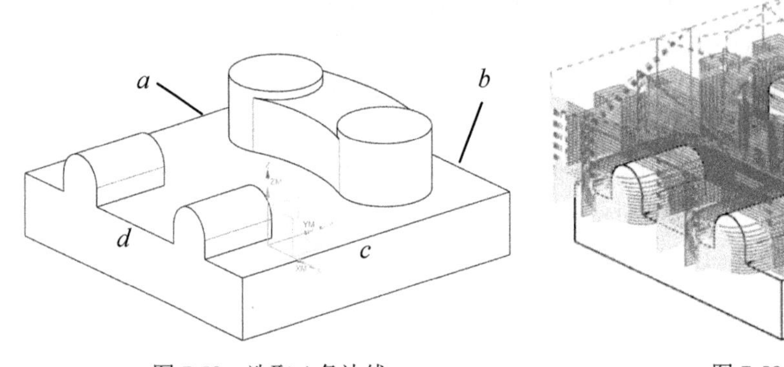

图 7-58　选取 4 条边线

图 7-59　面铣刀路

（19）在辅助工具条中选取“程序顺序视图”按钮，在“工序导航器”中将 Program 改为 D1，并把刚才创建的刀路程序移到 D1 下面。

（20）选取“菜单｜插入｜程序”命令，在【创建程序】对话框中“类型”选取“mill_contour”，“程序”选取“NC_PROGRAM”，“名称”设为 D2。

（21）单击“确定”按钮，创建 D2 程序组。此时，D2 与 D1 并列，并且 D1 与 D2 都在“NC_PROGRAM”下面。

（22）选择“菜单｜插入｜工序”命令，在【创建工序】对话框中“类型”选取“mill_planar”，“工序子类型”选取“底壁加工”按钮，“程序”选取 D2，“刀具”选取 D12R0，“几何体”选取“B”，“方法”选取“METHOD”，单击“确定”按钮。

（23）在【底壁加工】对话框中单击“指定切削区底面”按钮，在【切削区域】对话框中选取“面”，选取工件的①、②、③、④共 4 个平面，如图 7-60 所示。

（24）在【底壁加工】对话框中“切削区域空间范围”选取“底面”，“切削模式”选取“跟随周边”，步距”选取“刀具平直百分比”，“平面直径百分比”设为 75%，“每刀切削深度”设为 0，“最终底面余量”设为 0。

（25）单击“切削参数”按钮，在【切削参数】对话框中单击“策略”选项卡，“切削方向”选取“顺铣”，“刀路方向”选取“向外”，勾选“☑添加精加工刀路”复选框，“刀路数”设为 2，“精加工步距”设为 0.1mm。单击“余量”选项卡，“部件余量”、“壁余量”、“最终底面余量”设为-0.02mm。

（26）单击“非切削移动”按钮，在【非切削移动】对话框中选用默认参数。

（27）单击“进给率和速度 ”按钮，主轴速度设为 1200r/min，进给率设为 500mm/min。

（28）单击“生成”按钮，生成底壁加工刀路，如图 7-61 所示。

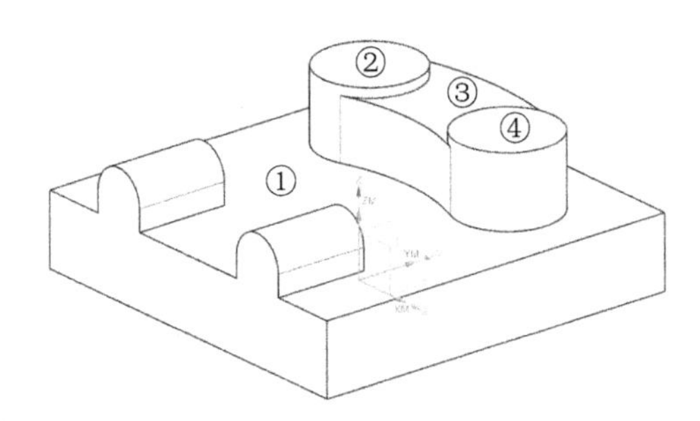

图 7-60 选取 4 个平面

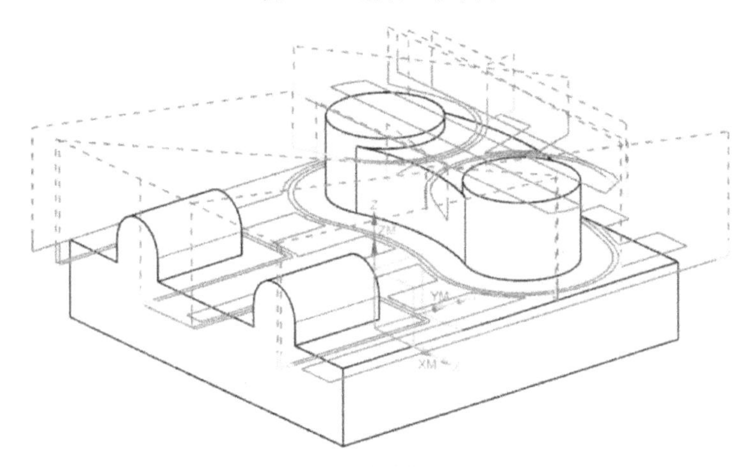

图 7-61 底壁加工刀路

（29）选取“菜单｜插入｜程序”命令，在【创建程序】对话框中对“类型”选取“mill_contour”，“程序”选取“NC_PROGRAM”，“名称”设为 D3。

（30）单击“确定”按钮，创建 B3 程序组。此时，D3 与 D1、D2 并列，并且 D1、D2 和 D3 都在“NC_PROGRAM”下面。

（31）单击“创建刀具”按钮，“刀具子类型”选取“BALL_MILL”选项，“名称”设为 D8R4，“球直径”设为 8mm。

（32）选择“菜单｜插入｜工序”命令，在【创建工序】对话框中对“类型”选取“mill_contour”，“工序子类型”选取“固定轮廓铣”按钮，“程序”选取 D3，“刀具”选取 D8R4，“几何体”选取“B”，“方法”选取“METHOD”，单击“确定”按钮。

（33）在【固定轮廓铣】对话框中单击“指定切削区域”按钮，工件上选取两个曲面，如图 7-62 所示。

（34）在【固定轮廓铣】对话框中对“驱动方法”选取“区域铣削”，在【区域铣削驱动方法】对话框中“非陡峭切削模式”选取“往复”，“切削方向”选取“顺铣”，“步距”选取“恒定”，“最大距离”设为 0.2mm，“切削角”选取“指定”，“与 XC 的夹角”设为 45°。

（35）单击“切削参数”按钮，在【切削参数】对话框中单击“余量”选项卡，“部件侧面余量”设为-0.02mm。

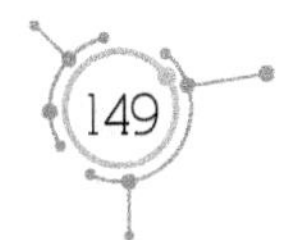

（36）单击“非切削移动”按钮，在【非切削移动】对话框中选取默认参数。

（37）单击“进给率和速度 ”按钮，主轴速度设为 1500r/min，进给率设为 500mm/min。

（38）单击“生成”按钮，生成固定轮廓铣刀路，如图 7-63 所示。

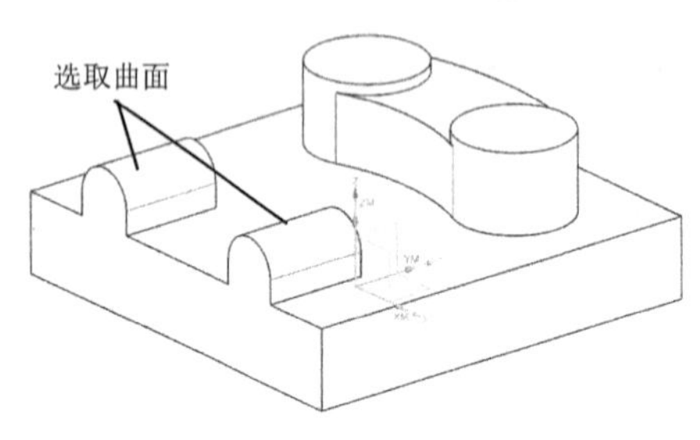

图 7-62　选取加工曲线

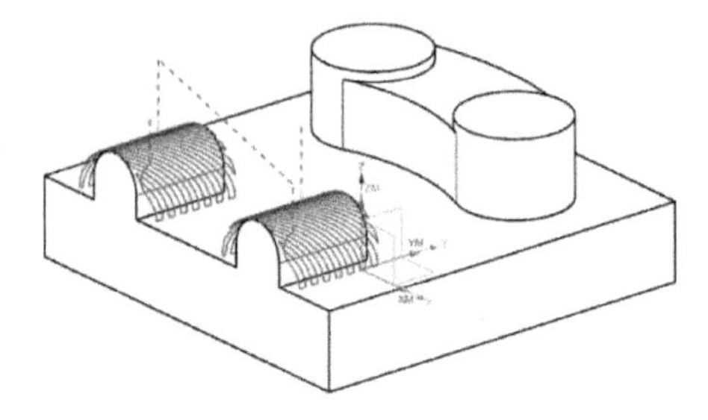

图 7-63　固定轮廓铣刀路

（39）单击“保存”按钮，保存文档，文件名为 EX7B2。

11. 第一个工件第一次装夹

（1）第一个工件第一次装夹的加工程序单见表 7-1。

表 7-1　第一个工件第一次装夹加工程序单

序号	程序名	刀具	加工深度	备注
1	A1	ϕ12mm 平底刀	16mm	粗加工
2	A2	ϕ12mm 平底刀	16mm	精加工

（2）第一个工件第一次加工时，毛坯的上表面整个平面降低 1mm，外形实际加工深度为 16mm。因此，在装夹时毛坯高出虎钳面距离至少为 17mm（16+1＝17mm）。

（3）对刀时，采用四边分中的方法确定工件坐标系原点(0，0)。

（4）*Z* 方向对刀时，先把刀尖刚好接触工件的上表面，再稍微提升刀具，把刀具移至安全区域，然后降低 1mm，设为 Z0。

12. 第一个工件第二次装夹

（1）第一个工件第二次装夹的加工程序单见表 7-2。

表 7-2　第一个工件第二次装夹加工程序单

序号	程序名	刀具	加工深度	备注
1	B1	ϕ12mm 平底刀	17mm	粗加工
2	B2	ϕ12mm 平底刀	17mm	精加工
3	B3	ϕ8mm 平底刀	15mm	粗加工
4	B4	ϕ8mm 平底刀	15mm	精加工
5	B5	ϕ8R4 球头刀	9.5mm	粗加工
6	B6	ϕ8R4 球头刀	9.5mm	精加工

（2）第一个工件第二次加工时，毛坯的上表面整个平面降低 4mm，外形实际加工深度为 9.5mm。因此，在装夹时毛坯高出虎钳面距离至少为 12.5mm（4+9.5＝12.5mm）。

（3）对刀时，采用四边分中的方法确定工件坐标系原点(0，0)。

（4）以工件下方垫铁的上表面为 *Z* 方向的对刀位置，设为 Z0。

13. 第二个工件第一次装夹

（1）第二个工件第一次装夹的加工程序单见表 7-3。

表 7-3 第二个工件第一次装夹加工程序单

序号	程序名	刀具	加工深度	备注
1	C1	ϕ12mm 平底刀	27mm	粗加工
2	C2	ϕ12mm 平底刀	27mm	精加工

（2）第二个工件第一次加工时，毛坯的上表面整个平面降低 1mm，外形实际加工深度为 27mm，因此在装夹时毛坯高出虎钳面距离至少为 28mm（27+1＝28mm）。

（3）对刀时，采用四边分中的方法确定工件坐标系原点(0，0)。

（4）*Z* 方向对刀时，先把刀尖刚好接触工件的上表面，再稍微提升刀具，把刀具移至安全区域，然后降低 1mm，设为 Z0。

14. 第二个工件第二次装夹

（1）第二个工件第二次装夹的加工程序单见表 7-4。

表 7-4 第二个工件第二次装夹加工程序单

序号	程序名	刀具	加工深度	备注
1	D1	ϕ12mm 平底刀	15mm	粗加工
2	D2	ϕ12mm 平底刀	15mm	精加工
3	D3	ϕ8R4 球头刀	10mm	精加工

（2）第二次加工时，毛坯的上表面整个平面降低 4mm，外形实际加工深度为 15mm，因此在装夹时毛坯高出虎钳面距离至少为 19 mm（15+4＝19mm）。

（3）对刀时，采用四边分中的方法确定工件坐标系原点(0，0)。

（4）以工件下方垫铁的上表面为 *Z* 方向的对刀位置，设为 Z0。

虎钳的装夹方式请参考前面章节的装夹方式。

对于装配件而言，在加工装配位时，应特别注意加工余量；使用刚性不太好的数控机床或立铣刀加工工件，在编程时应将余量应设为负值，具体负值的大小应视情况而定。

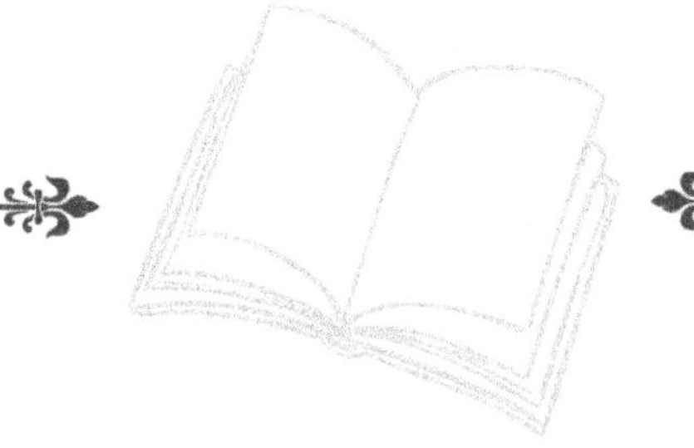

技师考证篇

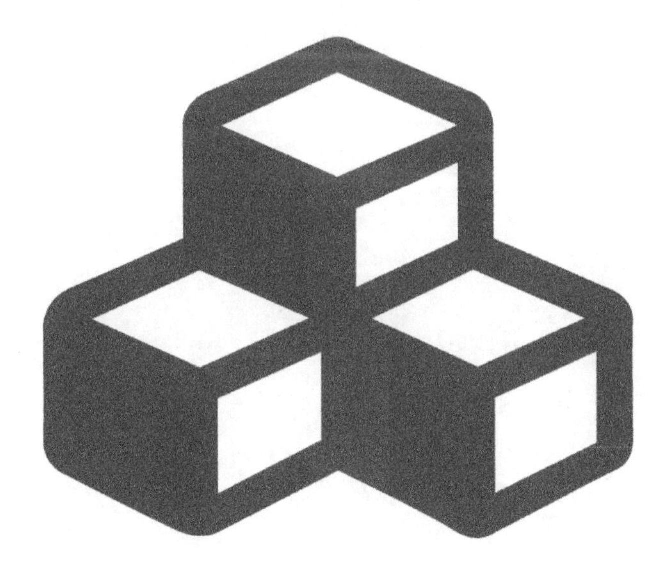

项目8　凸　凹　板

本项目以一个带曲面的实例，详细介绍了从建模、型腔铣、等高铣、固定轮廓铣、面铣、平面铣等内容。零件尺寸如图 8-1 所示。材料为铝块（毛坯铝块的尺寸为 85mm×85mm×35mm）。

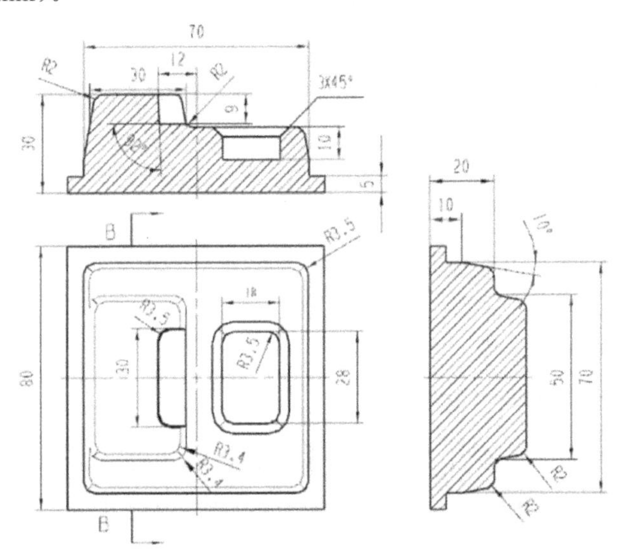

图 8-1　零件图

1. 加工工序分析图

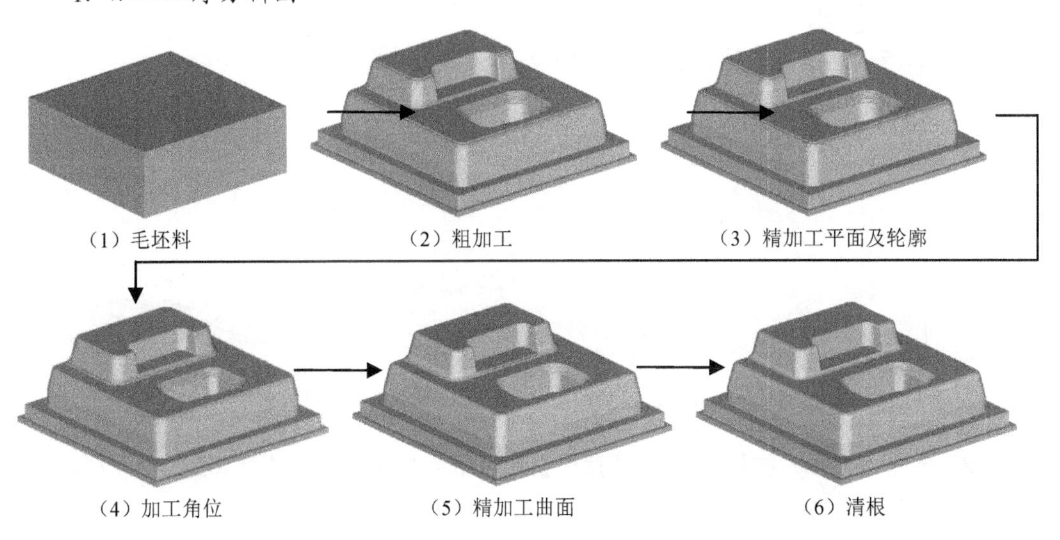

2. 建模过程

（1）启动 NX 10.0，单击“新建”按钮，在【新建】对话框中选取“模型”选项卡，在模板框中“单位”选择“毫米”，选取“模型”模板，“名称”设为“EX8.prt”，文件夹选取“E:\UG10.0 数控编程\项目 8。

（2）单击“拉伸”按钮，在【拉伸】对话框中单击“绘制截面”按钮，选取 *XOY* 平面为草绘平面，*X* 轴为水平参考，以原点为中心绘制矩形截面（80mm×80mm），如图 8-2 所示。

（3）单击“完成草图”命令，在【拉伸】对话框中对“指定矢量”选取“ZC↑”按钮，“开始”选取“值”，“距离”设为 0，“结束”选取“值”，“距离”设为 5mm，“布尔”选取“无”选项。

（4）单击“确定”按钮，创建第一个拉伸特征，如图 8-3 所示。

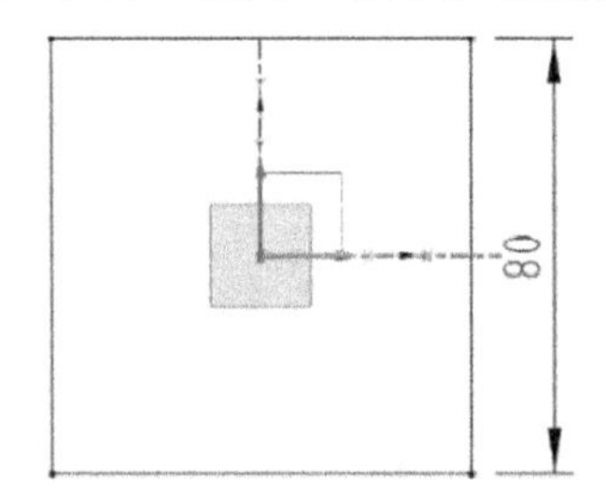

图 8-2　绘制截面（80mm×80mm）

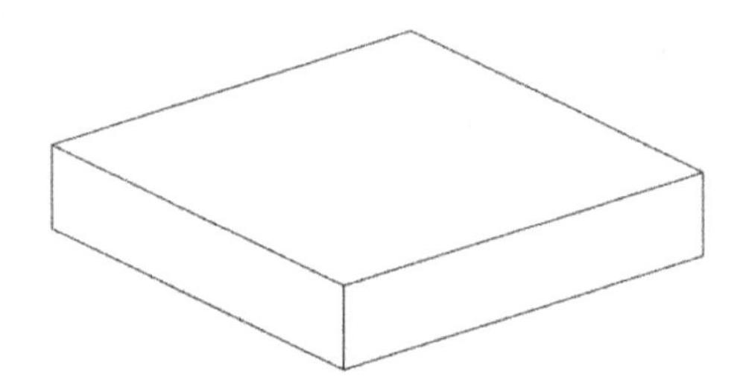

图 8-3　创建第一个拉伸特征

（5）单击“拉伸”按钮，在【拉伸】对话框中单击“绘制截面”按钮，选取 *XOY* 平面为草绘平面，*X* 轴为水平参考，以原点为中心绘制矩形截面（70mm×70mm），如图 8-4 所示。

（6）单击“完成草图”命令，在【拉伸】对话框中对“指定矢量”选取“ZC↑”按钮，“开始”选取“值”，“距离”设为 0，“结束”选取“值”，“距离”设为 5mm，“布尔”选取“求和”选项。

（7）单击“确定”按钮，创建第二个拉伸特征，如图 8-5 所示。

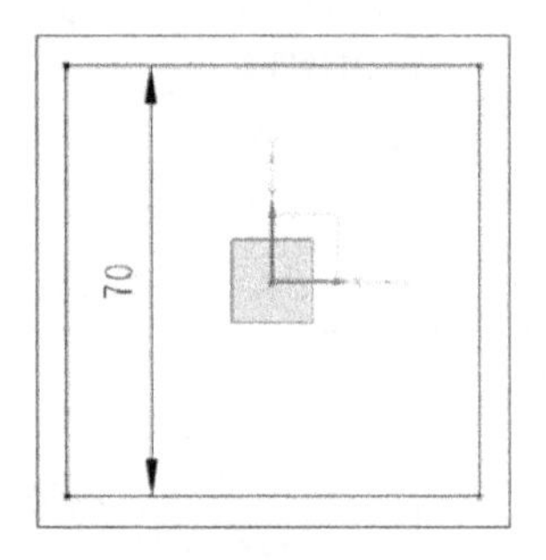

图 8-4　绘制矩形截面（70mm×70mm）

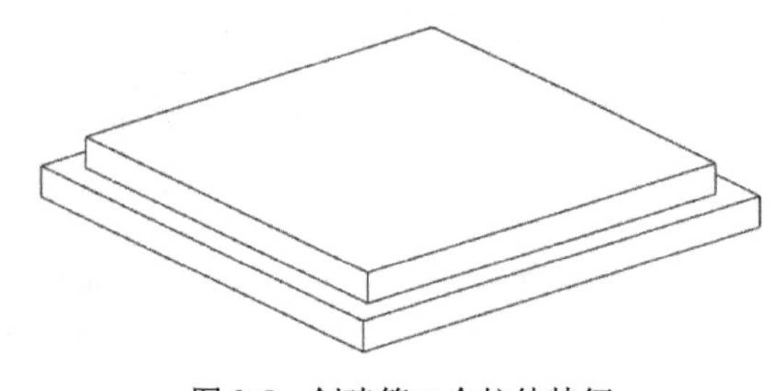

图 8-5　创建第二个拉伸特征

（8）单击“拉伸”按钮，在【拉伸】对话框中单击“曲线”按钮，选取实体上表面的 4 条边线，如图 8-6 所示。

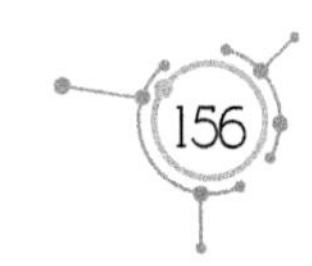

（9）单击“完成草图”命令，在【拉伸】对话框中对“指定矢量”选取“ZC↑”按钮，“开始”选取“值”，“距离”设为0，“结束”选取“值”，“距离”设为10mm，“布尔”选取“求和”选项，“拔模”选取“从起始限制”选项，“角度”设为10°，如图8-7所示。

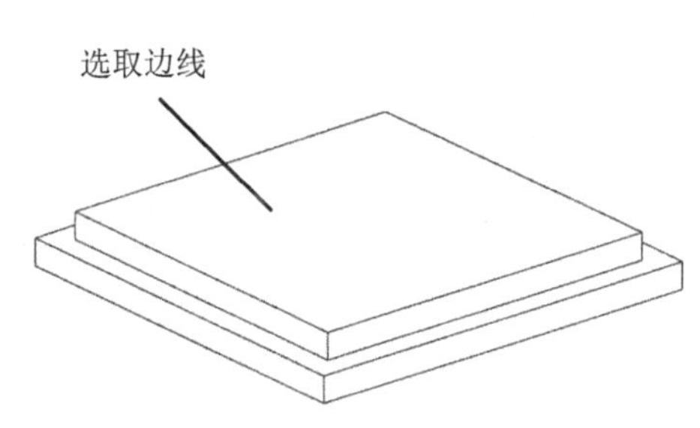

图8-6 选取上表面的4条边线

图8-7 设定【拉伸】对话框

（10）单击“确定”按钮，创建第三个拉伸特征，如图8-8所示。

（11）单击“拉伸”按钮，在【拉伸】对话框中单击“绘制截面”按钮，选取工件上表面为草绘平面，*X*轴为水平参考，绘制矩形截面（30mm×50mm），如图8-9所示。

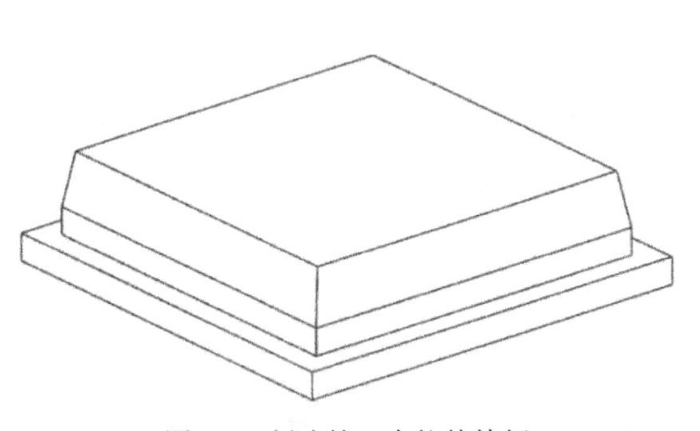

图8-8 创建第三个拉伸特征

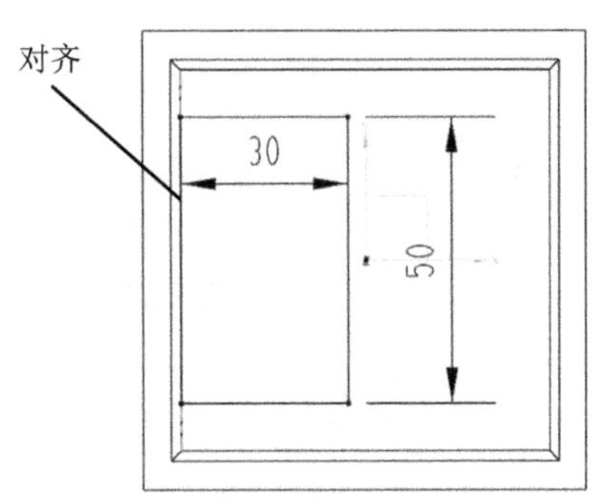

图8-9 绘制矩形截面

（12）单击“完成草图”命令，在【拉伸】对话框中对“指定矢量”选取“ZC↑”按钮，“开始”选取“值”，“距离”设为0，“结束”选取“值”，“距离”设为10mm，“布尔”选取“求和”选项，“拔模”选取“从起始限制”选项，“角度”设为10°。

（13）单击“确定”按钮，创建第4个拉伸特征，如图8-10所示。

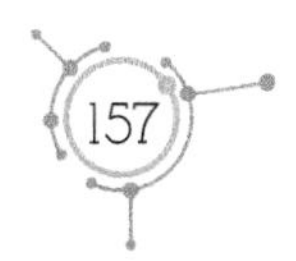

（14）单击“拉伸”按钮，在【拉伸】对话框中单击“绘制截面”按钮，选取工件台阶面为草绘平面，X 轴为水平参考，绘制矩形截面（18mm×28mm），如图 8-11 所示。

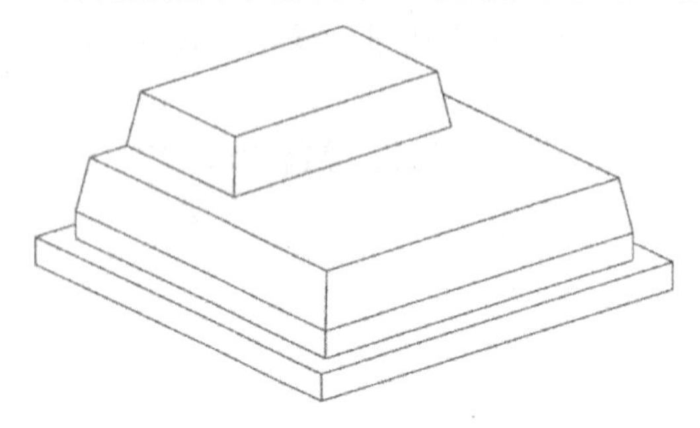

图 8-10　创建第 4 个拉伸特征

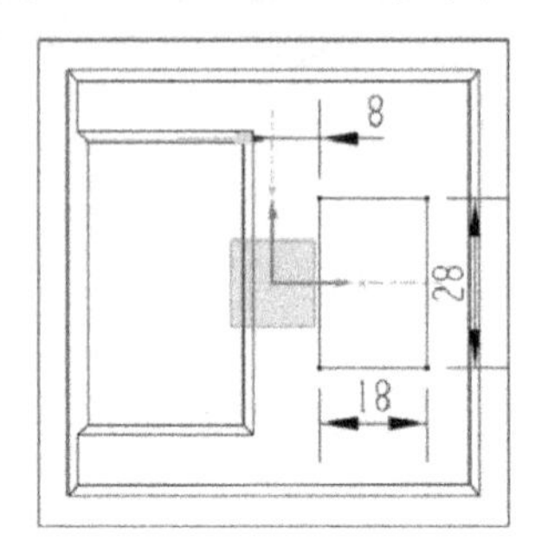

图 8-11　绘制矩形截面

（15）单击“完成草图”命令，在【拉伸】对话框中对“指定矢量”选取“-ZC↓”按钮，“开始”选取“值”，“距离”设为 0，“结束”选取“值”，“距离”设为 10mm，“布尔”选取“求差”选项，“拔模”选取“无”选项。

（16）单击“确定”按钮，创建第 5 个拉伸特征（方孔），如图 8-12 所示。

（17）单击“边倒圆”按钮，在方孔的 4 条竖直边上创建边倒圆特征（一）（R3.5mm），如图 8-13 所示。

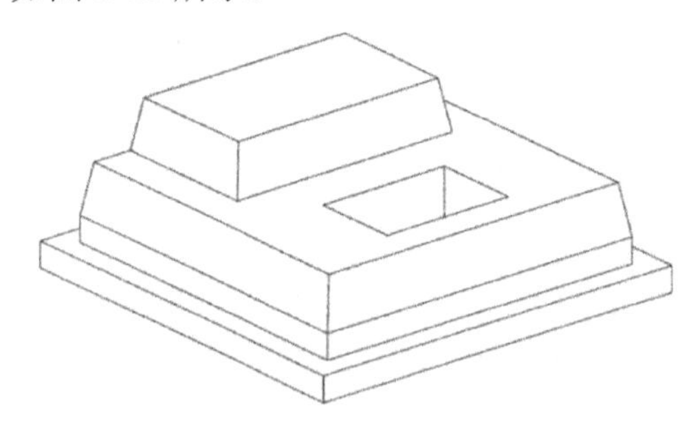

图 8-12　创建第 5 个拉伸特征（方孔）

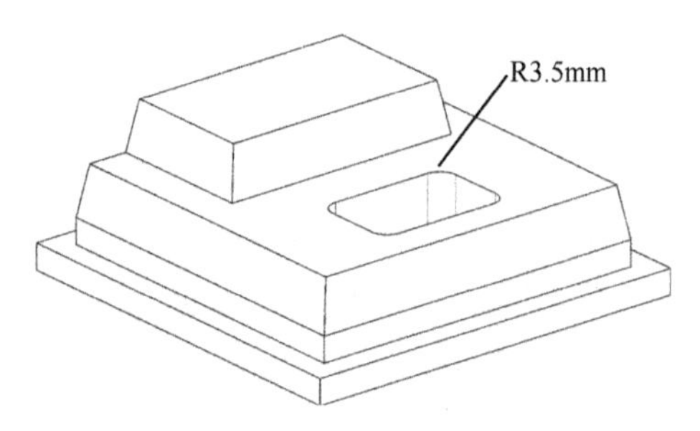

图 8-13　创建边倒圆特征（R3.5mm）

（18）单击“倒斜角”按钮，在【倒斜角】对话框中对“横截面”选取“对称”，“距离”设为 3mm，如图 8-14 所示。选取方孔的上边线，创建倒斜角特征，如图 8-15 所示。

图 8-14　设置【倒斜角】对话框

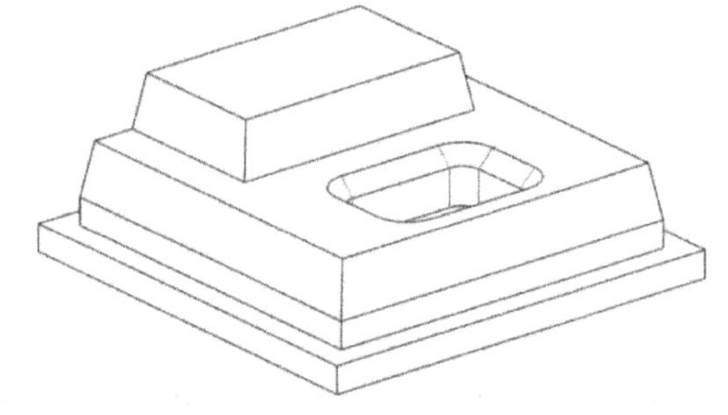

图 8-15　创建倒斜角特征

（19）单击“边倒圆”按钮，创建边倒圆特征（二）（R3.5mm），如图 8-16 所示。

（20）单击“边倒圆”按钮，创建边倒圆特征（三）（R2mm），如图 8-17 所示。

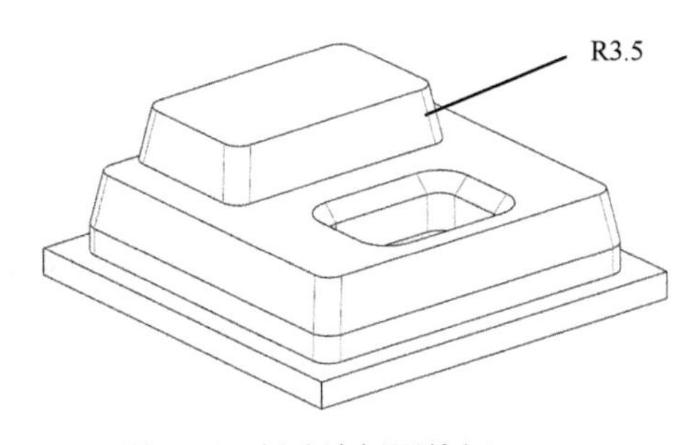

图 8-16 创建边倒圆特征（二）

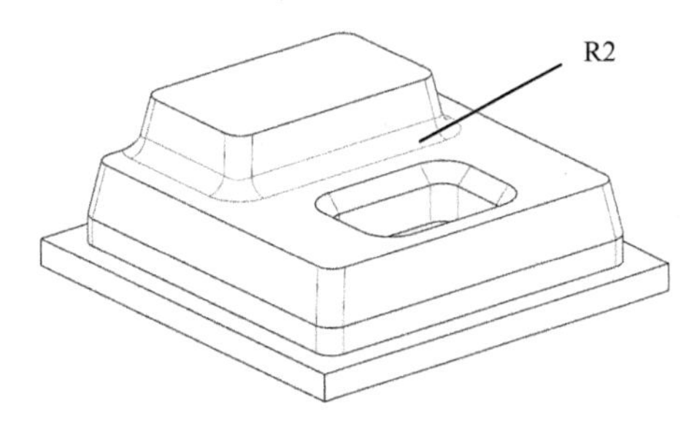

图 8-17 创建边倒圆特征（三）

（21）单击“边倒圆”按钮，创建边倒圆特征（四）（R2mm），如图 8-18 所示。

（22）单击“拉伸”按钮，在【拉伸】对话框中单击“绘制截面”按钮，选取工件最高面为草绘平面，*X* 轴为水平参考，绘制矩形截面（12mm×30mm），如图 8-19 所示。

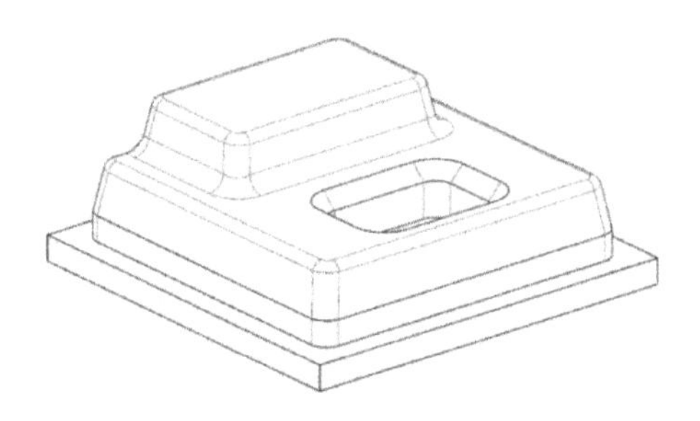

图 8-18 创建边倒圆（四）

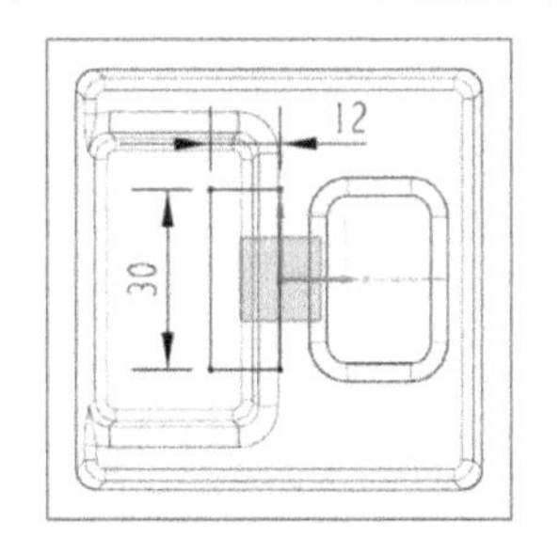

图 8-19 绘制矩形截面

（23）单击“完成草图”命令，在【拉伸】对话框中对“指定矢量”选取“-ZC↓”按钮，“开始”选取“值”，“距离”设为 0，“结束”选取“值”，“距离”设为 9mm，“布尔”选取“求差”选项，“拔模”选取“从起始限制”选项，“角度”设为 2°。

（24）单击“确定”按钮，创建第 6 个拉伸特征（缺口），如图 8-20 所示。

（25）单击“边倒圆”按钮，在缺口上创建边倒圆特征（R3.5mm），如图 8-21 所示。

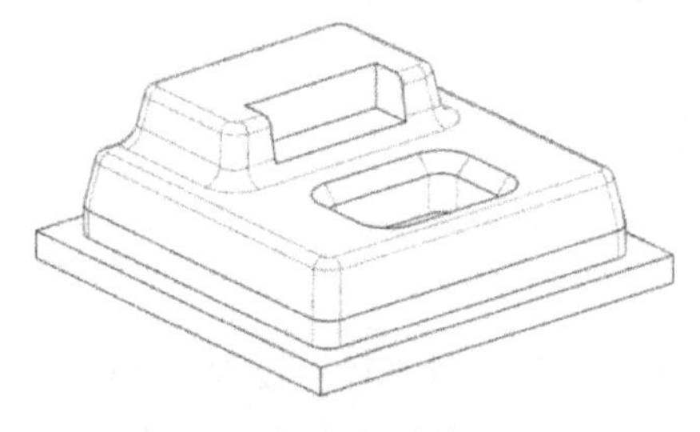

图 8-20 创建缺口

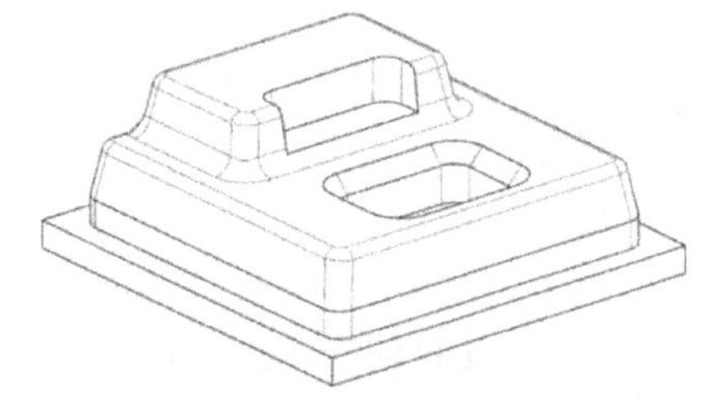

图 8-21 创建边倒圆特征

3. 数控编程过程

（1）选取“菜单 | 编辑 | 移动对象”命令，在【移动对象】对话框中对“运动”选

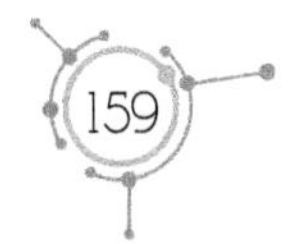

取“距离”，“指定矢量”选取“-ZC↓”选项，“距离”设为-30mm，“结果”选取“◉移动原先的”。

（2）单击“确定”按钮，工件往-ZC 方向移动 30mm。

（3）在横向菜单中单击“应用模块”选项卡，再单击“加工”命令，在【加工环境】对话框中选择“cam_general”选项和“mill_planar”选项，单击“确定”按钮，进入加工环境。此时，工作区中出现两个坐标系，一个是工件坐标系，另一个是基准坐标系，如图 8-22 所示。

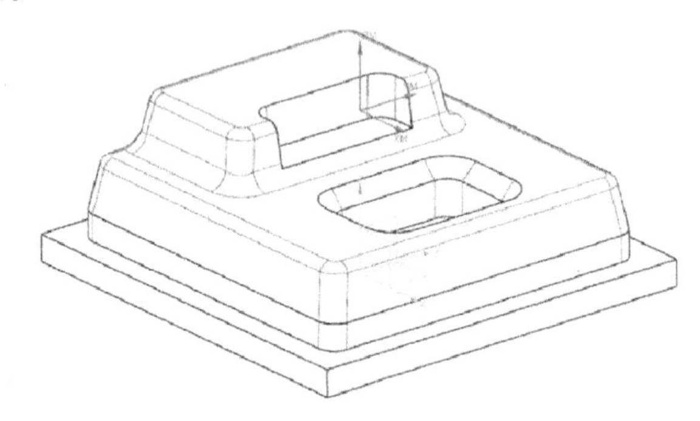

图 8-22 工件上出现两个坐标系

（4）在工作区左上方的工具条中选取“几何视图”按钮，如图 8-23 所示。

图 8-23 选取“几何视图”按钮

（5）在“工序导航器”中展开+ MCS_MILL，再双击“WORKPIECE”按钮。

（6）在【工件】对话框中单击“指定部件”按钮，在绘图区中选取整个零件，单击“确定”按钮，单击“指定毛坯”按钮，在【毛坯几何体】对话框中“类型”选择“包容块”选项，“XM-”、“YM-”、“XM+”、“YM+”、“ZM+”设为 1mm，如图 8-24 所示。

（7）创建两把立铣刀（ϕ12mm 与 ϕ6mm）、两把球刀头（ϕ6mm 与 ϕ3mm）。

第 1 步：单击“创建刀具”按钮，“刀具子类型”选取“MILL”选项，“名称”设为 D12R0，“直径”设为 ϕ12mm，“下半径”设为 0。

第 2 步：再创建另一立铣刀，“名称”设为 D6R0，“直径”设为 ϕ6mm，“下半径”设为 0。

第 3 步：单击“创建刀具”按钮，“刀具子类型”选取“BALL_MILL”选项，“名称”设为 SD6R3，“球直径”设为 ϕ6mm。

第 4 步：再创建另一球头刀，“名称”设为 SD3R1.5，“球直径”设为 ϕ3mm。

（8）选择“菜单｜插入｜工序”命令，在【创建工序】对话框中对“类型”选取“mill_contour”，“工序子类型”选取“型腔铣”按钮，“程序”选取“NC_PROGRAM”，“刀具”选取 D12R0，“几何体”选取 WORKPIECE，“方法”选取“METHOD”，如图 8-25 所示。

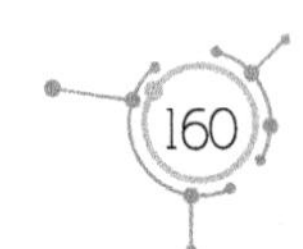

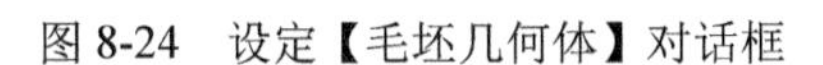

图 8-24　设定【毛坯几何体】对话框

图 8-25　设定创建工序参数

（9）单击“确定”按钮，在【型腔铣】对话框中单击“指定切削区域”按钮，在【切削区域】对话框中“选择方法”选取“面”，用框选方式选取整个工件。

（10）在【型腔铣】对话框中“切削模式”选取“跟随周边”，“步距”选取“刀具平直百分比”，“平面直径百分比”设为 80%，“公共每刀切削深度”选取“恒定”，“最大距离”设为 0.5mm。

（11）单击“切削层”按钮，在【切削层】对话框中连续多次单击“移除”按钮，移除“列表”框中的数据，再选取 80mm×80mm 的台阶平面，如图 8-26 所示，在【切削层】对话框中“范围深度”显示为 26mm，如图 8-27 所示（ZC 显示为 1mm，是因为前面在设定毛坯时，“ZM+”设为 1mm）。

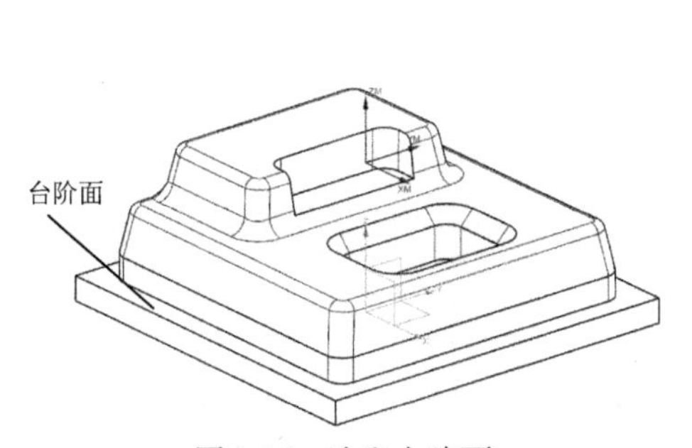

图 8-26　选取台阶面

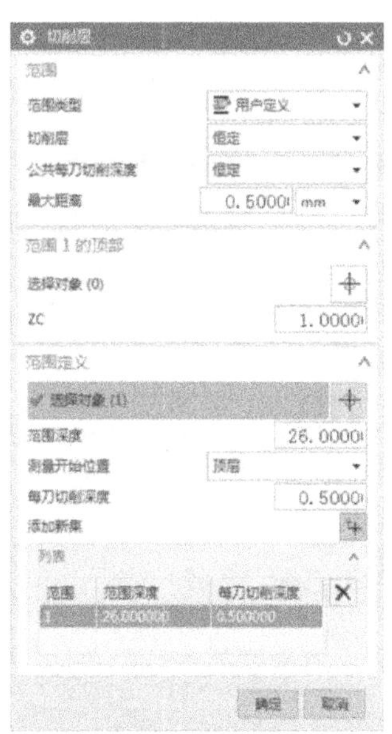

图 8-27　“范围深度”显示为 26mm

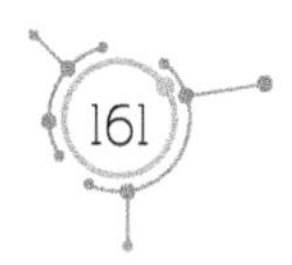

（12）单击“切削参数”按钮，在【切削参数】对话框中单击“策略”选项卡，“切削方向”选取“顺铣”选项，“切削顺序”选取“深度优先”，“刀路方向”选取“向外”，如图 8-28 所示。单击“余量”选项卡，取消“□取消使底面余量与侧面余量一致”复选框前面的“√”，“部件侧面余量”设为 0.3mm，“部件底面余量”设为 0.1mm，如图 8-29 所示。

图 8-28　设置“策略”参数

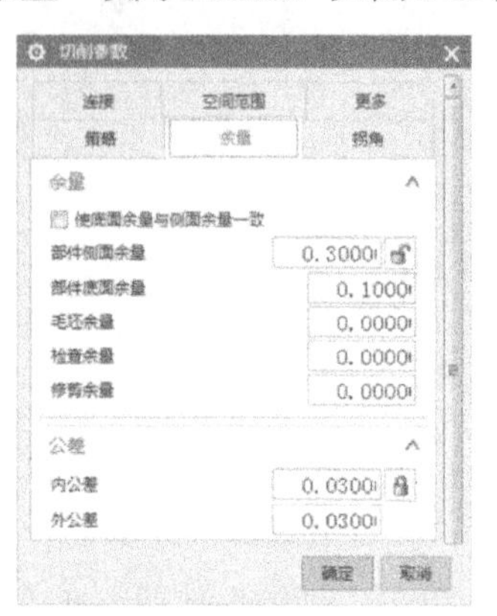

图 8-29　设定“余量”参数

（13）单击“非切削移动”按钮，在【非切削移动】对话框中单击“转移/快速”选项卡，“区域之间”的“转移类型”选取“安全距离-刀轴”，“区域内”的“转移方式”选取“进刀/退刀”，“转移类型”选取“直接”，如图 8-30 所示。单击“进刀”选项卡，在“封闭区域”中，“进刀类型”选取“螺旋”，“直径”设为 2mm，“斜坡角”设为 1°，“高度”设为 1mm，“高度起点”选取“前一层”，“最小安全距离”设为 0，“最小斜面长度”设为 2mm。在“开放区域”中，“进刀类型”选取“线性”，“长度”设为 8mm，“旋转角度”、“斜坡角”设为 0°，“高度”设为 1mm，“最小安全距离”设为 8mm，如图 8-31 所示。

图 8-30　设定“转移/快速”参数

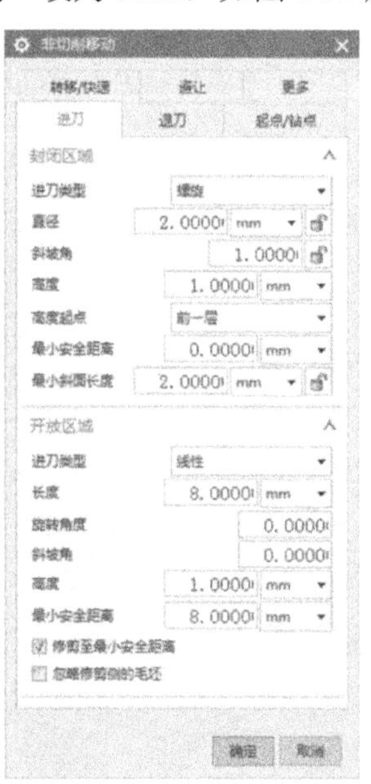

图 8-31　设定“进刀”参数

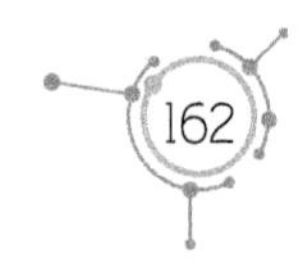

（14）单击“进给率和速度 ”按钮，主轴速度设为 1000r/min，进给率设为 1200mm/min。

（15）单击“生成”按钮，生成型腔铣刀路，如图 8-32 所示。

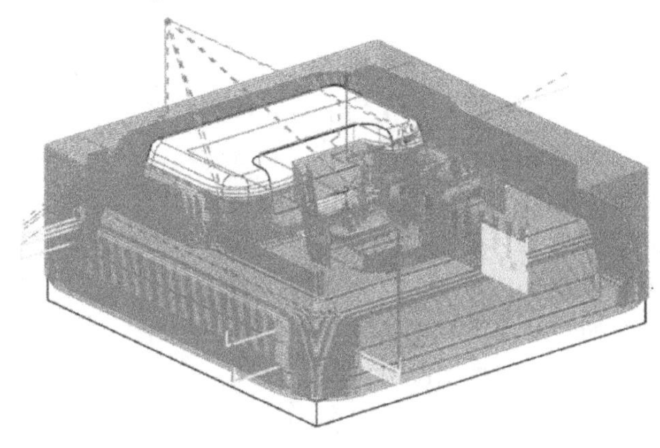

图 8-32　型腔铣刀路

（16）选择“菜单｜插入｜工序”命令，在【创建工序】对话框中对“类型”选取“mill_planar”，“工序子类型”选取“平面铣”按钮，“程序”选取“NC_PROGRAM”，“刀具”选取 D12R0，“几何体”选取 WOEKPIECE，“方法”选取“METHOD”，如图 8-33 所示。

（17）在【平面铣】对话框中单击“指定部件边界”按钮，在【边界几何体】对话框中“模式”选取“面”，“材料侧”选取“内部”，勾选“☑忽略孔”、“☑忽略岛”复选框，如图 8-34 所示，选取工件 80mm×80mm 台阶面，如图 8-26 所示，单击“确定”按钮。

图 8-33　设定创建工序参数

图 8-34　勾选“☑忽略孔”、“忽略岛”复选框

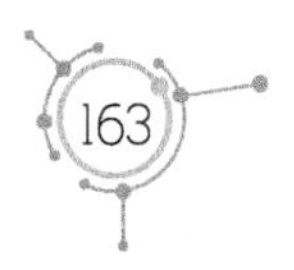

（18）再次单击“指定部件边界”按钮，台阶的外边线呈棕色，在【编辑边界】对话框中“类型”选“封闭的”，“材料侧”选取“内部”，“刨”选取“自动”。

（19）在【平面铣】对话框中单击“指定底面 ”按钮，选取工件底面，“距离”设为 0。

（20）在【平面铣】对话框中“切削模式”选取“轮廓”，“附加刀路”设为 0。

（21）单击“切削层”按钮，在【切削层】对话框中对“类型”选取“恒定”，“公共每刀切削深度”设为 0.8mm。

（22）单击“切削参数”按钮，在【切削参数】对话框中单击“策略”选项卡，“切削方向”选取“顺铣”。单击“余量”选项卡，“部件余量”设为 0.3 mm。

（23）单击“非切削移动”按钮，在【非切削移动】对话框中单击“转移/快速”选项卡，“区域之间”的“转移类型”选取“安全距离-刀轴”，“区域内”的“转移方式”选取“进刀/退刀”，“转移类型”选取“直接”。单击“进刀”选项卡，在“开放区域”中，“进刀类型”选取“圆弧”，“半径”设为 2mm，“圆弧角度”设为 90°，“高度”设为 1mm，“最小安全距离”设为 10mm。在“起点/钻点”选项卡中“重叠距离”设为 1mm，单击“指定点”按钮，选取“控制点”选项，如图 8-35 所示，选取工件右边的边线，以该直线的中点设为进刀点。

（24）单击“进给率和速度 ”按钮，主轴速度设为 1000r/min，进给率设为 1200mm/min。

（25）单击“生成”按钮，生成平面铣轮廓刀路，如图 8-36 所示。

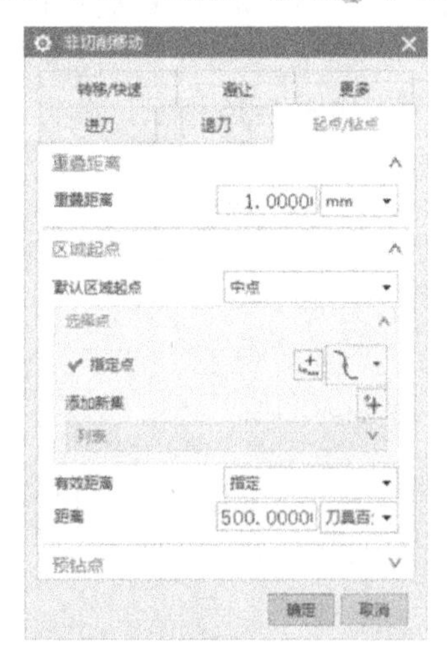

图 8-35 设置进刀点参数

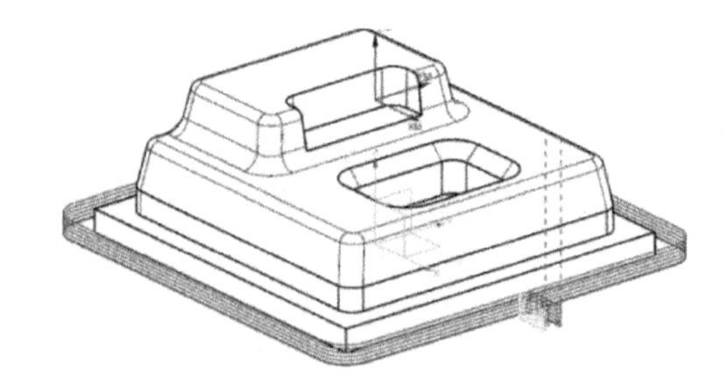

图 8-36 平面铣轮廓刀路

（26）在工作区上方的工具条中选取“程序顺序视图”按钮，如图 8-37 所示。

图 8-37 选取“程序顺序视图”按钮

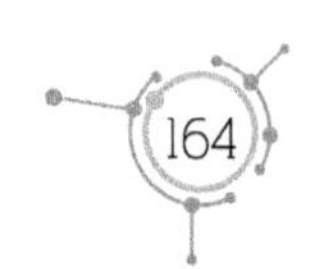

（27）在“工序导航器”中将“PROGRAM”改名为“ A1”，并把所创建的两个程序移到 A1 下面，如图 8-38 所示。

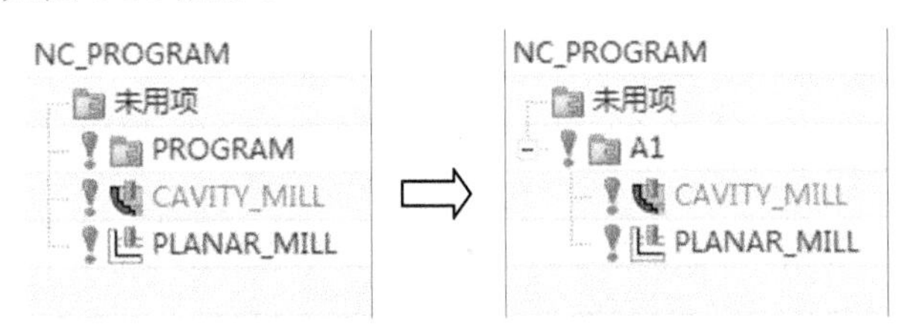

图 8-38 将“PROGRAM”改名为“ A1”

（28）选取“菜单丨插入丨程序”命令，在【创建程序】对话框中“类型”选取“mill_planar”，“程序”选取“NC_PROGRAM”，“名称”设为“A2”。

（29）单击“确定”按钮，创建 A2 程序组。此时，A2 与 A1 并列，且都在“NC_PROGRAM”下面。

（30）在“工序导航器”中选取 PLANAR_MILL程序，单击鼠标右键，选取“复制”命令，再选中“A2”，单击鼠标右键，选取“内部粘贴”命令，将 PLANAR_MILL程序粘贴到 A2 程序组，如图 8-39 所示。

（31）在“工序导航器”中双击 PLANAR_MILL_COPY，在【平面铣】对话框中将“最大距离”改为 0.1mm，“附加刀路”改为 2，单击“切削层”按钮，在【切削层】对话框中选取“仅底面”选项。单击“切削参数”按钮，在【切削参数】对话框中将“余量”改为 0，单击“进给率和速度 ”按钮，主轴转速设为 1200 r/min，进给率设为 500 mm/min。

（32）单击“生成”按钮，生成平面铣轮廓刀路，如图 8-40 所示。

图 8-39 复制程序

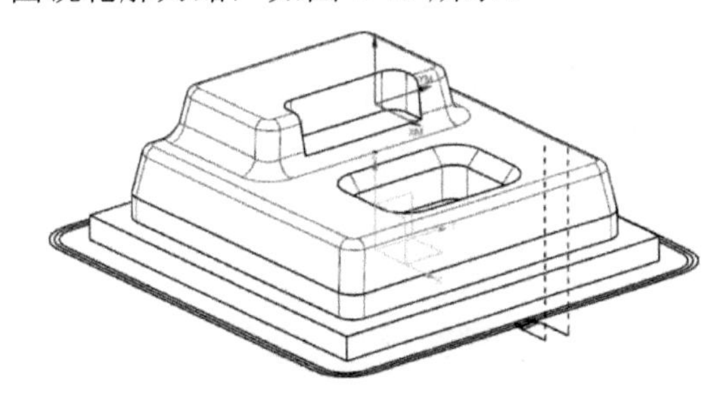

图 8-40 平面铣轮廓刀路

（33）在“工序导航器”中选取 PLANAR_MILL_COPY 程序，单击鼠标右键，选取“复制”命令。再选中“A2”，单击鼠标右键，选取“内部粘贴”命令，将 PLANAR_MILL_COPY 程序粘贴到 A2 程序组。

（34）在“工序导航器”中双击 PLANAR_MILL_COPY_COPY，在【平面铣】对话框中单击“指定部件边界”按钮，在【编辑边界】对话框中单击“全部重选”按钮 全部重选，在【边界几何体】对话框中“模式”选取“曲线/边…”选项，如图 8-41 所示。在工作区上方的工具条中选取“相切曲线”选项，如图 8-42 所示。

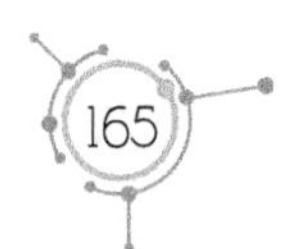

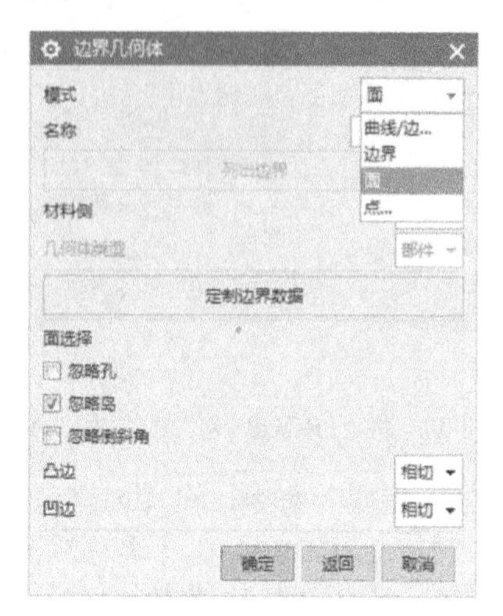

图 8-41 “模式”选取“曲线/边…”选项

图 8-42 选取“相切曲线”选项

（35）在【创建边界】对话框中“类型”选取“封闭的”，“刨”选取“自动”，“材料侧”选取“内部”，如图 8-43 所示。

（36）在工件图上选取一条边线，与之相切的边线全部选中，如图 8-44 所示。

图 8-43 设定【创建边界】对话框参数

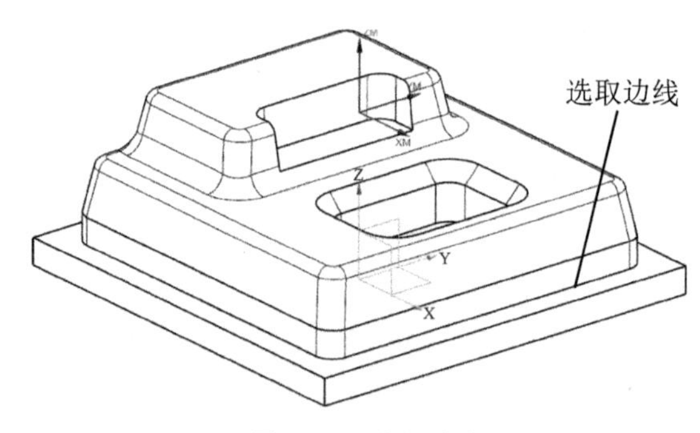

图 8-44 选取边线

（37）在【平面铣】对话框中单击“指定底面 ”按钮，选取工件台阶面，“距离”设为 0。

（38）单击“生成”按钮，生成平面铣轮廓刀路，如图 8-45 所示。

（39）在“工序导航器”中选取 PLANAR_MILL_COPY_COPY程序，单击鼠标右键，选取“复制”命令，再选中“A2”，单击鼠标右键，选取“内部粘贴”命令，将 PLANAR_MILL_COPY_COPY程序粘贴到 A2 程序组。

（40）在“工序导航器”中双击 PLANAR_MILL_COPY_COPY_COPY，在【平面铣】

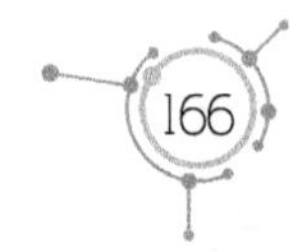

对话框中单击“指定部件边界”按钮，在【编辑边界】对话框中单击“全部重选”按钮 全部重选 ，在【边界几何体】对话框中“模式”选取“曲线/边…”选项，如图8-41所示。在工作区上方的工具条中选取“相切曲线”选项，如图8-42所示。

（41）在【创建边界】对话框中“类型”选取“开放的”，“刨”选取“自动”，“材料侧”选取“右”，如图8-46所示。

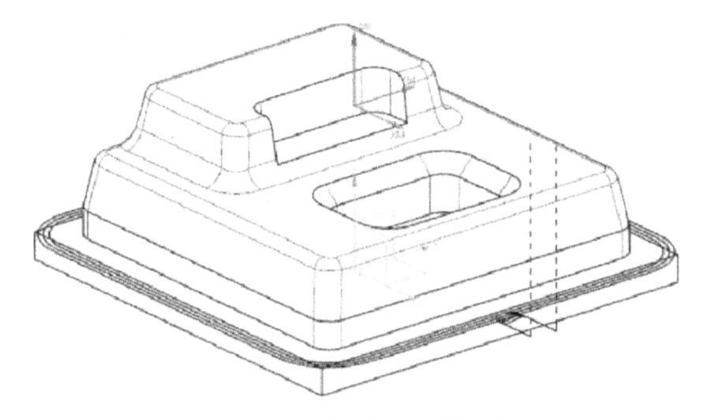

图8-45 平面铣轮廓刀路

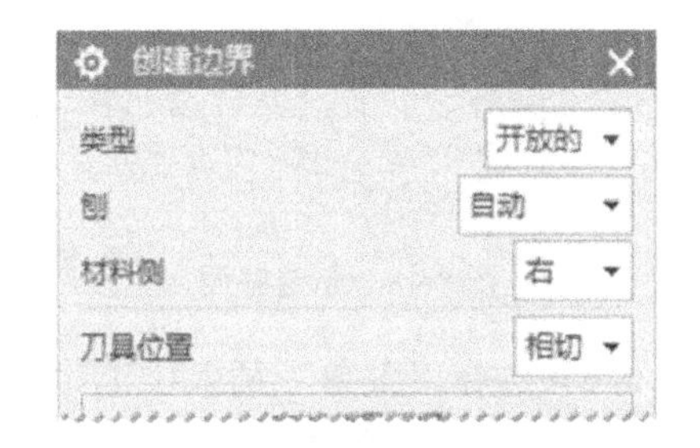

图8-46 设定【创建边界】对话框参数

（42）单击“俯视图”按钮，在俯视图上选取边线，与之相切的曲线全部选中，呈棕色，且分支朝内，如图8-47所示。

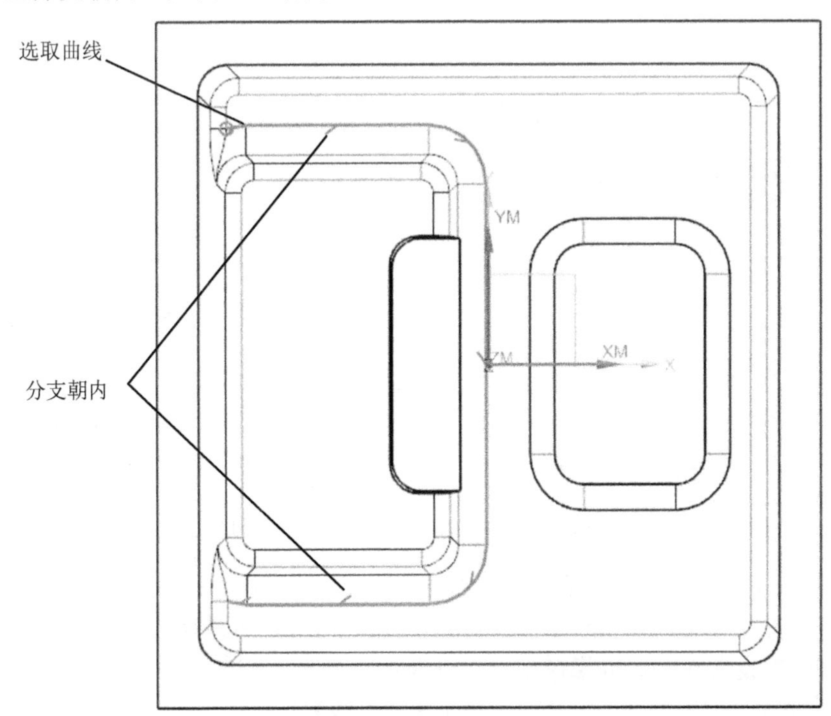

图8-47 选取开放式曲线

（43）单击“指定底面 ”按钮，选取工件平面，“距离”设为0，如图8-48所示。

（44）单击“非切削移动”按钮，在【非切削移动】对话框中单击“进刀”选项

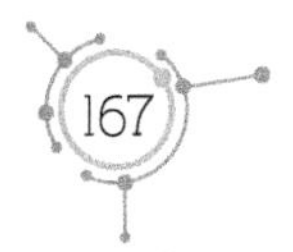

卡，在“开放区域”中，“进刀类型”选取“线性”，“长度”设为 8mm，其他参数不改变。

（45）单击“生成”按钮，生成开放式平面铣轮廓刀路，如图 8-49 所示。

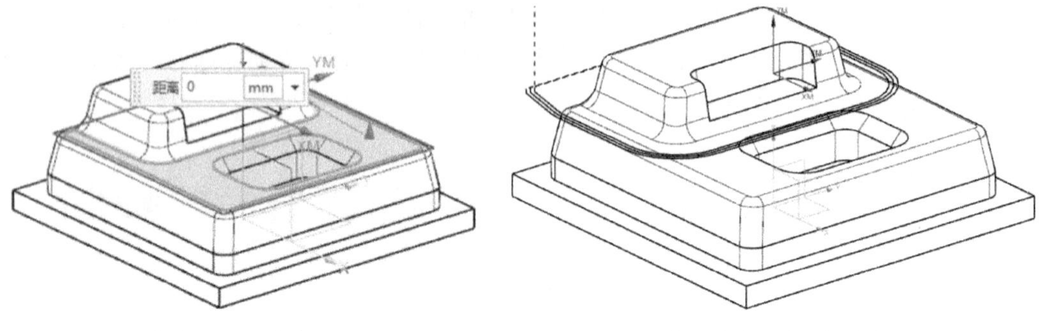

图 8-48　指定底面　　　图 8-49　开放式平面铣轮廓刀路

（46）选择“菜单｜插入｜工序”命令，在【创建工序】对话框中对“类型”选取“mill_planar”，“工序子类型”选取“底壁加工”按钮，“程序”选取“A2”，“刀具”选取 D12R0，“几何体”选取 WOEKPIECE，“方法”选取“METHOD”，如图 8-50 所示。

（47）在【底壁加工】对话框中单击“指定切削区底面”按钮，选取工件的两个平面，如图 8-51 所示。

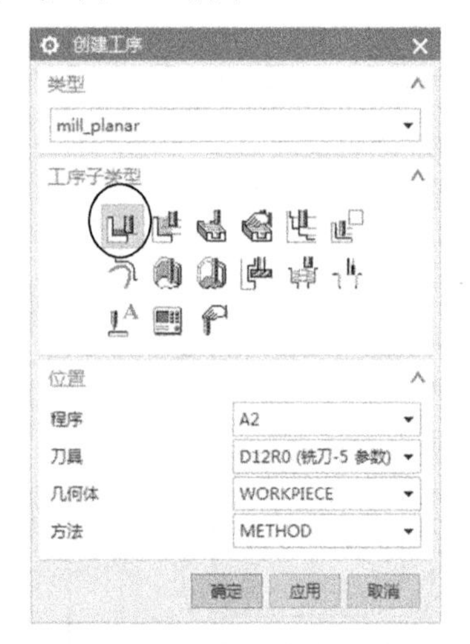

图 8-50　设定工序参数

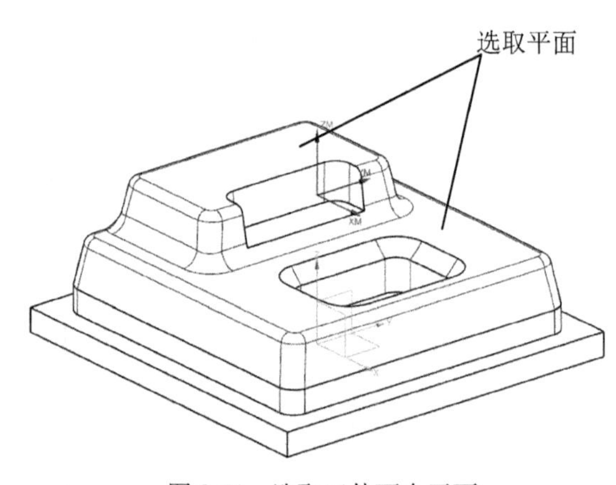

图 8-51　选取工件两个平面

（48）在【底壁加工】对话框中对“切削区域空间范围”选取“底面”，“切削模式”选取“跟随周边”，“步距”选取“刀具平直百分比”，“平面直径百分比”设为 80%，“每刀切削深度”设为 0，“Z 向深度偏置”设为 0。

（49）单击“切削参数”按钮，在【切削参数】对话框中单击“策略”选项卡，“切削方向”选取“顺铣”选项，“刀路方向”选取“向外”，如图 8-28 所示。单击“余量”选项卡，“部件侧面余量”、“壁余量”、“最终底面余量”设为 0。

（50）单击“非切削移动”按钮，在【非切削移动】对话框中选取默认值。

（51）单击“进给率和速度 ”按钮，主轴转速设为 1200 r/min，进给率设为 500 mm/min。

（52）单击“生成”按钮，生成底壁加工刀路，如图 8-52 所示。

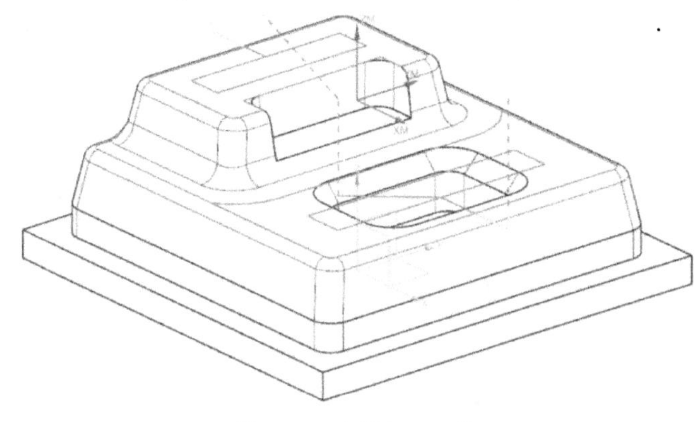

图 8-52 底壁加工刀路

（53）选取“菜单｜插入｜程序”命令，在【创建程序】对话框中对“类型”选取“mill_planar”，“程序”选取“NC_PROGRAM”，“名称”设为“A3”。

（54）单击“确定”按钮，创建 A3 程序组。此时，A3 与 A1、A2 并列，且都在“NC_PROGRAM”下面，如图 8-53 所示。

（55）在“工序导航器”中选取 CAVITY_MILL程序，单击鼠标右键，选取“复制”命令。再选中“A3”，单击鼠标右键，选取“内部粘贴”命令，将 CAVITY_MILL程序粘贴到 A3 程序组，如图 8-53 所示。

（56）双击 CAVITY_MILL_COPY，在【型腔铣】对话框中“刀具”选取 D6R0，“切削模式”选取“轮廓”，如图 8-54 所示。

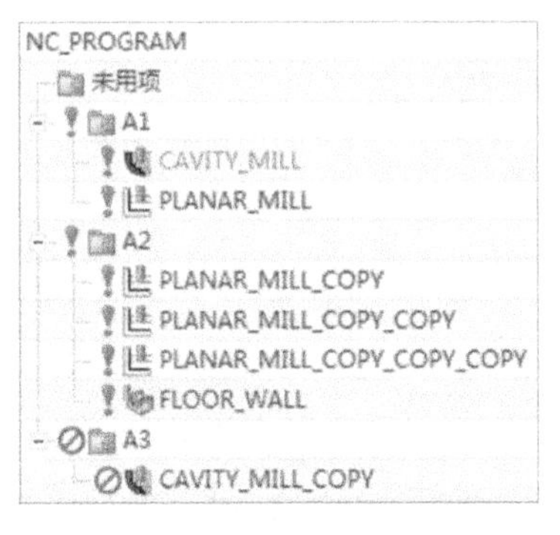

图 8-53 复制程序

图 8-54 选“D6R0”，选“轮廓”

（57）单击“切削参数”按钮，在【切削参数】对话框中单击“空间范围”选项卡，“参考刀具”选取“D12R0”，“重叠距离”设为 1mm，如图 8-55 所示，其他参数不变。

（58）单击“非切削移动”，在【非切削移动】对话框中单击“进刀”选项卡，在“封闭区域”中，“进刀类型”选取“与开放区域相同”。在“开放区域”中，“进刀

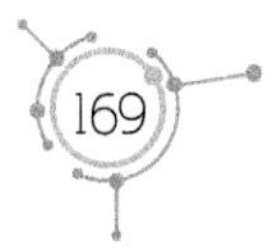

类型”选取“线性”，“长度”设为3mm，“高度”设为1mm，“最小安全距离”设为3mm。

（59）单击“生成”按钮，生成拐角加工刀路，如图8-56所示。

图8-55 “参考刀具”选取“D12R0”

图8-56 拐角加工刀路

（60）选择“菜单｜插入｜工序”命令，在【创建工序】对话框中对“类型”选取“mill_contour”，“工序子类型”选取“深度轮廓加工”按钮，“程序”选取“A3”，“刀具”选取D6R0，“几何体”选取WORKPIECE，“方法”选取“METHOD”，如图8-57所示。

（61）在【深度轮廓加工】对话框中选取“指定切削区域”按钮，在工作区上方的工具条中选取“相切面”选项相切面，在工件上选取加工曲面，如图8-58所示，与该曲面相切的曲面全部选中。

图8-57 设定工序参数

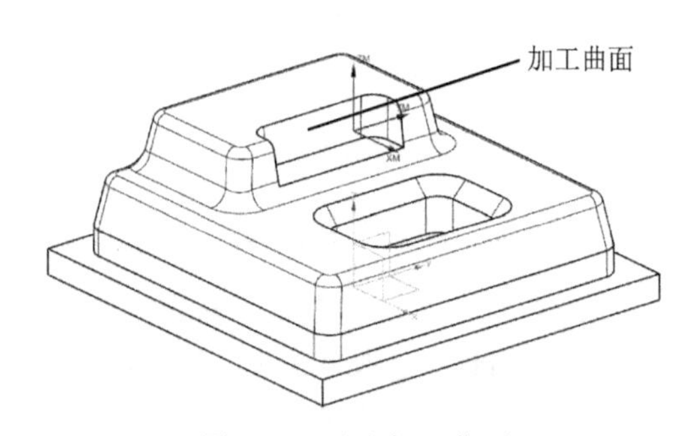

图8-58 选取加工曲面

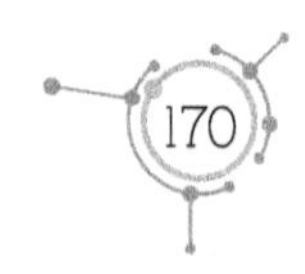

（62）在【深度轮廓加工】对话框中对“公共每刀切削深度”选取“恒定”，“最大距离”设为0.2mm。

（63）单击“切削参数”按钮，在【切削参数】对话框中单击“策略”选项卡，“切削方向”选取“混合”选项，“切削顺序”选取“深度优先”，单击“余量”选项卡，“部件侧面余量”、“部件底面余量”设为0。

（64）单击“非切削移动”按钮，在【非切削移动】对话框中单击“转移/快速”选项卡，“区域之间”的“转移类型”选取“安全距离-刀轴”，“区域内”的“转移方式”选取“进刀/退刀”，“转移类型”选取“直接”。单击“进刀”选项卡，在“开放区域”中，“进刀类型”选取“线性”，“长度”设为5mm，“旋转角度”、“斜坡角”设为0°，“高度”设为1mm，“最小安全距离”设为5mm。

（65）单击“生成”按钮，生成深度轮廓加工刀路，如图8-59所示。

（66）在“工序导航器”中选取 ZLEVEL_PROFILE程序，单击鼠标右键，选取“复制”命令，再选中“A3”，单击鼠标右键，选取“内部粘贴”命令，将 ZLEVEL_PROFILE程序粘贴到A3程序组。

（67）双击 ZLEVEL_PROFILE_COPY，在【深度轮廓加工】对话框中选取“指定切削区域”按钮，在【切削区域】对话框中单击“移除”按钮，移除“列表”框中的数据，在工作区上方的工具条中选取“相切面”选项 相切面，选取倒斜角曲面为加工曲面，如图8-60所示，与该曲面相切的曲面全部选中。

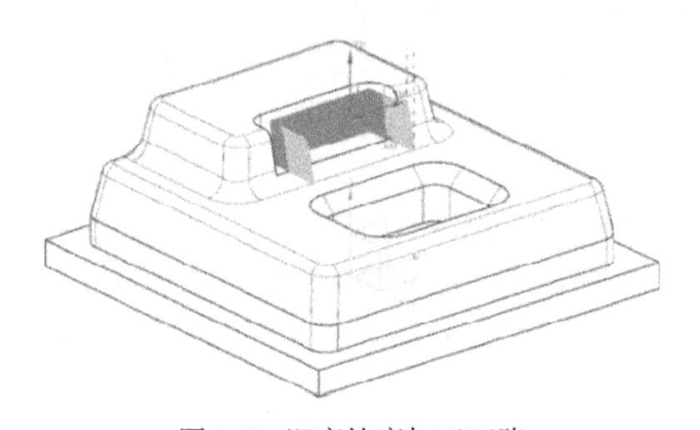

图8-59 深度轮廓加工刀路

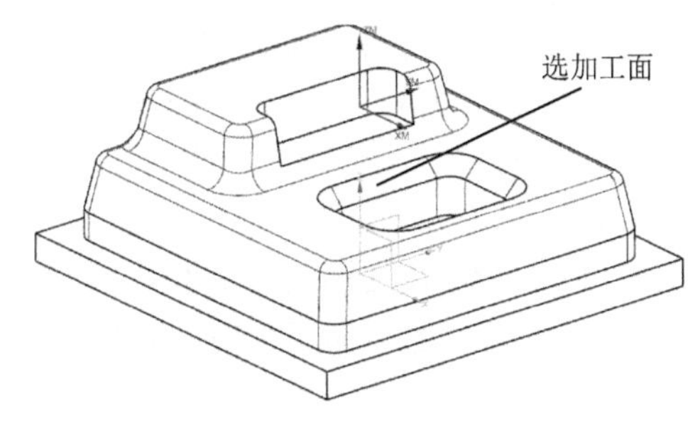

图8-60 选取加工曲面

（68）单击“切削层”按钮，在【切削层】对话框中连续多次单击“移除”按钮，移除“列表”框中的数据。在【切削层】对话框“范围1的顶部”区域中单击“选择对象”按钮，选取工件的平面，“ZC”显示为-10mm，再在“范围定义”区域中单击“选择对象”按钮，选取倒斜角面的下边线，“范围深度”显示为3mm，如图8-61所示。

（69）单击“切削参数”按钮，在【切削参数】对话框中单击“策略”选项卡，“切削方向”改为选取“顺铣”选项。

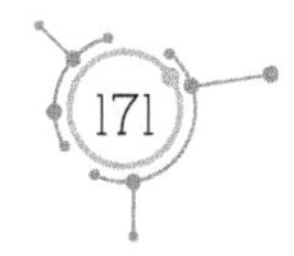

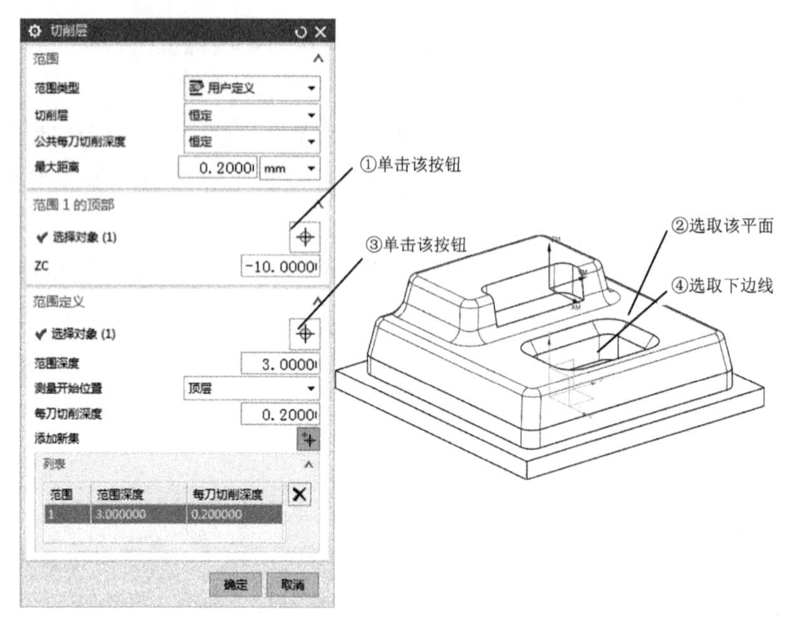

图 8-61 设定切削层参数

（70）单击“非切削移动”按钮，在【非切削移动】对话框中单击“进刀”选项卡，在“封闭区域”中，“进刀类型”选取“与开放区域相同”，在“开放区域”中，“进刀类型”选取“圆弧”，“半径”设为 2mm，“圆弧角度”设为 90°，“高度”设为 0mm，“最小安全距离”设为 5mm。

（71）单击“生成”按钮，生成深度轮廓加工刀路，如图 8-62 所示。

（72）在“工序导航器”中选取 FLOOR_WALL 程序，单击鼠标右键，选取“复制”命令，再选中“A3”，单击鼠标右键，选取“内部粘贴”命令，将 FLOOR_WALL 程序粘贴到 A3 程序组，如图 8-53 所示。

（73）双击 FLOOR_WALL_COPY，在【底壁加工】对话框中单击“指定切削区底面”按钮，在【切削区域】对话框中单击“移除”按钮，移除“列表”框中的数据，再在工件上选取加工平面，如图 8-63 所示。

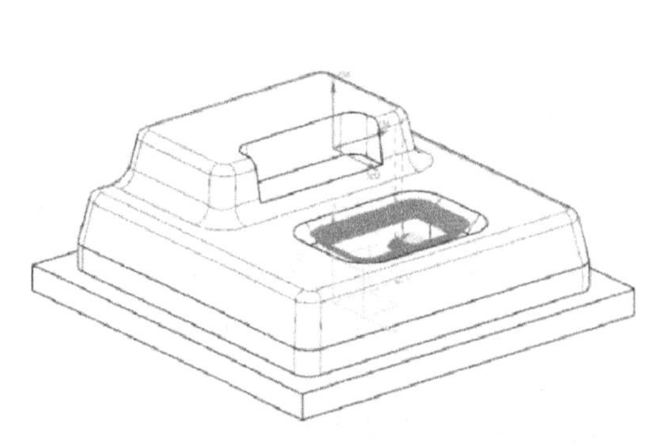

图 8-62 深度轮廓加工刀路

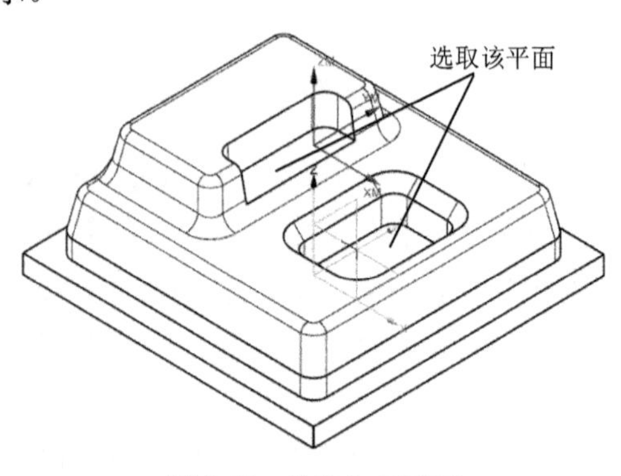

图 8-63 选取加工平面

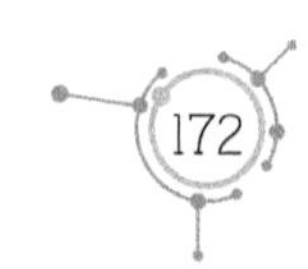

（74）在【底壁加工】对话框中“刀具”选取 D6R0。

（75）单击“切削参数”按钮，在【切削参数】对话框中单击“策略”选项卡，勾选“添加精加工刀路”复选框，“刀路数”设为 2，“精加工步距”设为 0.1mm，其他参数不变。

（76）单击“生成”按钮，生成底壁加工刀路，如图 8-64 所示。

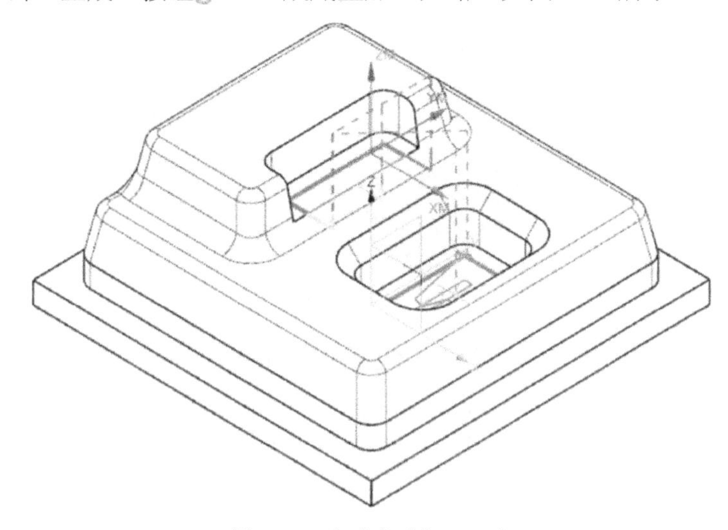

图 8-64 生成底壁加工刀路

（77）选取“菜单｜插入｜程序”命令，在【创建程序】对话框中对“类型”选取“mill_planar”，“程序”选取“NC_PROGRAM”，“名称”设为“A4”。

（78）单击“确定”按钮，创建 A4 程序组。此时，A4 与 A1、A2、A3 并列，且都在“NC_PROGRAM”下面。

（79）选择“菜单｜插入｜工序”命令，在【创建工序】对话框中“类型”选取“mill_contour”，“工序子类型”选取“深度轮廓加工”按钮，“程序”选取“A4”，“刀具”选取 SD6R3，“几何体”选取 WORKPIECE，“方法”选取“METHOD”，如图 8-57 所示。

（80）在【深度轮廓加工】对话框中选取“指定切削区域”按钮，在工件上选取外表面。

（81）在【深度轮廓加工】对话框中“公共每刀切削深度”选取“恒定”，“最大距离”设为 0.1mm。

（82）单击“切削参数”按钮，在【切削参数】对话框中单击“策略”选项卡，“切削方向”选取“混合”选项，“切削顺序”选取“深度优先”，单击“余量”选项卡，“部件侧面余量”、“部件底面余量”设为 0。

（83）单击“非切削移动”按钮，在【非切削移动】对话框中单击“转移/快速”选项卡，“区域之间”的“转移类型”选取“安全距离-刀轴”，“区域内”的“转移方式”选取“进刀/退刀”，“转移类型”选取“直接”。单击“进刀”选项卡，在“开放区域”

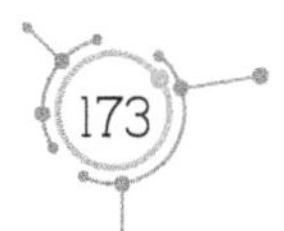

中，“进刀类型”选取“圆弧”，“半径”设为2mm，“圆弧角度”设为90°，“高度”设为1mm，“最小安全距离”设为5mm。

（84）单击“生成”按钮，生成深度轮廓加工刀路，如图8-65所示。

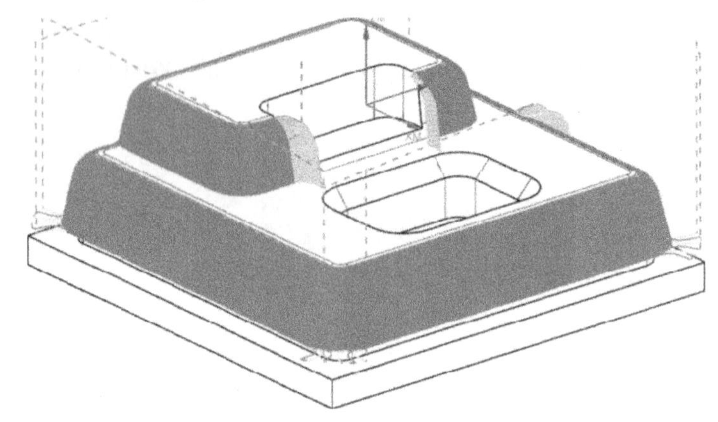

图8-65　深度轮廓加工刀路

（85）选取“菜单｜插入｜程序”命令，在【创建程序】对话框中对“类型”选取“mill_planar”，“程序”选取“NC_PROGRAM”，“名称”设为“A5”。

（86）单击“确定”按钮，创建A5程序组，A5与A1、A2、A3、A4并列，且都在“NC_PROGRAM”下。

（87）选择“菜单｜插入｜工序”命令，在【创建工序】对话框中对“类型”选取“mill_contour”，“工序子类型”选取“固定轮廓铣”按钮，“程序”选取“A5”，“刀具”选取SD3R1.5，“几何体”选取WORKPIECE，“方法”选取“METHOD”，如图8-66所示。

（88）在【固定轮廓铣】对话框中选取“指定切削区域”按钮，在工件上选取外表面。

（89）在【固定轮廓铣】对话框中“驱动方法”选取“清根”，如图8-67所示。

图8-66　设定创建工序参数

图8-67　选取“清根”

（90）在【清根驱动方法】对话框中对“清根类型”选取“参考刀具偏置”，“陡角”设为 65°，“非陡峭切削模式”选取“往复”，“切削方向”选取“顺铣”，“步距”设为 0.1mm，“顺序”选取“由外向内交替”，“陡峭切削模式”选取“单向横向切削”，“切削方向”选取“顺铣”，“陡峭切削方向”选取“高到低”，“步距”设为 0.1mm，“参考刀具”选取“SD6R3”，“重叠距离”设为 1mm，如图 8-68 所示。

（91）单击“切削参数”按钮，在【切削参数】对话框中选取默认值。

（92）单击“非切削移动”按钮，在【非切削移动】对话框中选取默认值。

（93）单击“进给率和速度 ”按钮，主轴转速设为 1200 r/min，进给率设为 500 mm/min。

（94）单击“生成”按钮，生成清根刀路，如图 8-69 所示。

图 8-68　设置【清根驱动方法】对话框参数

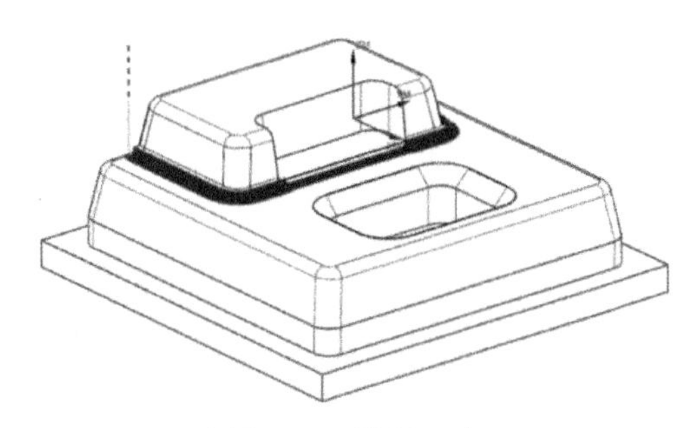

图 8-69　清根刀路

4. 装夹方式

（1）用虎钳装夹工件时，工件的上表面至少高出台钳平面 30mm。

（2）工件采用四边分中，设工件上表面为 Z0。

5. 加工程序单

加工程序单见表 8-1。

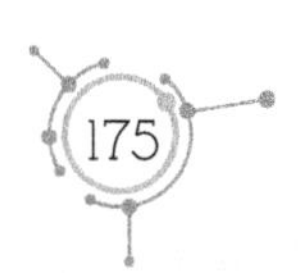

表 8-1　加工程序单

序号	刀具	加工深度	备注
A1	ϕ12 平底刀	30mm	粗加工
A2	ϕ12 平底刀	30mm	精加工
A3	ϕ6 平底刀	20mm	精加工
A4	ϕ6R3 球头刀	25mm	精加工
A5	ϕ3R1.5 球头刀	10mm	精加工

数控竞赛篇

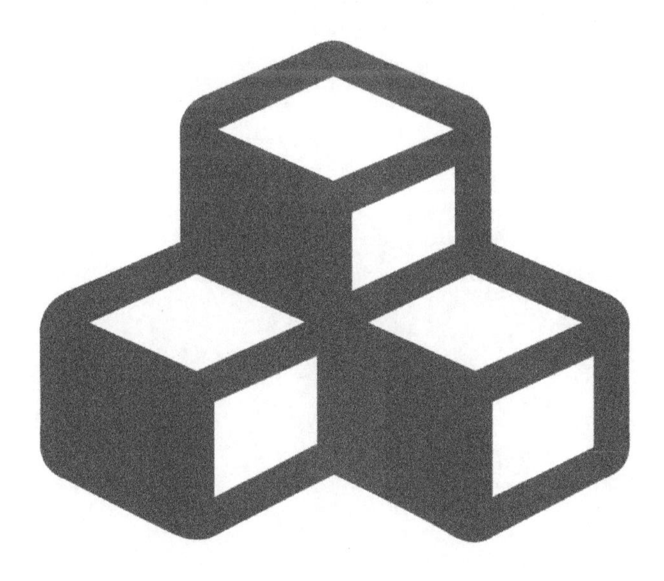

项目9　梅　花　板

本项目以广东省数控铣竞赛题为例，详细介绍了从草绘、建模、加工工艺、编程等内容，零件尺寸如图 9-1 和图 9-2 所示，毛坯材料为铝块。

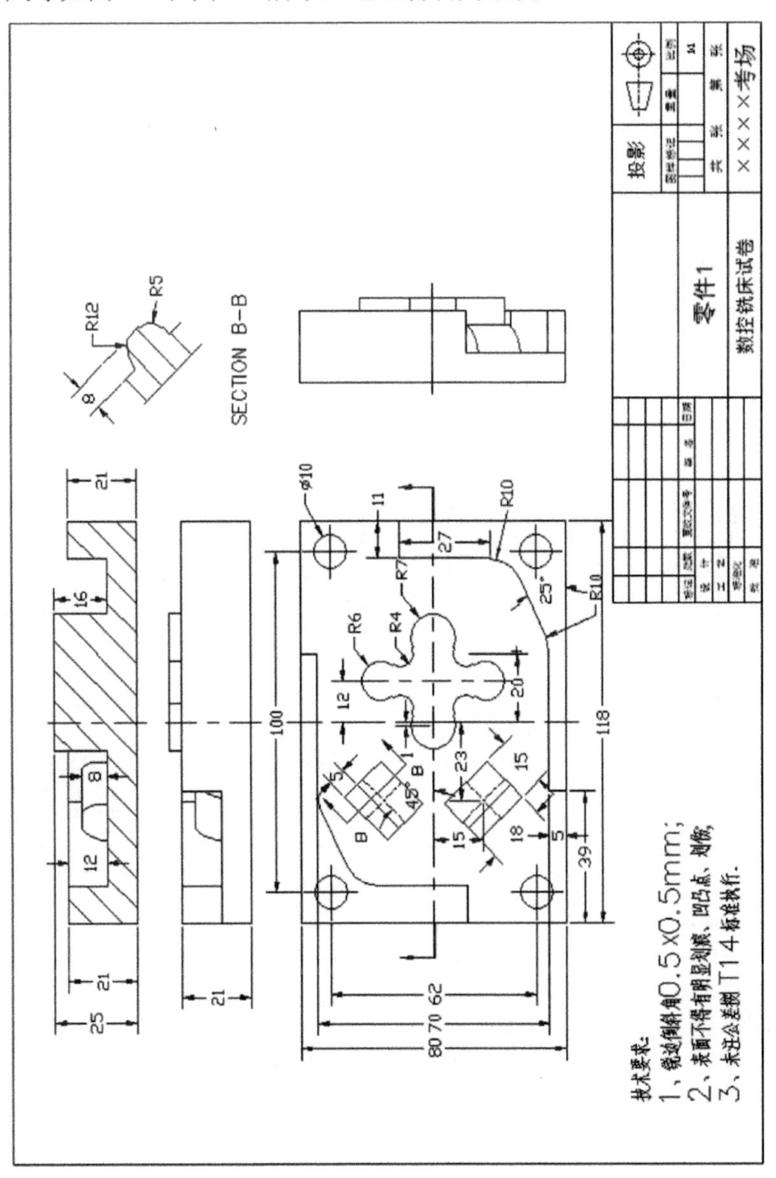

图 9-1　零件 1 尺寸图

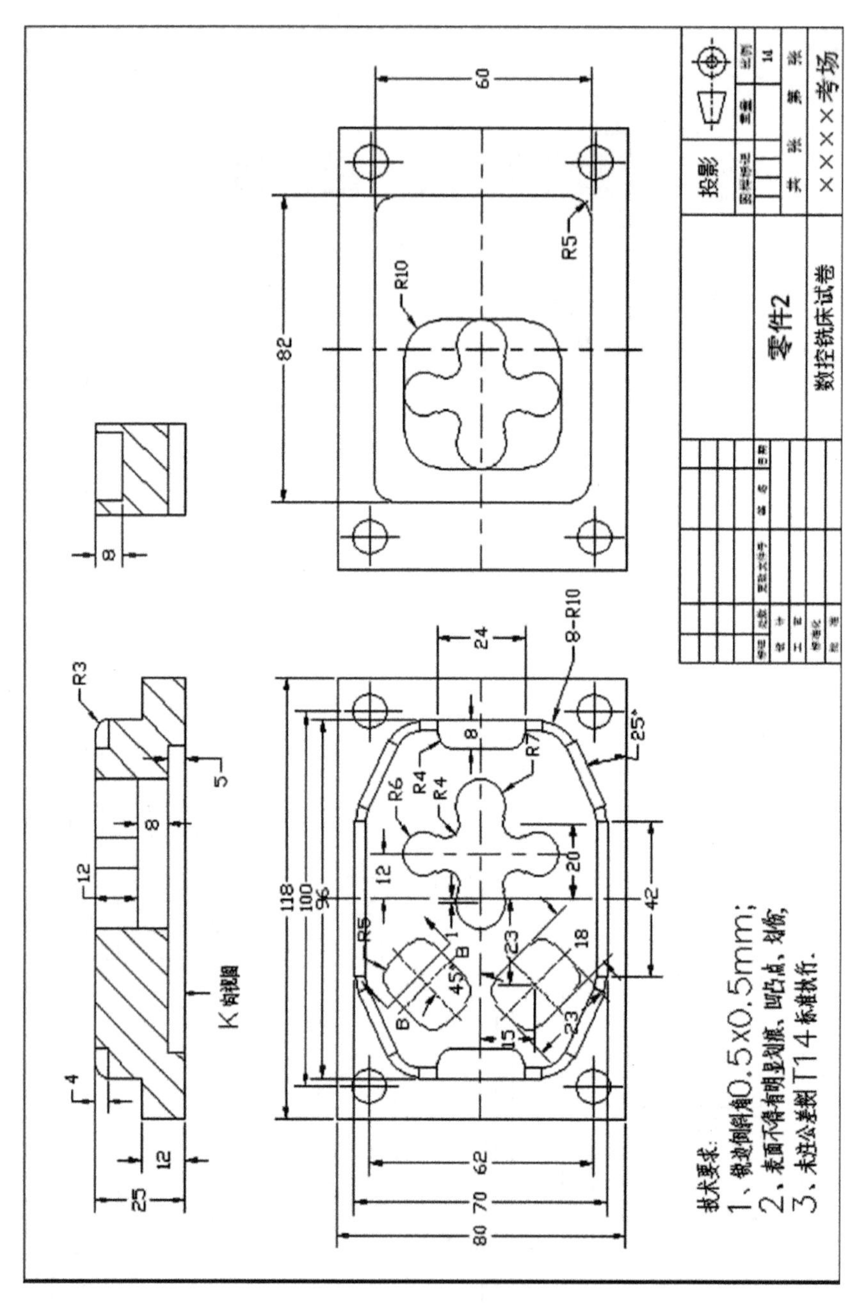

图 9-2　零件 2 尺寸图

考核要求：

（1）两个零件能正常配合，配合间隙应小于 0.1mm；

（2）零件 1 和零件 2 的轮廓形面配合间隙为 0.06mm；

（3）不准用砂布及锉刀修饰表面（可修理毛刺）；

（4）未注公差尺寸按 GB1804-M。

1. 第一个工件的第一面加工工序分析图

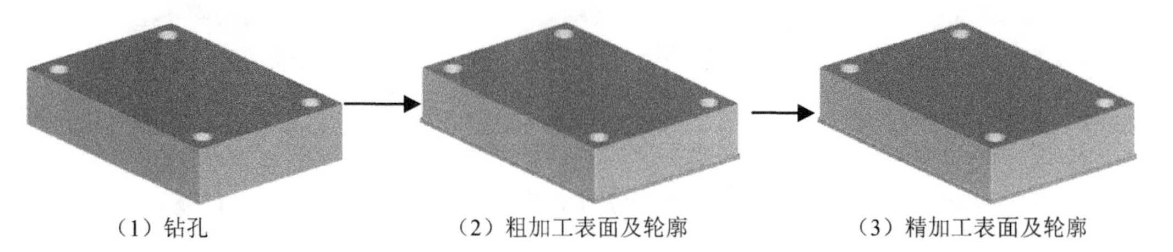

（1）钻孔　　（2）粗加工表面及轮廓　　（3）精加工表面及轮廓

2. 第一个工件的第二面加工工序分析图

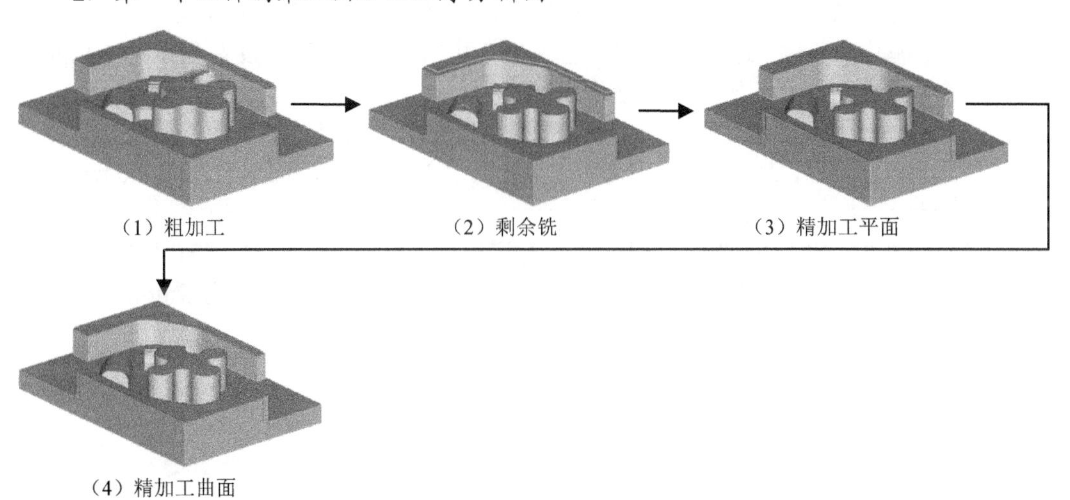

（1）粗加工　　（2）剩余铣　　（3）精加工平面

（4）精加工曲面

3. 第二个工件的第一面加工工序分析图

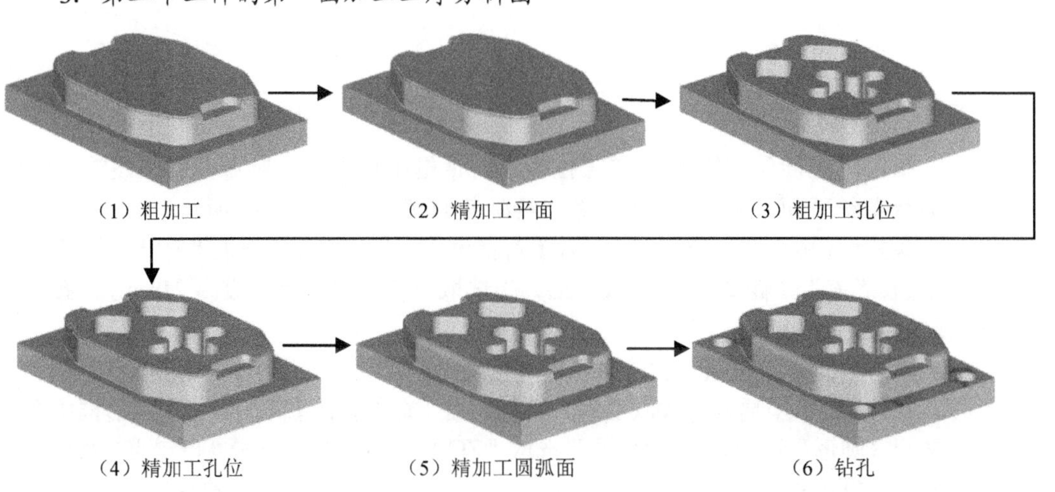

（1）粗加工　　（2）精加工平面　　（3）粗加工孔位

（4）精加工孔位　　（5）精加工圆弧面　　（6）钻孔

4. 第二个工件的第二面加工工序分析图

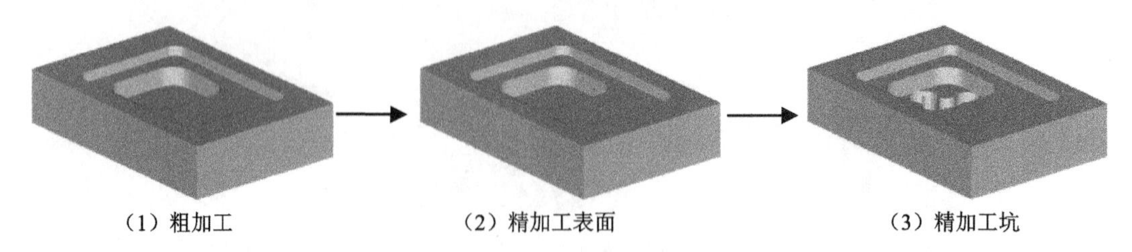

5. 第一个零件的建模过程

（1）启动 NX 10.0，单击“新建”按钮，在【新建】对话框中选取“模型”选项卡，在模板框中“单位”选择“毫米”，选取“模型”模板，“名称”设为“EX9（1）.prt”，文件夹选取“E:\UG10.0 数控编程\项目 9”。

（2）单击“拉伸”按钮，在【拉伸】对话框中单击“绘制截面”按钮，选取 *XOY* 平面为草绘平面，*X* 轴为水平参考，以原点为中心绘制矩形截面（118mm×80mm），如图 9-3 所示。

（3）单击“完成”按钮，在【拉伸】对话框中“指定矢量”选取“ZC↑”按钮，“开始”选取“值”，“距离”设为 0，“结束”选取“值”，“距离”设为 9mm，“布尔”选取“无”

（4）单击“确定”按钮，创建第一个拉伸特征，如图 9-4 所示。

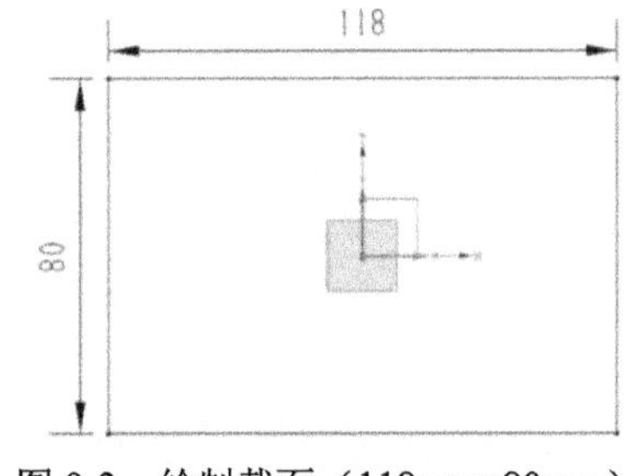

图 9-3　绘制截面（118mm×80mm）

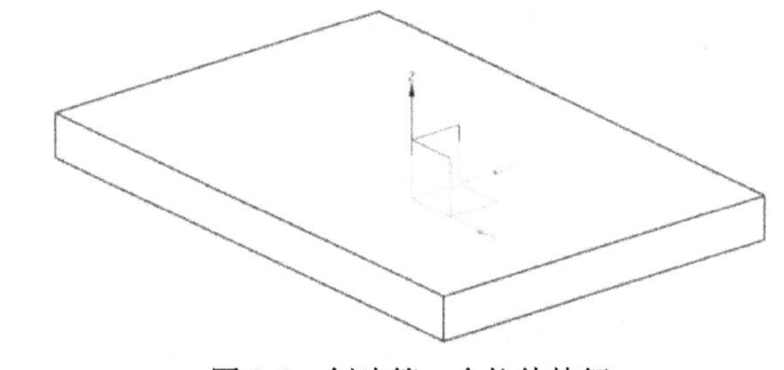

图 9-4　创建第一个拉伸特征

（5）单击“拉伸”按钮，在【拉伸】对话框中单击“绘制截面”按钮，选取 *XOY* 平面为草绘平面，*X* 轴为水平参考，绘制截面（二），如图 9-5 所示。

（6）单击“完成”按钮，在【拉伸】对话框中“指定矢量”选取“ZC↑”按钮，“开始”选取“值”，“距离”设为 0，“结束”选取“值”，“距离”设为 21mm，“布尔”选取“求和”。

（7）单击“确定”按钮，创建第二个拉伸特征，如图 9-6 所示。

（8）选取“菜单｜插入｜关联复制｜阵列特征”命令，在【阵列特征】对话框中“布局”选取“圆形”选项，“指定矢量”选取“ZC↑”选项，单击“指定点”按钮，在【点】对话框中输入（0，0，0），“间距”选取“数量和节距”，“数量”为 2，“节距角”设为 180°，如图 9-7 所示。

（9）单击“确定”按钮，创建阵列特征，如图 9-8 所示。

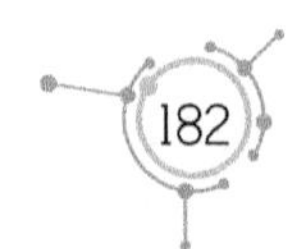

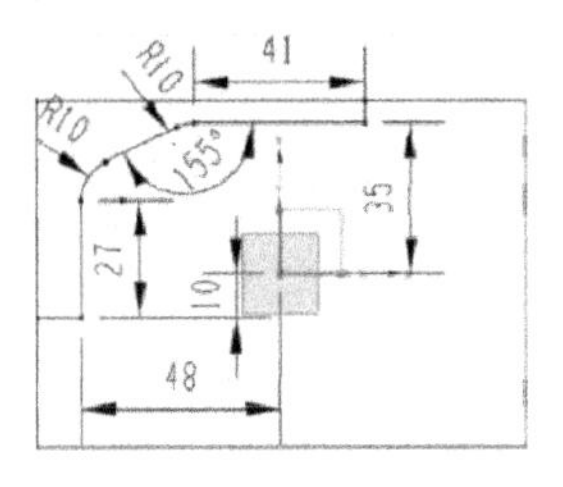

图 9-5　绘制截面（二）

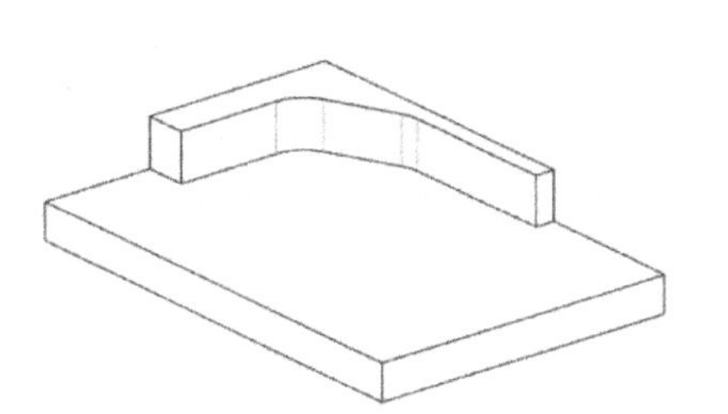

图 9-6　创建第二个拉伸特征

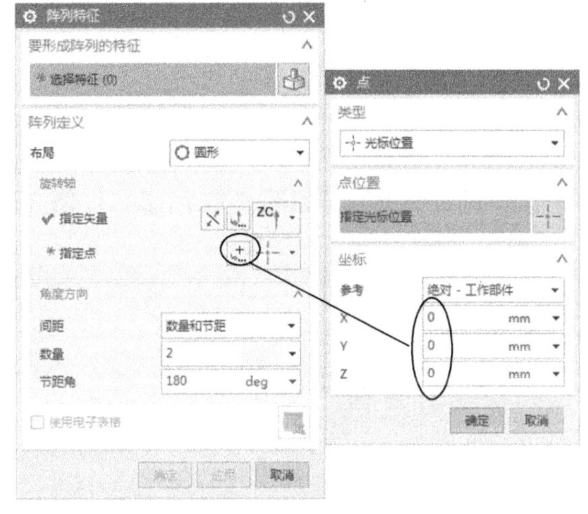

图 9-7　设置【阵列特征】对话框参数

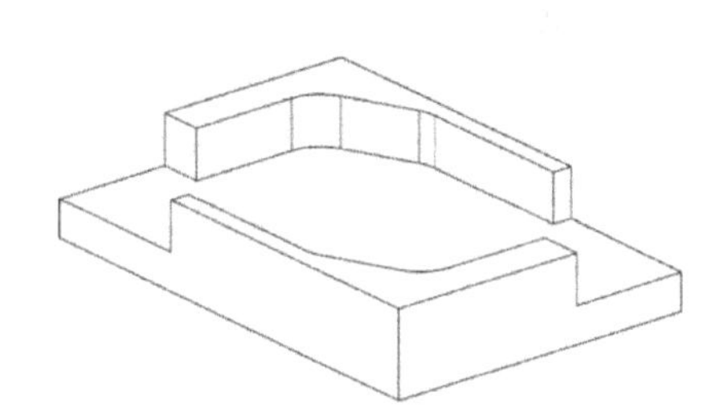

图 9-8　阵列特征

（10）单击“拉伸”按钮，在【拉伸】对话框中单击“绘制截面”按钮，选取 *XOY* 平面为草绘平面，*X* 轴为水平参考，在【创建草图】对话框中单击“指定点”按钮，在【点】对话框中输入（-23，15，0），如图 9-9 所示。

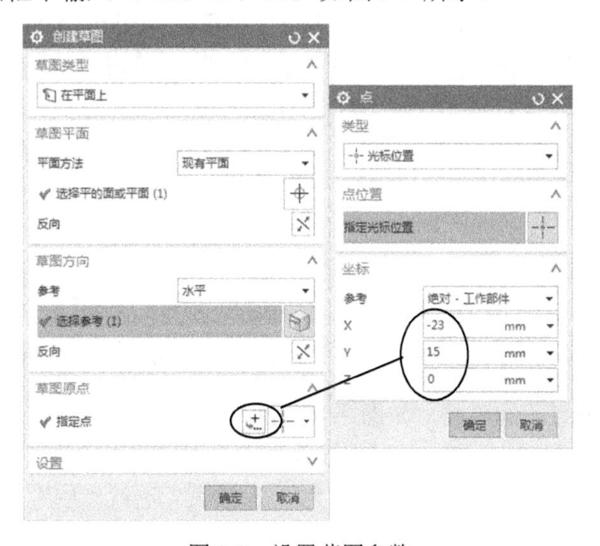

图 9-9　设置草图参数

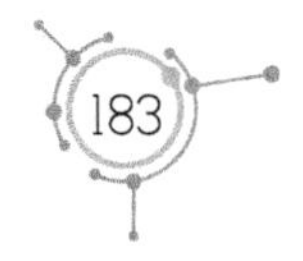

（11）单击“确定”按钮，进入草绘模式，此时动态坐标系与基准坐标系分开，如图 9-10 所示。

（12）在快捷菜单栏中单击“矩形”按钮，在“矩形”对话框中“矩形方法”选取“从中心”选项，“输入模式”选取“XY”，如图 9-11 所示。

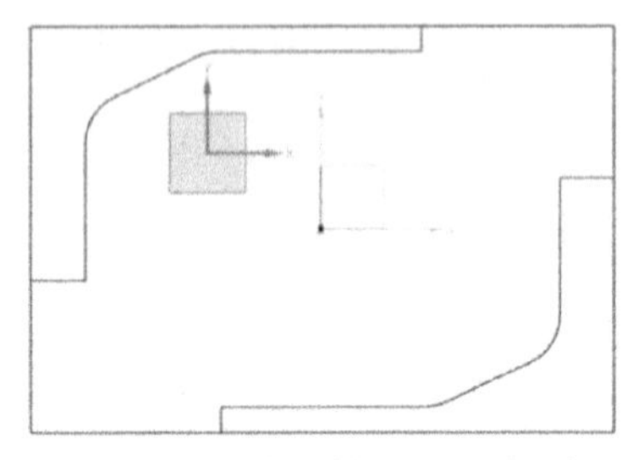

图 9-10　动态坐标系与基准坐标系分开

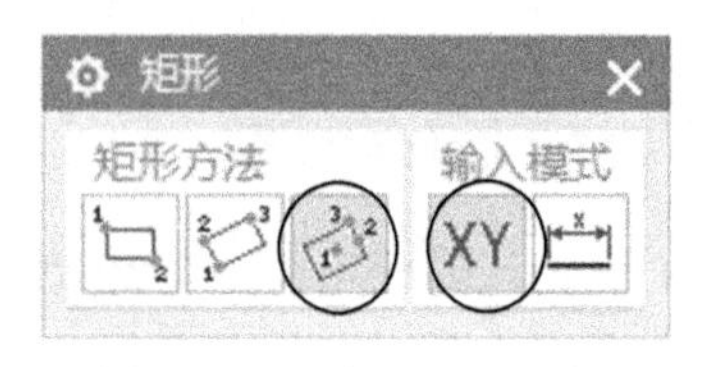

图 9-11　“矩形”对话框

（13）以动态坐标系的原点为中心，任意绘制一个矩形，如图 9-12 所示；再修改尺寸，如图 9-13 所示。

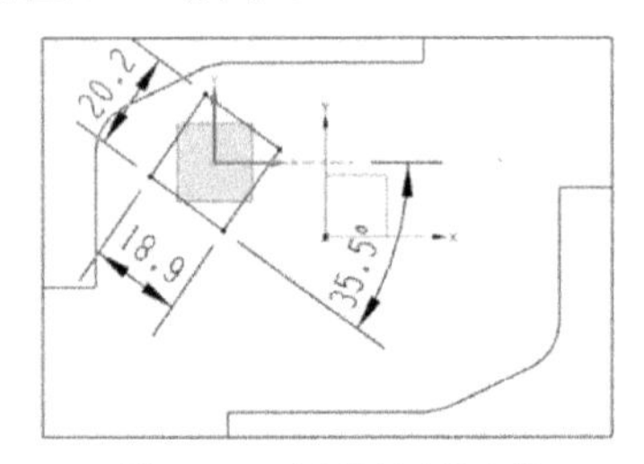

图 9-12　任意绘制矩形

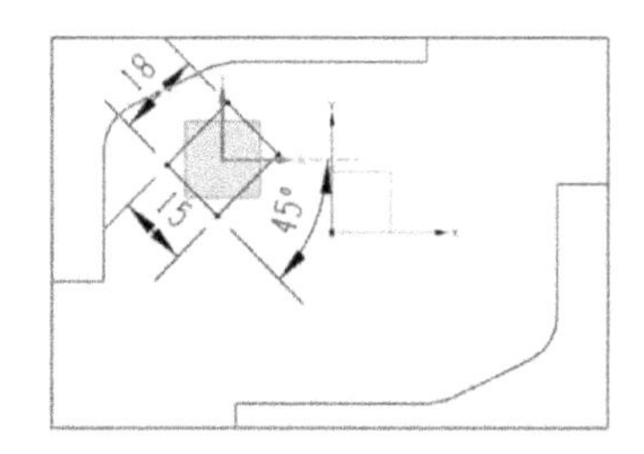

图 9-13　修改尺寸后的截面

（14）单击“完成”按钮，在【拉伸】对话框中“指定矢量”选取“ZC↑”按钮，“开始”选取“值”，“距离”设为 0，“结束”选取“值”，“距离”设为 17mm，“布尔”选取“求和”。

（15）单击“确定”按钮，创建第三个拉伸特征，如图 9-14 所示。

（16）单击“拉伸”按钮，在【拉伸】对话框中单击“绘制截面”按钮，选取第三个拉伸特征的侧面为草绘平面，如图 9-15 所示。

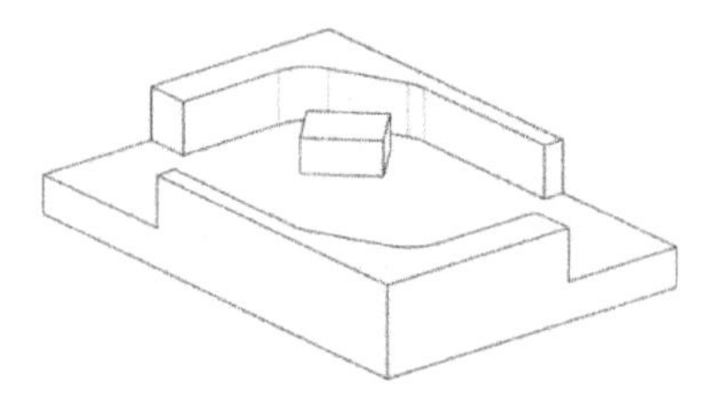

图 9-14　创建第三个拉伸特征

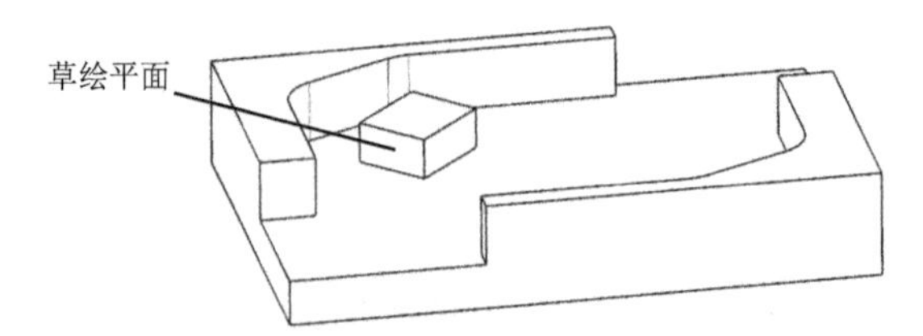

图 9-15　选取侧面为草绘平面

（17）绘制一个封闭的截面，如图 9-16 所示。

（18）单击“完成”按钮，在【拉伸】对话框中“指定矢量”选取“面/平面法向”按钮，“开始”选取“值”，“距离”设为 0，“结束”选取“值”，“距离”设为 18mm，“布尔”选取“求差”。

（19）单击“确定”按钮，在第三个拉伸特征上创建圆弧面。

（20）单击“边倒圆”按钮，创建边倒圆特征（R5mm），如图 9-17 所示。

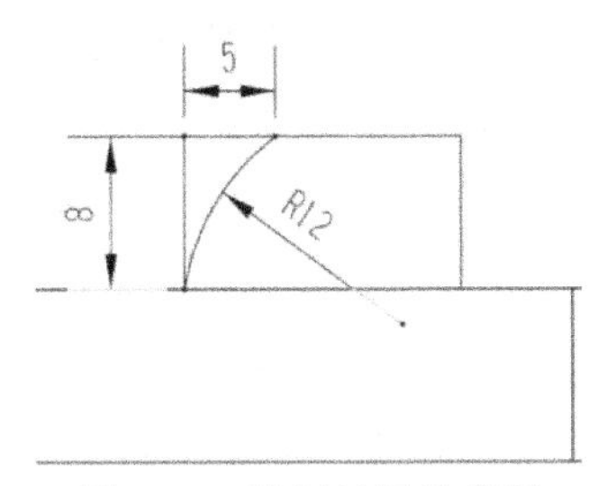

图 9-16 绘制封闭的截面

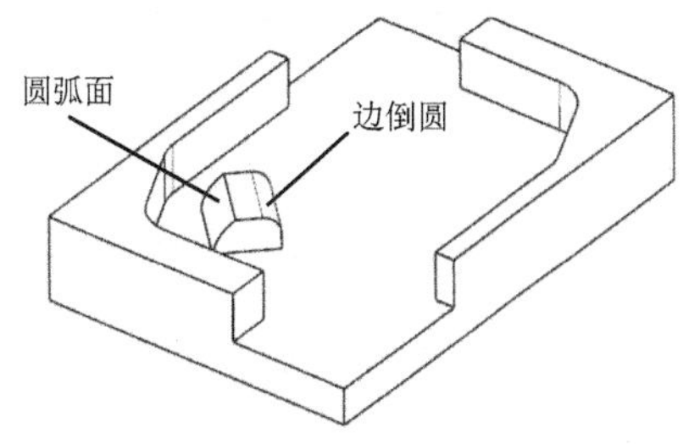

图 9-17 创建圆弧面特征与边倒圆特征

（21）选取“菜单｜插入｜关联复制｜镜像特征”命令，按住<Ctrl>键，在【部件导航器】中选取拉伸 (4)、拉伸 (5)、边倒圆 (6)为要镜像的特征，选取 *ZOX* 平面为镜像平面，单击“确定”按钮，创建镜像特征，如图 9-18 所示。

（22）单击“拉伸”按钮，在【拉伸】对话框中单击“绘制截面”按钮，选取 *XOY* 平面为草绘平面，*X* 轴为水平参考，任意绘制截面 8 个圆，如图 9-19 所示。

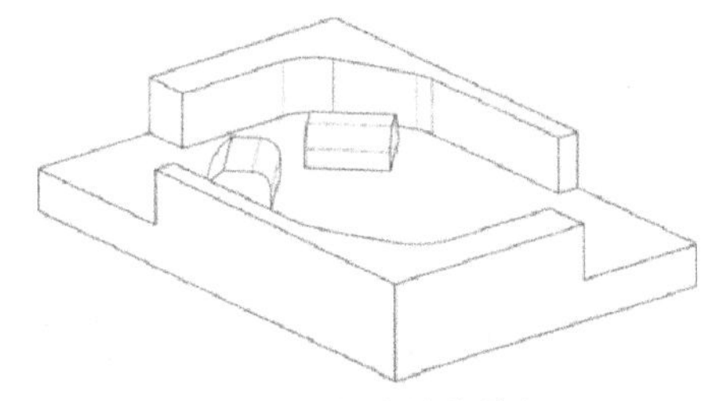

图 9-18 创建镜像特征

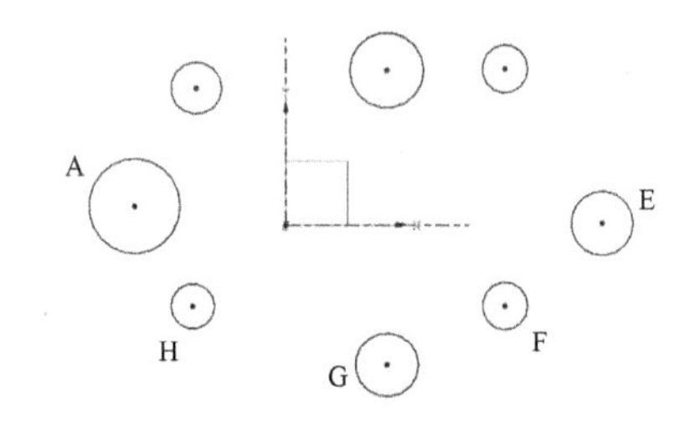

图 9-19 绘制 8 个圆

（23）单击“设为对称”按钮，先选圆 B，再选圆 H，然后选 *X* 轴，设定圆 B 与圆 H 关于 *X* 轴对称。

（24）采用相同的方法，设定圆 C 与圆 G、圆 D 与圆 F 关于 *X* 轴对称，如图 9-20 所示。

（25）单击“几何约束”按钮，在【几何约束】对话框中选取“点在曲线上”按钮，如图 9-21 所示。

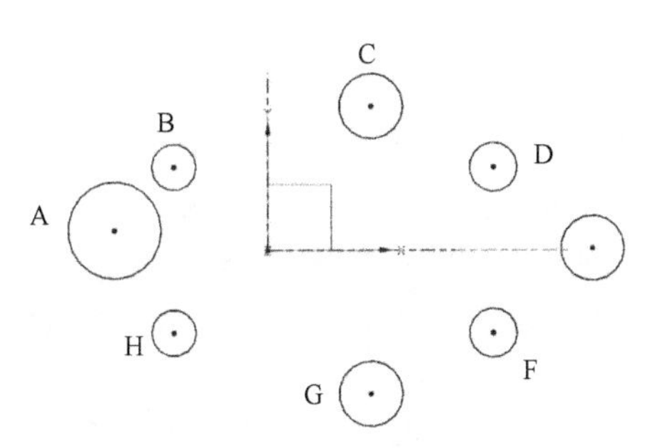

图 9-20 圆 B 与 H、C 与 G、D 与 F 关于 *X* 轴对称

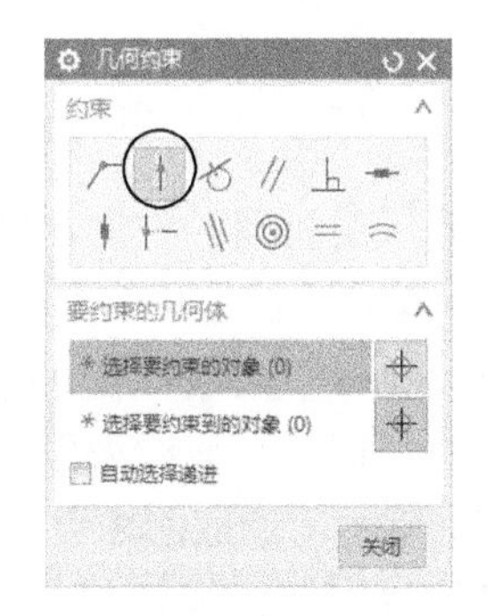

图 9-21 选取“点在曲线上”按钮

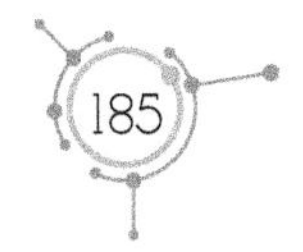

（26）选取圆 A 的圆心与圆 F 的圆心为要约束的对象，再选取 *X* 轴为要约束到的对象，圆 A 与圆 F 的圆心在 *X* 轴上，如图 9-22 所示。

（27）在【几何约束】对话框中选取“等半径”按钮，如图 9-21 所示。设定圆 A 与圆 E 半径相等，圆 C 与圆 G 半径相等，圆 B、D、F、H 半径相等。

（28）单击“快速尺寸”按钮，标上圆 A、圆 C、圆 D 圆心到 *Y* 轴的水平尺寸，圆 B、圆 C、圆 E 标上直径，如图 9-23 所示。

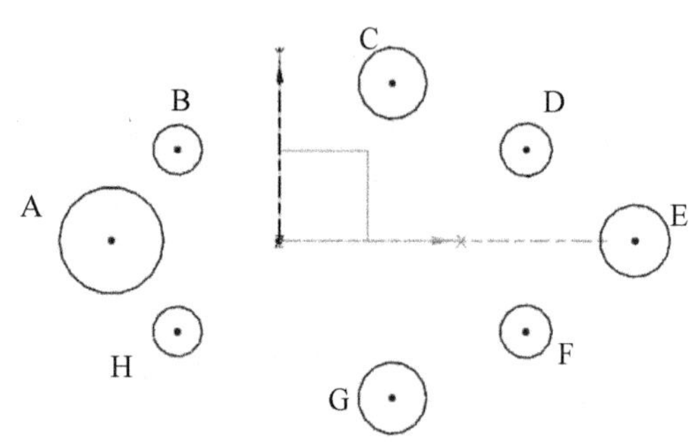

图 9-22 圆 A 与圆 F 的圆心在 *X* 轴上

图 9-23 标上尺寸

（29）单击“几何约束”按钮，在【几何约束】对话框中选取“相切”按钮，选取圆 B 为要约束的对象，再选圆 C 为要约束到的对象，圆 B 与圆 C 相切，如图 9-24 所示。

（30）采用相同的方法，圆 B 与圆 A 相切，如图 9-25 所示。

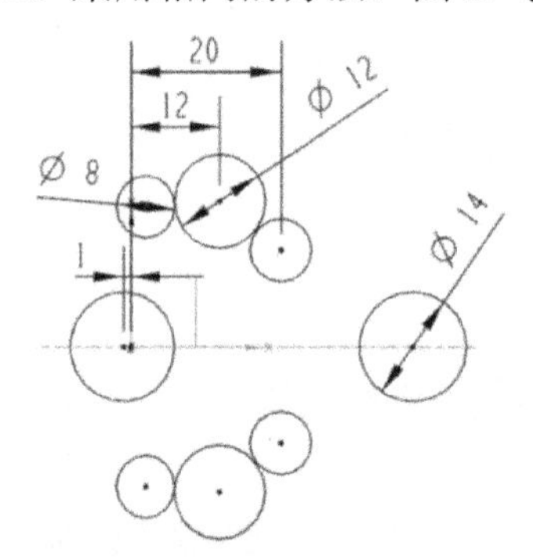

图 9-24 圆 B 与圆 C 相切

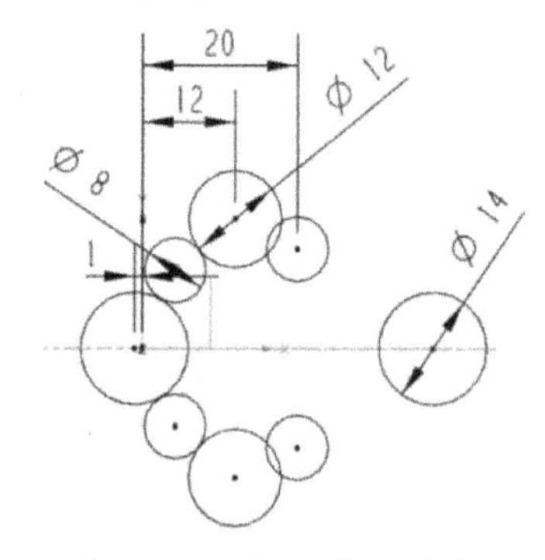

图 9-25 圆 B 与圆 A 相切

（31）采用相同的方法，圆 D 与圆 E 相切，圆 D 与圆 F 相切，如图 9-26 所示。

（32）单击“快速修剪”按钮，修剪不需要的曲线，修剪后的曲线如图 9-27 所示。

（33）单击“直线”按钮，连接圆 H 与圆 F 的圆心，如图 9-28 所示。

（34）单击“几何约束”按钮，在【几何约束】对话框中选取“水平”按钮，如图 9-21 所示，选取刚才创建的直线，将该直线转化为水平线。

（35）选中该直线，单击鼠标右键，在下拉菜单中选取“转化为参考”命令，将该直线转化为参考线，如图 9-29 所示。

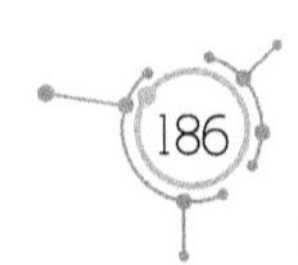

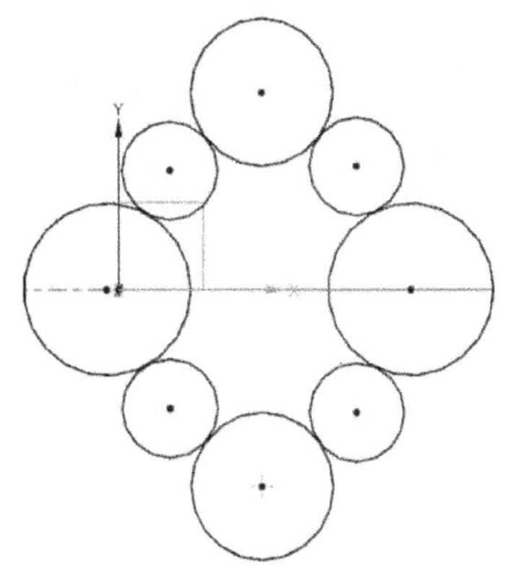

图 9-26 圆 D 与圆 E、圆 F 相切

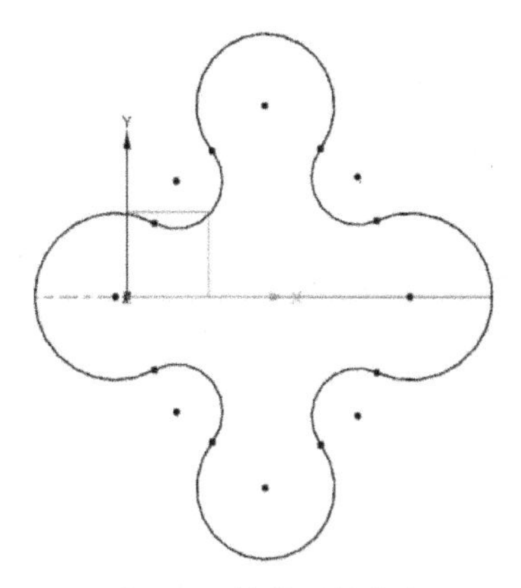

图 9-27 修剪后的曲线

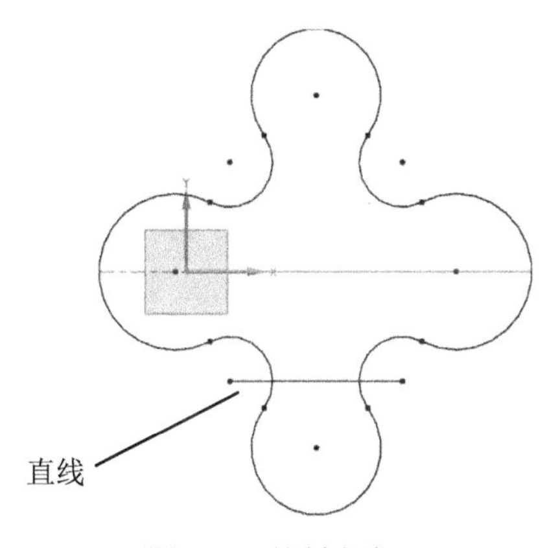

图 9-28 绘制直线

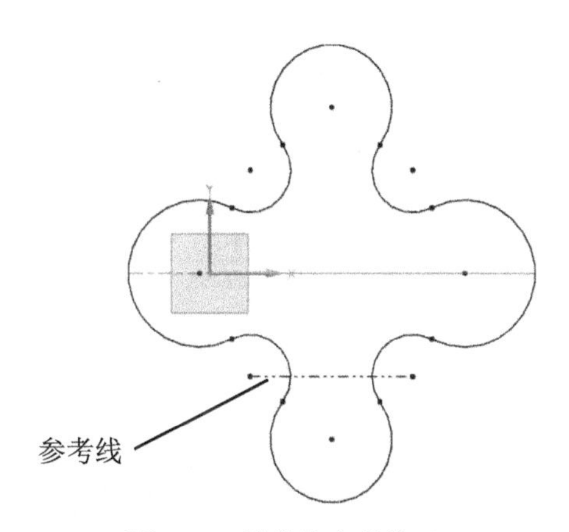

图 9-29 转化为参考线

（36）单击“完成”按钮，在【拉伸】对话框中“指定矢量”选取“ZC↑”按钮，“开始”选取“值”，“距离”设为 0，“结束”选取“值”，“距离”设为 25mm，“布尔”选取“求和”。

（37）单击“确定”按钮，创建第四个拉伸特征，如图 9-30 所示。

（38）选取“菜单｜插入｜设计特征｜孔”命令，在【孔】对话框中单击“绘制截面”按钮，以 *XOY* 平面为草绘平面，*X* 轴为水平参考，绘制 4 个点，如图 9-31 所示。

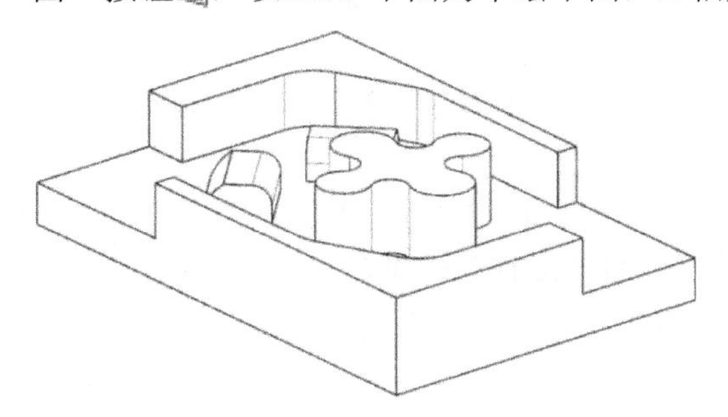

图 9-30 创建第四个特征

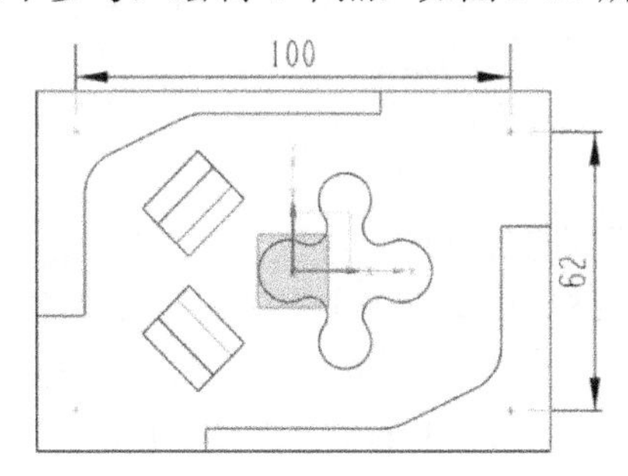

图 9-31 绘制 4 个点

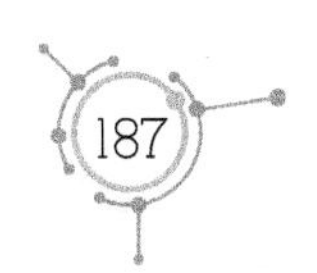

（39）在【孔】对话框中“类型”选取“常规孔”，“孔方向”选取“↑沿矢量”，“指定矢量”选取“ZC↑”选项，“形状”选取“简单孔”，“直径”设为 10mm，“深度限制”选取“贯通体”，“布尔”选取“求差”选项，如图 9-32 所示。

（40）单击“确定”按钮，创建 4 个孔特征，如图 9-33 所示。

（41）单击“保存”按钮，保存文档。

图 9-32　设定【孔】对话框参数

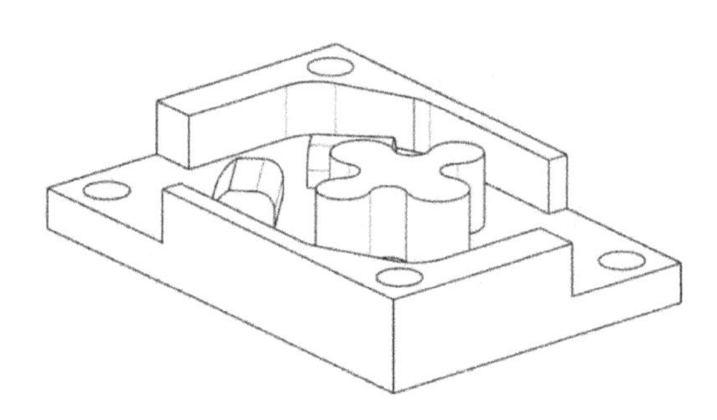

图 9-33　创建 4 个孔特征

6. 第一个零件第一次装夹的数控编程过程

（1）选取“菜单｜格式｜复制至图层”命令，选取实体后，单击“确定”按钮，在【图层复制】对话框中“目标图层或类别”文本框中输入“10”。

（2）单击“确定”按钮，将实体复制到第 10 层。

（3）选取“菜单｜格式｜图层设置”命令，在【图层设置】对话框中取消图层“□10”前面的“√”，隐藏第 10 层。

（4）选取“菜单｜编辑｜移动对象”命令，在【移动对象】对话框中“运动”选取“角度”，“指定矢量”选取“YC↑”选项，“角度”设为 180°，“结果”选取“◉移动原先的”，单击“指定轴点”按钮，在【点】对话框中输入（0，0，0）。

（5）单击“确定”按钮，旋转实体（此时孔特征没有创建成功）。

（6）单击 简单孔 (9)，在【孔】对话框中“指定矢量”选取“-ZC↓”，即可重新生成孔特征，如图 9-34 所示。

（7）在横向菜单中单击“应用模块”选项卡，再单击“加工”命令，在【加工环境】对话框中选择“cam_general”选项和“mill_planar”选项，单击“确定”按钮，进入加工环境，此时工作区中出现两个坐标系，一个是基准坐标系，*Z* 方向朝下，一个是工件坐标系，*Z* 方向朝上，如图 9-35 所示

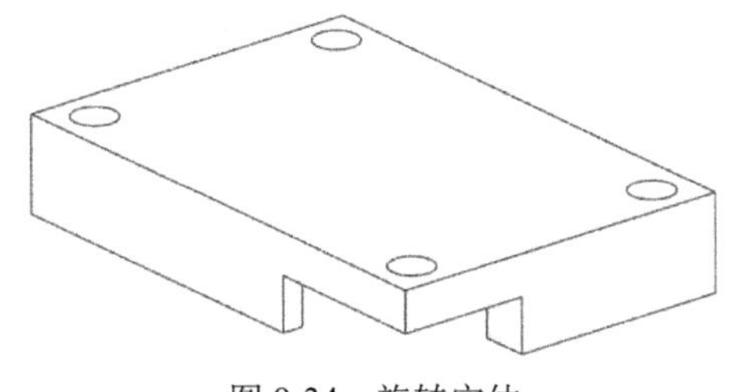

图 9-34 旋转实体

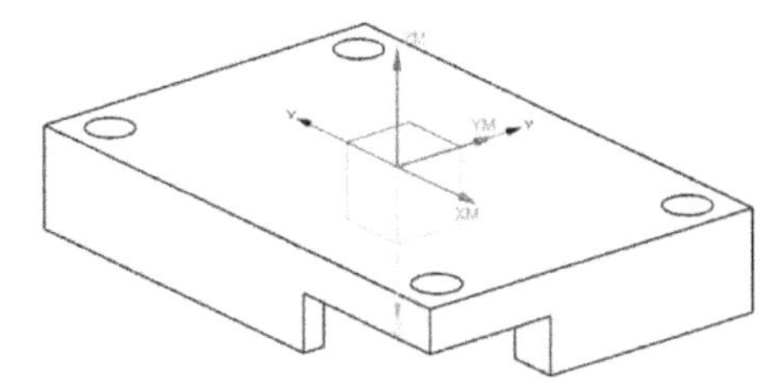

图 9-35 两个坐标系

（8）在工件区左上方的工具条中选取“几何视图”按钮。

（9）在“工序导航器”中展开MCS_MILL，再双击“WORKPIECE”按钮。

（10）在【工件】对话框中单击“指定部件”按钮，在绘图区选取整个零件，单击“确定”按钮，再单击“指定毛坯”按钮，在【毛坯几何体】对话框中“类型”选择“包容块”选项，“XM-”、“YM-”、“XM+”、“YM+”、“ZM+”设为 1mm。

（11）创建一把立铣刀（ϕ12mm）、一把钻刀（ϕ10mm）。

第 1 步：单击“创建刀具”按钮，“刀具子类型”选取“MILL”选项，“名称”设为 D12R0，“直径”设为 ϕ12mm，“下半径”设为 0。

第 2 步：单击“创建刀具”按钮，“类型”选取“drill”，“刀具子类型”选取“DRILLING_TOOL”选项，“名称”设为 Dr10，“直径”设为 ϕ10mm。

（12）选择“菜单｜插入｜工序”命令，在【创建工序】对话框中“类型”选取“drill”，“工序子类型”选取“啄钻”按钮，“程序”选取“NC_PROGRAM”，“刀具”选取 Dr10(钻刀)，“几何体”选取“WORKPIECE”，“方法”选取“METHOD”。

（13）在【啄钻】对话框中单击“指定孔”按钮。

（14）在【点到点几何体】对话框中单击“选择”按钮，在对话框中选取“一般点”按钮。

（15）在【点】对话框中“类型”选取“圆弧中心/椭圆中心/球心”选项，在实体上选取 4 个孔的圆心。

（16）单击“确定｜确定｜确定”按钮，在【啄钻】对话框中单击“指定顶面”按钮，在【顶面】对话框中“类型”选取“刨”选项，选取工件的顶面，“刨”设为 2mm。

（17）在【啄钻】对话框中单击“指定底面”按钮，在【底面】对话框中“类型”选取“刨”选项，选取工件的底面，“刨”设为 5mm。

（18）在【啄钻】对话框中“最小安全距离”设为 5mm，“循环类型”选取“啄钻”选项，“距离”设为 1.0mm。单击“确定”按钮，在【指定参数组】对话框中“Number of Sets”设为 1。

（19）单击“确定”按钮，在【Cycle 参数】对话框中单击“Depth－模型深度”按钮。

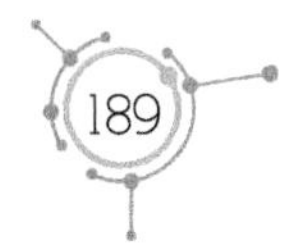

（20）在【Cycle 参数】对话框中选取“穿过底面”按钮。

（21）单击“确定”按钮，再单击“Increment一无”按钮，在【增量】对话框中单击“恒定”按钮。

（22）在“增量”文本框中输入 1mm。

（23）单击“进给率和速度 ”按钮，主轴速度设为 1000r/min，进给率设为 250mm/min。

（24）单击“生成”按钮，生成钻孔刀路，如图 9-36 所示。

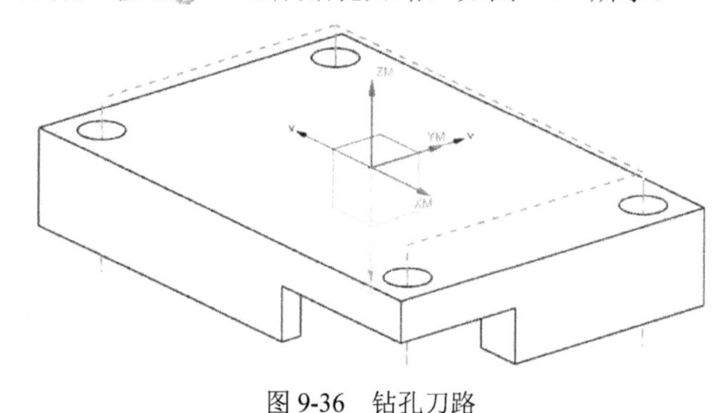

图 9-36　钻孔刀路

（25）在工作区上方的工具条中选取“程序顺序视图”按钮。

（26）在“工序导航器”中将 Program 改为 A。

（27）选取“菜单｜插入｜程序”命令，在【创建程序】对话框中“类型”选取“mill_contour”，“程序”选取 A，“名称”设为 A1，单击“确定”按钮，创建 A1 程序组，此时 A1 在 A 下，并把刚才创建钻孔刀路程序移到 A1 下面，如图 9-37 所示。

（28）选取“菜单｜插入｜程序”命令，在【创建程序】对话框中“类型”选取“mill_contour”，“程序”选取 A，“名称”设为 A2，单击“确定”按钮，创建 A2 程序组，此时 A2 在 A 下，并且 A1 与 A2 并列，如图 9-38 所示。

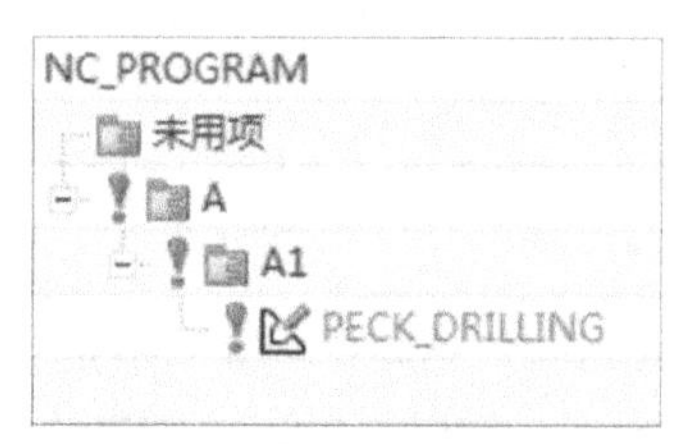

图 9-37　创建 A1 程序组

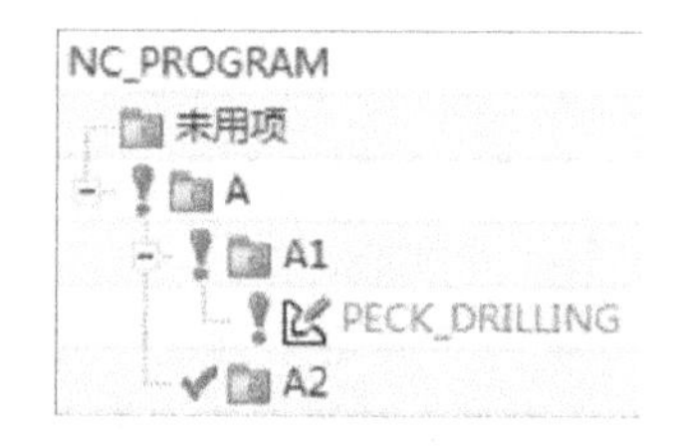

图 9-38　创建 A2 程序组

（29）选择“菜单｜插入｜工序”命令，在【创建工序】对话框中“类型”选取“mill_planar”，“工序子类型”选取“使用边界面铣削”按钮，“程序”选取“A2”，“刀具”选取 D12R0，“几何体”选取“WORKPIECE”，“方法”选取“METHOD”。

（30）在【面铣】对话框中单击“指定面边界”按钮，在【毛坯边界】对话框中“选择方法”选取“面”，选取工件上表面为边界面，“刀具侧”选取“内部”，“刨”选取“自动”，单击“确定”按钮。

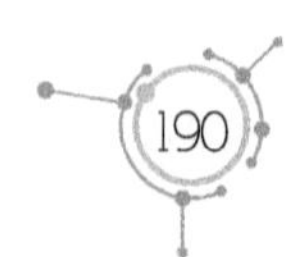

（31）在【面铣】对话框中“切削模式”选取“往复”，“步距”选取“刀具平直百分比”，“平面直径平分比”设为 75%，“毛坯距离”设为 2mm，“每刀切削深度”设为 0.8mm，“最终底面余量”设为 0.1mm。

（32）单击“切削参数”按钮，在【切削参数】对话框中单击“策略”选项卡，“切削方向”选取“顺铣”，“切削角”选取“指定”，“与 XC 的夹角”设为 0。

（33）单击“非切削移动”按钮，在【非切削移动】对话框中选取默认值。

（34）单击“进给率和速度 ”按钮，主轴速度设为 1000r/min，进给率设为 1200mm/min。

（35）单击“生成”按钮，生成面铣开粗刀路，如图 9-39 所示。

（36）选择“菜单 | 插入 | 工序”命令，在【创建工序】对话框中“类型”选取“mill_planar”，“工序子类型”选取“平面铣”按钮，“程序”选取“A2”，“刀具”选取 D12R0，“几何体”选取“WORKPIECE”，“方法”选取“METHOD”。

（37）在【平面铣】对话框中单击“指定部件边界”按钮，在【边界几何体】对话框中“模式”选取“面”，“材料侧”选取“内部”，勾选“☑忽略孔”、“☑忽略岛”复选框，选取工件上表面，单击“确定”按钮。

（38）再次单击“指定部件边界”按钮，台阶的外边线呈棕色，在【编辑边界】对话框中“类型”选“封闭的”，“刨”选取“自动”，“材料侧”选取“内部”。

（39）在【平面铣】对话框中单击“指定底面 ”按钮，选取台阶底面，“距离”设为 2mm。

（40）在【平面铣】对话框中“切削模式”选取“轮廓”，“附加刀路”设为 0。

（41）单击“切削层”按钮，在【切削层】对话框中“类型”选取“恒定”，“公共每刀切削深度”设为 0.8mm。

（42）单击“切削参数”按钮，在【切削参数】对话框中单击“策略”选项卡，“切削方向”选取“顺铣”。单击“余量”选项卡，“部件余量”设为 0.3 mm。

（43）单击“非切削移动”按钮，在【非切削移动】对话框中单击“转移/快速”选项卡，“区域之间”的“转移类型”选取“安全距离-刀轴”，“区域内”的“转移方式”选取“进刀/退刀”，“转移类型”选取“直接”。单击“进刀”选项卡，在“开放区域”中，“进刀类型”选取“圆弧”，“半径”设为 2mm，“圆弧角度”设为 90°，“高度”设为 1mm，“最小安全距离”设为 10mm。在“起点/钻点”选项卡中“重叠距离”设为 1mm，单击“指定点”按钮，选取“控制点”选项，选取工件右边的边线，以该直线的中点设为进刀点。

（44）单击“进给率和速度 ”按钮，主轴速度设为 1000r/min，进给率设为 1200mm/min。

（45）单击“生成”按钮，生成平面铣加工轮廓刀路，如图 9-40 所示。

（46）选取“菜单 | 插入 | 程序”命令，在【创建程序】对话框中“类型”选取“mill_contour”，“程序”选取 A，“名称”设为 A3，单击“确定”按钮，创建 A3 程序组，此时 A3 在 A 下。

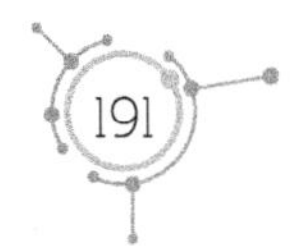

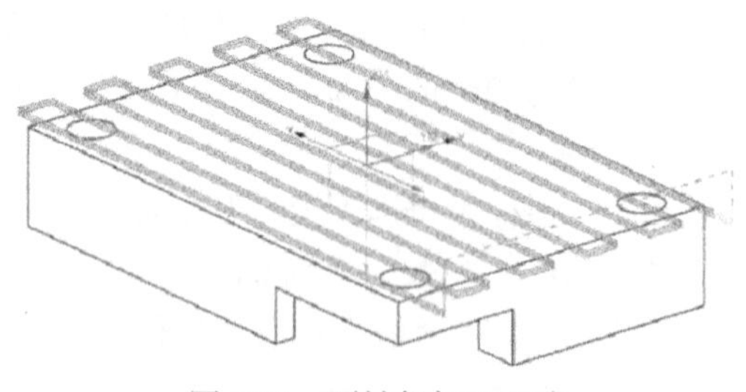

图 9-39 面铣粗加工刀路

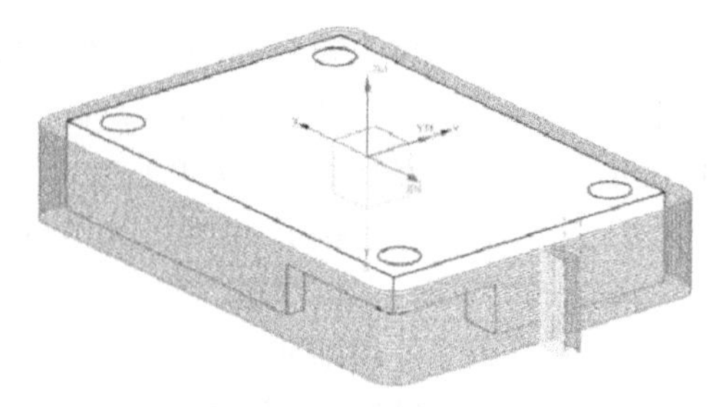

图 9-40 平面铣粗加工轮廓

（47）在“工序导航器”中选取 FACE_MILLING和 PLANAR_MILL，单击鼠标右键，选取“复制”命令，再选取“A3”，单击鼠标右键，选取“内部粘贴”命令。

（48）双击 PLANAR_MILL_COPY，在【平面铣】对话框中“步距”选取“恒定”，“最大距离”设为 0.1mm，“附加刀路”设为 2。单击“切削层”按钮，在【切削层】对话框中“类型”选取“仅底面”。单击“切削参数”按钮，在“余量”选项卡中“部件余量”设为 0。

（49）单击“进给率和速度 ”按钮，主轴速度设为 1200r/min，进给率设为 500mm/min。

（50）单击“生成”按钮，生成平面铣轮廓精加工刀路，如图 9-41 所示。

（51）在“工序导航器”中双击 FACE_MILLING_COPY，在【面铣】对话框中“每刀切削深度”设为 0，“最终底面余量”设为 0。

（52）单击“进给率和速度 ”按钮，主轴速度设为 1200r/min，进给率设为 500mm/min。

（53）单击“生成”按钮，生成面铣精加工刀路，如图 9-42 所示。

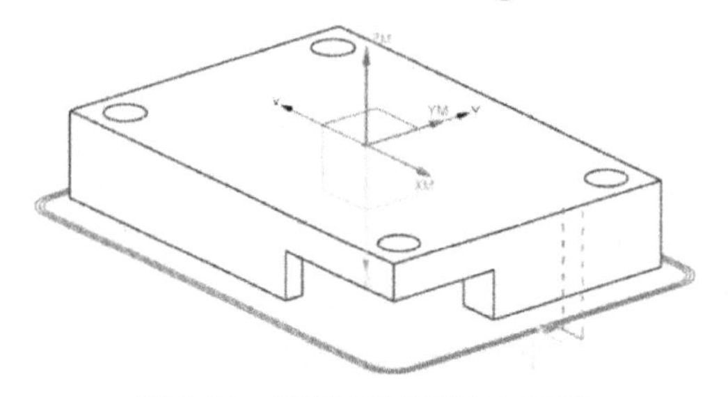

图 9-41 平面铣轮廓精加工刀路

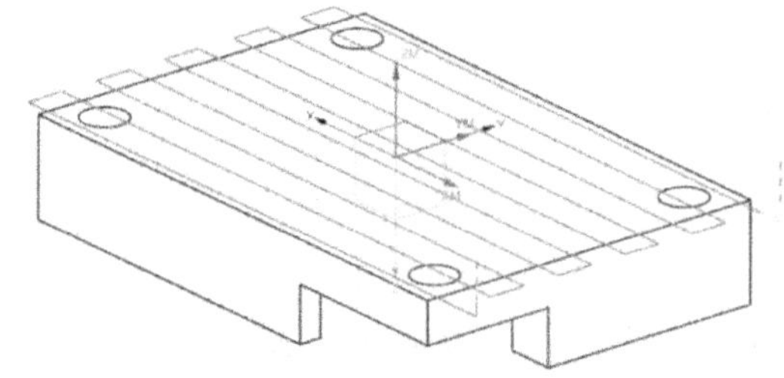

图 9-42 面铣精加工刀路

7. 第一个零件第二次装夹的数控编程过程

（1）选取“菜单丨格式丨图层设置”命令，在【图层设置】对话框中双击“□10”，将图层 10 设为工作图层，取消图层“□1”前面的“√”，隐藏第 1 层，如图 9-43 所示。

（2）在横向菜单中单击“应用模块”选项卡，再单击“建模”命令按钮，进入建模环境。

（3）选取“菜单丨插入丨同步建模丨删除面”命令，删除 4 个圆柱孔，如图 9-44 所示。

图 9-43 设置图层参数

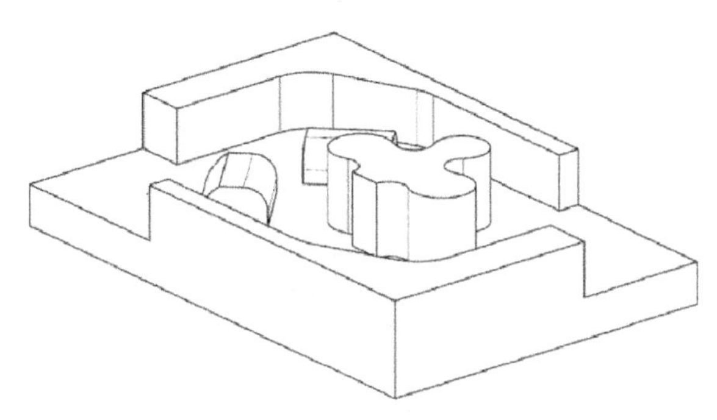

图 9-44 删除孔

（4）在横向菜单中单击“应用模块”选项卡，再单击“加工”命令，进入加工环境。

（5）选取“菜单｜插入｜几何体”命令，在【创建几何体】对话框中“几何体子类型”选取，“几何体”选取“GEOMETRY”，“名称”设为“MY_MCS”，如图 9-45 所示。

（6）单击“确定”按钮，在【MCS】对话框中“安全设置选项”选取“自动平面”，“安全距离”设为 5mm。

（7）单击“确定”按钮，创建几何体。

（8）选取“菜单｜插入｜几何体”命令，在【创建几何体】对话框中“几何体子类型”选取“WORKPIECE”按钮，“几何体”选取“MY-MCS”，“名称”设为“WORKPIECE-B”，如图 9-46 所示。

图 9-45 创建几何体

图 9-46 “名称”设为“WORKPIECE-B”

（9）单击“确定”按钮，在【工件】对话框中选取“指定部件”按钮，在工作区中选取整个零件，单击“确定”按钮，设定零件为工作部件。

（10）在【工件】对话框中单击“指定毛坯”按钮，在【毛坯几何体】对话框中“类型”选择“包容块”，“XM-”、“YM-”、“XM+”、“YM+”设为 1mm，“ZM+”设为 2mm。

（11）单击“确定 | 确定”按钮，创建几何体“MY-MCS”。

（12）在工作区上方的工具条中选取“几何视图”按钮，如图 9-47 所示。

图 9-47　选取“几何视图”按钮

（13）在“工序导航器”中展开 MY-MCS，可以看出几何体“WORKPIECE-B”在坐标系 MY-MCS 下面，如图 9-48 所示。

（14）选取“菜单 | 插入 | 程序”命令，在【创建程序】对话框中“类型”选取“mill_planar”，“程序”选取“NC_PROGRAM”，“名称”设为 B。

（15）单击“确定 | 确定”按钮，创建程序组 B，B 与 A 并列，如图 9-49 所示。

（16）选取“菜单 | 插入 | 程序”命令，在【创建程序】对话框中“类型”选取“mill_planar”，“程序”选取“B”，“名称”设为 B1。

（17）单击“确定 | 确定”按钮，创建程序组 B1，如图 9-49 所示。

图 9-48　工序导航器

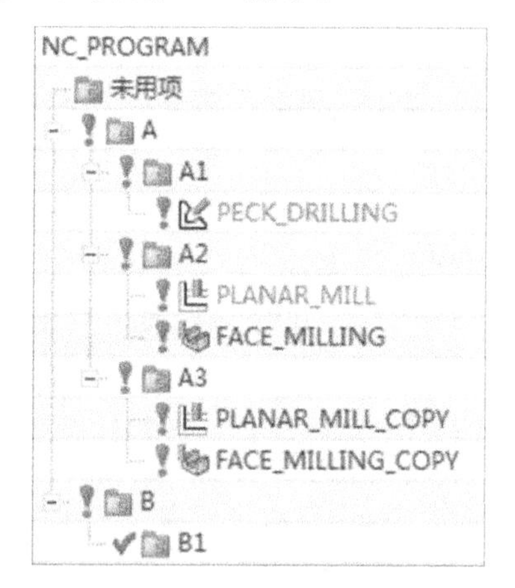

图 9-49　创建 B1 程序组

（18）选择“菜单 | 插入 | 工序”命令，在【创建工序】对话框中“类型”选取“mill_planar”，“工序子类型”选取“使用边界面铣削”按钮，“程序”选取“B1”，“刀具”选取 D12R0，“几何体”选取“WORKPIECE-B”，“方法”选取“METHOD”。

（19）在【面铣】对话框中单击“指定面边界”按钮，在【毛坯边界】对话框中“选择方法”选取“曲线”，“刀具侧”选取“内部”，“刨”选取“自动”，选取工件的 4 条边线，形成一个封闭的曲线，如图 9-50 虚线所示。

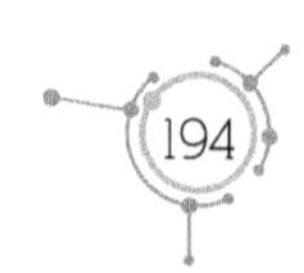

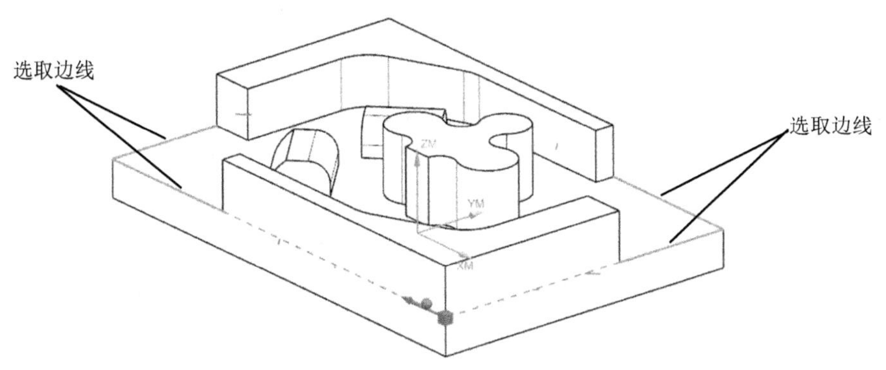

图 9-50 选取 4 条边线

（20）在【面铣】对话框中“切削模式”选取“往复”，“步距”选取“刀具平直百分比”，“平面直径平分比”设为 75%，“毛坯距离”设为 18mm，“每刀切削深度”设为 0.8mm，“最终底面余量”设为 0.1mm。

（21）单击“切削参数”按钮，在【切削参数】对话框中单击“策略”选项卡，“切削方向”选取“顺铣”，“切削角”选取“指定”，“与 XC 的夹角”设为 0。勾选“☑添加精加工刀路”复选框，“刀路数”设为 1，“精加工步距”设为 1mm。单击“余量”选项卡，“部件余量”、“壁余量”设为 0.25mm，“最终底面余量”设为 0.1mm。

（22）单击“非切削移动”按钮，在【非切削移动】对话框中单击“转移/快速”选项卡，“区域之间”的“转移类型”选取“安全距离-刀轴”，“区域内”的“转移方式”选取“进刀/退刀”，“转移类型”选取“安全距离-刀轴”。单击“进刀”选项卡，在“封闭区域”中，“进刀类型”选取“螺旋”，“直径”设为 5mm，“斜坡角”设为 1°，“高度”设为 1mm，“高度起点”选取“前一层”，“最小安全距离”设为 0，“最小斜面长度”设为 5mm。在“开放区域”中，“进刀类型”选取“线性”，“长度”设为 8mm，“旋转角度”、“斜坡角”设为 0°，“高度”设为 1mm，“最小安全距离”设为 8mm。

（23）单击“进给率和速度 ”按钮，主轴速度设为 1000r/min，进给率设为 1200mm/min。

（24）单击“生成”按钮，生成面铣开粗刀路，如图 9-51 所示。此时还会出现警告，如图 9-52 所示，这是因为工件的中间部分无法正常进刀，有可能出现踩刀，需修改进刀参数。

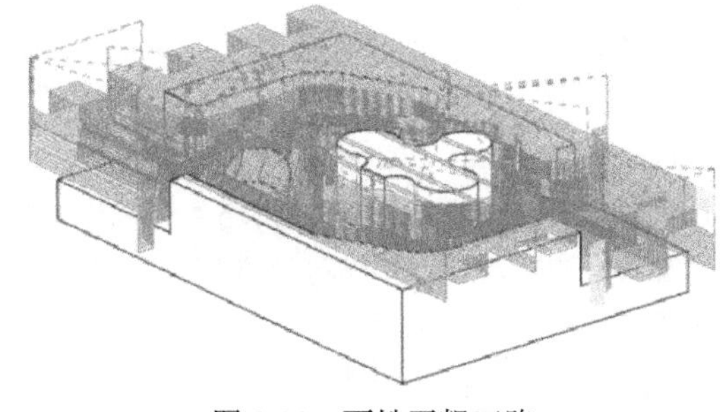

图 9-51 面铣开粗刀路

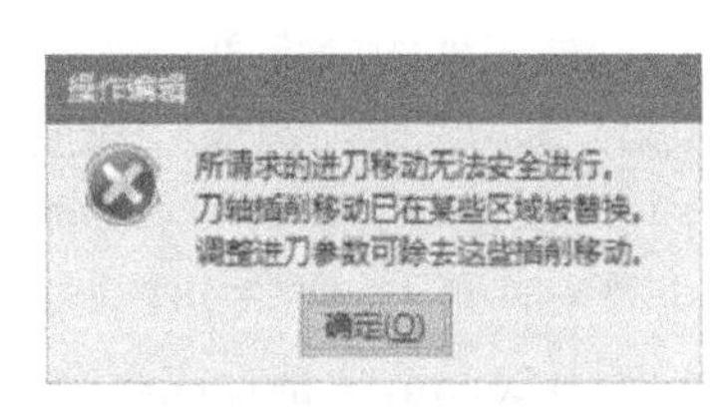

图 9-52 警告文本框

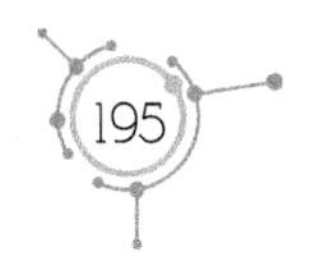

（25）双击 FACE_MILLING_1，在【面铣】对话框中单击“非切削移动”按钮，在【非切削移动】对话框中单击“进刀”选项卡，在“封闭区域”中，“进刀类型”选取“螺旋”，“直径”设为 15mm，“最小斜面长度”设为 15mm。再单击“生成”按钮，警告消失，没有踩刀现象。

（26）选取“菜单丨分析丨测量丨简单距离”命令，测得两端点间的距离为 6.6655mm，如图 9-53 所示，由此可知下一个程序用 ϕ6mm 立铣刀比较合适。

（27）单击“创建刀具”按钮，“刀具子类型”选取“MILL”选项，“名称”设为 D6R0，“直径”设为 ϕ6mm，“下半径”设为 0。

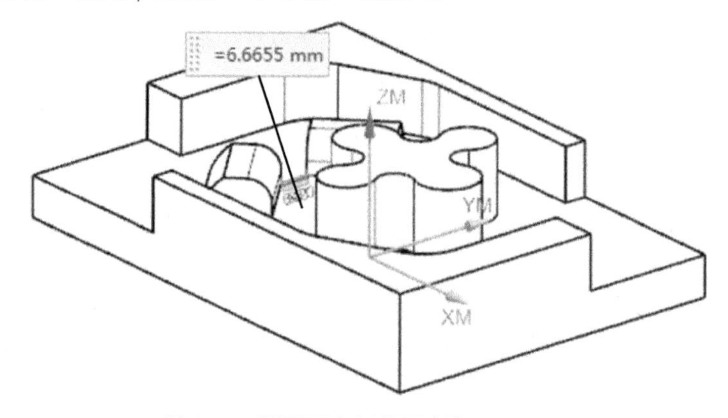

图 9-53　测得两点间的距离为 6.6655mm

（28）选取“菜单丨插入丨程序”命令，在【创建程序】对话框中“类型”选取“mill_planar”，“程序”选取“B”，“名称”设为 B2，创建 B2 程序组。

（29）选择“菜单丨插入丨工序”命令，在【创建工序】对话框中“类型”选取“mill_contour”，“工序子类型”选取“剩余铣”按钮，“程序”选取“B2”，“刀具”选取 D6R0，“几何体”选取“WORKPIECE-B”，“方法”选取“METHOD”，如图 9-54 所示。

（30）在【剩余铣】对话框中单击“指定切削区域”按钮，用框选方式选取整个零件。“切削模式”选取“跟随周边”，“步距”选取“刀具平直百分比”，“平面直径平分比”设为 75%，“公共每刀切削深度”选取“恒定”，“最大距离”设为 0.35mm。

（31）单击“切削层”按钮，在【切削层】对话框中连续多次单击“移除”按钮，移除列表框中的参数，在“范围 1 的顶部”区域中单击“选择对象”按钮，选取工件的最高面，“ZC　”数值显示为 25mm，再在“范围定义”区域中单击“选择对象”按钮，选取工件的台阶面，“深度范围”数值显示为 16mm，如图 9-55 所示。

（32）单击“切削参数”按钮，在【切削参数】对话框中单击“策略”选项卡，“切削方向”选取“顺铣”，“切削顺序”选取“深度优先”，“刀路方向”选取“向外”。单击“余量”选项卡，取消“□使底面余量与侧面余量一致”前面的“√”，“部件侧面余量”设为 0.26mm，“部件底面余量”设为 0.26mm（余量的设置比开粗时稍大）。

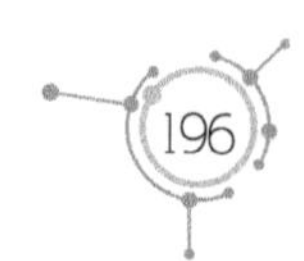

图 9-54　创建 B2 程序组

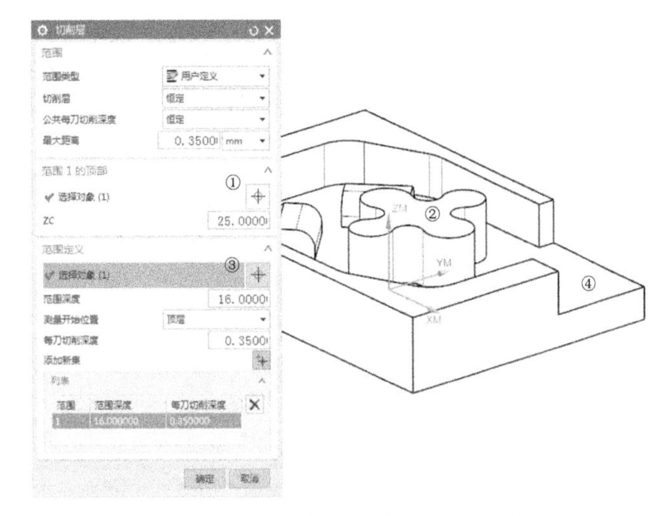

图 9-55　设置【切削层】对话框参数

（33）单击“非切削移动”按钮，在【非切削移动】对话框中单击“转移/快速”选项卡，“区域之间”的“转移类型”选取“安全距离-刀轴”，“区域内”的“转移方式”选取“进刀/退刀”，“转移类型”选取“安全距离-刀轴”。单击“进刀”选项卡，在“封闭区域”中，“进刀类型”选取“螺旋”，“直径”设为 3mm，“斜坡角”设为 1°，“高度”设为 1mm，“高度起点”选取“前一层”，“最小安全距离”设为 0，“最小斜面长度”设为 3mm。在“开放区域”中，“进刀类型”选取“线性”，“长度”设为 3mm，“旋转角度”、“斜坡角”设为 0°，“高度”设为 1mm，“最小安全距离”设为 3mm。

（34）单击“进给率和速度 ”按钮，主轴速度设为 1000r/min，进给率设为 1200mm/min。

（35）单击“生成”按钮，生成剩余铣刀路，如图 9-56 所示。

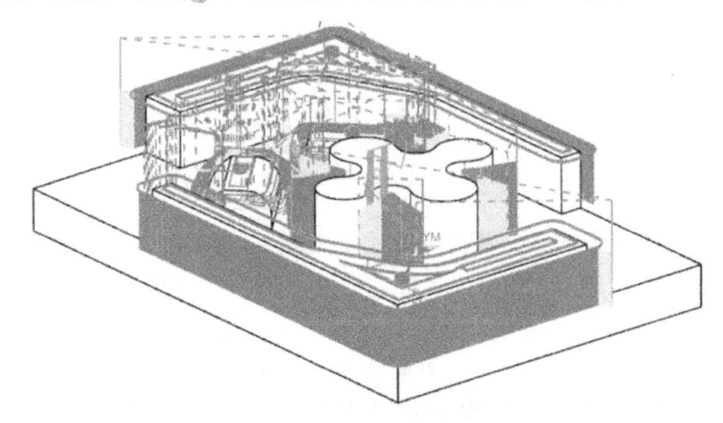

图 9-56　剩余铣刀路

（36）从图 9-56 中可看出，有太多的多余刀路，刀路需要修改。在“工序导航器”中双击 REST_MILLING，在【剩余铣】对话框中单击“指定修剪边界”按钮，在

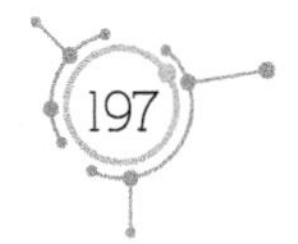

【修剪边界】对话框中“选择方法”选“面”，选取工件的台阶面，如图 9-57 所示。

（37）在【修剪边界】对话框中台阶面最大外形的修剪侧选“外部”，三个岛屿边界的修剪侧选“内部”，如图 9-58 所示。

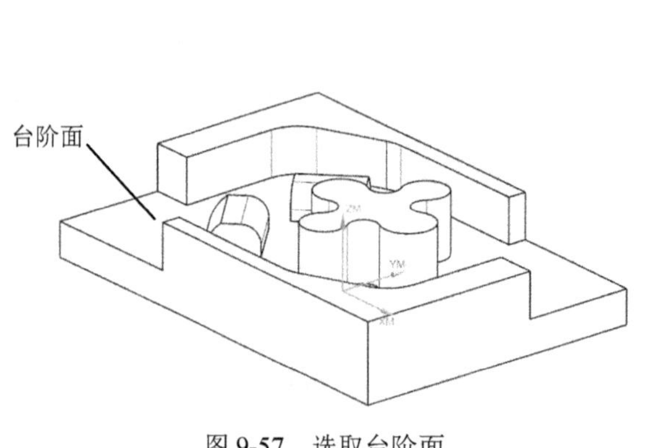

图 9-57 选取台阶面

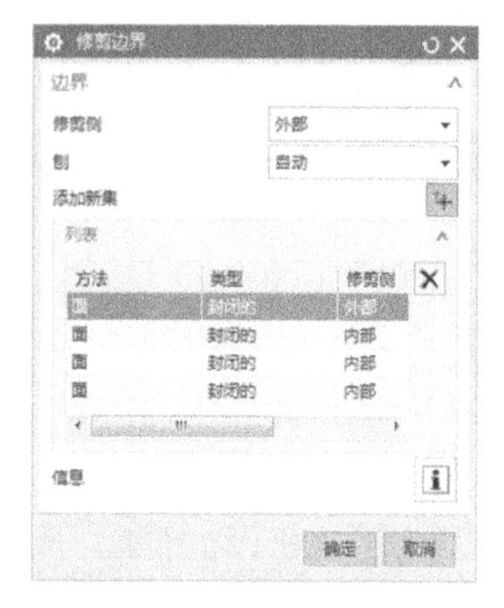

图 9-58 【修剪边界】对话框

（38）单击“生成”按钮，生成剩余铣刀路，如图 9-59 所示，从图中可看出，修剪后的刀路，多余的刀路大大减少。

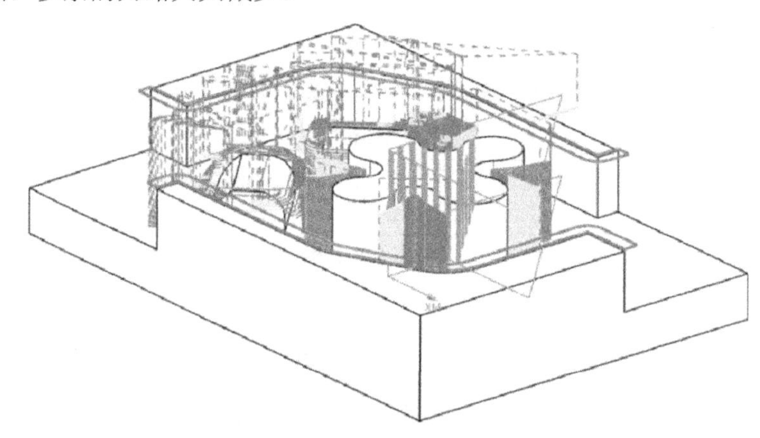

图 9-59 修剪后的剩余铣刀路

（39）选取“菜单 | 插入 | 程序”命令，在【创建程序】对话框中“类型”选取“mill_planar”，“程序”选取“B”，“名称”设为“B3”，创建 B3 程序组。

（40）选择“菜单 | 插入 | 工序”命令，在【创建工序】对话框中“类型”选取“mill_planar”，“工序子类型”选取“底壁加工”按钮，“程序”选取“B3”，“刀具”选取 D6R0，“几何体”选取“WORKPIECE-B”，“方法”选取“METHOD”。

（41）在【底壁加工】对话框中单击“指定切削区底面”按钮，在实体上选取 6 个平面。

（42）在【底壁加工】对话框中“切削区域空间范围”选取“底面”，“切削模式”

选取“往复”，“步距”选取“刀具平直百分比”，“平面直径平分比”设为 75%，“每刀切削深度”、“Z 向深度偏置”设为 0。

（43）单击“切削参数”按钮，在【切削参数】对话框中单击“策略”选项卡，“切削方向”选取“顺铣”选项，“切削角”选取“自动”，勾选“☑添加精加工刀路”复选框，“刀路数”设为 2，“精加工步距”设为 0.1mm。单击“余量”选项卡，“部件余量”、“壁余量”、“最终底面余量”设为 0。

（44）单击“非切削移动”按钮，在【非切削移动】对话框中选默认值。

（45）单击“进给率和速度 ”按钮，主轴速度设为 1200r/min，进给率设为 500mm/min。

（46）单击“生成”按钮，生成底壁精加工刀路，如图 9-60 所示。

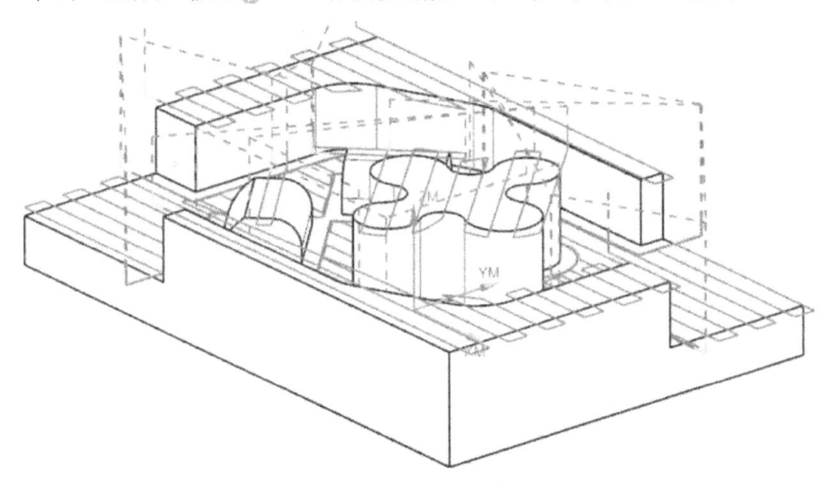

图 9-60　生成底壁精加工刀路

（47）选择“菜单 | 插入 | 工序”命令，在【创建工序】对话框中“类型”选取“mill_contour”，“工序子类型”选取“深度轮廓加工”按钮，“程序”选取“B3”，“刀具”选取 D6R0，“几何体”选取“WORKPIECE-B”，“方法”选取“METHOD”。

（48）在【深度轮廓加工】对话框中单击“指定切削区域”按钮，选取 4 个圆弧面。“陡峭空间范围”选取“无”，“公共每刀切削深度”选取“恒定”，“最大距离”设为 0.1mm。

（49）单击“切削层”按钮，在【切削层】对话框中选用默认值。

（50）单击“切削参数”按钮，在【切削参数】对话框中单击“策略”选项卡，“切削方向”选取“混合”，“切削顺序”选取“始终深度优先”。单击“余量”选项卡，取消“□使底面余量与侧面余量一致”前面的“ √”，“部件侧面余量”、“部件底面余量”设为 0。

（51）单击“非切削移动”按钮，在【非切削移动】对话框中单击“转移/快速”选项卡，“区域之间”的“转移类型”选取“安全距离-刀轴”，“区域内”的“转移方式”选取“进刀/退刀”，“转移类型”选取“直接”。单击“进刀”选项卡，在“开放区域”

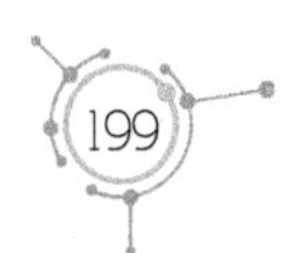

中，“进刀类型”选取“线性”，“长度”设为1mm，“旋转角度”、“斜坡角”、“高度”设为0mm，“最小安全距离”设为1mm。

（52）单击“进给率和速度”按钮，主轴速度设为1000r/min，进给率设为1200mm/min。

（53）单击“生成”按钮，生成深度轮廓加工刀路，如图9-61所示。

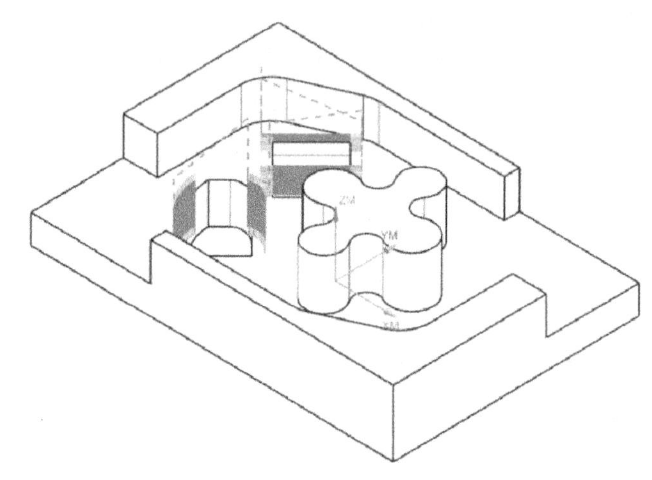

图9-61 深度轮廓加工刀路

（54）单击“保存”按钮，保存文档。

8. 第二个零件的建模过程

（1）启动NX 10.0，单击“新建”按钮，在【新建】对话框中选取“模型”选项卡，在模板框中“单位”选择“毫米”，选取“模型”模板，“名称”设为“EX9（2）.prt”，文件夹选取“E:\UG10.0数控编程\项目9”。

（2）单击“拉伸”按钮，在【拉伸】对话框中单击“绘制截面”按钮，选取*XOY*平面为草绘平面，*X*轴为水平参考，以原点为中心绘制矩形截面（118mm×80mm），参考图9-3。

（3）单击“完成”按钮，在【拉伸】对话框中“指定矢量”选取“ZC↑”按钮，“开始”选取“值”，“距离”设为0，“结束”选取“值”，“距离”设为12mm，“布尔”选取“无”

（4）单击“确定”按钮，创建第一个拉伸特征，参考图9-4。

（5）单击“拉伸”按钮，在【拉伸】对话框中单击“绘制截面”按钮，选取*XOY*平面为草绘平面，*X*轴为水平参考，绘制截面，如图9-62所示。

（6）单击“完成”按钮，在【拉伸】对话框中“指定矢量”选取“ZC↑”按钮，“开始”选取“值”，“距离”设为0，“结束”选取“值”，“距离”设为25mm，“布尔”选取“求和”。

（7）单击“确定”按钮，创建第二个拉伸特征，如图9-63所示。

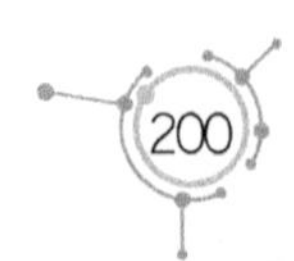

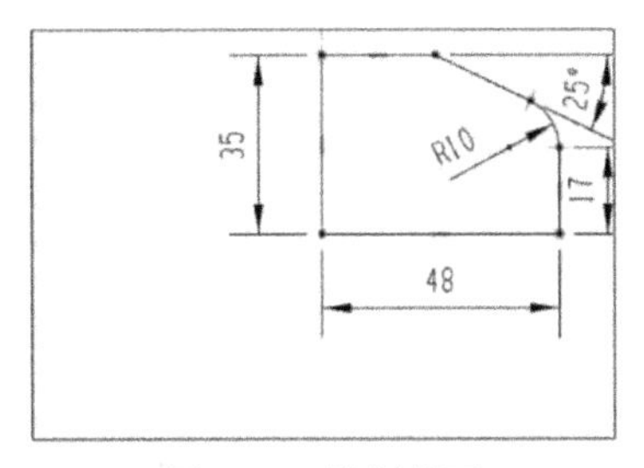

图 9-62 绘制截面

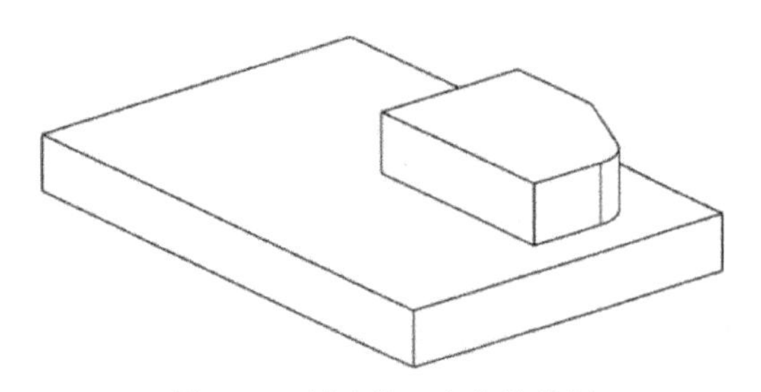

图 9-63 创建第二个拉伸特征

（8）选取“菜单｜插入｜关联复制｜镜像特征”命令，选取☑ 拉伸 (2)为镜像特征，*ZOY* 平面为镜像平面，创建镜像特征（一），如图 9-64 所示。

（9）选取“菜单｜插入｜关联复制｜镜像特征”命令，选取☑ 拉伸 (2)、☑ 镜像特征 (3)为镜像特征，*ZOX* 平面为镜像平面，创建镜像特征（二），如图 9-65 所示。（先创建特征的 1/4，再用镜像的方法，创建其他部分，有利于简化草绘）

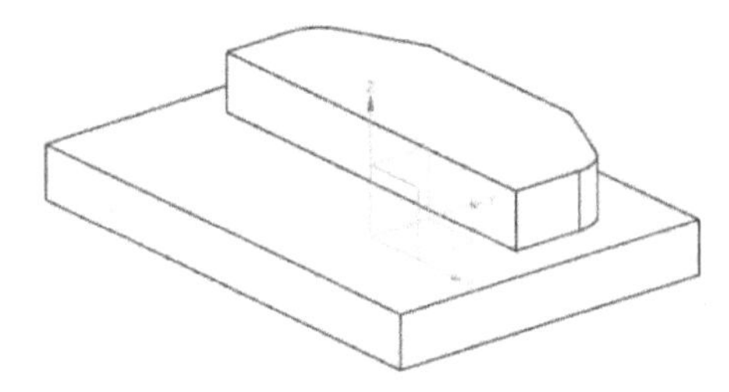

图 9-64 创建镜像特征（一）

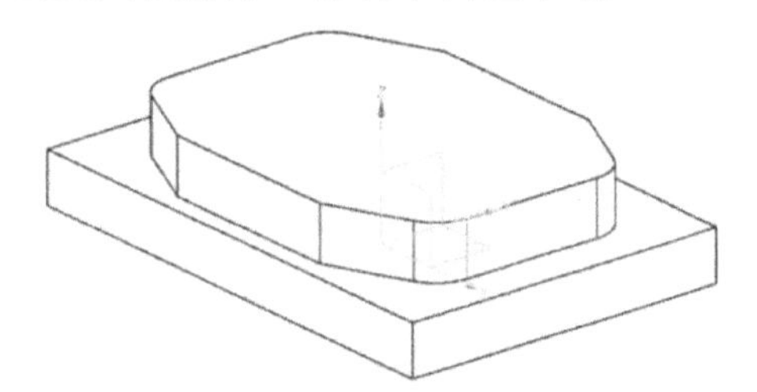

图 9-65 创建镜像特征（二）

（10）单击“边倒圆”按钮，选取实体上的 4 条边线，创建边倒圆特征（一）（R10mm），如图 9-66 所示。

（11）单击“边倒圆”按钮，选取实体上的 4 条边线，创建边倒圆特征（二）（R3mm），如图 9-67 所示。

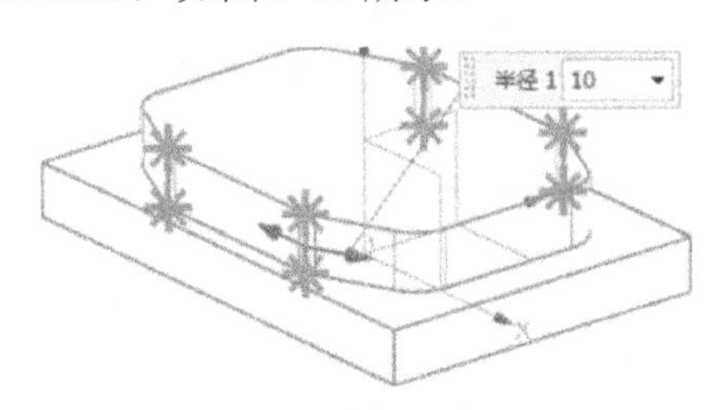

图 9-66 创建边倒圆特征（一）

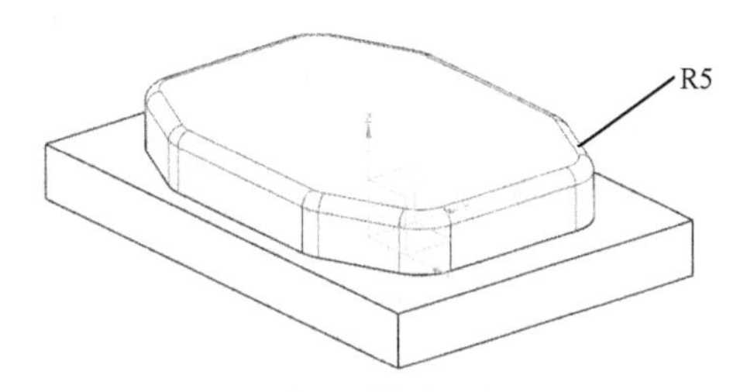

图 9-67 创建边倒圆特征（二）

（12）单击“拉伸”按钮，在【拉伸】对话框中单击“绘制截面”按钮，选取 *XOY* 平面为草绘平面，按照图 9-9～图 9-13 的方法，创建一个矩形截面，如图 9-68 所示。

（13）单击“完成”按钮，在【拉伸】对话框中“指定矢量”选取“ZC↑”按钮，“开始”选取“值”，“距离”设为 17mm，“结束”选取“值”，“距离”设为 25mm，“布尔”选取“求差”。

（14）单击“确定”按钮，创建第三个拉伸特征，如图 9-69 所示。

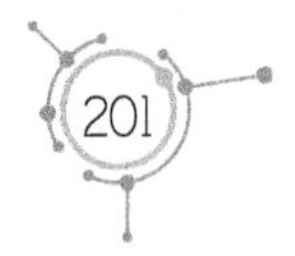

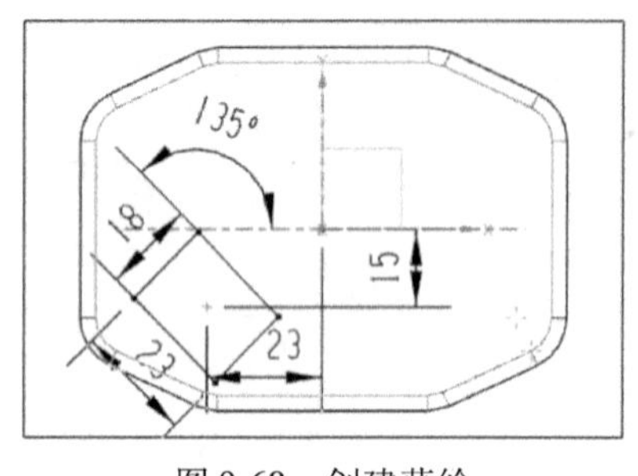

图 9-68　创建草绘

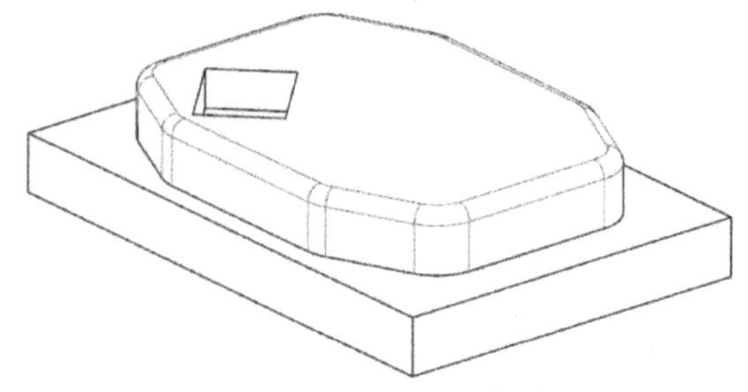

图 9-69　创建第三个拉伸特征

（15）单击“边倒圆”按钮，选取实体上的 4 条边线，创建边倒圆特征（三）（R5mm），如图 9-70 所示。

（16）选取“菜单 | 插入 | 关联复制 | 镜像特征”命令，选取 拉伸 (7)和 边倒圆 (8)为镜像特征，*ZOX* 平面为镜像平面，创建镜像特征（三），如图 9-71 所示。

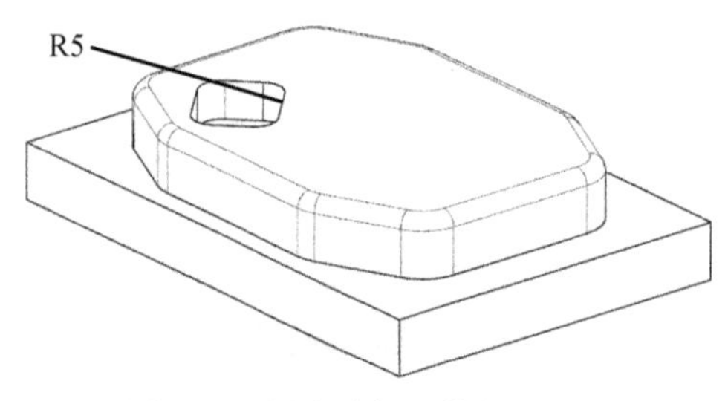

图 9-70　创建边倒圆特征（三）

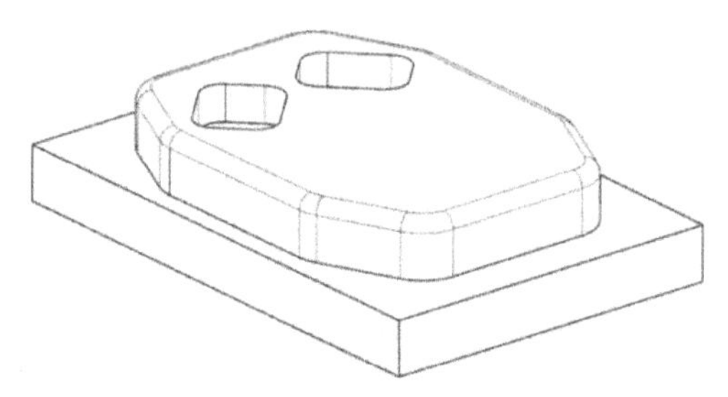

图 9-71　创建镜像特征

（17）单击“拉伸”按钮，在【拉伸】对话框中单击“绘制截面”按钮，选取工件上表面为草绘平面，*X* 轴为水平参考，绘制截面（8mm×24mm），如图 9-72 所示。

（18）单击“完成”按钮，在【拉伸】对话框中“指定矢量”选取“-ZC↓”按钮，“开始”选取“值”，“距离”设为 0，“结束”选取“值”，“距离”设为 4mm，“布尔”选取“求差”。

（19）单击“确定”按钮，创建右端的缺口，如图 9-73 所示。

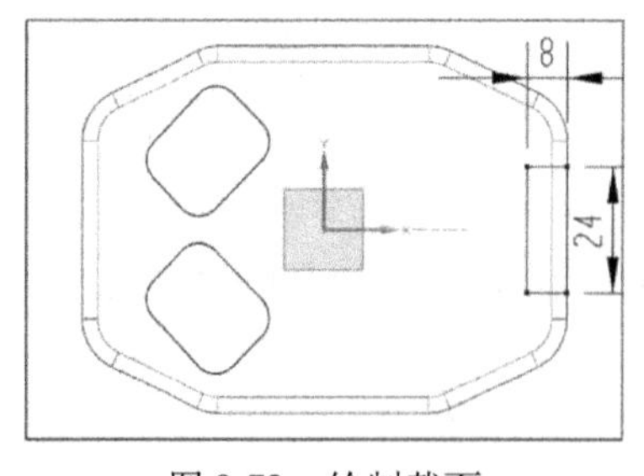

图 9-72　绘制截面

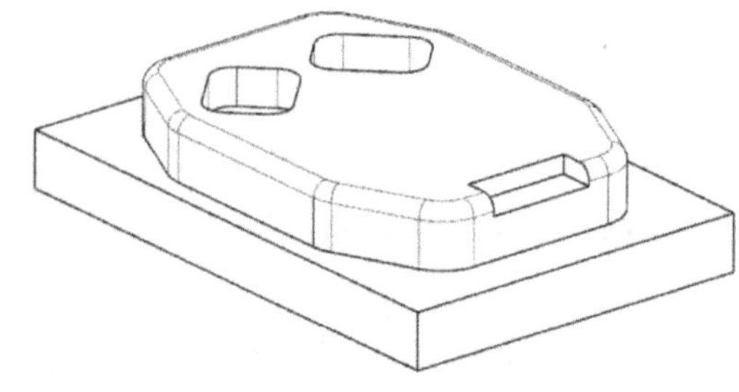

图 9-73　创建小缺口

（20）单击“边倒圆”按钮，选取缺口上的 2 条边线，创建边倒圆特征（四）（R4mm），如图 9-74 所示。

（21）选取“菜单｜插入｜关联复制｜镜像特征”命令，选取☑ 边倒圆 (11)为镜像特征，*ZOY* 平面为镜像平面，创建镜像特征（三），如图 9-75 所示。

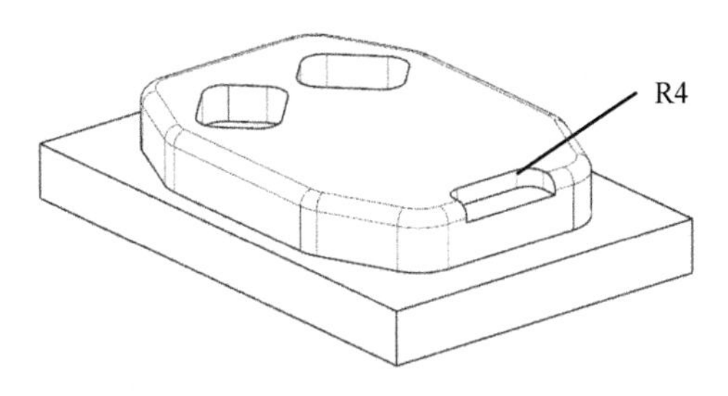

图 9-74 创建边倒圆特征（四）

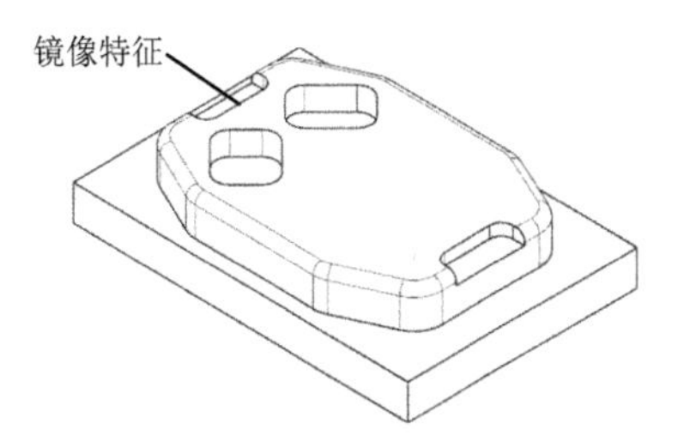

图 9-75 创建镜像特征

（22）按照第一个工件的方法，在创建梅花状的通孔及 4 个 ϕ10mm 孔，如图 9-76 所示。

（23）单击“拉伸”按钮，在【拉伸】对话框中单击“绘制截面”按钮，选取 *XOY* 平面为草绘平面，*X* 轴为水平参考，绘制截面（82mm×60mm），如图 9-77 所示。

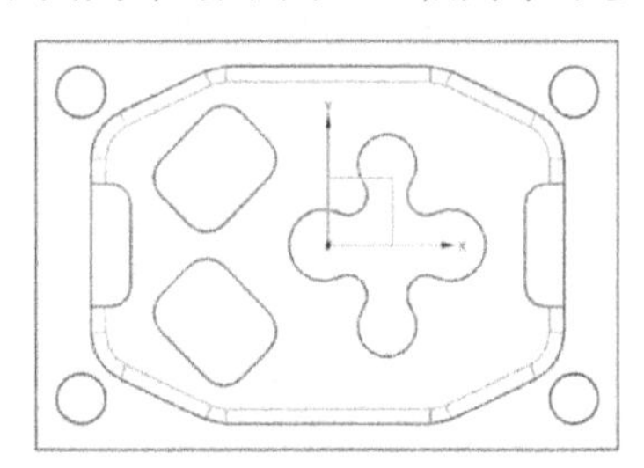
图 9-76 创建通孔

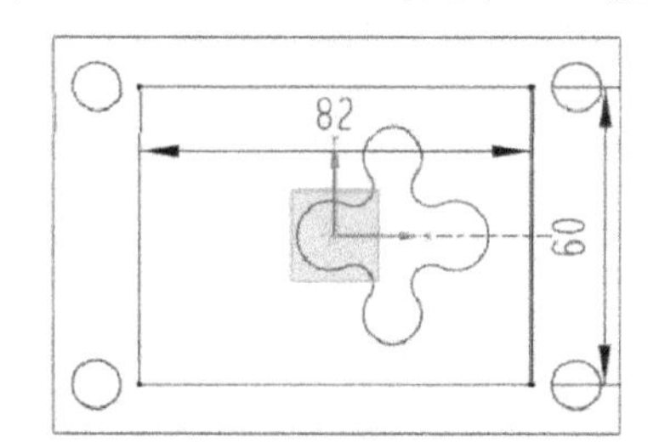

图 9-77 绘制截面

（24）单击“完成”按钮，在【拉伸】对话框中“指定矢量”选取“ZC↑”按钮，“开始”选取“值”，“距离”设为 0，“结束”选取“值”，“距离”设为 5mm，“布尔”选取“求差”。

（25）单击“确定”按钮，在工件底面创建长方体的坑，如图 9-78 所示。

（26）单击“拉伸”按钮，在【拉伸】对话框中单击“绘制截面”按钮，选取 *XOY* 平面为草绘平面，*X* 轴为水平参考，绘制矩形截面，与梅花状边线相切，如图 9-79 所示。

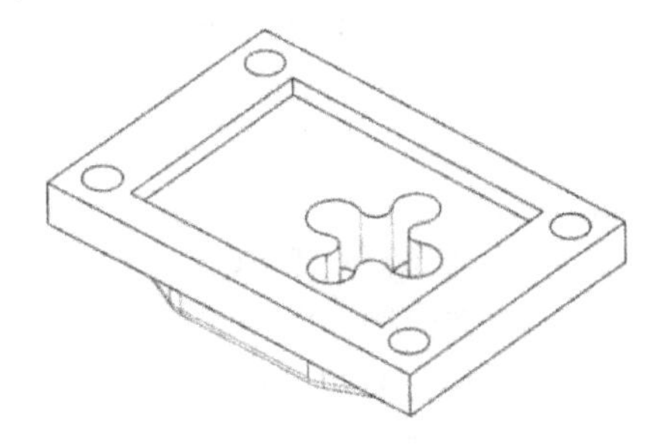
图 9-78 创建长方体的坑（一）

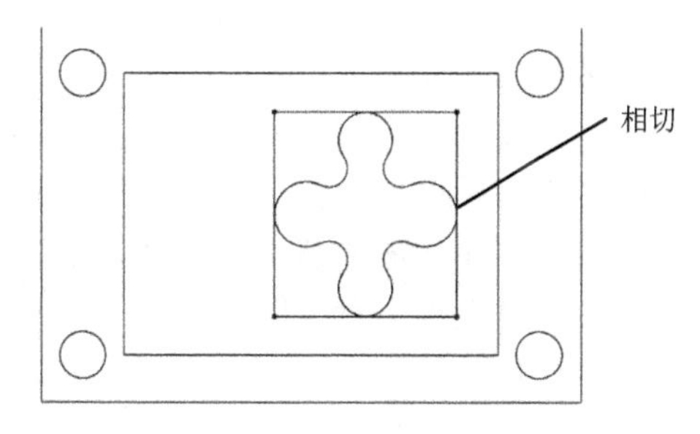

图 9-79 绘制矩形截面

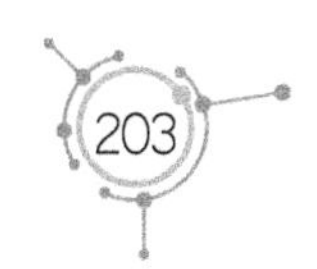

（27）单击“完成”按钮，在【拉伸】对话框中“指定矢量”选取“ZC↑”按钮，“开始”选取“值”，“距离”设为 0，“结束”选取“值”，“距离”设为 13mm，“布尔”选取“求差”。

（28）单击“确定”按钮，在工件底面创建长方体的坑，如图 9-80 所示。

（29）单击“边倒圆”按钮，选取底部方坑的边线，创建边倒圆特征（R4mm 及 R10mm），如图 9-81 所示。

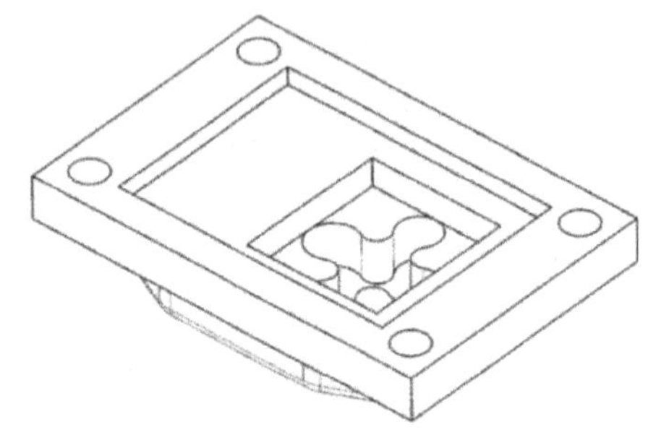

图 9-80　创建长方体的坑（二）

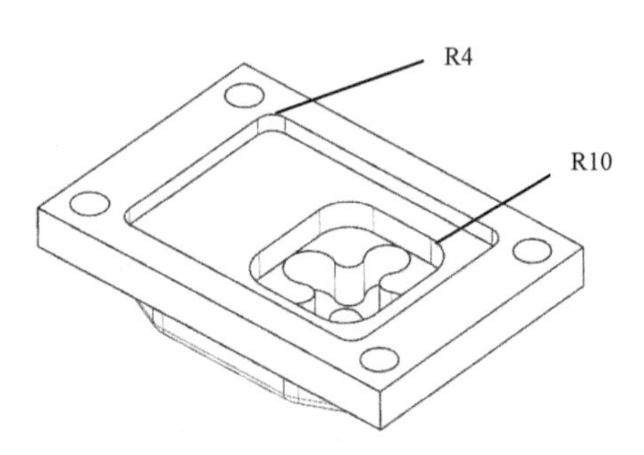

图 9-81　创建边倒圆特征

（30）单击“保存”按钮，保存文档。

9. 第二个零件第一次装夹的数控编程过程

（1）选取“菜单丨编辑丨移动对象”命令，在【移动对象】对话框中“运动”选取“距离”，“指定矢量”选取“-ZC↓”按钮，“距离”设为 25mm，“结果”选取“◉移动原先的”，如图 9-82 所示。

（2）单击“确定”按钮，将实体往-ZC 方向移动 25mm。

（3）选取“菜单丨格式丨复制至图层”命令，选取实体后，单击“确定”按钮，在【图层复制】对话框中“目标图层或类别”文本框中输入“10”。

（4）单击“确定”按钮，将实体复制到第 10 层。

（5）选取“菜单丨格式丨图层设置”命令，在【图层设置】对话框中取消图层“□10”前面的“√”，隐藏第 10 层。

（6）在横向菜单中单击“应用模块”选项卡，再单击“加工”命令，在【加工环境】对话框中选择“cam_general”选项和“mill_planar”选项，单击“确定”按钮，进入加工环境，此时工作区中出现两个坐标系，一个是基准坐标系，另一个是工件坐标系，两个坐标系重合，如图 9-83 所示

（7）在工件区左上方的工具条中选取“几何视图”按钮。

（8）在“工序导航器”中展开 MCS_MILL，再双击“WORKPIECE”按钮。

（9）在【工件】对话框中单击“指定部件”按钮，在绘图区中选取整个零件，单击“确定”按钮，单击“指定毛坯”按钮，在【毛坯几何体】对话框中“类型”选择“包容块”选项，“XM-”、“YM-”、“XM+”、“YM+”、“ZM+”设为 1mm。

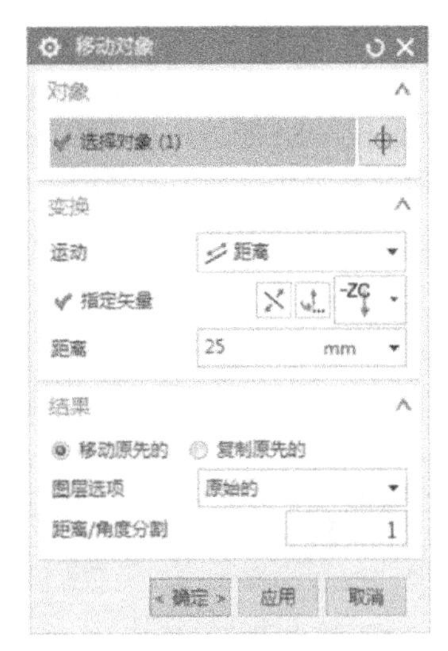

图 9-82 旋转实体

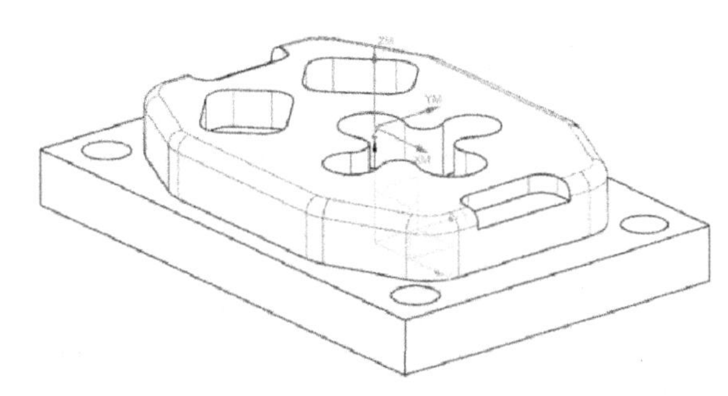
图 9-83 两个坐标系

（10）创建一把立铣刀（ϕ12mm）、一把立铣刀（ϕ6mm）、一把球头刀（ϕ6R3mm）、一把钻刀（ϕ10mm）。

（11）选择“菜单｜插入｜工序”命令，在【创建工序】对话框中“类型”选取“mill_planar”，“工序子类型”选取“使用边界面铣削”按钮，“程序”选取“NC_PROGRAM”，“刀具”选取 D12R0，“几何体”选取“WORKPIECE”，“方法”选取“METHOD”。

（12）在【面铣】对话框中单击“指定面边界”按钮，在【毛坯边界】对话框中“选择方法”选取“曲线”，“刀具侧”选取“内部”，“刨”选取“自动”，选取工件台阶的边线（118mm×80mm），单击“确定”按钮。

（13）在【面铣】对话框中“刀轴”选取“+ZM 轴”，“切削模式”选取“往复”，“步距”选取“刀具平直百分比”，“平面直径平分比”设为 75%，“毛坯距离”设为 15mm，“每刀切削深度”设为 0.8mm，“最终底面余量”设为 0.1mm。

（14）单击“切削参数”按钮，在【切削参数】对话框中单击“策略”选项卡，“切削方向”选取“顺铣”，“切削角”选取“指定”，“与 XC 的夹角”设为 0。勾选“☑添加精加工刀路”复选框，“刀路数”设为 1，“精加工步距”设为 1mm。单击“余量”选项卡，“部件余量”、“壁余量”设为 0.25mm，“最终底面余量”设为 0.1mm。

（15）单击“非切削移动”按钮，在【非切削移动】对话框中单击“转移/快速”选项卡，“区域之间”的“转移类型”选取“安全距离-刀轴”，“区域内”的“转移方式”选取“进刀/退刀”，“转移类型”选取“安全距离-刀轴”。单击“进刀”选项卡，在“封闭区域”中，“进刀类型”选取“螺旋”，“直径”设为 5mm，“斜坡角”设为 1°，“高度”设为 1mm，“高度起点”选取“前一层”，“最小安全距离”设为 0，“最小斜面长度”设为 5mm。在“开放区域”中，“进刀类型”选取“线性”，“长度”设为 8mm，“旋转角度”、“斜坡角”设为 0°，“高度”设为 1mm，“最小安全距离”设为 8mm。

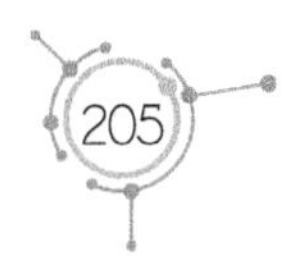

（16）单击“进给率和速度 ”按钮，主轴速度设为 1000r/min，进给率设为 1200mm/min。

（17）单击“生成”按钮，生成面铣开粗刀路，如图 9-84 所示，从图中可看出，有些区域由于空间太小，不能按螺旋方式进刀，而是按斜插方式进刀，而且由于空间范围太小，加工时排屑困难，也容易出现踩刀现象，应该避免这种刀路。

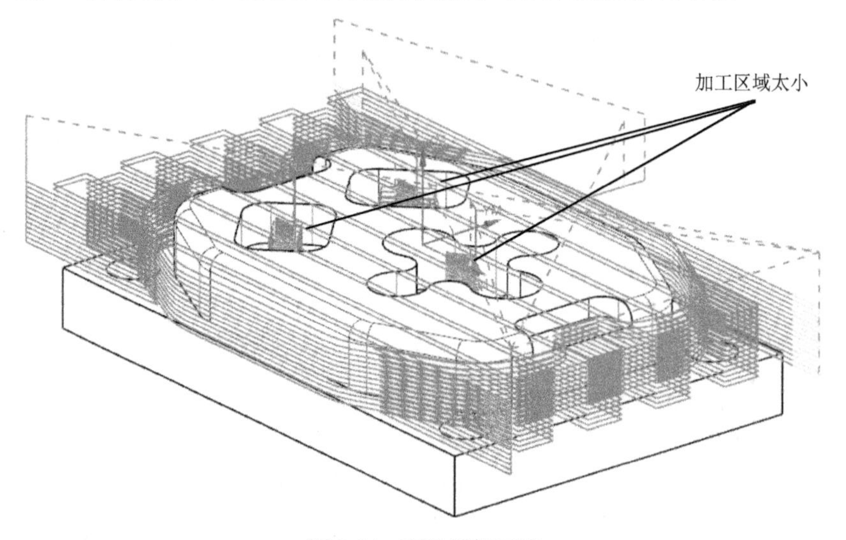

图 9-84　面铣开粗刀路

（18）在“工序导航器”中，双击 FACE_MILLING，在【面铣】对话框中单击“非切削移动”按钮，在【非切削移动】对话框中单击“进刀”选项卡，在“封闭区域”中，“进刀类型”选取“螺旋”，“直径”设为 10mm，“最小斜面长度”设为 10mm。重新生成刀路后，空间范围较小的区域中没有加工刀路，如图 9-85 所示。

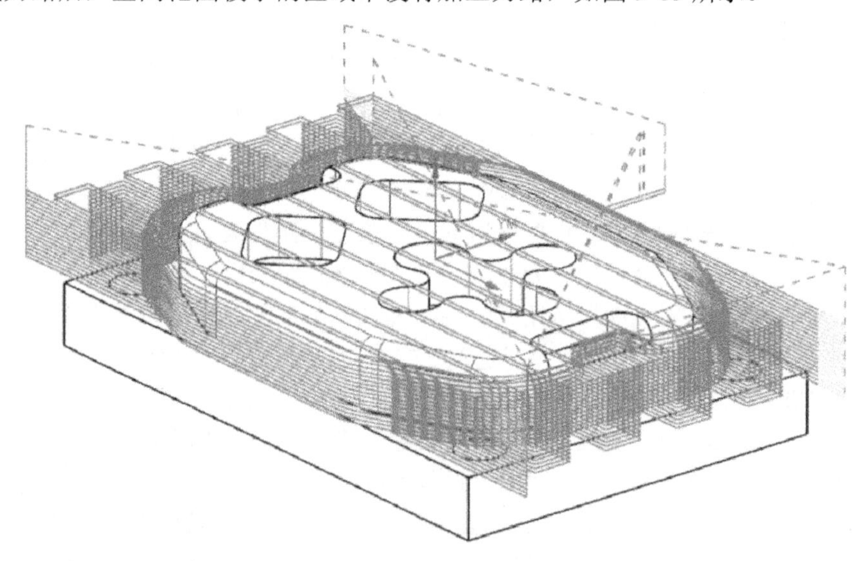

图 9-85　修改后的刀路

（19）选择“菜单｜插入｜工序”命令，在【创建工序】对话框中“类型”选取“mill_planar”，“工序子类型”选取“平面铣”按钮，“程序”选取“NC_PROGRAM”，“刀具”选取D12R0，“几何体”选取“WORKPIECE”，“方法”选取“METHOD”。

（20）在【平面铣】对话框中单击“指定部件边界”按钮，在【边界几何体】对话框中“模式”选取“面”，“材料侧”选取“内部”，勾选“☑忽略孔”、“☑忽略岛”复选框，选取工件台阶面，单击“确定”按钮。

（21）再次单击“指定部件边界”按钮，台阶的外边线呈棕色，在【编辑边界】对话框中“类型”选“封闭的”，“刨”选取“自动”，“材料侧”选取“内部”。

（22）在【平面铣】对话框中单击“指定底面 ”按钮，选取下底面，“距离”设为2mm。

（23）在【平面铣】对话框中“切削模式”选取“轮廓”，“附加刀路”设为0。

（24）单击“切削层”按钮，在【切削层】对话框中“类型”选取“恒定”，“公共每刀切削深度”设为0.8mm。

（25）单击“切削参数”按钮，在【切削参数】对话框中单击“策略”选项卡，“切削方向”选取“顺铣”。单击“余量”选项卡，“部件余量”设为0.3 mm。

（26）单击“非切削移动”按钮，在【非切削移动】对话框中单击“转移/快速”选项卡，“区域之间”的“转移类型”选取“安全距离-刀轴”，“区域内”的“转移方式”选取“进刀/退刀”，“转移类型”选取“直接”。单击“进刀”选项卡，在“开放区域”中，“进刀类型”选取“圆弧”，“半径”设为2mm，“圆弧角度”设为90°，“高度”设为1mm，“最小安全距离”设为10mm。在“起点/钻点”选项卡中“重叠距离”设为1mm，单击“指定点”按钮，选取“控制点”选项，选取工件右边的边线，以该直线的中点设为进刀点。

（27）单击“进给率和速度 ”按钮，主轴速度设为1000r/min，进给率设为1200mm/min。

（28）单击“生成”按钮，生成平面铣加工轮廓刀路，如图9-86所示。

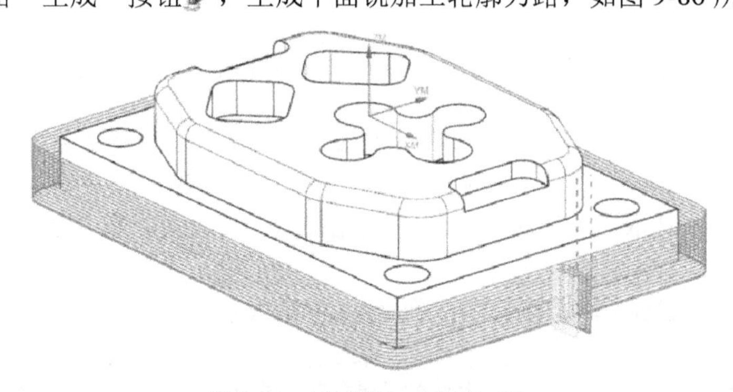

图9-86 平面铣加工轮廓刀路

（29）在工作区上方的工具条中选取“程序顺序视图”按钮，在“工序导航器”中将Program改为C。

（30）选取“菜单｜插入｜程序”命令，在【创建程序】对话框中“类型”选取“mill_contour”，“程序”选取 C，“名称”设为 C1，单击“确定”按钮，创建 C1 程序组，此时 C1 在 C 下，并把刚才创建刀路程序移到 C1 下面。

（31）选取“菜单｜插入｜程序”命令，在【创建程序】对话框中“类型”选取“mill_contour”，“程序”选取 C，“名称”设为 C2，单击“确定”按钮，创建 C2 程序组，此时 C2 在 C 下面，并且 C1 与 C2 并列，如图 9-87 所示。

（32）在“工序导航器”中选取 FACE_MILLING 和 PLANAR_MILL，单击鼠标右键，选取“复制”命令，再选取“C2”，单击鼠标右键，选取“内部粘贴”命令。

（33）在“工序导航器”中双击 FACE_MILLING_COPY，在【面铣】对话框中单击“指定面边界”按钮，在【毛坯边界】对话框中多次单击“移除”按钮，移除以前的选项，在【毛坯边界】对话框中“选择方法”选取“面”，“刀具侧”选取“内部”，“刨”选取“自动”，选取工件上表面，再在【毛坯边界】对话框中单击“添加新集”按钮，再选取工件的台阶面，单击“确定”按钮。

（34）在【面铣】对话框中“毛坯距离”设为 1mm，“每刀切削深度”设为 0，“最终底面余量”设为 0。

（35）单击“切削参数”按钮，在【切削参数】对话框中单击“策略”选项卡，勾选“添加精加工刀路”复选框，“刀路数”设为 2，“精加工步距”设为 0.1mm。

（36）单击“进给率和速度 ”按钮，主轴速度设为 1200r/min，进给率设为 500mm/min。

（37）单击“生成”按钮，生成面铣精加工刀路，如图 9-88 所示。

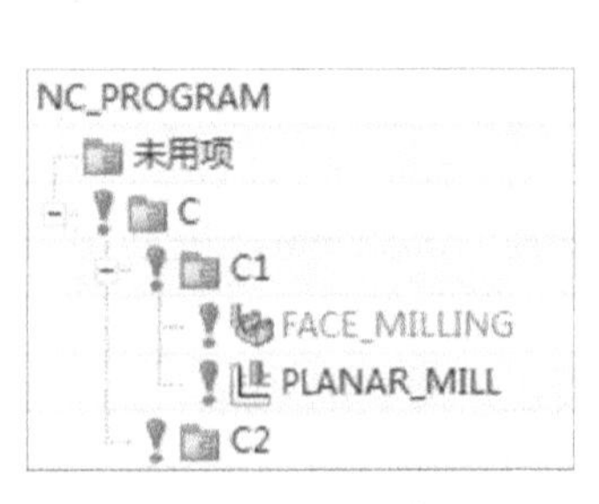

图 9-87　工序导航器

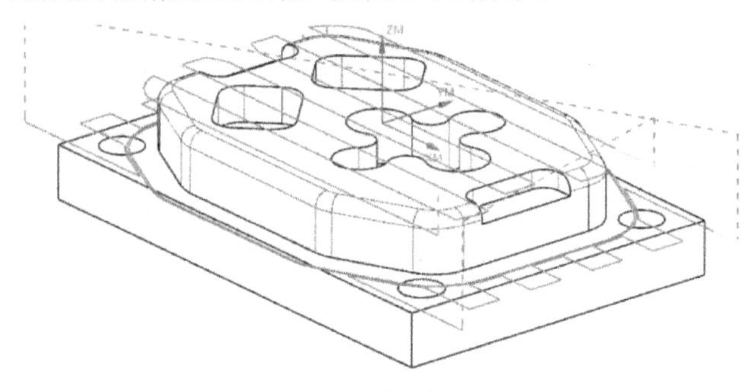

图 9-88　面铣精加工刀路

（38）双击 PLANAR_MILL_COPY，在【平面铣】对话框中“步距”选取“恒定”，“最大距离”设为 0.1mm，“附加刀路”设为 2。单击“切削层”按钮，在【切削层】对话框中“类型”选取“仅底面”。单击“切削参数”按钮，在“余量”选项卡中“部件余量”设为 0。

（39）单击“进给率和速度 ”按钮，主轴速度设为 1200r/min，进给率设为 500mm/min。

（40）单击“生成”按钮，生成平面铣轮廓精加工刀路，如图 9-89 所示。

（41）选取“菜单｜插入｜程序”命令，在【创建程序】对话框中“类型”选取“mill_contour”，“程序”选取 C，“名称”设为 C3，单击“确定”按钮，创建 C3 程序组。此时，C3 在 C 下面，并且 C1、C2、C3 列。

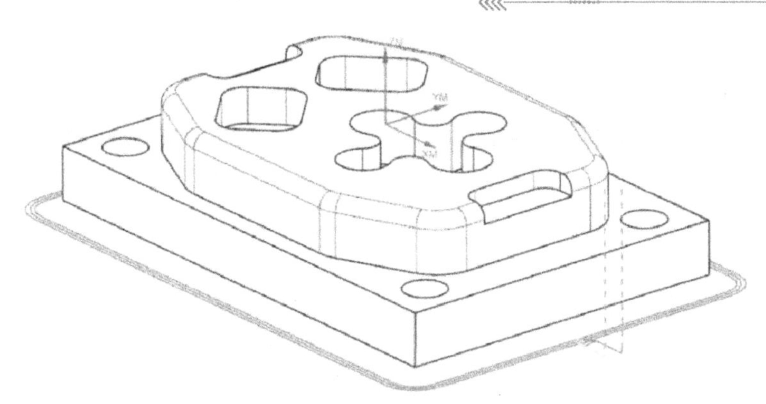

图 9-89 铣轮廓精加工刀路

（42）在“工序导航器”中，选取 FACE_MILLING，单击鼠标右键，选取“复制”命令，再选取 C3，单击鼠标右键，选取“内部粘贴”命令。

（43）在“工序导航器”中，双击 FACE_MILLING_COPY_1，在【面铣】对话框中单击“指定面边界”按钮，在【毛坯边界】对话框中单击“移除”按钮，移除以前的选项，再在【毛坯边界】对话框中“选择方法”选取“曲线”，在工作区上方的工具条中选取“相切曲线”选项，选取梅花形孔口部的曲线为边界线，“刀具侧”选取“内部”，“刨”选取“指定”，选取台阶面为刨面，“距离”设为 0，如图 9-90 所示。

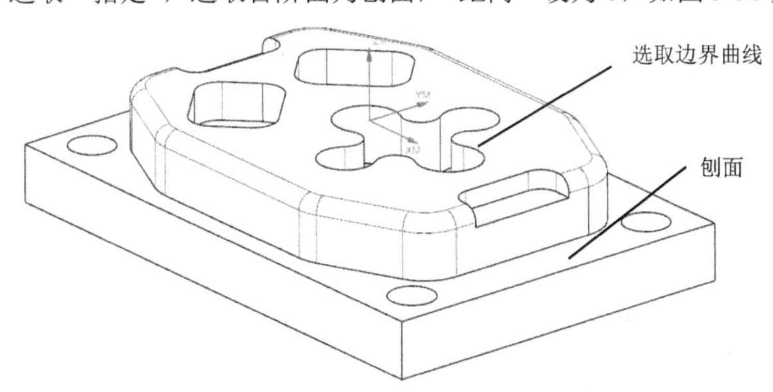

图 9-90 选取边界曲线和刨面

（44）在【毛坯边界】对话框中单击“添加新集”按钮，再选取其中一个方孔口部的曲线为边界线，选取台阶面为刨面，“距离”设为 0。

（45）在【毛坯边界】对话框中单击“添加新集”按钮，再选取另一个方孔口部的曲线为边界线，选取台阶面为刨面，“距离”设为 0。

（46）在【面铣】对话框中“刀具”选“D6R0”立铣刀，“切削模式”选取“跟随周边”，“步距”选取“刀具平直百分比”，“平面直径平分比”设为 75%，“毛坯距离”设为 13mm，“每刀切削深度”设为 0.3mm，“最终底面余量”设为 0.1mm。

（47）单击“切削参数”按钮，在【切削参数】对话框中单击“策略”选项卡，“切削方向”选取“顺铣”，“刀路方向”选取“向外”，取消“□添加精加工刀路”复选框

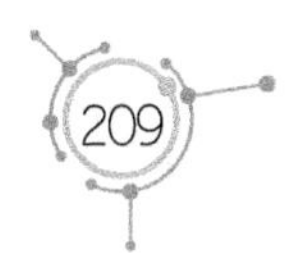

前面的“ √ ”。单击“余量”选项卡，“部件余量”、“壁余量”设为 0.25mm，“最终底面余量”设为 0.1mm。

（58）单击“非切削移动”按钮，在【非切削移动】对话框中单击“转移/快速”选项卡，“区域之间”的“转移类型”选取“安全距离-刀轴”，“区域内”的“转移方式”选取“进刀/退刀”，“转移类型”选取“安全距离-刀轴”。单击“进刀”选项卡，在“封闭区域”中，“进刀类型”选取“螺旋”，“直径”设为 5mm，“斜坡角”设为 1°，“高度”设为 1mm，“高度起点”选取“前一层”，“最小安全距离”设为 0，“最小斜面长度”设为 5mm。

（49）单击“进给率和速度 ”按钮，主轴速度设为 1000r/min，进给率设为 1200mm/min。

（50）单击“生成”按钮，生成面铣开粗刀路，如图 9-91 所示。

（51）在“工序导航器”中选取 PLANAR_MILL，单击鼠标右键，选取“复制”命令，再选取“C2”，单击鼠标右键，选取“内部粘贴”命令。

（52）双击 PLANAR_MILL_COPY_1，在【平面铣】对话框中单击“指定部件边界”按钮，在【编辑边界】对话框中单击“全部重选”按钮 全部重选 ，在【边界几何体】对话框中“模式”选取“曲线/边…”，在【创建边界】对话框中“类型”选取“开放的”，“材料侧”选取“右”，“刨”选取“用户定义”，选取工件最高面为刨面，“距离”设为 0，在工作区上方选取“相切曲线”选项，选取缺口的边线，如图 9-92 所示。（注意：在选取边线时，应在靠近边线的右边端点处选取）

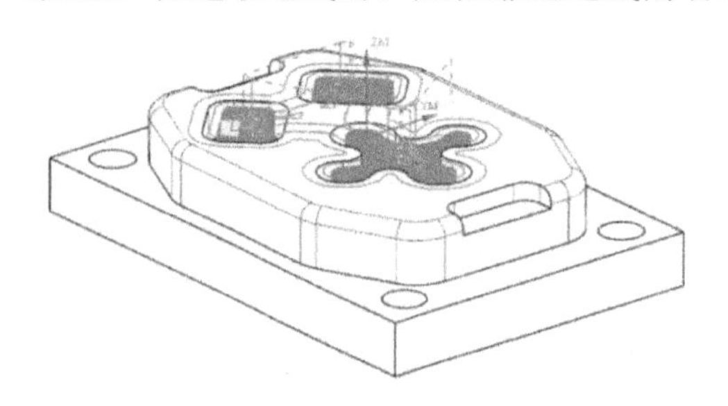

图 9-91 面铣开粗刀路加工小孔

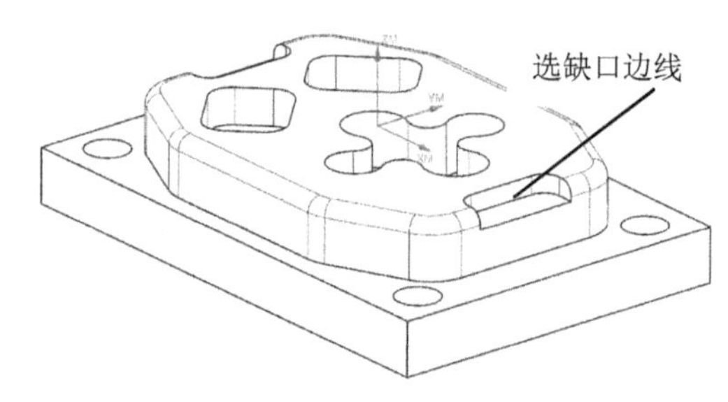

图 9-92 选取缺口边线

（53）在【创建边界】对话框中单击“创建下一个边界”按钮，选取另一端缺口的边线。

（54）在【平面铣】对话框中单击“指定底面 ”按钮，选取缺口底面，“距离”设为 0mm。

（55）在【平面铣】对话框中“刀具”选取“D6R0”立铣刀。

（56）单击“切削层”按钮，在【切削层】对话框中“类型”选取“恒定”，“公共每刀切削深度”设为 0.3mm。

（57）单击“切削参数”按钮，在【切削参数】对话框中单击“策略”选项卡，“切削方向”选取“顺铣”，“切削顺序”选取“深度优先”。单击“余量”选项卡，“部件余量”设为 0.3 mm，“最终底面余量”设为 0.1mm。

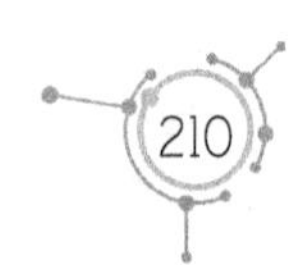

（58）单击“非切削移动”按钮，在【非切削移动】对话框中单击“进刀”选项卡，在“开放区域”中，“进刀类型”选取“线性”，“长度”设为 5mm，“旋转角度”、“斜坡角”、“高度”设为 0，“最小安全距离”设为 5mm。

（59）单击“进给率和速度 ”按钮，主轴速度设为 1000r/min，进给率设为 1200mm/min。

（60）单击“生成”按钮，生成平面铣加工轮廓刀路，如图 9-93 所示。

（61）选取“菜单｜插入｜程序”命令，在【创建程序】对话框中“类型”选取“mill_contour”，“程序”选取 C，“名称”设为 C4，单击“确定”按钮，创建 C4 程序组，此时 C4 在 C 下，并且 C1、C2、C3、C4 并列。

（62）在“工序导航器”中，选取 FACE_MILLING_COPY，单击鼠标右键，选取“复制”命令，再选取 C4，单击鼠标右键，选取“内部粘贴”命令。

（63）在“工序导航器”中，双击 FACE_MILLING_COPY_COPY，在【面铣】对话框中单击“指定面边界”按钮，在【毛坯边界】对话框中多次单击“移除”按钮，移除以前的选项。

（64）在【毛坯边界】对话框中“选择方法”选取“面”，先选其中一个方形盲孔的底面，再在【毛坯边界】对话框中单击“添加新集”按钮，再选另一个方形盲孔底面，再单击“添加新集”按钮，选取左边缺口的底面，再单击“添加新集”按钮，选取右边缺口的底面。

（65）在【毛坯边界】对话框中“刀具侧”选取“内部”，“刨”选取“自动”，如图 9-94 所示。

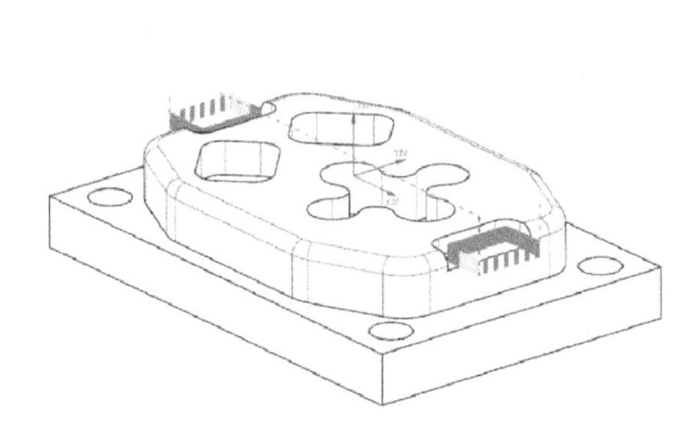

图 9-93　平面铣加工轮廓刀路

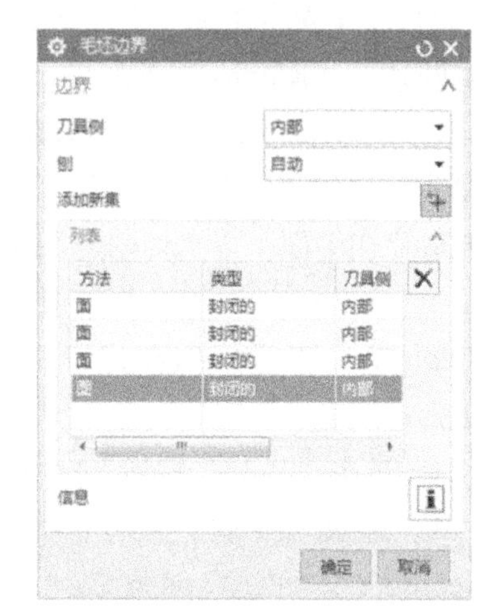

图 9-94　“刀具侧”选取“内部”，“刨”选取“自动”

（66）在【面铣】对话框中“刀具”选取“D6R0”立铣刀，“切削模式”选取“跟随周边”。

（67）单击“生成”按钮，生成面铣精加工刀路，如图 9-95 所示。

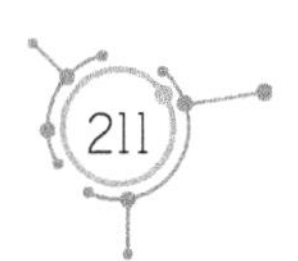

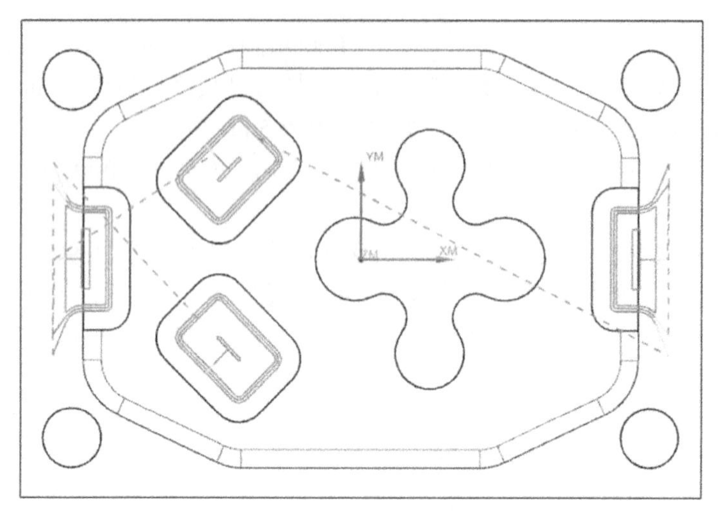

图 9-95 面铣精加工刀路

（68）选取“菜单｜插入｜程序”命令，在【创建程序】对话框中“类型”选取“mill_contour”，“程序”选取 C，“名称”设为 C5，单击“确定”按钮，创建 C5 程序组，此时 C5 在 C 下，并且 C1、C2、C3、C4、C5 并列。

（69）选择“菜单｜插入｜工序”命令，在【创建工序】对话框中“类型”选取“mill_contour”，“工序子类型”选取“固定轮廓铣”按钮，“程序”选取“C5”，“刀具”选取 D6R3，“几何体”选取 WORKPIECE，“方法”选取“METHOD”。

（70）在【固定轮廓铣】对话框中选取“指定切削区域”按钮，选取上表面与侧面的倒圆角面（R3mm 的圆角）。

（71）“驱动方法”选取“区域铣削”，在【区域铣削驱动方法】对话框中“非陡峭切削模式”选取“往复”，“步距”选取“恒定”，“最大距离”设为 0.3mm，“步距已应用”选取“在平面上”，“切削角”选取“指定”，“与 XC 的夹角”设为 45°，如图 9-96 所示。

（72）单击“进给率和速度 ”按钮，主轴速度设为 1200r/min，进给率设为 500mm/min。

（73）单击“生成”按钮，生成固定铣轮廓精加工刀路，如图 9-97 所示。

（74）选取“菜单｜插入｜程序”命令，在【创建程序】对话框中“类型”选取“mill_contour”，“程序”选取 C，“名称”设为 C6，单击“确定”按钮，创建 C6 程序组，此时 C6 在 C 下，并且 C1、C2、C3、C4、C5、C6 并列。

（75）选择“菜单｜插入｜工序”命令，在【创建工序】对话框中“类型”选取“drill”，“工序子类型”选取“啄钻”按钮，“程序”选取 C6，“刀具”选取 Dr10(钻刀)，“几何体”选取“WORKPIECE”，“方法”选取“METHOD”，按照第一个工件的步骤，创建钻孔刀路，如图 9-98 所示。

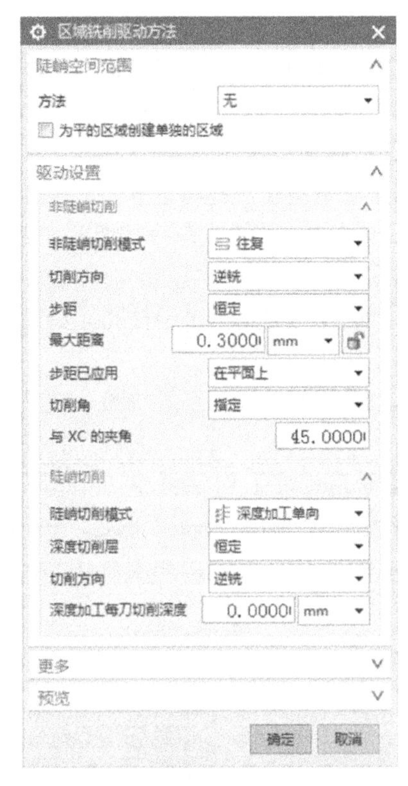

图 9-96 设定【区域铣削驱动方法】对话框参数

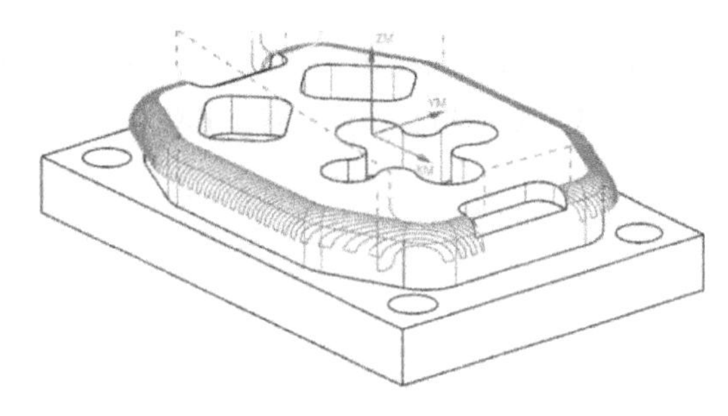

图 9-97 生成固定铣轮廓精加工刀路

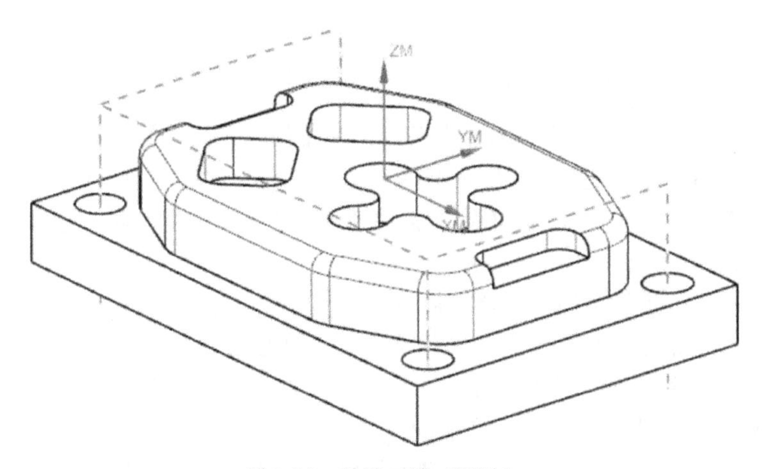

图 9-98 钻孔刀路（啄钻）

10. 第二个零件第二次装夹的数控编程过程

（1）选取“菜单 | 格式 | 图层设置”命令，在【图层设置】对话框中双击“□10”，将图层 10 设为工作图层，取消图层“□1”前面的“√”，隐藏第 1 层的图素。

（2）选取“菜单 | 编辑 | 移动对象”命令，在【移动对象】对话框中“运动”选取

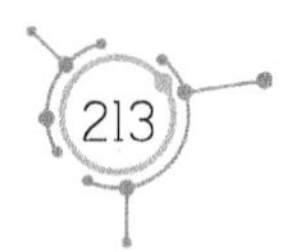

“角度”，“指定矢量”选取“YC↑”选项，“角度”设为 180°，“结果”选取“◉移动原先的”，单击“指定轴点”按钮，在【点】对话框中输入（0，0，0）。

（3）单击“确定”按钮，旋转实体。

（4）如果此时孔特征没有创建成功，则请在部件导航器中单击 简单孔 (9)，在【孔】对话框中“指定矢量”选取“-ZC↓”，即可重新生成孔特征。

（5）在横向菜单中选取“应用模块”选项卡，再单击“建模”命令按钮，进入建模环境。

（6）选取“菜单 | 插入 | 同步建模 | 删除面”命令，删除 4 个圆柱孔，如图 9-99 所示。

（7）在横向菜单中单击“应用模块”选项卡，再单击“加工”命令，进入加工环境。

（8）选取“菜单 | 插入 | 程序”命令，在【创建程序】对话框中“类型”选取“mill_contour”，“程序”选取 NC_PROGRAM，“名称”设为 D，单击“确定”按钮，创建 D 程序组，此时 D 在“NC_PROGRAM”下，并且 D 与 C 并列，如图 9-100 所示。

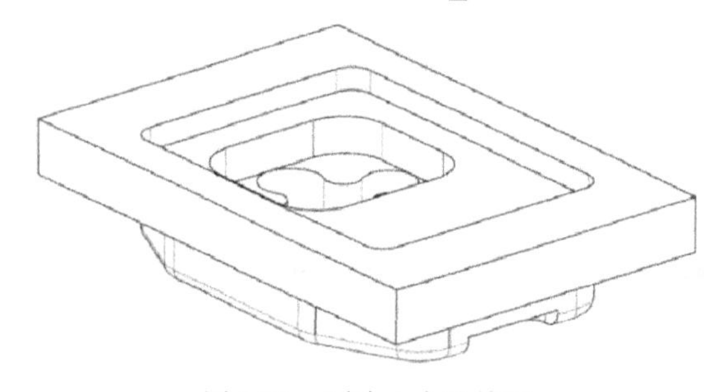

图 9-99　删除 4 个孔特征

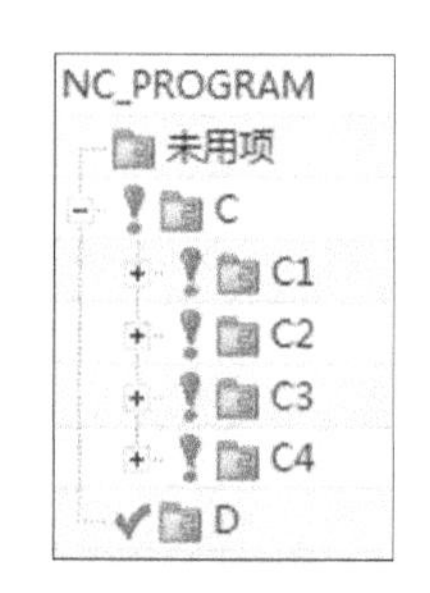

图 9-100　创建 D 程序组

（9）选取“菜单 | 插入 | 几何体”命令，在【创建几何体】对话框中“几何体子类型”选取，“几何体”选取“GEOMETRY”，“名称”设为“USE-WORKPIECE”。

（10）单击“确定”按钮，在【MCS】对话框中“安全设置选项”选取“自动平面”，“安全距离”设为 5mm。

（11）单击“确定”按钮，创建几何体。

（12）选取“菜单 | 插入 | 几何体”命令，在【创建几何体】对话框中“几何体子类型”选取“WORKPIECE”按钮，“几何体”选取“USE-WORKPIECE”，“名称”设为“WORKPIECE-D”，如图 9-102 所示。

（13）单击“确定”按钮，在【工件】对话框中选取“指定部件”按钮，在工作区中选取整个零件，单击“确定”按钮，设定零件为工作部件。

（14）在【工件】对话框中单击“指定毛坯”按钮，在【毛坯几何体】对话框中“类型”选择“包容块”，“XM-”、“YM-”、“XM+”、“YM+”设为 1mm，“ZM+”设为 2mm。

（15）单击“确定 | 确定”按钮，创建几何体“WORKPIECE-D”。

图 9-101 “名称”设为“USE-WORKPIECE”

图 9-102 “名称”设为“WORKPIECE-D”

（16）选取“菜单｜插入｜程序”命令，在【创建程序】对话框中“类型”选取“mill_contour”，“程序”选取 D，“名称”设为 D1，单击“确定”按钮，创建 D1 程序组，此时 D1 在 D 下。

（17）选择“菜单｜插入｜工序”命令，在【创建工序】对话框中“类型”选取“mill_planar”，“工序子类型”选取“使用边界面铣削”按钮，“程序”选取“D1”，“刀具”选取 D12R0，“几何体”选取“WORKPIECE-D”，“方法”选取“METHOD”。

（18）在【面铣】对话框中单击“指定面边界”按钮，在【毛坯边界】对话框中“选择方法”选取“曲线”，选取工件上表面的外边线（118mm×80mm），“刀具侧”选取“内部”，“刨”选取“指定”，选取梅花形通孔的上表面为刨面，“距离”设为 0。

（19）单击“确定”按钮，在【面铣】对话框中“切削模式”选取“跟随周边”，“步距”选取“刀具平直百分比”，“平面直径平分比”设为 75%，“毛坯距离”设为 15mm，“每刀切削深度”设为 0.8mm，“最终底面余量”设为 0.1mm。

（20）单击“切削参数”按钮，在【切削参数】对话框中单击“策略”选项卡，“切削方向”选取“顺铣”，“刀路方向”选取“向外”。单击“余量”选项卡，“部件余量”、“壁余量”设为 0.3mm，“最终底面余量”设为 0.1mm。

（21）单击“非切削移动”按钮，在【非切削移动】对话框中单击“转移/快速”选项卡，“区域之间”的“转移类型”选取“安全距离-刀轴”，“区域内”的“转移方式”选取“进刀/退刀”，“转移类型”选取“直接”。单击“进刀”选项卡，在“封闭区域”中，“进刀类型”选取“螺旋”，“直径”设为 15mm，“斜坡角”设为 1°，“高度”设为 1mm，“高度起点”选取“前一层”，“最小安全距离”设为 0，“最小斜面长度”设为 15mm。在“开放区域”中，“进刀类型”选取“线性”，“长度”设为 8mm，“旋转角度”、“斜坡角”设为 0°，“高度”设为 1mm，“最小安全距离”设为 8mm。

（22）单击“进给率和速度 ”按钮，主轴速度设为 1000r/min，进给率设为 1200mm/min。

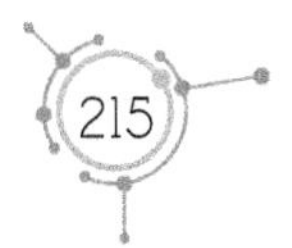

（23）单击“生成”按钮，生成面铣开粗刀路，如图 9-103 所示。

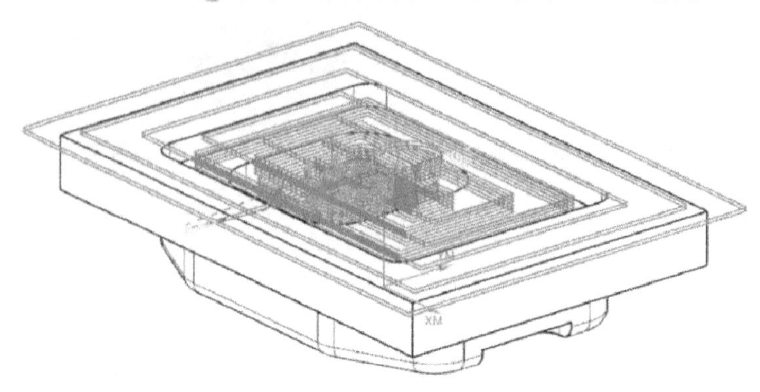

图 9-103 面铣开粗刀路

（24）选取“菜单｜插入｜程序”命令，在【创建程序】对话框中“类型”选取“mill_contour”，“程序”选取 D，“名称”设为 D2，单击“确定”按钮，创建 D2 程序组，此时 D2 在 D 下，且 D1 与 D2 并列。

（25）选择“菜单｜插入｜工序”命令，在【创建工序】对话框中“类型”选取“mill_planar”，“工序子类型”选取“底壁加工”按钮，“程序”选取“D2”，“刀具”选取 D12R0，“几何体”选取“WORKPIECE-D”，“方法”选取“METHOD”。

（26）在【底壁加工】对话框中单击“指定切削区底面”按钮，选取实体上表面。

（27）在【底壁加工】对话框中“切削区域空间范围”选取“底面”，“切削模式”选取“往复”，“步距”选取“刀具平直百分比”，“平面直径平分比”设为 75%，“每刀切削深度”、“Z 向深度偏置”设为 0。

（28）单击“切削参数”按钮，在【切削参数】对话框中选默认值。

（29）单击“非切削移动”按钮，在【非切削移动】对话框中选默认值。

（30）单击“进给率和速度 ”按钮，主轴速度设为 1200r/min，进给率设为 500mm/min。

（31）单击“生成”按钮，生成底壁精加工刀路，如图 9-104 所示。

（32）在“工序导航器”中双击 FLOOR_WALL，在【底壁加工】对话框中单击“指定修剪边界”按钮，在【修剪边界】对话框中“选择方法”选取“曲线”，在工作区上方的工具条中选取“相切曲线”，在工件上表面选取 82mm×60mm 的矩形边线。再在【修剪边界】对话框中“修剪侧”选取“内部”，单击“确定”按钮。

（33）单击“生成”按钮，生成底壁精加工刀路，如图 9-105 所示。

（34）选取“菜单｜插入｜程序”命令，在【创建程序】对话框中“类型”选取“mill_contour”，“程序”选取 D，“名称”设为 D3，单击“确定”按钮，创建 D3 程序组，此时 D3 在 D 下，且 D1、D2、D3 并列。

（35）在“工序导航器”中选取 FLOOR_WALL，单击鼠标右键，选取“复制”命令，再选取“D3”程序组，单击鼠标右键，选取“内部粘贴”命令。

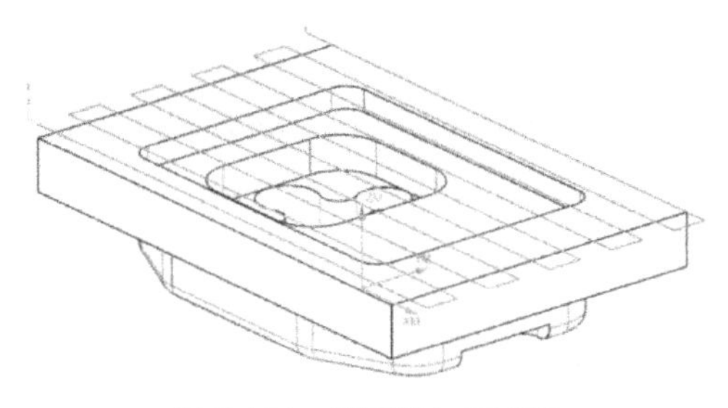
图 9-104 底壁精加工刀路

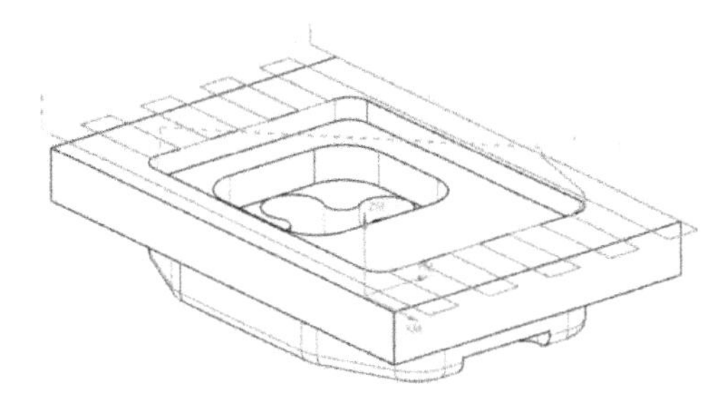
图 9-105 修剪刀路

（36）双击 FLOOR_WALL_COPY，在【底壁加工】对话框中单击“指定切削区底面”按钮，在【切削区域】对话框中单击“移除”按钮，移除以前的选项后，再选取 82mm×60mm 坑的底面。

（37）在【底壁加工】对话框中单击“指定修剪边界”按钮，在【修剪边界】对话框中单击“移除”按钮，移除以前的选项，再选取小坑口部的曲线为修剪边界。

（38）在【底壁加工】对话框中“刀具”选取 D6R0 立铣刀（ϕ6mm）。

（39）单击“切削参数”按钮，在【切削参数】对话框中单击“策略”选项卡，勾选“添加精加工刀路”复选框，“刀路数”设为 2，“精加工步距”设为 0.1mm。

（40）单击“生成”按钮，生成底壁精加工刀路，如图 9-106 所示。

（41）在“工序导航器”中选取 FLOOR_WALL_COPY，单击鼠标右键，选取“复制”命令，再选取“D3”程序组，单击鼠标右键，选取“内部粘贴”命令。

（42）双击 FLOOR_WALL_COPY_COPY，在【底壁加工】对话框中单击“指定切削区底面”按钮，在【切削区域】对话框中单击“移除”按钮，移除以前的选项后，再选取梅花状通孔的上表面。

（43）在【底壁加工】对话框中单击“指定修剪边界”按钮，在【修剪边界】对话框中单击“移除”按钮，移除以前的选项。

（44）单击“生成”按钮，生成底壁精加工刀路，如图 9-107 所示。

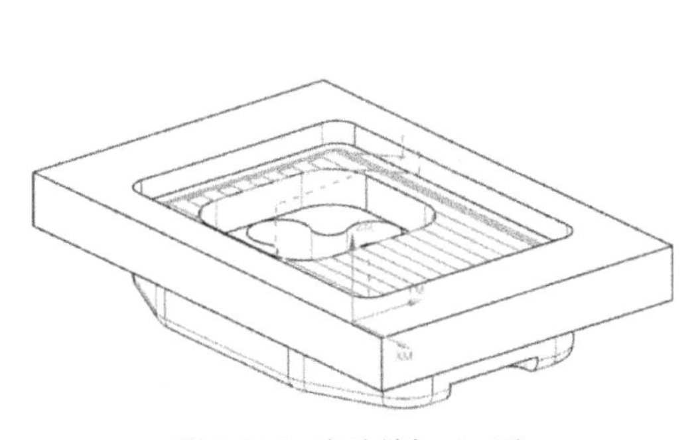
图 9-106 底壁精加工刀路

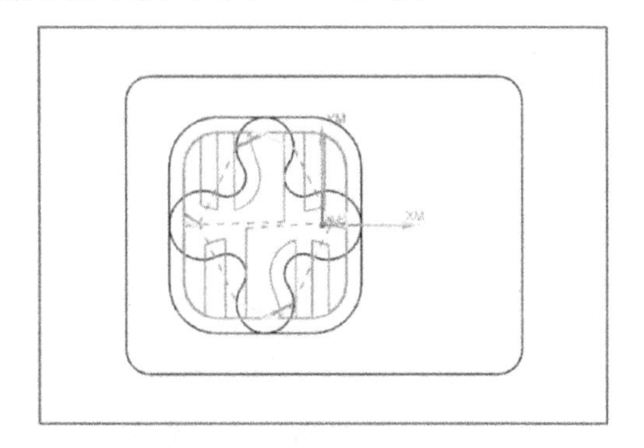
图 9-107 底壁精加工刀路

（45）选择“菜单｜插入｜工序”命令，在【创建工序】对话框中“类型”选取“mill_planar”，“工序子类型”选取“平面铣”按钮，“程序”选取“D3”程序组，“刀具”选取 D6R0，“几何体”选取“WORKPIECE-D”，“方法”选取“METHOD”。

（46）在【平面铣】对话框中单击“指定部件边界”按钮，在【边界几何体】对话框中“模式”选取“曲线/边…”，在【创建边界】对话框中“类型”选“封闭的”，“刨”选取“自动”，“材料侧”选取“外部”，在工作区上方的工具条中选取“相切曲线”，选取梅花状通孔的边线。

（47）在【平面铣】对话框中单击“指定底面 ”按钮，选取工件底面，“距离”设为 2mm。

（48）在【平面铣】对话框中“切削模式”选取“轮廓”，“步距”选取“恒定”，“最大距离”设为 0.1mm，“附加刀路”设为 2。

（49）单击“切削层”按钮，在【切削层】对话框中“类型”选取“仅底面”。

（50）单击“切削参数”按钮，在【切削参数】对话框中单击“策略”选项卡，“切削方向”选取“顺铣”。单击“余量”选项卡，“部件余量”设为 0。

（51）单击“非切削移动”按钮，在【非切削移动】对话框中单击“转移/快速”选项卡，“区域之间”的“转移类型”选取“安全距离-刀轴”，“区域内”的“转移方式”选取“进刀/退刀”，“转移类型”选取“直接”。单击“进刀”选项卡，在“封闭区域”中，“进刀类型”选取“与在开放区域相同”，在“开放区域”中，“进刀类型”选取“圆弧”，“半径”设为 1mm，“圆弧角度”设为 90°，“高度”设为 1mm，“最小安全距离”设为 3mm。

（52）单击“进给率和速度 ”按钮，主轴速度设为 1000r/min，进给率设为 500mm/min。

（53）单击“生成”按钮，生成平面铣轮廓精加工刀路，如图 9-108 所示。

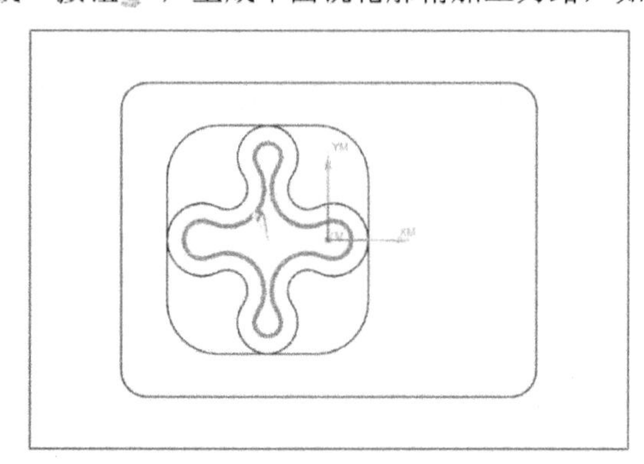

图 9-108　平面铣轮廓精加工刀路

（54）单击“保存”按钮，保存文档。

11．第一个工件第一次装夹方式

（1）用虎钳装夹工件时，工件的上表面至少高出台钳平面 27mm。

（2）工件采用四边分中，设工件上表面为 Z0。

12. 第一个工件第一次装夹的加工程序单

第一个工件第一次装夹的加工程序单如表9-1所示。

表9-1 第一个工件第一次装夹的加工程序单

序 号	刀 具	加工深度	备 注
A1	ϕ10钻头	35mm	钻孔
A2	ϕ12平底刀	23mm	粗加工
A3	ϕ12平底刀	23mm	精加工

13. 第一个工件第二次装夹方式

（1）用虎钳装夹工件时，工件的上表面至少高出台钳平面18mm。
（2）工件采用四边分中，设工件下表面为Z0。

14. 第一个工件第二次装夹的加工程序单

第一个工件第二次装夹的加工程序单见表9-2。

表9-2 第一个工件第二次装夹的加工程序单

序 号	刀 具	加工深度	备 注
B1	ϕ12平底刀	12mm	粗加工
B2	ϕ6平底刀	12mm	粗加工
B3	ϕ6平底刀	12mm	精加工

15. 第二个工件第一次装夹方式

（1）用虎钳装夹工件时，工件的上表面至少高出台钳平面28mm。
（2）工件采用四边分中，设工件上表面为Z0。

16. 第二个工件第一次装夹的加工程序单

第二个工件第一次装夹的加工程序单见表9-3。

表9-3 第二个工件第一次装夹的加工程序单

序 号	刀 具	加工深度	备 注
C1	ϕ12平底刀	25mm	粗加工
C2	ϕ12平底刀	25mm	精加工
C3	ϕ6平底刀	13mm	粗加工
C4	ϕ6平底刀	13mm	精加工
C5	ϕ6R3球头刀	10mm	精加工
C6	ϕ10钻头	20mm	钻孔

17. 第二个工件第二次装夹方式

（1）用虎钳装夹工件时，工件的上表面至少高出台钳平面 18mm。
（2）工件采用四边分中，设工件下表面为 Z0。

18. 第二个工件第二次装夹的加工程序单

第二个工件第二次装夹的加工程序单见表 9-4。

表 9-4　第二个工件第二次装夹的加工程序单

序　　号	刀　　具	加工深度	备　　注
D1	ϕ12 平底刀	12mm	粗加工
D2	ϕ12 平底刀	12mm	精加工
D3	ϕ6 平底刀	12mm	精加工

项目10 同 心 板

本项目以广东省数控铣竞赛题为例，详细介绍了从草绘、建模、加工工艺、编程等内容，零件尺寸如图10-1和图10-2所示，毛坯材料为铝块。

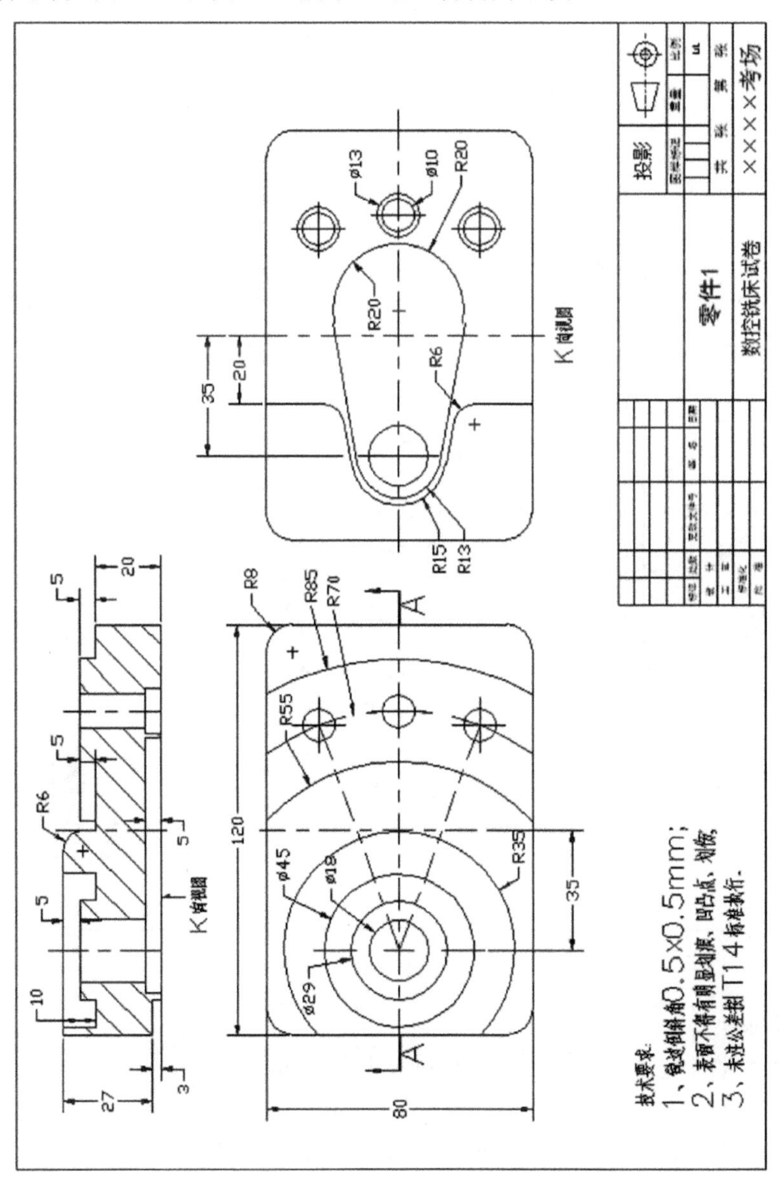

图10-1　零件尺寸（一）

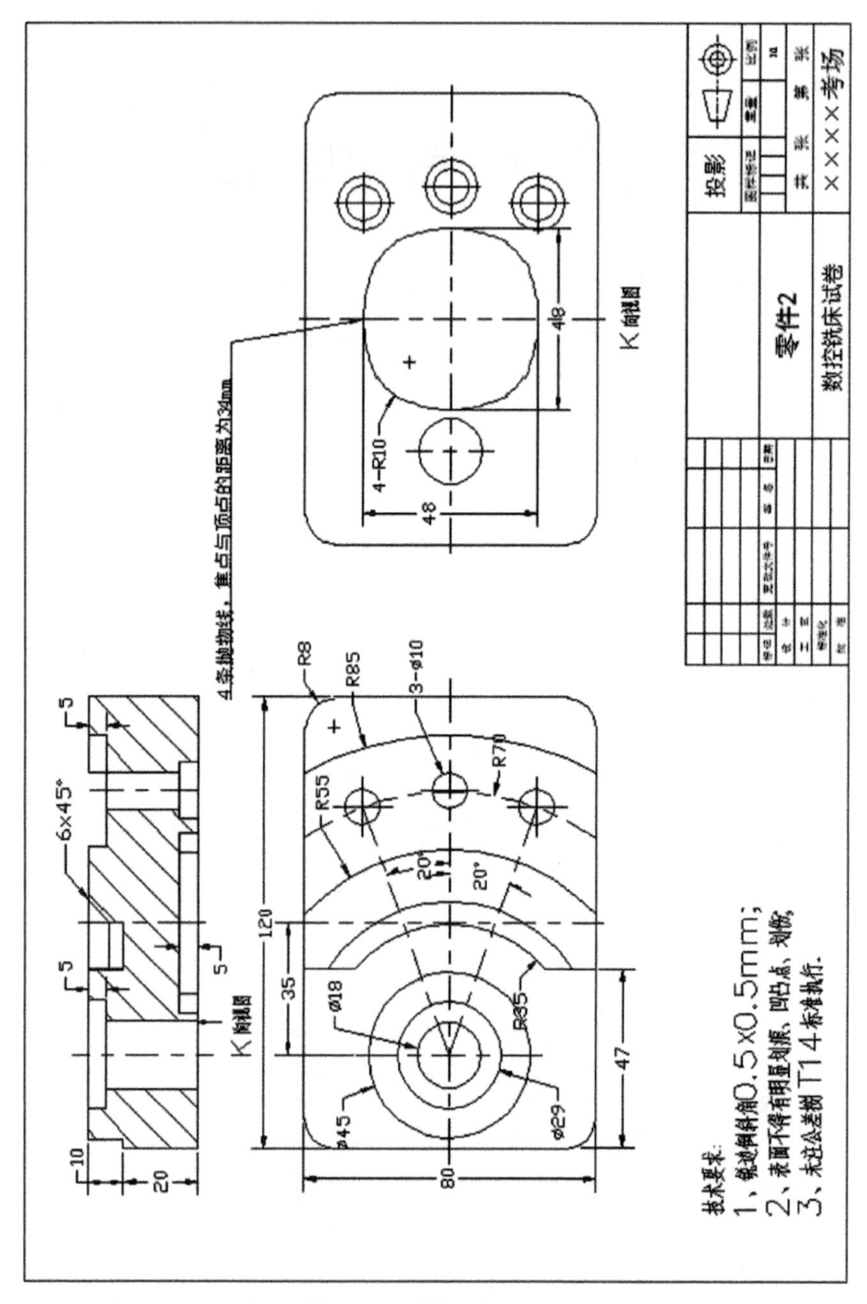

图 10-2　零件尺寸（二）

考核要求：

（1）两个零件能正常配合，配合间隙应小于 0.1mm；

（2）零件 1 和零件 2 的轮廓形面配合间隙为 0.06mm；

（3）不准用砂布及锉刀修饰表面（可修理毛刺）；

（4）未注公差尺寸按 GB1804-M。

1. 第一个工件的第一面加工工序分析图

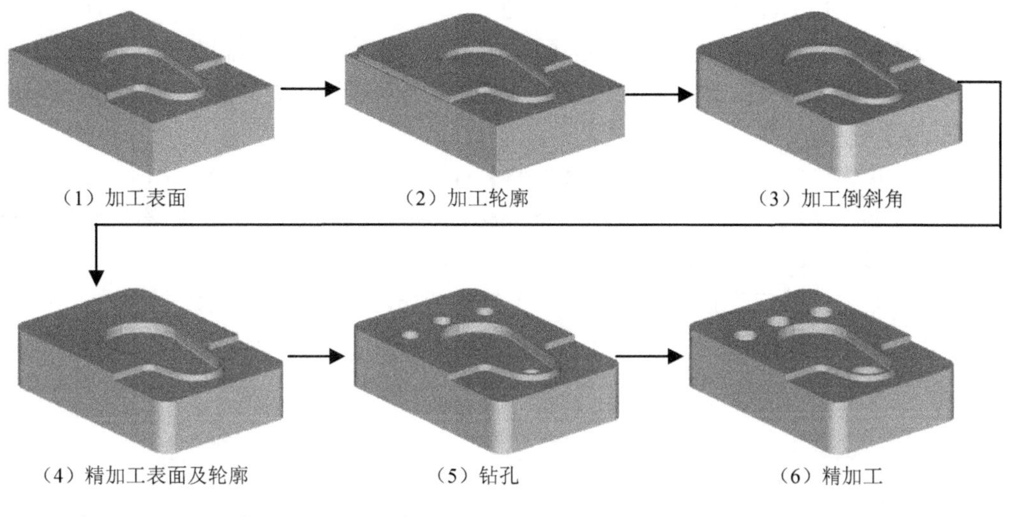

（1）加工表面　（2）加工轮廓　（3）加工倒斜角

（4）精加工表面及轮廓　（5）钻孔　（6）精加工

2. 第一个工件的第二面加工工序分析图

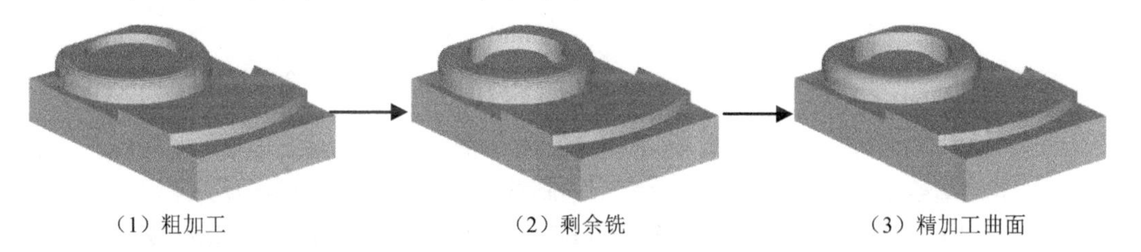

（1）粗加工　（2）剩余铣　（3）精加工曲面

3. 第二个工件的第一面加工工序分析图

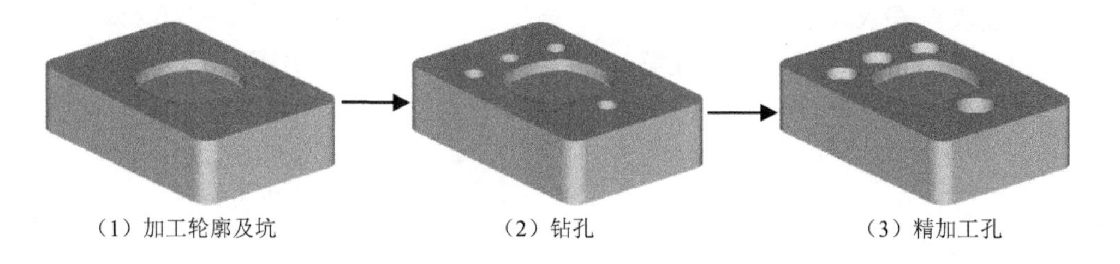

（1）加工轮廓及坑　（2）钻孔　（3）精加工孔

4. 第二个工件的第二面加工工序分析图

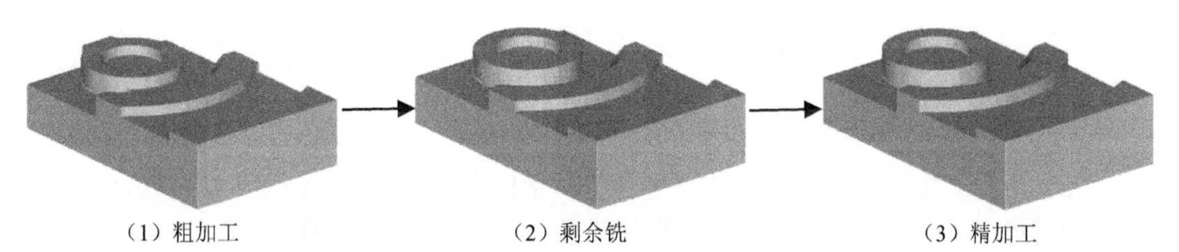

（1）粗加工　（2）剩余铣　（3）精加工

5. 第一个零件的建模过程

（1）启动 NX 10.0，单击“新建”按钮，在【新建】对话框中选取“模型”选项

卡，在模板框中“单位”选择“毫米”，选取“模型”模板，“名称”设为“EX10（1）.prt”，文件夹选取“E:\UG10.0 数控编程\项目 10”。

（2）单击“拉伸”按钮，在【拉伸】对话框中单击“绘制截面”按钮，选取 *XOY* 平面为草绘平面，*X* 轴为水平参考，以原点为中心绘制矩形截面（120mm×80mm），如图 10-3 所示。

（3）单击“完成”按钮，在【拉伸】对话框中对“指定矢量”选取“ZC↑”按钮，“开始”选取“值”，把“距离”设为 0，“结束”选取“值”，“距离”设为 20mm，“布尔”选取“无”。

（4）单击“确定”按钮，创建第一个拉伸特征，如图 10-4 所示。

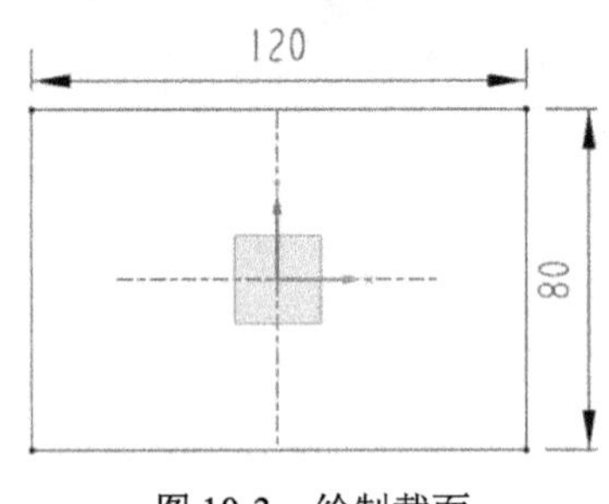

图 10-3　绘制截面

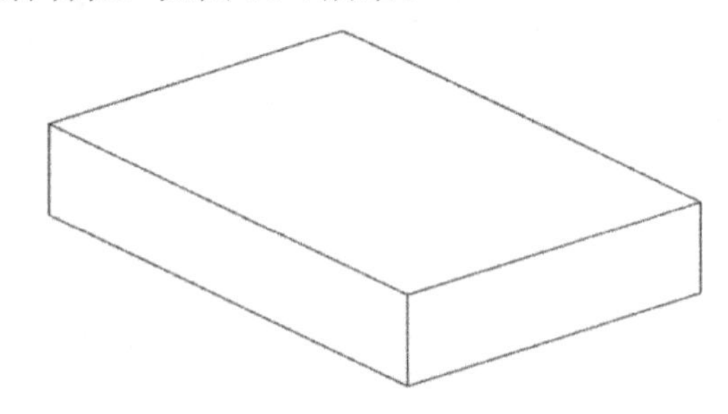

图 10-4　创建拉伸特征

（5）单击“拉伸”按钮，在【拉伸】对话框中单击“绘制截面”按钮，选取 *XOY* 平面为草绘平面，*X* 轴为水平参考，绘制截面（二），如图 10-5 所示。

（6）单击“完成”按钮，在【拉伸】对话框中对“指定矢量”选取“ZC↑”按钮，“开始”选取“值”，把“距离”设为 0，“结束”选取“值”，“距离”设为 30mm，“布尔”选取“求和”。

（7）单击“确定”按钮，创建第二个拉伸特征，如图 10-6 所示。

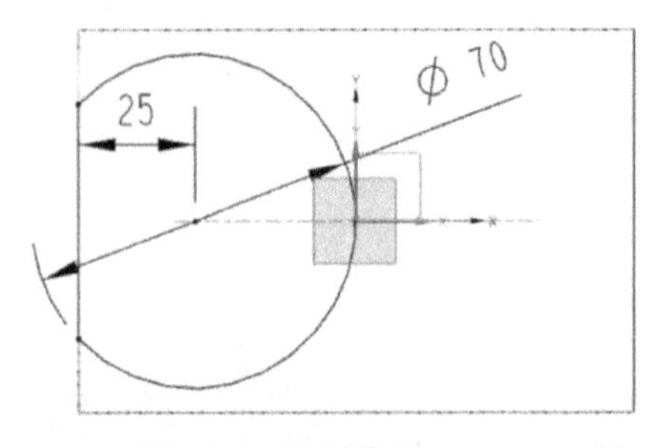

图 10-5　绘制截面（二）

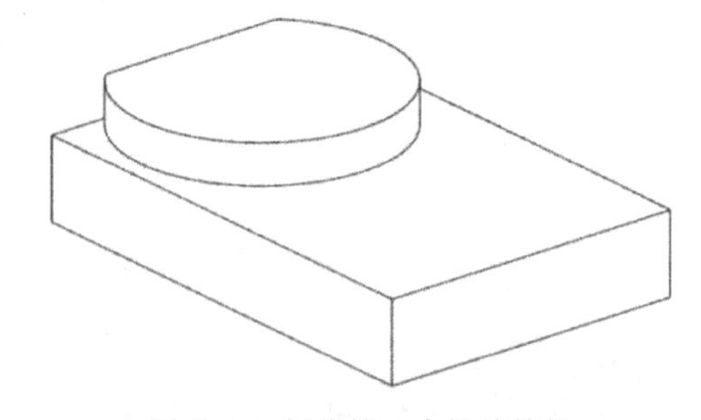

图 10-6　创建第二个拉伸特征

（8）单击“拉伸”按钮，在【拉伸】对话框中单击“绘制截面”按钮，选取最高面为草绘平面，*X* 轴为水平参考，绘制截面（三），如图 10-7 所示。

（9）单击“完成”按钮，在【拉伸】对话框中对“指定矢量”选取“-ZC↓”按钮，“开始”选取“值”，把“距离”设为 0，“结束”选取“值”，“距离”设为 10mm，“布尔”选取“求差”。

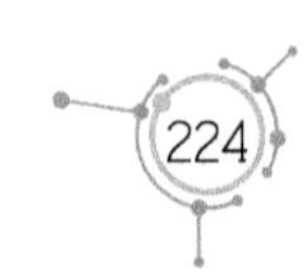

（10）单击“确定”按钮，创建第三个拉伸特征（圆孔），如图 10-8 所示。

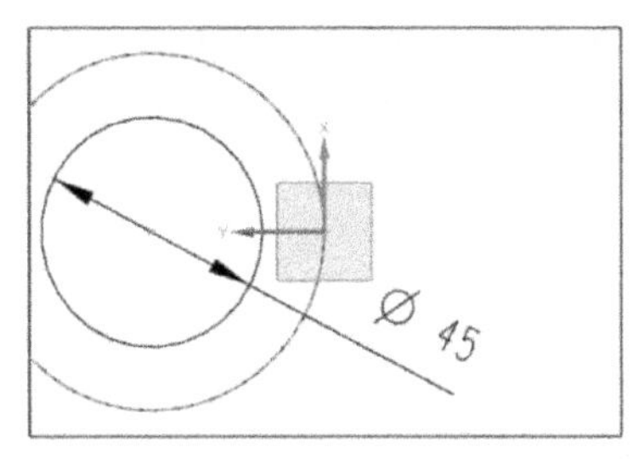

图 10-7 绘制截面（三）

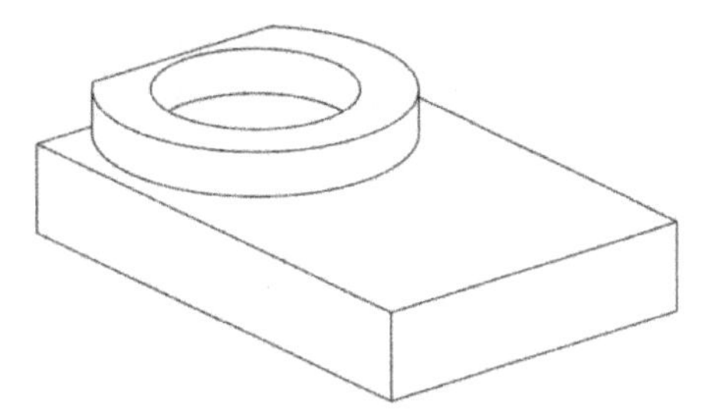

图 10-8 创建圆孔

（11）单击“拉伸”按钮，在【拉伸】对话框中单击“绘制截面”按钮，选取 *XOY* 平面为草绘平面，*X* 轴为水平参考，绘制截面（四），如图 10-9 所示。

（12）单击“完成”按钮，在【拉伸】对话框中对“指定矢量”选取“ZC↑”按钮，“开始”选取“值”，把“距离”设为 0，“结束”选取“值”，“距离”设为 25mm，“布尔”选取“求和”。

（13）单击“确定”按钮，创建第四个拉伸特征，如图 10-10 所示。

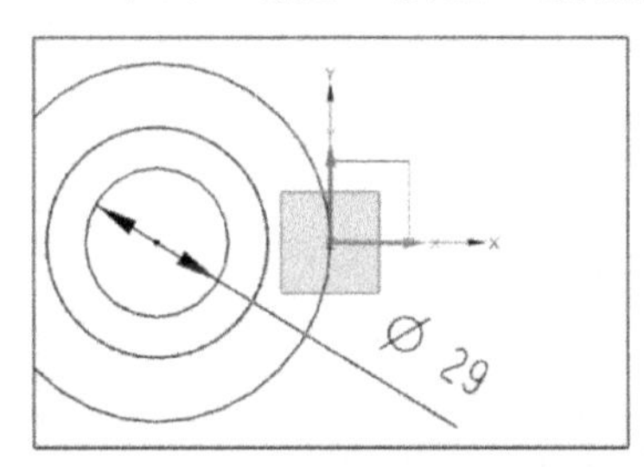

图 10-9 绘制截面（四）

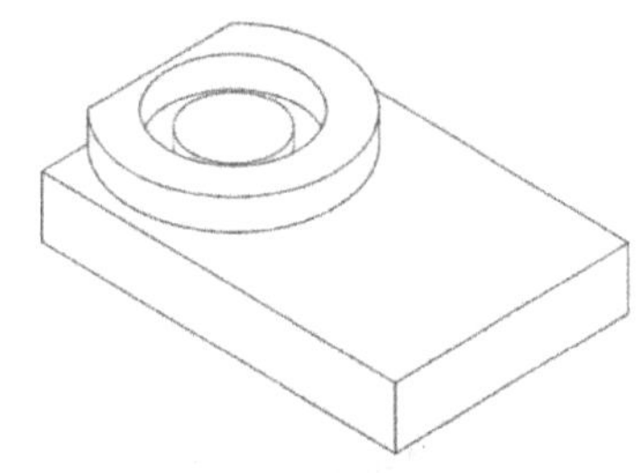

图 10-10 创建第四个拉伸特征

（14）选取“菜单｜插入｜设计特征｜孔”命令，在【孔】对话框中单击“绘制截面”按钮，以底面为草绘平面，*X* 轴为水平参考，在圆心处绘制 1 个点，如图 10-11 所示。

（15）单击“完成”按钮，在【孔】对话框中“类型”选取“常规孔”，“孔方向”选取“垂直于面”选项，“形状”选取“简单孔”，“直径”设为 18mm，“深度限制”选取“贯通体”，“布尔”选取“求差”。

（16）单击“确定”按钮，创建孔特征，如图 10-12 所示。

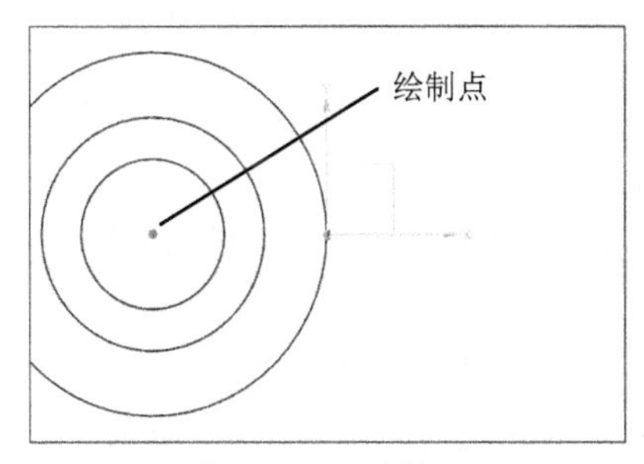

图 10-11 绘制点

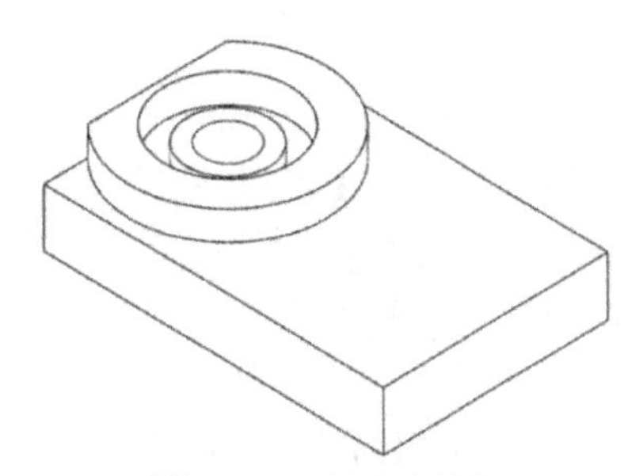

图 10-12 创建孔特征

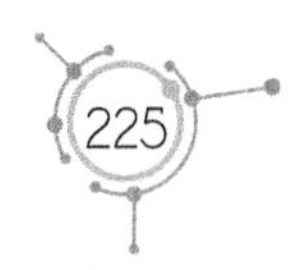

（17）单击“拉伸”按钮，在【拉伸】对话框中单击“绘制截面”按钮，选取 *XOY* 平面为草绘平面，*X* 轴为水平参考，绘制截面（五），如图 10-13 所示。

（18）单击“完成”按钮，在【拉伸】对话框中对“指定矢量”选取“ZC↑”按钮，“开始”选取“值”，把“距离”设为 0，“结束”选取“值”，“距离”设为 25mm，“布尔”选取“求和”。

（19）单击“确定”按钮，创建第五个拉伸特征，如图 10-14 所示。

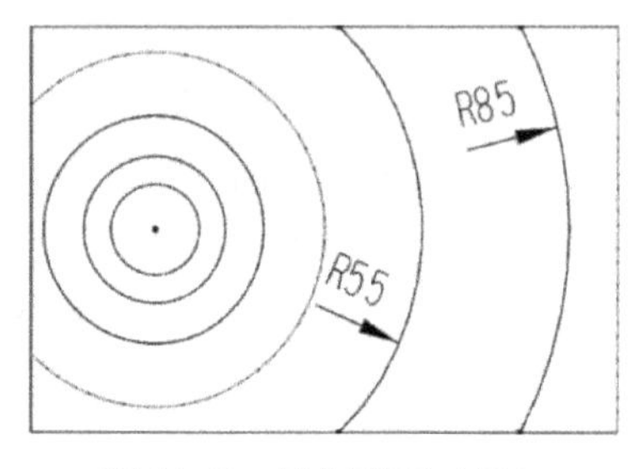

图 10-13　绘制截面（五）

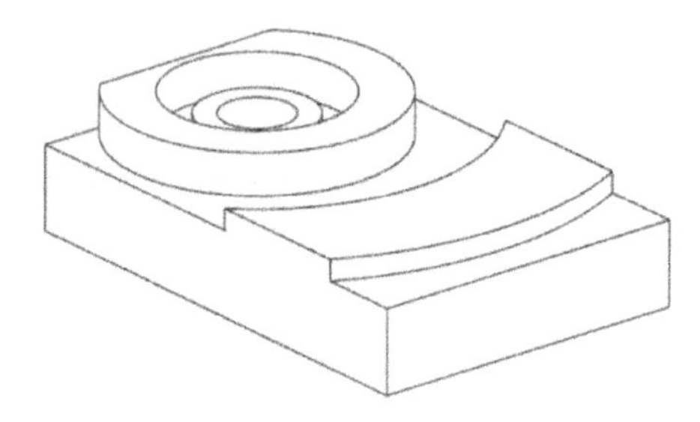

图 10-14　创建第五个拉伸特征

（20）选取“菜单｜插入｜设计特征｜孔”命令，在【孔】对话框中单击“绘制截面”按钮，以底面为草绘平面，*X* 轴为水平参考，在 *X* 轴上绘制一个点，如图 10-15 所示。

（21）单击“完成”按钮，在【孔】对话框中“类型”选取“常规孔”，“孔方向”选取“垂直于面”选项，“形状”选取“沉头孔”，“沉头直径”设为 13mm，“沉头深度”设为 5mm，“直径”设为 10mm，“深度限制”选取“贯通体”，“布尔”选取“求差”。

（22）单击“确定”按钮，创建沉头孔特征，如图 10-16 所示。

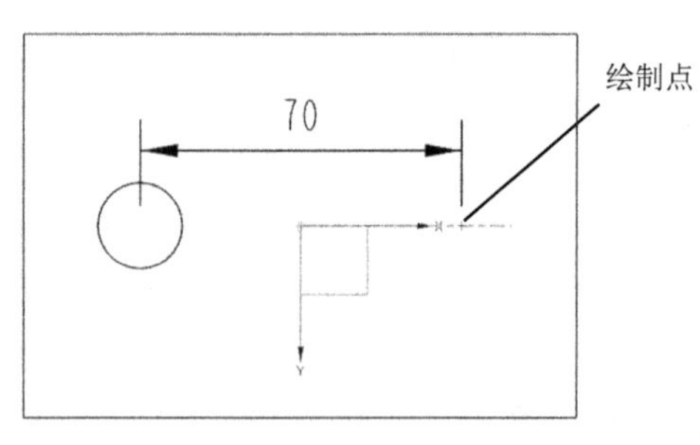

图 10-15　绘制一个点

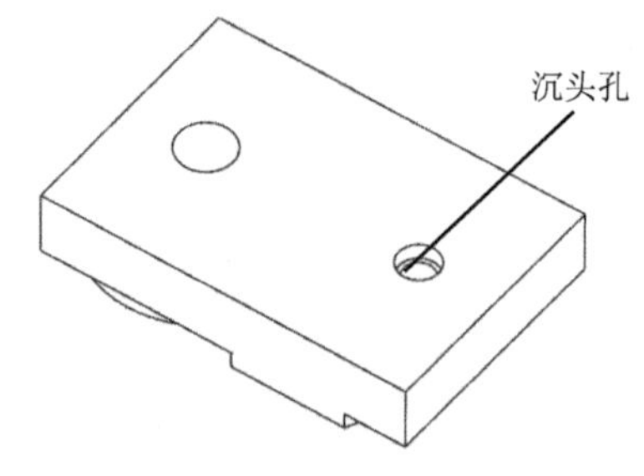

图 10-16　创建沉头孔特征

（23）选取“菜单｜插入｜关联复制｜阵列特征”命令，选取刚才创建的沉头孔为要阵列的对象，在【阵列特征】对话框中对“布局”选取“圆形”，对“指定矢量”选取“ZC↑”按钮，把“指定点”设为（0，0，0），“间距”选取“数量和跨距”，“数量”设为 2，“跨距”设为 20°，如图 10-17 所示。

（24）单击“确定”按钮，创建旋转阵列特征（一），如图 10-18 所示。

（25）采用相同的方法，创建第二个旋转阵列特征（二），如图 10-19 所示。

图 10-17　设置【阵列特征】对话框参数

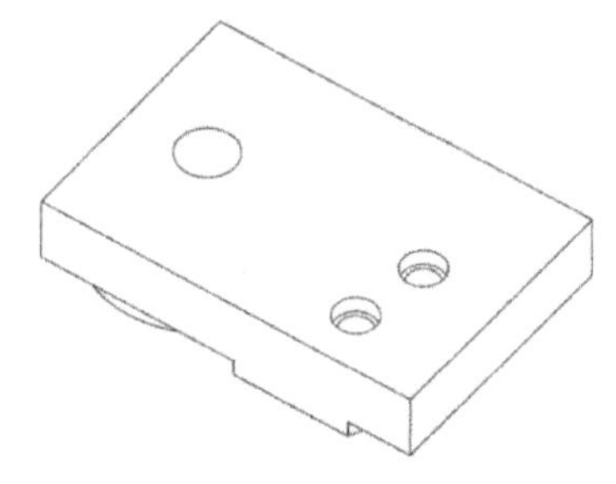

图 10-18　创建旋转阵列特征（一）

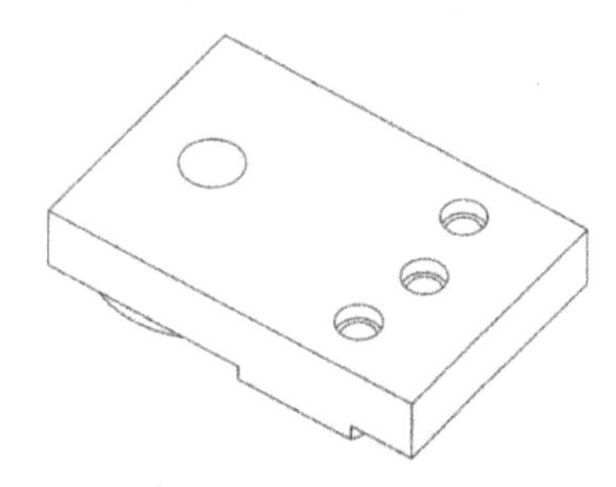

图 10-19　创建旋转阵列特征（二）

（26）单击“拉伸”按钮，在【拉伸】对话框中单击“绘制截面”按钮，选取底面为草绘平面，*X* 轴为水平参考，绘制截面（六），如图 10-20 所示。

（27）单击“完成”按钮，在【拉伸】对话框中对“指定矢量”选取“-ZC↓”按钮，“开始”选取“值”，把“距离”设为 0，“结束”选取“值”，“距离”设为 5mm，“布尔”选取“求差”。

（28）单击“确定”按钮，创建第六个拉伸特征，如图 10-21 所示。

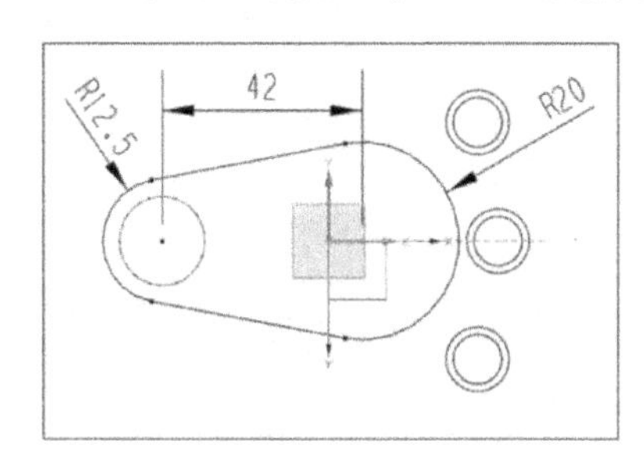

图 10-20　绘制截面（六）

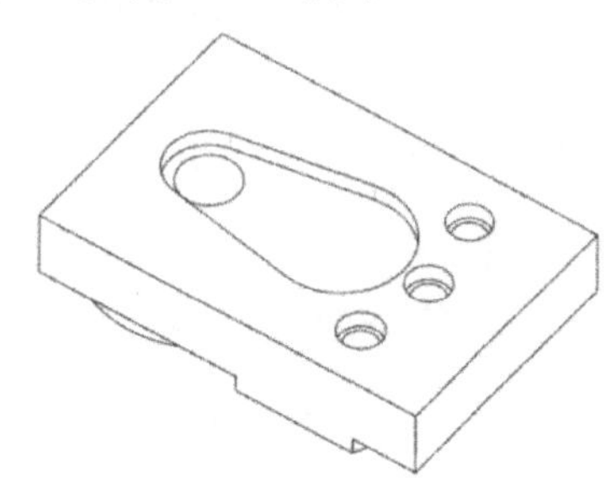

图 10-21　创建第六个拉伸特征

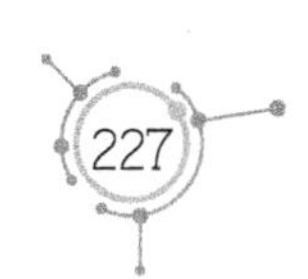

（29）单击“拉伸”按钮，在【拉伸】对话框中单击“绘制截面”按钮，选取底面为草绘平面，*X* 轴为水平参考，以端点为顶点，绘制矩形截面（七），如图 10-22 所示。

（30）选取“菜单 | 插入 | 来自曲线集的曲线 | 偏置曲线”命令，创建偏置曲线，如图 10-23 所示。

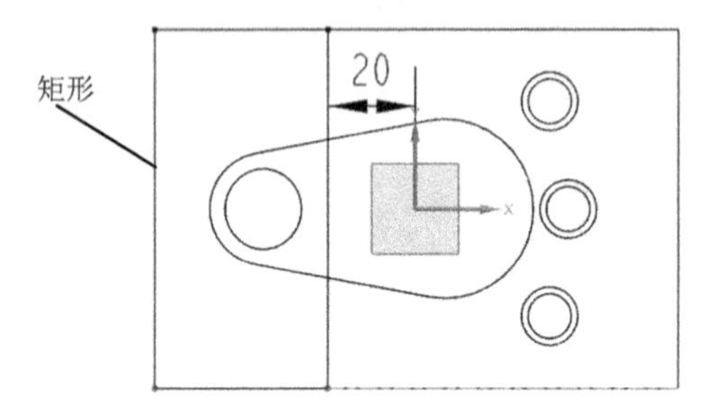

图 10-22　绘制矩形截面（七）

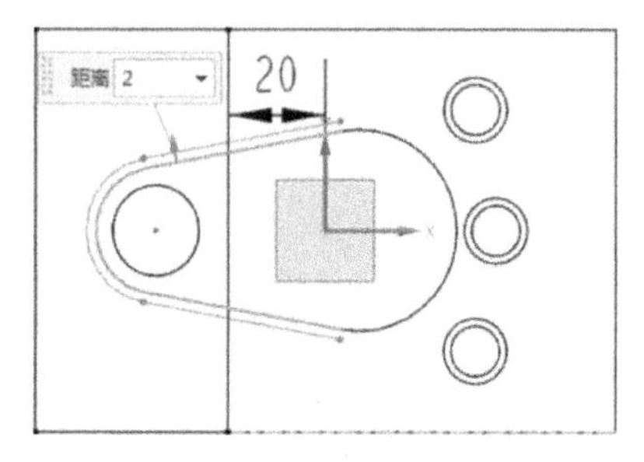

图 10-23　创建偏置曲线

（31）选取“菜单 | 编辑 | 曲线 | 快速修剪”命令，修剪后的曲线如图 10-24 所示。

（32）单击“完成”按钮，在【拉伸】对话框中对“指定矢量”选取“-ZC↓”按钮，“开始”选取“值”，把“距离”设为 0，“结束”选取“值”，“距离”设为 5mm，“布尔”选取“求差”。

（33）单击“确定”按钮，创建第七个拉伸特征，如图 10-25 所示。

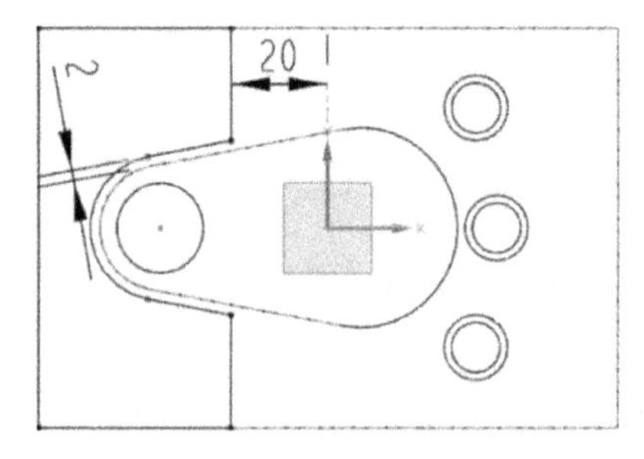

图 10-24　绘制截面（七）

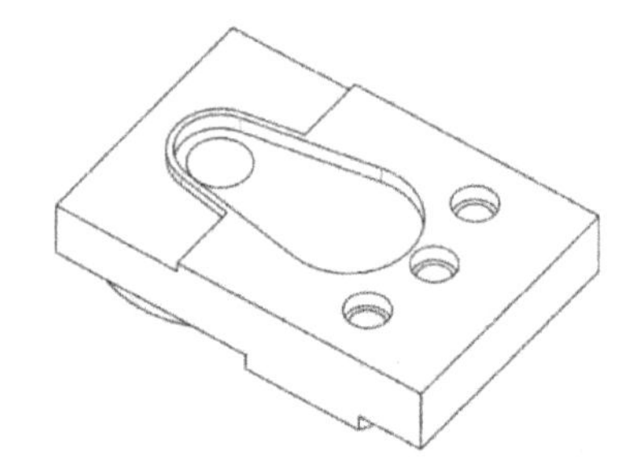

图 10-25　创建拉伸特征（七）

（34）单击“边倒圆”按钮，创建边倒圆特征（R6mm），如图 10-26 所示。

（35）采用相同的方法，创建其他位置的边倒圆特征，如图 10-27 所示。

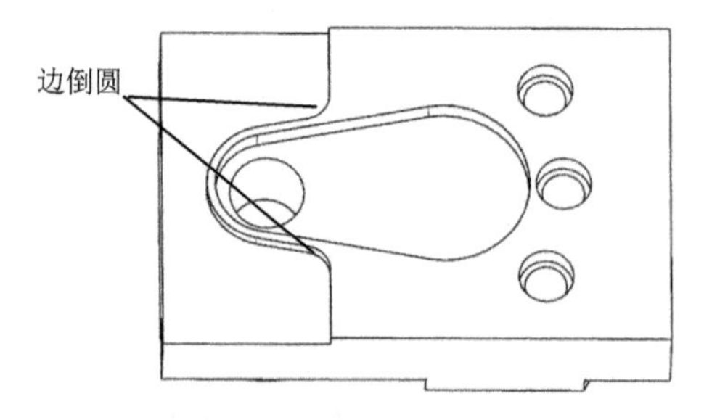

图 10-26　创建边倒圆特征

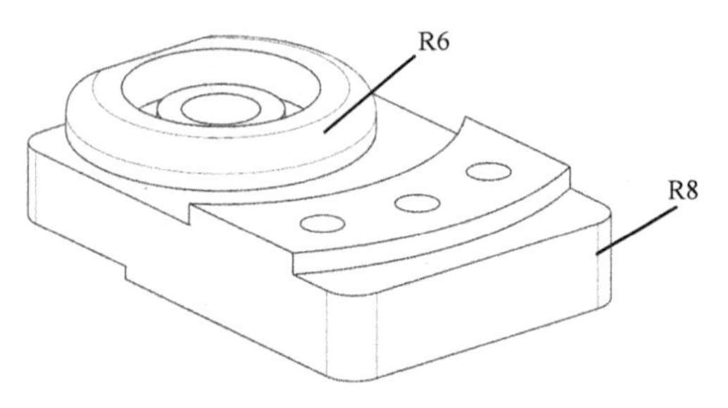

图 10-27　创建其他位置的边倒圆特征

6. 第一个零件第一次装夹的数控编程过程

（1）选取“菜单｜格式｜移动至图层”命令，选取实体后，单击“确定”按钮，在【图层复制】对话框中“目标图层或类别”文本框中输入“10”。

（2）单击“确定”按钮，将实体移动到第10层。

（3）选取“菜单｜格式｜复制至图层”命令，选取实体后，单击“确定”按钮，在【图层复制】对话框中“目标图层或类别”文本框中输入“1”。

（4）单击“确定”按钮，将实体复制到第1层。

（5）选取“菜单｜格式｜图层设置”命令，在【图层设置】对话框中双击“□1”，将图层1设为工作图层，取消图层“□10”前面的“√”，隐藏第10层。

（6）选取“菜单｜编辑｜移动对象”命令，在【移动对象】对话框中对“运动”选取“角度”，“指定矢量”选取“YC↑”选项，把“角度”设为180°，“结果”选取“◉移动原先的”，单击“指定轴点”按钮，在【点】对话框中输入（0，0，0）。

（7）单击“确定”按钮，旋转实体，如图10-28所示。

（8）在横向菜单中单击“应用模块”选项卡，再单击“加工”命令，在【加工环境】对话框中选择“cam_general”选项和“mill_planar”选项，单击“确定”按钮，进入加工环境，此时工作区中出现两个坐标系，一个是基准坐标系，一个是工件坐标系。

（9）单击“创建刀具”按钮，“类型”选取“mill_contour”，“刀具子类型”选取“MILL”选项，“名称”设为D12R0，“直径”设为ϕ12mm，“下半径”设为0。

（10）单击“创建刀具”按钮，“类型”选取“drill”，“刀具子类型”选取“DRILLING_TOOL”选项，“名称”设为Dr10，“直径”设为ϕ10mm。

（11）选择“菜单｜插入｜工序”命令，在【创建工序】对话框中对“类型”选取“mill_planar”，“工序子类型”选取“使用边界面铣削”按钮，“程序”选取“NC_PROGRAM”，“刀具”选取D12R0，“几何体”选取“MCS_MILL”，“方法”选取“METHOD”。

（12）在【面铣】对话框中单击“指定部件”按钮，选取整个实体。

（13）在【面铣】对话框中单击“指定面边界”按钮，在【毛坯边界】对话框中“选择方法”选取“曲线”，选取工件上表面的四条边线，如图10-29所示。

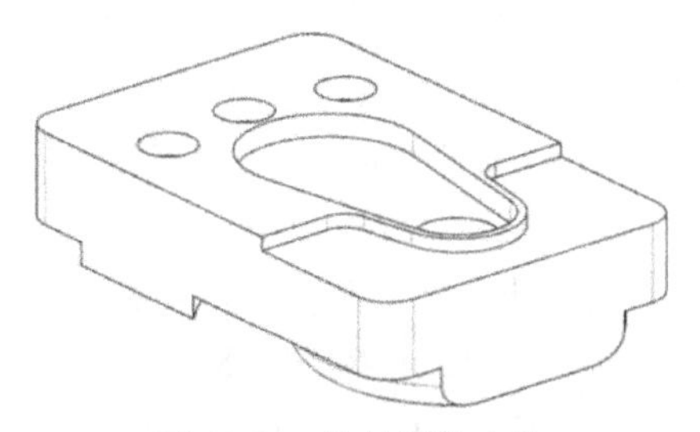

图10-28 旋转后的实体

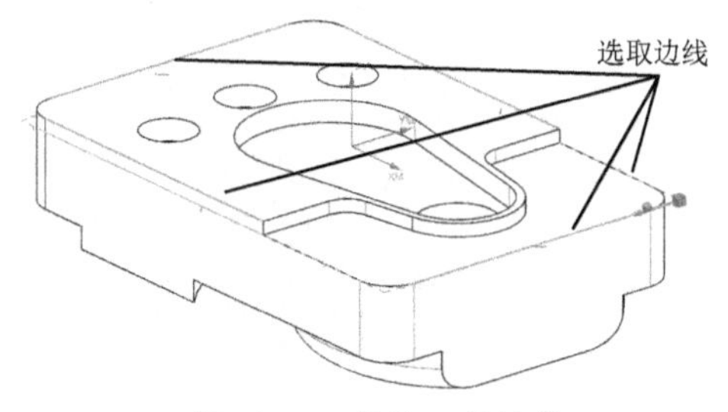

图10-29 选取4条边线

（14）在【毛坯边界】对话框中，“刀具侧”选取“内部”，“刨”选取“指定”，选取平面为刨面，如图10-30所示，单击“确定”按钮。

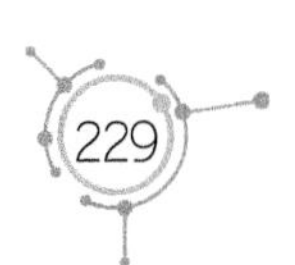

（15）在【面铣】对话框中对“刀轴”选取“+ZM 轴”，“切削模式”选取“跟随周边”，“步距”选取“刀具平直百分比”；把“平面直径平分比”设为 75%，“毛坯距离”设为 12mm，“每刀切削深度”设为 0.8mm，“最终底面余量”设为 0.1mm。

（16）单击“切削参数”按钮，在【切削参数】对话框中单击“策略”选项卡，对“切削方向”选取“顺铣”，“刀路方向”选取“向外”。单击“余量”选项卡，把“部件余量”、“壁余量”设为 0.3mm，“最终底面余量”设为 0.1mm，“内（外）公差”设为 0.01。

（17）单击“非切削移动”按钮，在【非切削移动】对话框中单击“转移/快速”选项卡，对“区域之间”的“转移类型”选取“安全距离-刀轴”，“区域内”的“转移方式”选取“进刀/退刀”，“转移类型”选取“安全距离-刀轴”。单击“进刀”选项卡，在“封闭区域”中，对“进刀类型”选取“螺旋”，把“直径”设为 10mm，“斜坡角”设为 1°，“高度”设为 1mm，“高度起点”选取“前一层”，把“最小安全距离”设为 0，“最小斜面长度”设为 10mm。在“开放区域”中，对“进刀类型”选取“线性”，把“长度”设为 8mm，“旋转角度”、“斜坡角”设为 0°，“高度”设为 1mm，“最小安全距离”设为 8mm。

（18）单击“进给率和速度”按钮，主轴速度设为 1000r/min，进给率设为 1200mm/min。

（19）单击“生成”按钮，生成面铣开粗刀路，如图 10-31 所示。

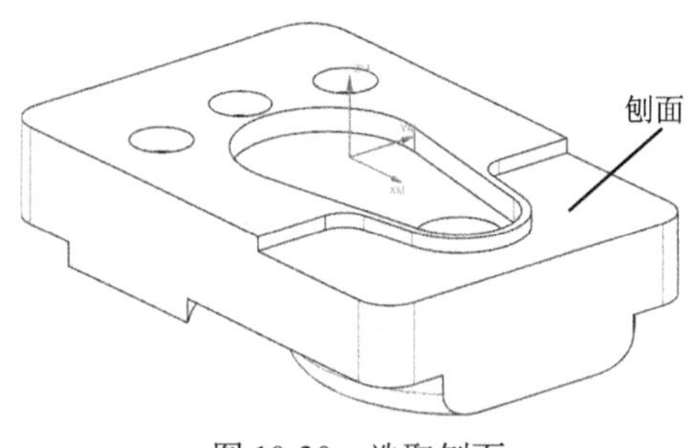

图 10-30　选取刨面

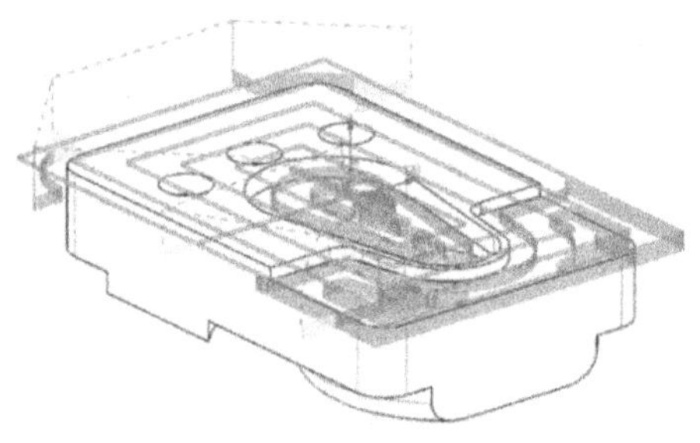

图 10-31　面铣开粗刀路

（20）单击“切削参数”按钮，在【切削参数】对话框中单击“策略”选项卡，“刀具延展量”改为 50%。

（21）单击“生成”按钮，生成面铣开粗刀路，如图 10-32 所示，从图中可看出，工件以外的刀路被取消，这种优化后的刀路可以有效地避免空刀。

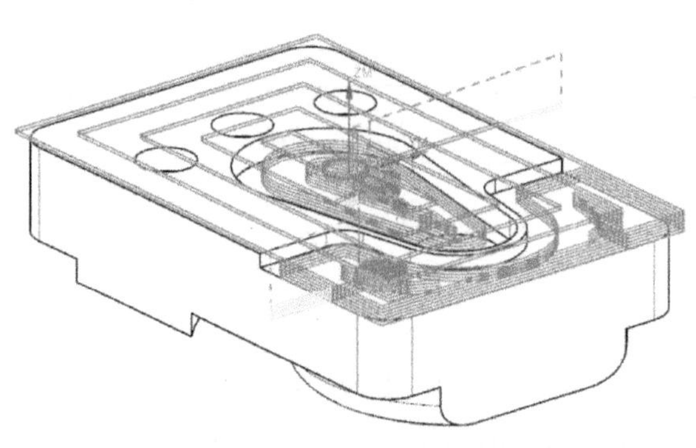

图 10-32　优化后的刀路

（22）选择“菜单｜插入｜工序”命令，在【创建工序】对话框中对“类型”选取“mill_planar”，“工序子类型”选取“平面铣”按钮，“程序”选取“NC_PROGRAM”，“刀具”选取 D12R0，“几何体”选取“MCS_MILL”，“方法”选取“METHOD”。

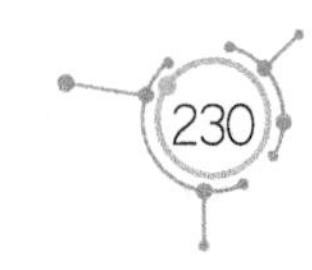

（23）在【平面铣】对话框中单击“指定部件边界”按钮，在【边界几何体】对话框中对“模式”选取“曲线/边…”，在【创建边界】对话框中对“类型”选取“开放的”，“刨”选取“自动“，“材料侧”选取“右”，如图 10-33 所示。在工作区上方的工具条中选取“相切曲线”选项，在零件上选取需加工的边线（注意直线指的位置为选取位置），如图 10-34 所示。

图 10-33　设置【创建边界】对话框

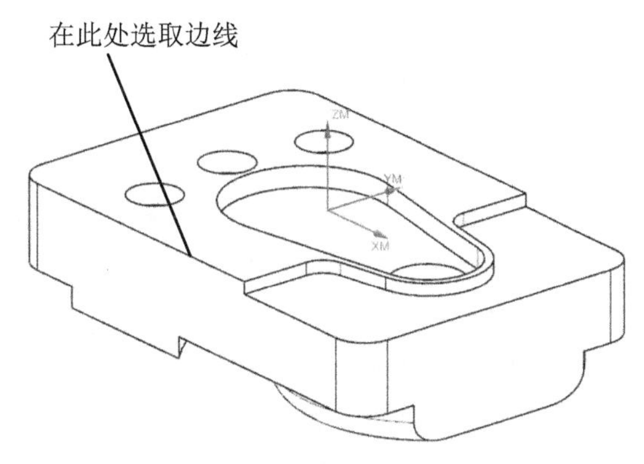

图 10-34　选取需加工的边线

（24）在【平面铣】对话框中单击“指定底面 ”按钮，选取台阶面，“距离”设为 0。

（25）在【平面铣】对话框中对“切削模式”选取“轮廓”，把“附加刀路”设为 0。

（26）单击“切削层”按钮，在【切削层】对话框中“类型”选取“恒定”，“公共每刀切削深度”设为 0.8mm。

（27）单击“切削参数”按钮，在【切削参数】对话框中单击“策略”选项卡，“切削方向”选取“顺铣”。单击“余量”选项卡，“部件余量”设为 0.3 mm。

（28）单击“非切削移动”按钮，在【非切削移动】对话框中单击“转移/快速”选项卡，对“区域之间”的“转移类型”选取“安全距离-刀轴”，“区域内”的“转移方式”选取“进刀/退刀”，“转移类型”选取“安全距离-刀轴”。单击“进刀”选项卡，在“开放区域”中，“进刀类型”选取“线性”，把“长度”设为 10mm，“高度”设为 1mm，“最小安全距离”设为 10mm。

（29）单击“进给率和速度 ”按钮，主轴速度设为 1000r/min，进给率设为 1200mm/min。

（30）单击“生成”按钮，生成平面铣加工轮廓刀路，如图 10-35 所示。

（31）在“工序导航器”中选取 PLANAR_MILL，单击鼠标右键，选取“复制”命令，再选取 PLANAR_MILL，单击鼠标右键，选取“内部粘贴”命令。

（32）双击 PLANAR_MILL_COPY，在【平面铣】对话框中单击“指定部件边界”按钮，在【编辑边界】对话框中单击“全部重选”按钮 全部重选 。

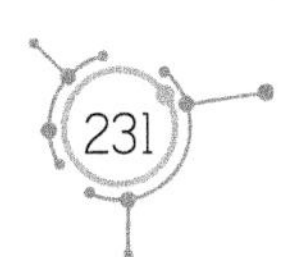

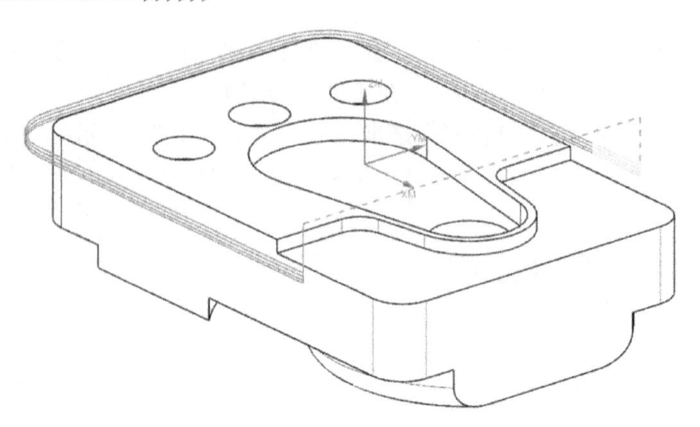

图 10-35　平面铣加工轮廓刀路

（33）在【边界几何体】对话框中对“模式”选取“曲线/边…”，在【创建边界】对话框中对“类型”选取“封闭的”，“刨”选取“自动“，“材料侧”选取“内部”，如图 10-36 所示。

（34）在工作区上方的工具条中选取“相切曲线”选项，在零件上选取需加工的边线（注意选取的先后顺序），如图 10-37 所示。

图 10-36　设置【创建边界】对话框

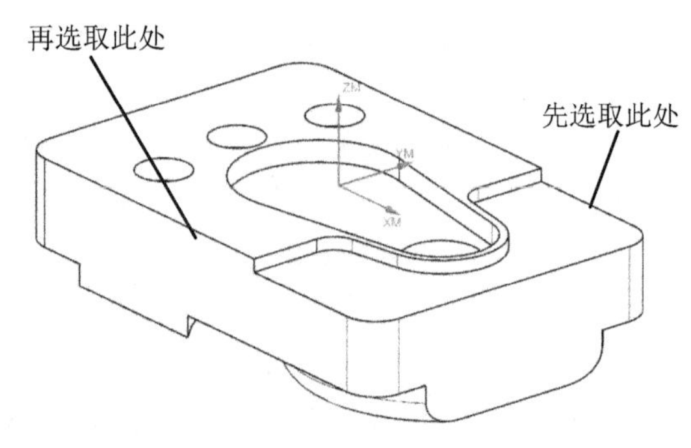

图 10-37　选取边线

（35）在【平面铣】对话框中单击“指定底面 ”按钮，选取工件底面，把“距离”设为 1，如图 10-38 所示。

（36）单击“非切削移动”按钮，在【非切削移动】对话框中单击“转移/快速”选项卡，“区域之间”的“转移类型”选取“安全距离-刀轴”，“区域内”的“转移方式”选取“进刀/退刀”，“转移类型”选取“直接”。单击“进刀”选项卡，在“开放区域”中，“进刀类型”选取“圆弧”，“半径”设为 2mm，“圆弧角度”设为 90°，“高度”设为 1mm，“最小安全距离”设为 10mm。在“起点/钻点”选项卡中“重叠距离”设为 1mm，单击“指定点”按钮，选取“控制点”选项，选取工件右边的边线，以该直线的中点设为进刀点。

（37）单击“生成”按钮，生成平面铣加工轮廓刀路，如图 10-39 所示。

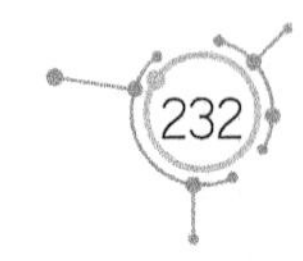

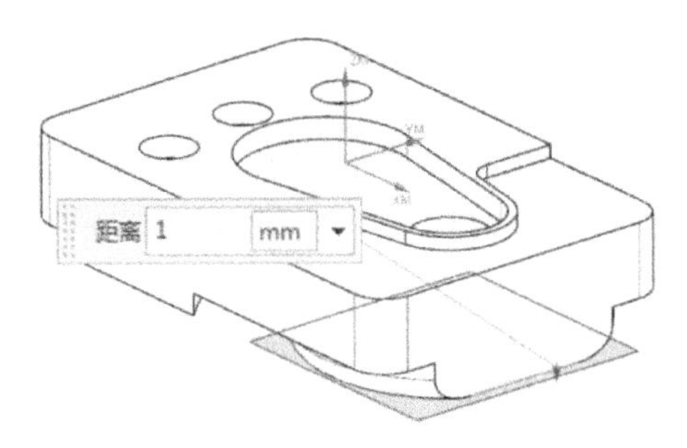

图 10-38 设定加工底面

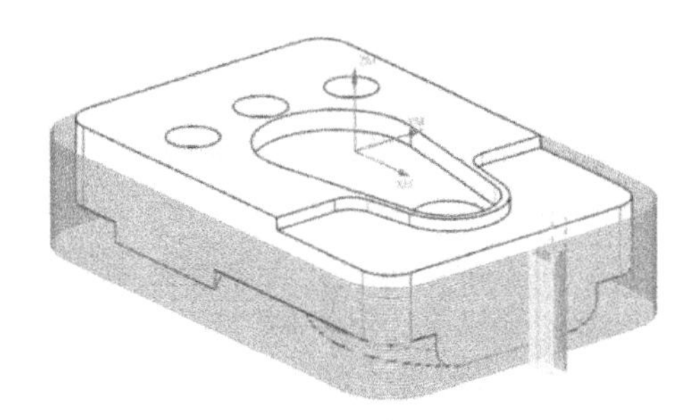

图 10-39 平面铣加工轮廓刀路

（38）在工作区上方的工具条中选取“程序顺序视图”按钮。

（39）在“工序导航器”中将 Program 改为 A。

（40）选取“菜单｜插入｜程序”命令，在【创建程序】对话框中对“类型”选取“mill_contour”，“程序”选取 A，把“名称”设为“A1-开粗-D12R0”，单击“确定”按钮，创建 A1 程序组。此时，A1 在 A 下方，并把刚才创建 3 个刀路工序移到 A1 下面，如图 10-40 所示。

（41）选取“菜单｜插入｜程序”命令，在【创建程序】对话框中对“类型”选取“mill_contour”，“程序”选取 A，把“名称”设为“A2-精加工-D12R0”，单击“确定”按钮，创建 A2 程序组。此时，A2 在 A 下面，A1 与 A2 并列，如图 10-40 所示。

（42）在“工序导航器”中选取 FACE_MILLING，单击鼠标右键，选取“复制”命令，再选取“A2”，单击鼠标右键，选取“内部粘贴”命令。

（43）在“工序导航器”中双击 FACE_MILLING_COPY，在【面铣】对话框中单击“指定面边界”按钮，在【毛坯边界】对话框中单击“移除”按钮，移除以前的选项，再在【毛坯边界】对话框中对“选择方法”选取“面”，“刀具侧”选取“内部”，“刨”选取“自动”，在工件上选取平面①，然后在【毛坯边界】对话框中单击“添加新集”按钮，再选取平面②，然后单击“添加新集”按钮，再选取平面③，如图 10-41 所示。

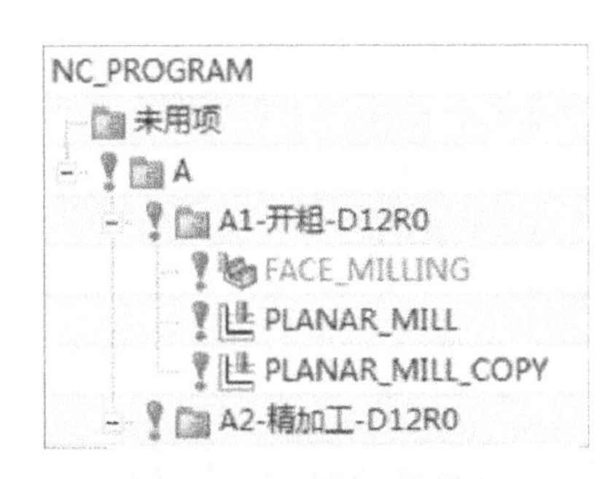

图 10-40 创建 A2 程序组

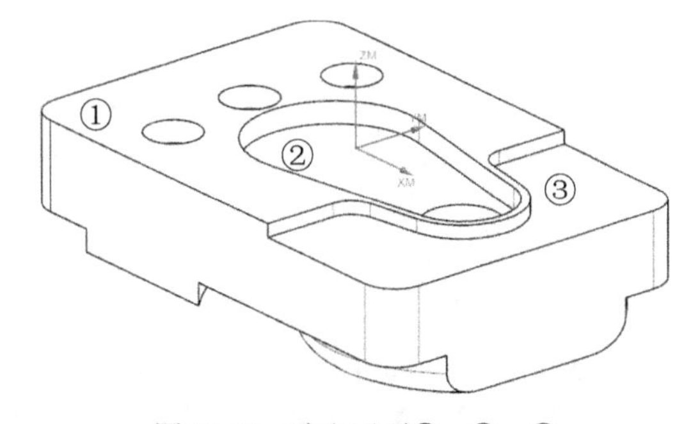

图 10-41 选取平面①、②、③

（44）在【面铣】对话框中把“每刀切削深度”设为 0，“最终底面余量”设为 0。

（45）单击“切削参数”按钮，在【切削参数】对话框中单击“策略”选项卡，

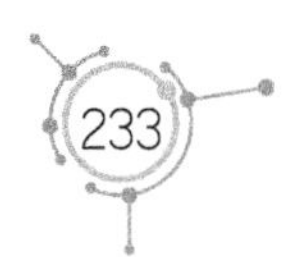

勾选“☑添加精加工刀路”复选框，“刀路数”设为 2，“精加工步距”设为 0.1mm。单击“余量”选项卡，“部件余量”、“壁余量”设为 0。

（46）单击“进给率和速度 ”按钮，主轴速度设为 1200r/min，进给率设为 500mm/min。

（47）单击“生成”按钮，生成面铣精加工刀路，如图 10-42 所示。

（48）在“工序导航器”中选取 PLANAR_MILL_COPY，单击鼠标右键，选取“复制”命令，再选取“A2”，单击鼠标右键，选取“内部粘贴”命令。

（49）双击 PLANAR_MILL_COPY_COPY，在【平面铣】对话框中“步距”选取“恒定”，“最大距离”设为 0.1mm，“附加刀路”设为 2。单击“切削层”按钮，在【切削层】对话框中“类型”选取“仅底面”。

（50）单击“切削参数”按钮，在【切削参数】对话框中单击“余量”选项卡，“部件余量”、“最终底面余量”设为 0。

（51）单击“进给率和速度 ”按钮，主轴速度设为 1200r/min，进给率设为 500mm/min。

（52）单击“生成”按钮，生成平面铣精加工轮廓刀路，如图 10-43 所示。

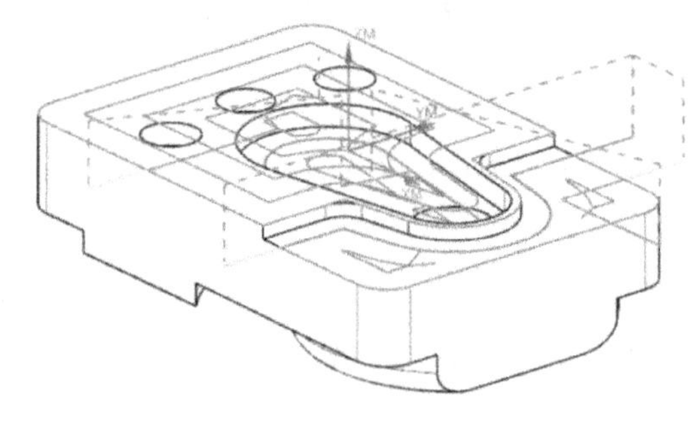

图 10-42　面铣精加工刀路

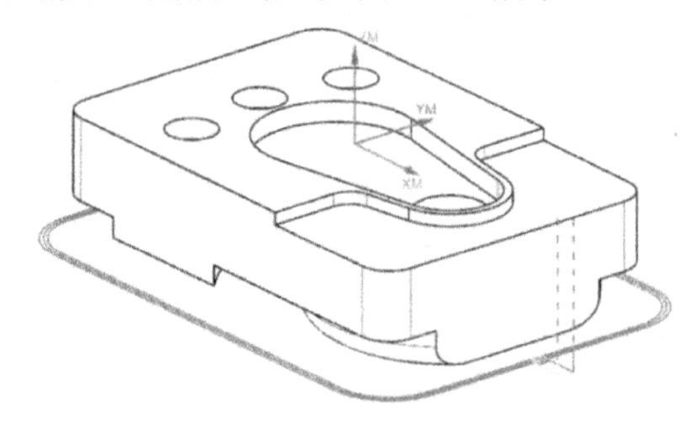

图 10-43　平面铣加工轮廓刀路

（53）选取“菜单｜插入｜程序”命令，在【创建程序】对话框中对“类型”选取“mill_contour”，“程序”选取 A，把“名称”设为“A3-钻孔-DR10”；单击“确定”按钮，创建 A3 程序组。此时，A3 在 A 下面，A1、A2 和 A3 并列。

选择“菜单｜插入｜工序”命令，在【创建工序】对话框中对“类型”选取“drill”，“工序子类型”选取“啄钻”按钮，“程序”选取“A3-钻孔-DR10”，“刀具”选取 Dr10(钻刀)，“几何体”选取“MCS-MILL”，“方法”选取“METHOD”。

（54）在【啄钻】对话框中单击“指定孔”按钮。

（55）在【点到点几何体】对话框中单击“选择”按钮。

（56）在对话框中选取“一般点”按钮。

（57）在【点】对话框中“类型”选取“⊙圆弧中心/椭圆中心/球心”选项，在实体上选取 4 个孔的圆心。

（58）单击“确定｜确定｜确定”按钮，在【啄钻】对话框中单击“指定顶面”按钮，在【顶面】对话框中对“类型”选取“刨”选项，选取工件的顶面，把“刨”设

为 2mm。

（59）在【啄钻】对话框中单击“指定底面”按钮，在【底面】对话框中对“类型”选取“刨”选项，选取工件的底面，“刨”设为 5mm。

（60）在【啄钻】对话框中把“最小安全距离”设为 5mm，“循环类型”选取“啄钻”选项，“距离”设为 1.0mm。单击“确定”按钮，在【指定参数组】对话框中“Number of Sets”设为 1。

（61）单击“确定”按钮，在【Cycle 参数】对话框中单击“Depth－模型深度”按钮。

（62）在【Cycle 参数】对话框中选取“穿过底面”按钮。

（63）单击“确定”按钮，再单击“Increment－无”按钮，在【增量】对话框中单击“恒定”按钮。

（64）在“增量”文本框中输入 1mm。

（65）单击“进给率和速度 ”按钮，主轴速度设为 1000r/min，进给率设为 250mm/min。

（66）单击“生成”按钮，生成钻孔刀路，如图 10-44 所示。

（67）选取“菜单｜插入｜程序”命令，在【创建程序】对话框中对“类型”选取“mill_contour”，“程序”选取 A，“名称”设为“A4-粗加工-D10R0”，单击“确定”按钮，创建 A4 程序组。此时，A4 在 A 下方，A1、A2、A3 和 A4 并列。

（68）选择“菜单｜插入｜工序”命令，在【创建工序】对话框中对“类型”选取“mill_planar”，“工序子类型”选取“平面铣”按钮，“程序”选取“A4-粗加工-D10R0”，“刀具”选取 D10R0，“几何体”选取“MCS_MILL”，“方法”选取“METHOD”。

（69）在【平面铣】对话框中单击“指定部件边界”按钮，在【边界几何体】对话框中对“模式”选取“曲线/边…”，在【创建边界】对话框中对“类型”选取“封闭的”，“刨”选取“自动”，“材料侧”选取“外部”，选取第一个沉头的边线，再单击“创建下一个边界”按钮，再选取第二个沉头的边线，然后单击“创建下一个边界”按钮，再选取第三个沉头的边线。

（70）在【平面铣】对话框中单击“指定底面 ”按钮，选取沉头底面，“距离”设为 0，如图 10-45 所示。

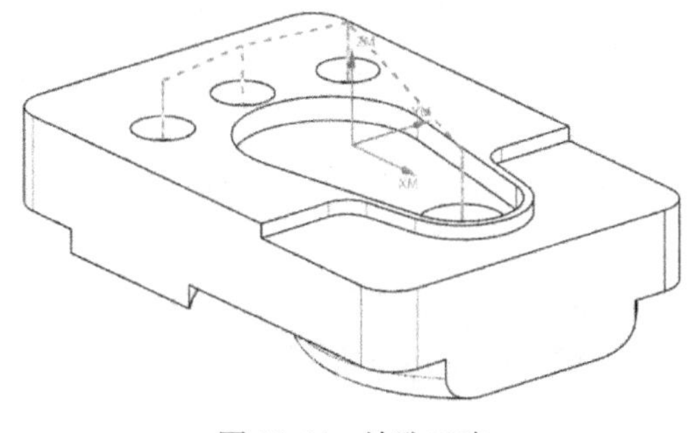

图 10-44　钻孔刀路

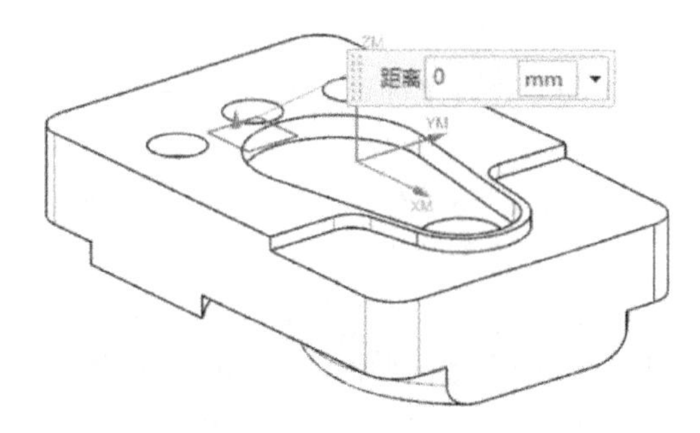

图 10-45　选取加工底面

（71）在【平面铣】对话框中对“切削模式”选取“轮廓”，把“附加刀路”设为 0。

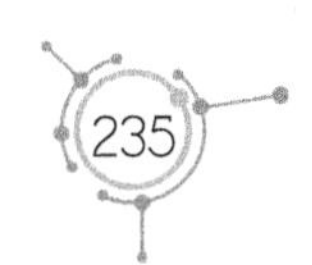

（72）单击“切削层”按钮，在【切削层】对话框中“类型”选取“恒定”，“公共每刀切削深度”设为 0.3mm。

（73）单击“切削参数”按钮，在【切削参数】对话框中单击“策略”选项卡，“切削方向”选取“顺铣”。单击“余量”选项卡，“部件余量”设为 0.3mm，“最终底面余量”设为 0.1mm。

（74）单击“非切削移动”按钮，在【非切削移动】对话框中单击“转移/快速”选项卡，“区域之间”的“转移类型”选取“安全距离-刀轴”，“区域内”的“转移方式”选取“进刀/退刀”，“转移类型”选取“安全距离-刀轴”。单击“进刀”选项卡，在“封闭区域”中，“进刀类型”选取“无”，在“开放区域”中，“进刀类型”选取“线性”，“长度”设为 4mm，“高度”设为 1mm，“最小安全距离”设为 4mm。

（75）单击“进给率和速度 ”按钮，主轴速度设为 1000r/min，进给率设为 1200mm/min。

（76）单击“生成”按钮，生成平面铣加工轮廓刀路，如图 10-46 所示。

（77）在“工序导航器”中选取 PLANAR_MILL_1，单击鼠标右键，选取“复制”命令，再选取 A4 程序组，单击鼠标右键，选取“内部粘贴”命令。

（78）双击 PLANAR_MILL_1_COPY，在【平面铣】对话框中单击“指定部件边界”按钮，在【编辑边界】对话框中单击“全部重选”按钮 全部重选 。

（79）在【边界几何体】对话框中“模式”选取“曲线/边…”，在【创建边界】对话框中“类型”选取“封闭的”，“刨”选取“自动”，“材料侧”选取“外部”，选取 ϕ18mm 圆孔的边线，如图 10-47 所示。

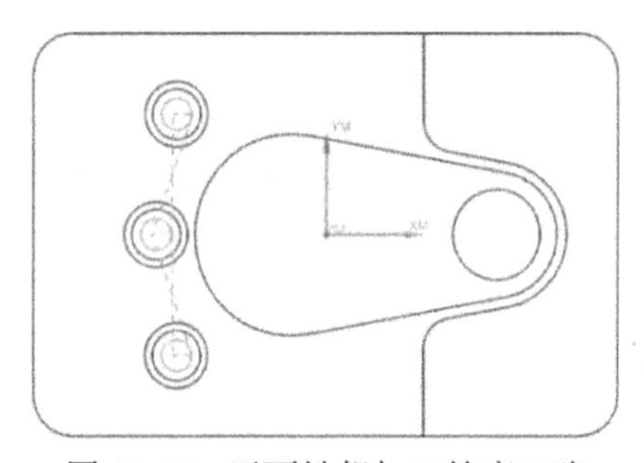

图 10-46　平面铣粗加工轮廓刀路

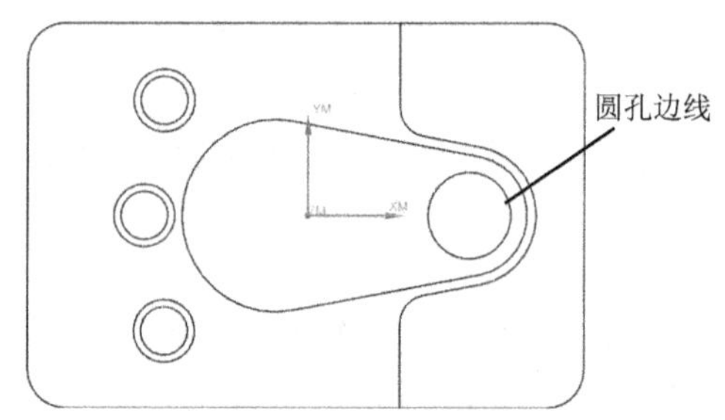

图 10-47　选取圆孔边线

（80）在【平面铣】对话框中单击“指定底面 ”按钮，选取 ϕ18mm 圆孔的底面，“距离”设为 2mm。

（81）单击“生成”按钮，生成加工 ϕ18mm 圆孔刀路，如图 10-48 所示。

（82）选取“菜单 | 插入 | 程序”命令，在【创建程序】对话框中对“类型”选取“mill_contour”，“程序”选取 A，“名称”设为“A5-精加工-D10R0”，单击“确定”按钮，创建 A5 程序组。此时，A5 在 A 下方，A1、A2、A3、A4 和 A5 并列。

（83）在“工序导航器”中选取 PLANAR_MILL_1和 PLANAR_MILL_1_COPY，单击鼠标右键，选取“复制”命令，再选取 A5 程序组，单击鼠标右键，选取“内部粘贴”命令。

（84）双击 PLANAR_MILL_1_COPY_1，在【平面铣】对话框中对“步距”选取“恒定”，“最大距离”设为0.1mm，“附加刀路”设为2。

（85）单击“切削层”按钮，在【切削层】对话框中对“类型”选取“仅底面”。

（86）单击“切削参数”按钮，在【切削参数】对话框中单击“余量”选项卡，“部件余量”、“最终底面余量”设为0。

（87）相同的方法，修改 PLANAR_MILL_1_COPY_COPY 刀路。

（88）单击“进给率和速度”按钮，主轴速度设为1000r/min，进给率设为500mm/min。

（89）单击“生成”按钮，生成平面铣精加工轮廓刀路，如图10-49所示。

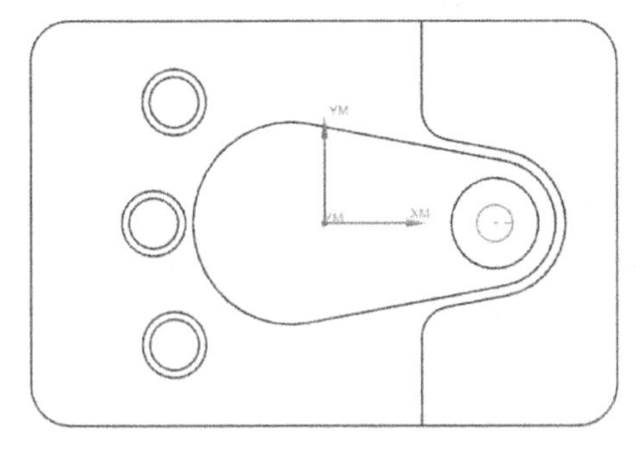

图10-48　加工 ϕ18mm 圆孔

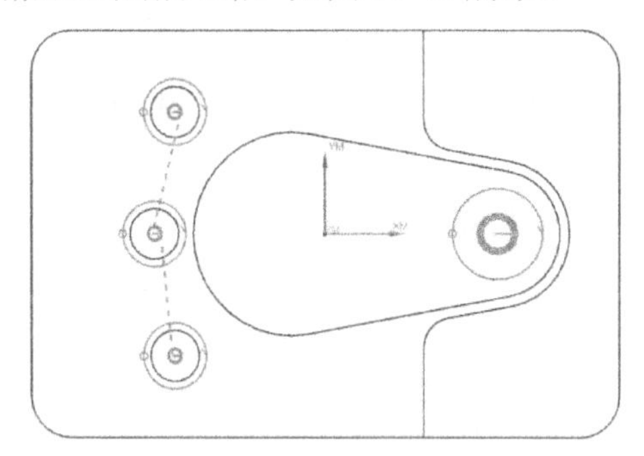

图10-49　平面铣精加工轮廓刀路

7. 第一个零件第二次装夹的数控编程过程

（1）选取“菜单｜格式｜图层设置”命令，在【图层设置】对话框中双击“□10”，将图层10设为工作图层，取消图层“□1”前面的“√”，隐藏第1层。

（2）选取“菜单｜格式｜复制至图层”命令，选取实体后，单击“确定”按钮，在【图层复制】对话框中“目标图层或类别”文本框中输入“2”。

（3）单击“确定”按钮，将实体复制到第2层。

（4）选取“菜单｜格式｜图层设置”命令，在【图层设置】对话框中双击“□2”，将图层2设为工作图层，取消图层“□10”前面的“√”，隐藏第10层。

（5）选取“菜单｜插入｜程序”命令，在【创建程序】对话框中的“类型”选取“mill_contour”，“程序”选取“NC-PROGRAM”，“名称”设为“B”，单击“确定”按钮，创建B程序组，此时B与A并列。

（6）选取“菜单｜插入｜程序”命令，在【创建程序】对话框中对“类型”选取“mill_contour”，“程序”选取B，“名称”设为“B1-粗加工-D12R0”，单击“确定”按钮，创建B1程序组。此时，B1在B下方，如图10-50所示。

（7）在横向菜单中选取“应用模块”选项卡，再选取“建模”按钮，进入建模环境。

（8）选取“菜单｜插入｜同步建模｜删除面”命令，删除 ϕ18mm 的圆孔与 ϕ10mm 的圆孔，如图10-51所示。

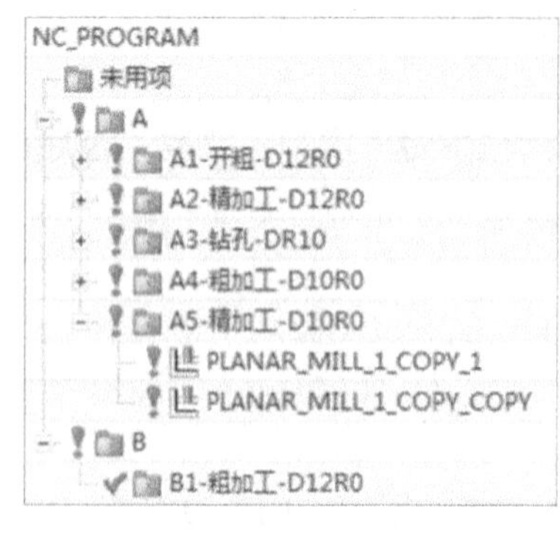

图 10-50　创建 B1 程序组

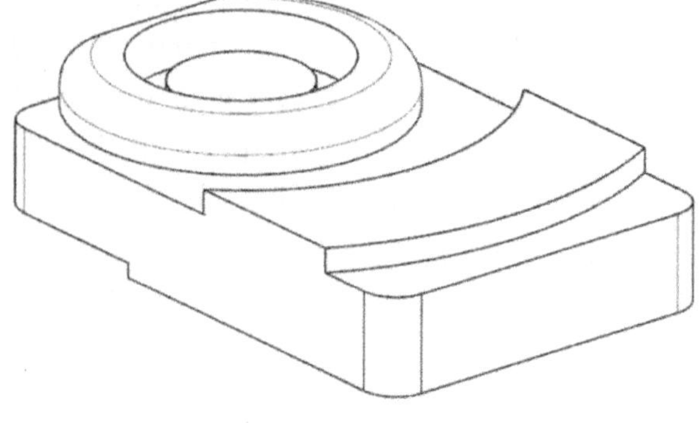

图 10-51　删除圆孔

（9）在横向菜单中选取“应用模块”选项卡，再选取“加工”按钮，进入加工环境。

（10）选择“菜单｜插入｜工序”命令，在【创建工序】对话框中对“类型”选取“mill_planar”，“工序子类型”选取“使用边界面铣削”按钮，“程序”选取“B1-粗加工-D12R0”，“刀具”选取 D12R0，“几何体”选取“MCS_MILL”，“方法”选取“METHOD”。

（11）在【面铣】对话框中单击“指定部件”按钮，选取整个实体。

（12）在【面铣】对话框中单击“指定面边界”按钮，在【毛坯边界】对话框中“选择方法”选取“曲线”，选取工件上表面的四条边线，如图 10-52 所示。

（13）在【毛坯边界】对话框中，对“刀具侧”选取“内部”，“刨”选取“自动”，单击“确定”按钮。

（14）在【面铣】对话框中对“刀轴”选取“+ZM 轴”，“切削模式”选取“跟随周边”，“步距”选取“刀具平直百分比”，把“平面直径平分比”设为 75%，“毛坯距离”设为 12mm，“每刀切削深度”设为 0.8mm，“最终底面余量”设为 0.1mm。

（15）单击“切削参数”按钮，在【切削参数】对话框中单击“策略”选项卡，“切削方向”选取“顺铣”，“刀路方向”选取“向外”，“刀具延展量”改为 80%。单击“余量”选项卡，把“部件余量”、“壁余量”设为 0.3mm，“最终底面余量”设为 0.1mm，“内（外）公差”设为 0.01。

（16）单击“非切削移动”按钮，在【非切削移动】对话框中单击“转移/快速”选项卡，“区域之间”的“转移类型”选取“安全距离-刀轴”，“区域内”的“转移方式”选取“进刀/退刀”，“转移类型”选取“安全距离-刀轴”。单击“进刀”选项卡，在“封闭区域”中，“进刀类型”选取“螺旋”，“直径”设为 10mm，“斜坡角”设为 1°，“高度”设为 1mm，“高度起点”选取“前一层”，“最小安全距离”设为 0，“最小斜面长度”设为 10mm。在“开放区域”中，“进刀类型”选取“线性”，“长度”设为 8mm，“旋转角度”、“斜坡角”设为 0°，“高度”设为 1mm，“最小安全距离”设为 8mm。

（17）单击“进给率和速度”按钮，主轴速度设为 1000r/min，进给率设为 1200mm/min。

（18）单击“生成”按钮，生成面铣开粗加工刀路，如图 10-53 所示。

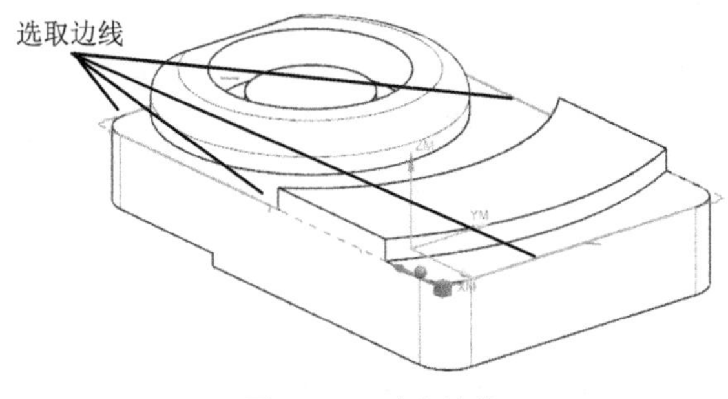

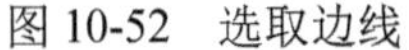
图 10-52 选取边线

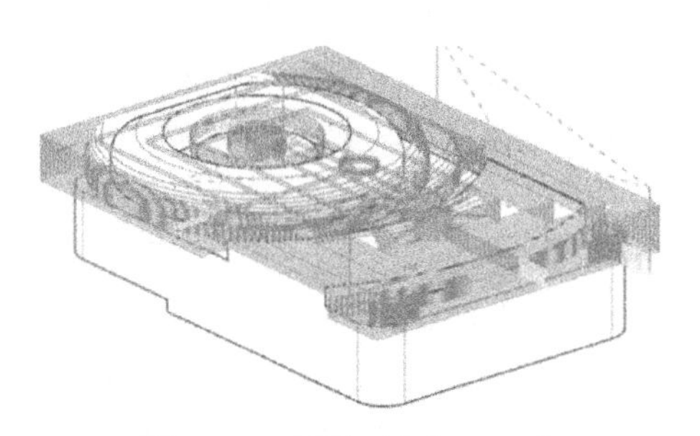
图 10-53 面铣开粗加工刀路

（19）选取“菜单｜插入｜程序”命令，在【创建程序】对话框中对“类型”选取“mill_contour”，“程序”选取 B，“名称”设为“B2-精加工-D12R0”，单击“确定”按钮，创建 B2 程序组。此时，B2 在 B 下方，B2 与 B1 并列。

（20）选取 FACE_MILLING_1，单击鼠标右键，选取“复制”命令，再选取 B2 程序组，单击鼠标右键，选取“内部粘贴”命令。

（21）双击 FACE_MILLING_1_COPY，在【面铣】对话框中单击“指定面边界”按钮，在【毛坯边界】对话框中单击“移除”按钮，移除以前的选项，在【毛坯边界】对话框中“选择方法”选取“面”，选取工件 4 个平面，如图 10-54 所示。（具体选取平面的方法是：先选取一个平面，再在【毛坯边界】对话框中单击“添加新集”按钮，再选下一个平面…）。

（22）在【毛坯边界】对话框中，对“刀具侧”选取“内部”，“刨”选取“自动”，单击“确定”按钮。

（23）在【面铣】对话框中“每刀切削深度”设为 0，“最终底面余量”设为 0。

（24）单击“切削参数”按钮，在【切削参数】对话框中单击“策略”选项卡，“勾选“添加精加工刀路”复选框，“刀路数”设为 2，“精加工步距”设为 0.1mm。单击“余量”选项卡，“部件余量”、“壁余量”、“最终底面余量”设为 0。

（25）单击“进给率和速度 ”按钮，主轴速度设为 1000r/min，进给率设为 500mm/min。

（26）单击“生成”按钮，生成面铣精加工刀路，如图 10-55 所示。

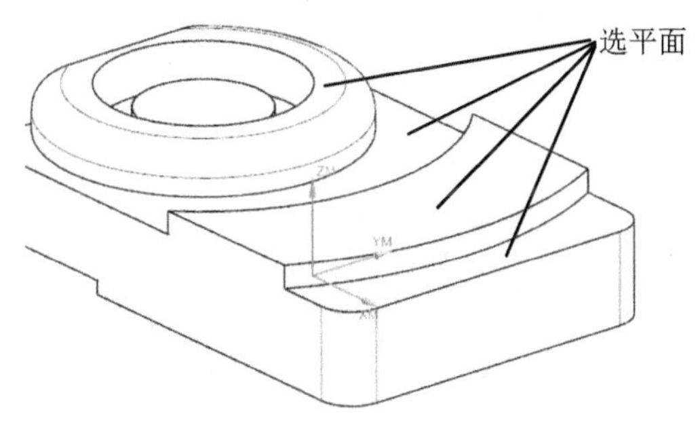

图 10-54 选取平面

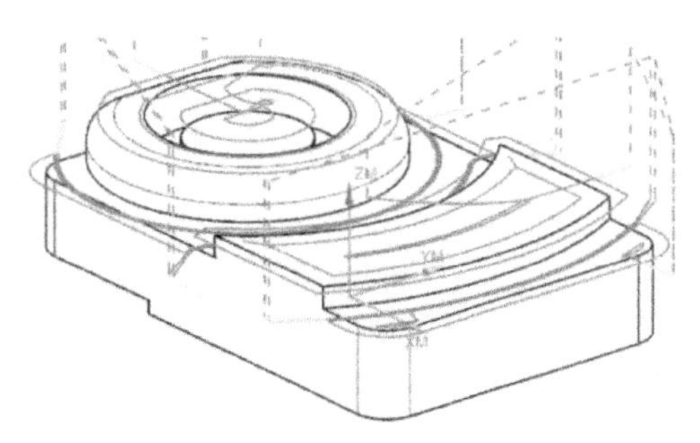
图 10-55 面铣精加工刀路

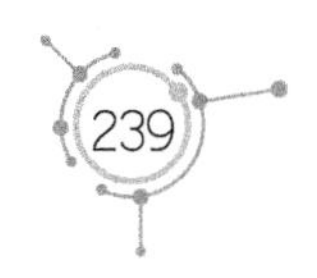

（27）选取“菜单｜插入｜程序”命令，在【创建程序】对话框中对“类型”选取“mill_contour”，“程序”选取 B，“名称”设为“B3-粗加工-D6R0”，单击“确定”按钮，创建 B3 程序组。此时，B3 在 B 下面，B3、B1 和 B2 并列。

（28）选择“菜单｜插入｜工序”命令，在【创建工序】对话框中对“类型”选取“mill_ contour”，“工序子类型”选取“型腔铣”按钮，“程序”选取“B3-粗加工-D6R0”，“刀具”选取 D6R0，“几何体”选取“MCS_MILL”，“方法”选取“METHOD”。

（29）在【面铣】对话框中单击“指定部件”按钮，选取整个实体。

（30）单击“指定切削区域”按钮，用框选方式选取整个实体。

（31）“切削模式”选取“跟随周边”，“步距”选取“刀具平直百分比”，“平面直径平分比”设为 75%，“公共每刀切削深度”选取“恒定”，“最大距离”设为 0.3mm。

（32）单击“切削层”按钮，在【切削层】对话框中多次单击“移除”按钮，移除以前的选项，选取上表面为“范围 1 的顶部”加工开始面，选取圆环的底面为加工底面，显示“范围深度”为 10mm，如图 10-56 所示。

（33）单击“切削参数”按钮，在【切削参数】对话框中单击“策略”选项卡，“切削方向”选取“顺铣”，“刀路方向”选取“向外”。单击“空间范围”选项卡，“参考刀具”选取“D12R0”立铣刀，“重叠距离”设为 0。单击“余量”选项卡，取消“□使底面余量与侧面余量一致”复选框前面的“√”，“部件侧面余量”设为 0.3mm，“部件底面余量”设为 0.1mm，“内（外）公差”设为 0.01。

（34）单击“非切削移动”按钮，在【非切削移动】对话框中单击“转移/快速”选项卡，“区域之间”的“转移类型”选取“安全距离-刀轴”，“区域内”的“转移方式”选取“进刀/退刀”，“转移类型”选取“直接”。单击“进刀”选项卡，在“封闭区域”中，“进刀类型”选取“沿形状进刀”，“斜坡角”设为 1°，“高度”设为 1mm，“高度起点”选取“前一层”，“最小安全距离”设为 0，“最小斜面长度”设为 10mm。

（35）单击“进给率和速度 ”按钮，主轴速度设为 1000r/min，进给率设为 1200mm/min。

（36）单击“生成”按钮，生成型腔铣开粗刀路，如图 10-57 所示。

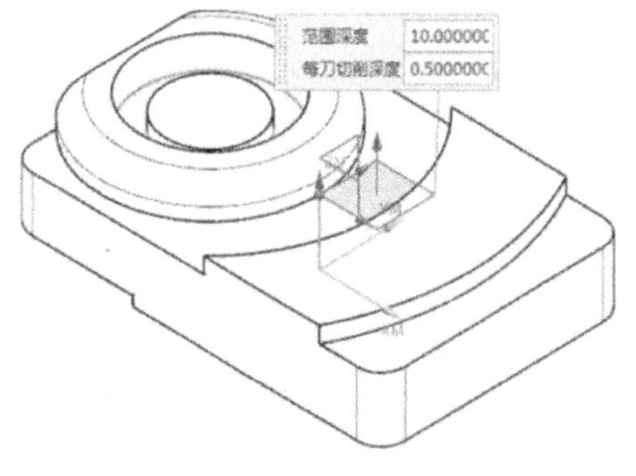

图 10-56　设定加工底面

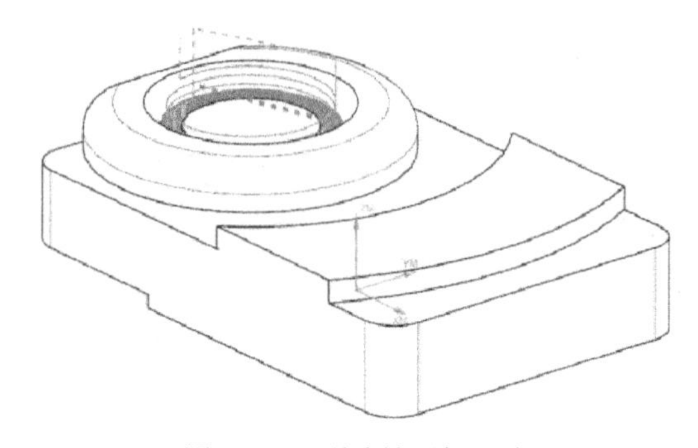

图 10-57　型腔铣开粗刀路

（37）选取“菜单｜插入｜程序”命令，在【创建程序】对话框中对“类型”选取

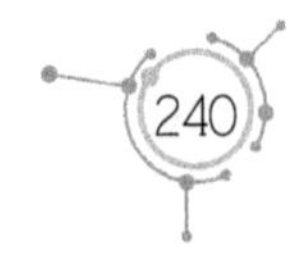

"mill_contour"，"程序"选取 B，"名称"设为"B4-精加工-D6R0"，单击"确定"按钮，创建 B4 程序组，此时，B4 在 B 下面，B4、B1、B2 和 B3 并列。

（38）在"工序导航器"中选取 FACE_MILLING_1_COPY，单击鼠标右键，选取"复制"命令，再选取 B4 程序组，单击鼠标右键，选取"内部粘贴"命令。

（39）双击 FACE_MILLING_1_COPY_COPY，在【面铣】对话框中单击"指定面边界"按钮，在【毛坯边界】对话框中单击"移除"按钮，移除以前的选项，在【毛坯边界】对话框中"选择方法"选取"面"，选取工件 2 个平面，如图 10-58 所示。（具体选取平面的方法是：先选取一个平面，再在【毛坯边界】对话框中单击"添加新集"按钮，再选下一个平面…）。

（40）在【毛坯边界】对话框中，"刀具侧"选取"内部"，"刨"选取"自动"，单击"确定"按钮。

（41）在【面铣】对话框中"刀具"选取"D6R0"立铣刀。

（42）单击"生成"按钮，生成平面铣精加工刀路，如图 10-59 所示。

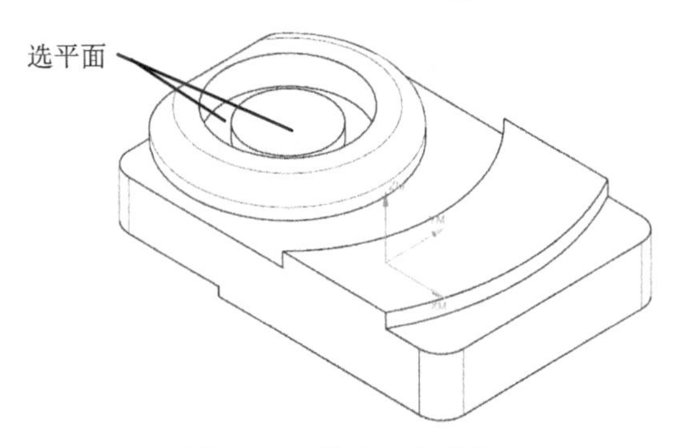

图 10-58　选取两个平面

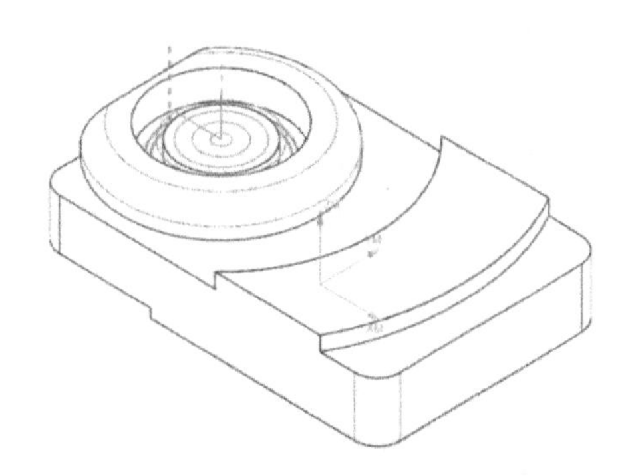

图 10-59　平面铣精加工刀路

（43）选取"菜单｜插入｜程序"命令，在【创建程序】对话框中对"类型"选取"mill_contour"，"程序"选取 B，"名称"设为"B5-精加工-D6R3"，单击"确定"按钮，创建 B5 程序组。此时，B5 在 B 下方，B5、B1、B2、B3 和 B4 并列。

（44）单击"创建刀具"按钮，"类型"选取"mill_contour"，"刀具子类型"选取"BALL-MILL"选项，"名称"设为 D6R3，"直径"设为 ϕ6mm，"下半径"设为 0。

（45）选择"菜单｜插入｜工序"命令，在【创建工序】对话框中对"类型"选取"mill_contour"，"工序子类型"选取"固定轮廓铣"按钮，"程序"选取"B5-精加工-D6R3"，"刀具"选取 D6R3，"几何体"选取"MCS_MILL"，"方法"选取"METHOD"。

（46）在【固定轮廓铣】对话框中"驱动方法"选取"曲面"选项，如图 10-60 所示。

（47）在【曲面区域驱动方法】对话框中单击"指定驱动几何体"按钮，在零件图上选取 R6mm 圆弧曲面。

（48）在【曲面区域驱动方法】对话框中对"刀具位置"选取"相切"，"切削模式"选取"往复"，"步距"选取"残余高度"，"最大残余高度"设为 0.1mm，单击"切削方向"按钮，如图 10-61 所示。

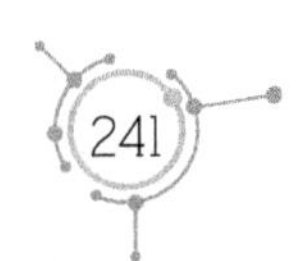

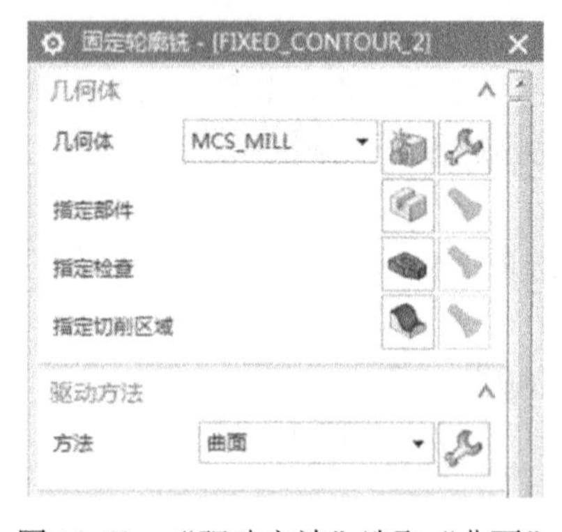

图 10-60 “驱动方法”选取“曲面”

图 10-61 【曲面区域驱动方法】对话框

（49）在零件图显示 4 个箭头，选取其中一个箭头为加工方向，如图 10-62 所示。

（50）单击“生成”按钮，生成固定轮廓铣刀路，如图 10-63 所示。

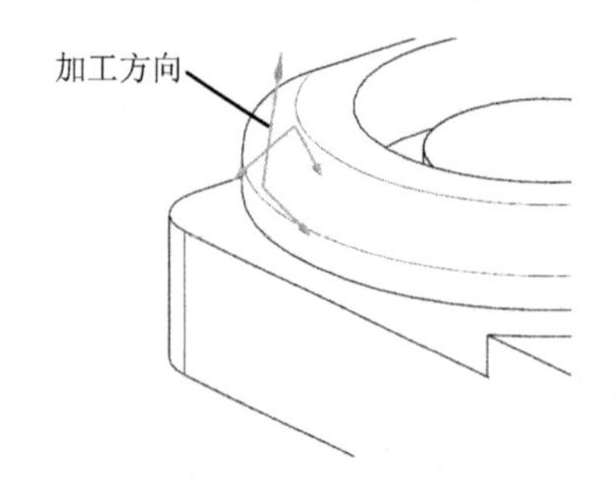

图 10-62 选取加工方向

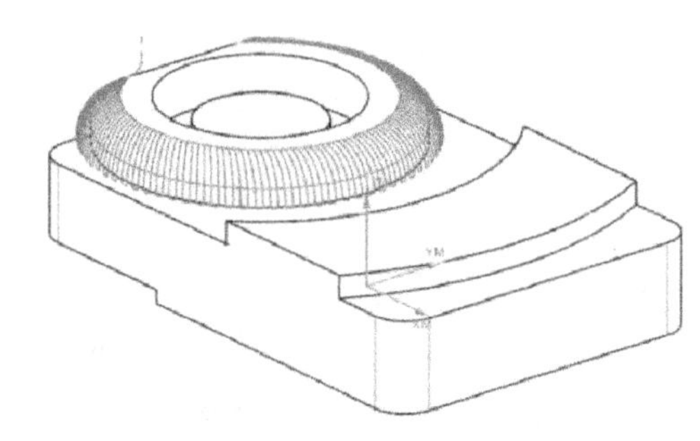

图 10-63 固定轮廓铣刀路

（51）如果在图 10-62 中，选取另一个箭头为加工方向，则生成的刀路如图 10-64 所示。

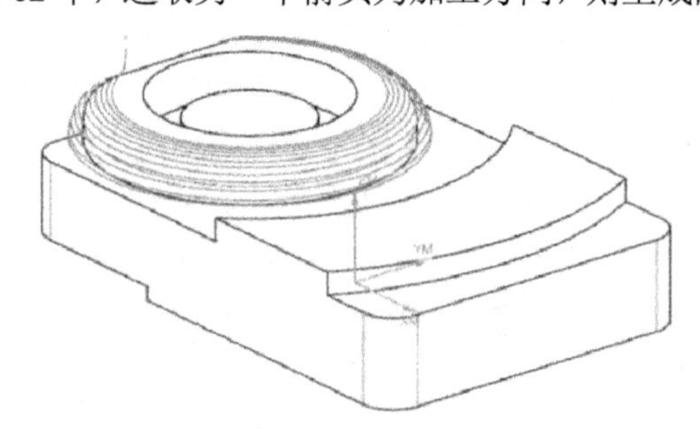

图 10-64 另一个切削方向的固定轮廓铣刀路

（52）单击“保存”按钮，保存文档。

8．第二个零件的建模过程

（1）启动 NX 10.0，单击“新建”按钮，在【新建】对话框中选取“模型”选项卡，在模板框中“单位”选择“毫米”，选取“模型”模板，“名称”设为“EX10（2）.prt”，文件夹选取“E:\UG10.0 数控编程\项目 10”。

（2）单击“拉伸”按钮，在【拉伸】对话框中单击“绘制截面”按钮，选取 *XOY* 平面为草绘平面，*X* 轴为水平参考，以原点为中心绘制矩形截面（120mm×80mm），如图 10-3 所示。

（3）单击“完成”按钮，在【拉伸】对话框中对“指定矢量”选取“ZC↑”按钮，“开始”选取“值”，把“距离”设为 0，“结束”选取“值”，“距离”设为 30mm，“布尔”选取“无”。

（4）单击“确定”按钮，创建第一个拉伸特征，如图 10-4 所示。

（5）单击“拉伸”按钮，在【拉伸】对话框中单击“绘制截面”按钮，选取上表面为草绘平面，*X* 轴为水平参考，绘制两个同心圆，如图 10-65 所示。

（6）单击“完成”按钮，在【拉伸】对话框中对“指定矢量”选取“-ZC↓”按钮，“开始”选取“值”，把“距离”设为 0，“结束”选取“值”，“距离”设为 5mm，“布尔”选取“求差”。

（7）单击“确定”按钮，创建环形槽，如图 10-66 所示。

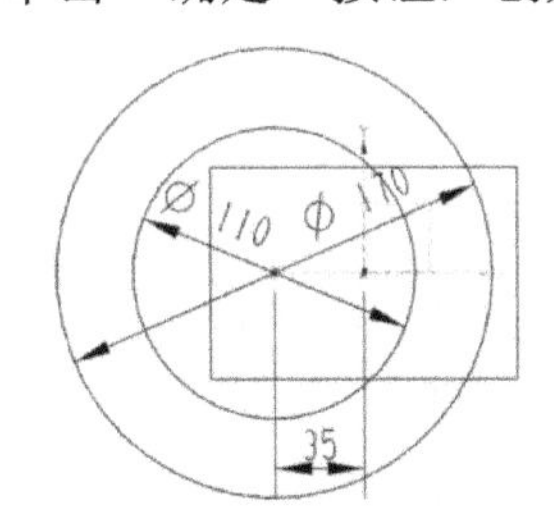

图 10-65 绘制两个同心圆

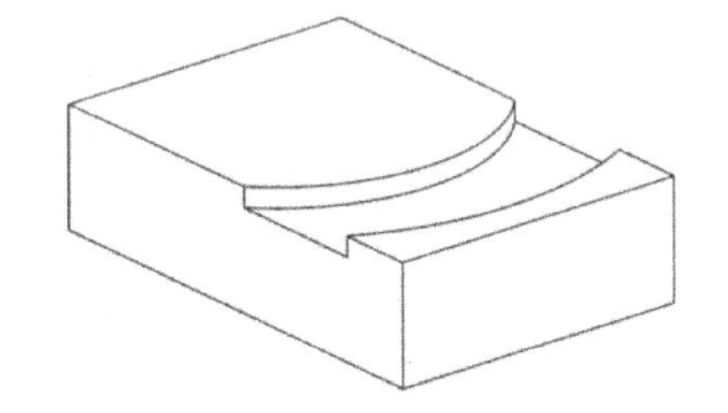
图 10-66 创建环形槽

（8）单击“拉伸”按钮，在【拉伸】对话框中单击“绘制截面”按钮，选取上表面为草绘平面，*X* 轴为水平参考，绘制矩形截面，如图 10-67 所示。

（9）单击“完成”按钮，在【拉伸】对话框中对“指定矢量”选取“-ZC↓”按钮，“开始”选取“值”，把“距离”设为 0，“结束”选取“值”，“距离”设为 5mm，“布尔”选取“求差”。

（10）单击“确定”按钮，创建台阶面，如图 10-68 所示。

（11）单击“拉伸”按钮，在【拉伸】对话框中单击“绘制截面”按钮，选取上表面为草绘平面，*X* 轴为水平参考，绘制圆形截面（ϕ70mm），如图 10-69 所示。

（12）单击“完成”按钮，在【拉伸】对话框中对“指定矢量”选取“-ZC↓”按钮，“开始”选取“值”，把“距离”设为 0，“结束”选取“值”，“距离”设为 5mm，“布尔”选取“求差”。

（13）单击“确定”按钮，创建弯形，如图 10-70 所示。

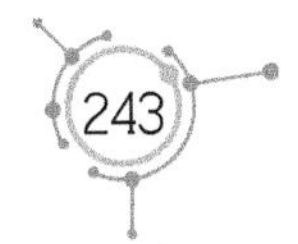

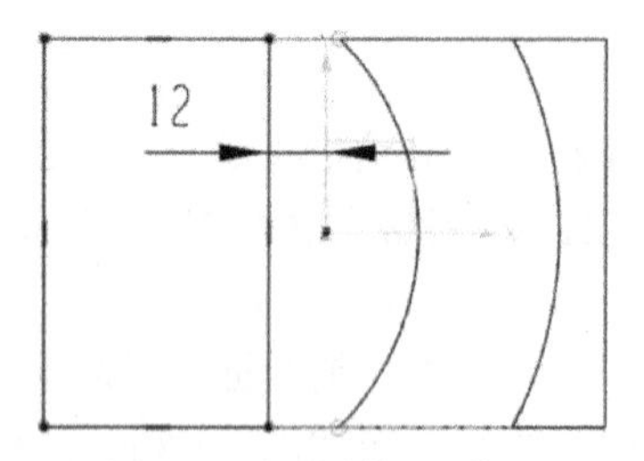

图 10-67　绘制矩形截面

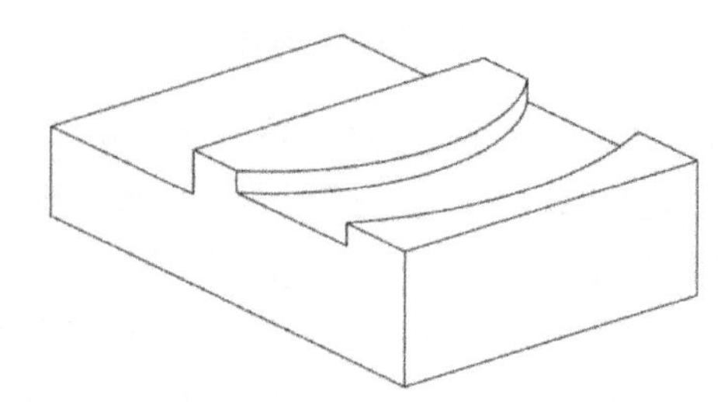

图 10-68　创建台阶

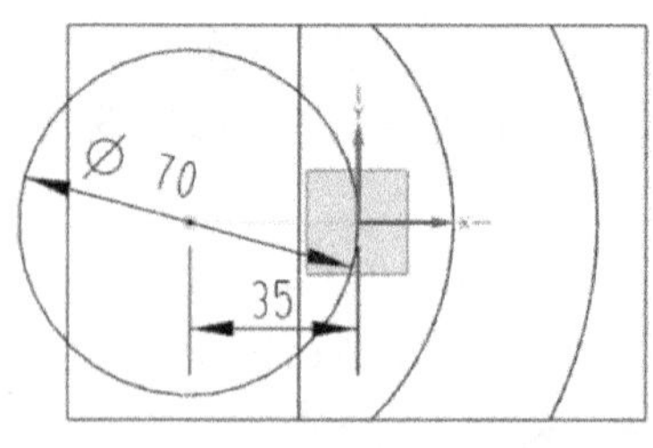

图 10-69　绘制圆形截面

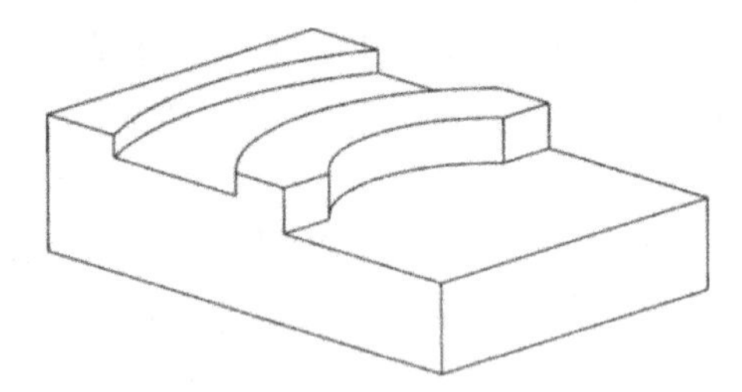

图 10-70　创建弯形

（14）单击“边倒角”按钮，创建边倒角特征（6mm×6mm），如图 10-71 所示。

（15）单击“拉伸”按钮，在【拉伸】对话框中单击“绘制截面”按钮，选取 *XOY* 平面为草绘平面，*X* 轴为水平参考，绘制圆形截面（ϕ45mm），该圆与其他圆弧同心，如图 10-72 所示。

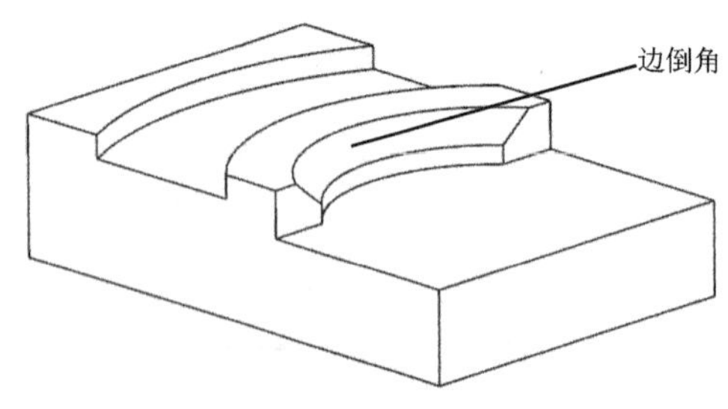

图 10-71　创建边倒角特征

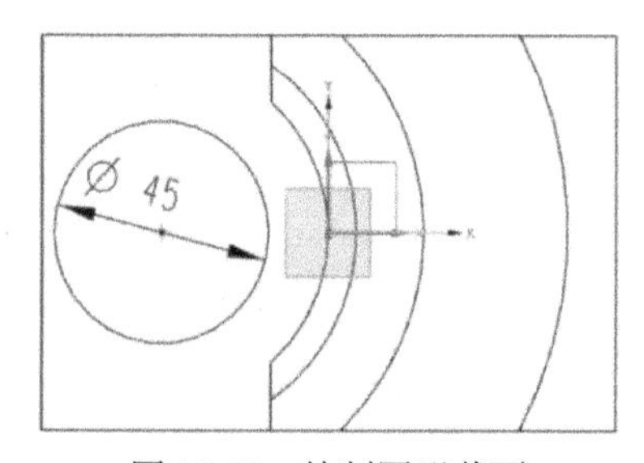

图 10-72　绘制圆形截面

（16）单击“完成”按钮，在【拉伸】对话框中对“指定矢量”选取“ZC↑”按钮，“开始”选取“值”，把“距离”设为 0，“结束”选取“值”，“距离”设为 30mm，“布尔”选取“求和”。

（17）单击“确定”按钮，创建圆柱特征，如图 10-73 所示。

（18）选取“菜单 | 插入 | 设计特征 | 孔”命令，在【孔】对话框中单击“绘制截面”按钮，以上表面为草绘平面，*X* 轴为水平参考，在圆柱圆心处绘制 1 个点。

（19）单击“完成”按钮，在【孔】对话框中对“类型”选取“常规孔”，“孔方向”选取“垂直于面”选项，“形状”选取“沉头孔”，把“沉头直径”设为 29mm，“沉头深度”设为 5mm，“直径”设为 18mm，“深度限制”选取“贯通体”，“布尔”选取“求差”。

（20）单击“确定”按钮，创建沉头孔特征，如图 10-74 所示。

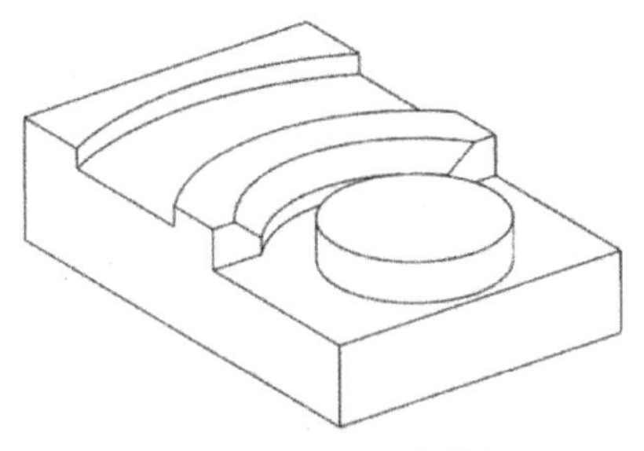

图 10-73　创建圆柱特征

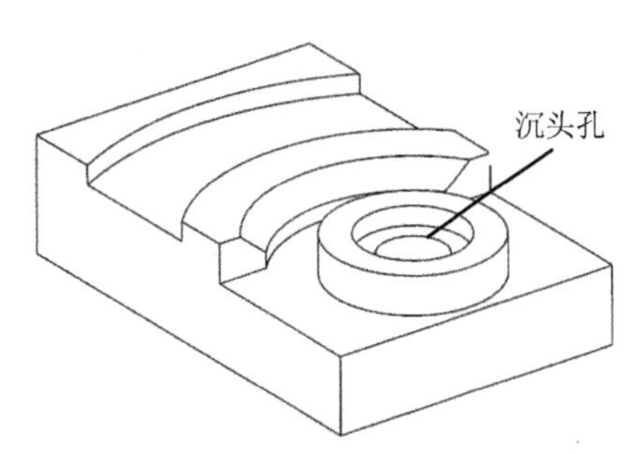

图 10-74　创建沉头孔特征

（21）创建抛物线，步骤如下：

第 1 步：抛物线的方程是：$y^2=2px$，其中 p 指的是焦点到准线的距离，因此，$p/2=34$，$p=68$。

第 2 步：分析图 10-2，可以分析出，与－X 轴相交的抛物线方程是 $y^2=2*68*$（$x+24$）。

第 3 步：假设 (y-y0)的取值范围为（-25～+25），则抛物线表达式如表 10-1 所示。

表 10-1　抛物线表达式

名称	表达式	类型	表达式的含义
p	68	长度	焦点到准线的距离
t	1	恒定	系统变量，变化范围：0～1
d	25	恒定	(y-y0)取值范围的绝对值
X0	-24	长度	顶点坐标
Y0	0		
y	2*d*t-d+y0	长度	曲线上任一点的 y 坐标
x	(y-y0)*(y-y0)/(2*p)+x0	长度	曲线上任一点的 x 坐标
z	0	长度	曲线上任一点的 z 坐标

第 4 步：选取“菜单｜工具｜表达式”命令，在【表达式】对话框中对“类型”选择“长度”，“名称”输入 p，“公式”输入 68，如图 10-75 所示。

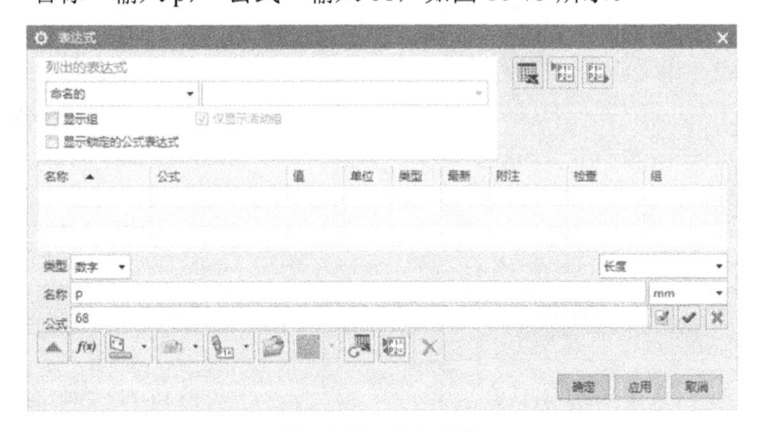

图 10-75　输入参数

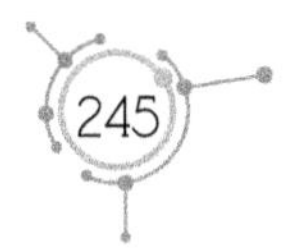

第 5 步：单击“应用”按钮，即可将参数输入。

第 6 步：按照上述方法，在【表达式】对话框中输入表 10-1 中的参数，如果在输入时，系统发出警告，那么请选择适当的类型，输入后如图 10-76 所示。

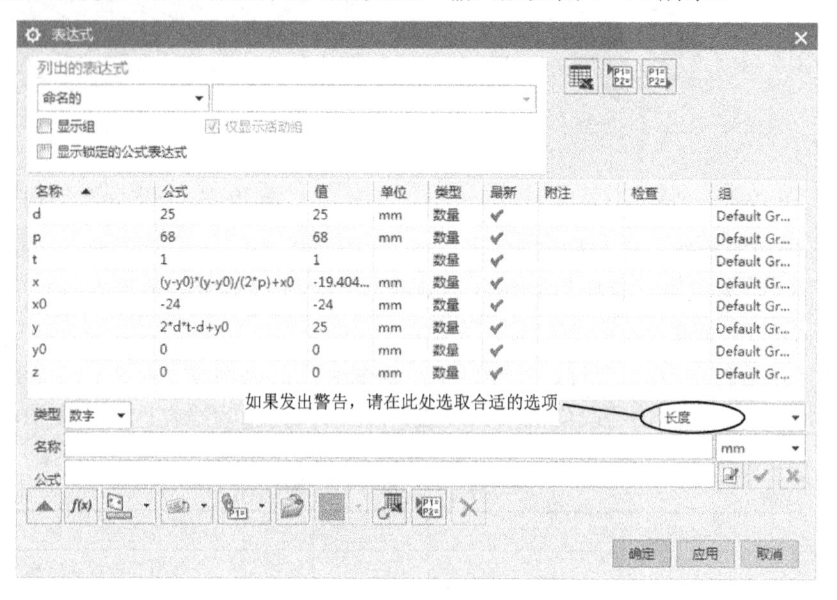

图 10-76　输入参数后的【表达式】对话框

第 7 步：选取“菜单 | 插入 | 曲线 | 规律曲线”命令，在【规律曲线】对话框中“规律类型”选取“根据方程”，“参数”设为 t，“函数”设为 x\y\z，如图 10-77 所示。

第 8 步：单击“确定”按钮，创建抛物线，如图 10-78 所示。

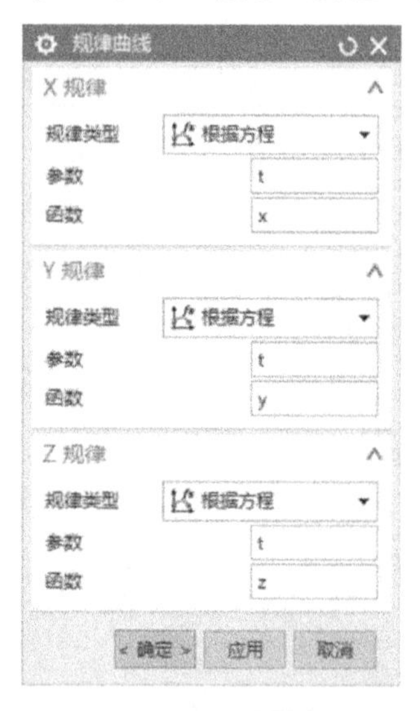

图 10-77　【规律曲线】对话框

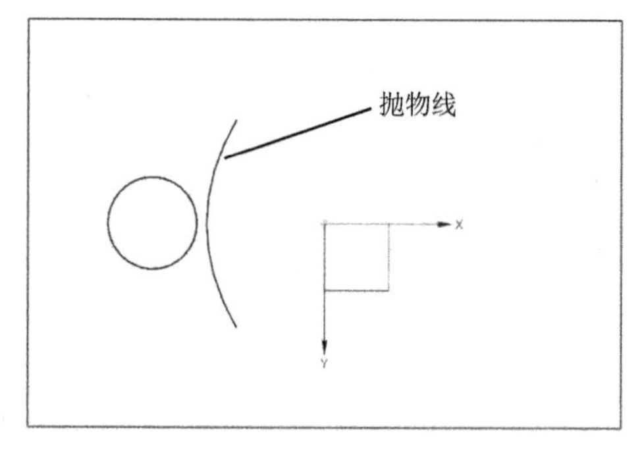

图 10-78　抛物线

第 9 步：选取“菜单 | 插入 | 关联复制 | 阵列几何特征”命令，在【几何阵列】对

话框中对“布局”选取“圆形”，“指定矢量”选取“ZC↑”，“指定点”选取（0，0，0），“间距”选取“数量和节距”，把“数量”设为 4，“节距”设为 90°。

第 10 步：单击“确定”按钮，创建阵列特征，如图 10-79 所示。

（22）单击“拉伸”按钮，在【拉伸】对话框中单击“曲线”按钮，如图 10-80 所示。

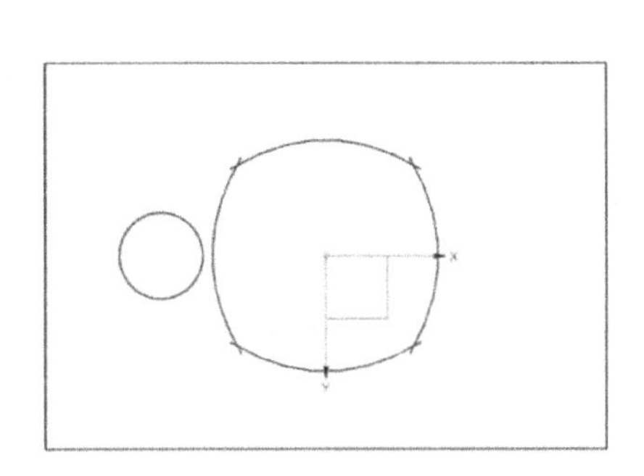

图 10-79 阵列抛物线

图 10-80 选取“曲线”按钮

（23）在工作区上方选取“单条曲线”选项与“在相交处停止”按钮，如图 10-81 所示。

图 10-81 选取“单条曲线”选项与“在相交处停止”按钮

（24）选取阵列后的 4 条抛物线，单击“完成”按钮，在【拉伸】对话框中对“指定矢量”选取“ZC↑”按钮，“开始”选取“值”，把“距离”设为 0，“结束”选取“值”，“距离”设为 5mm，“布尔”选取“求差”。

（25）单击“确定”按钮，创建拉伸特征，如图 10-82 所示。

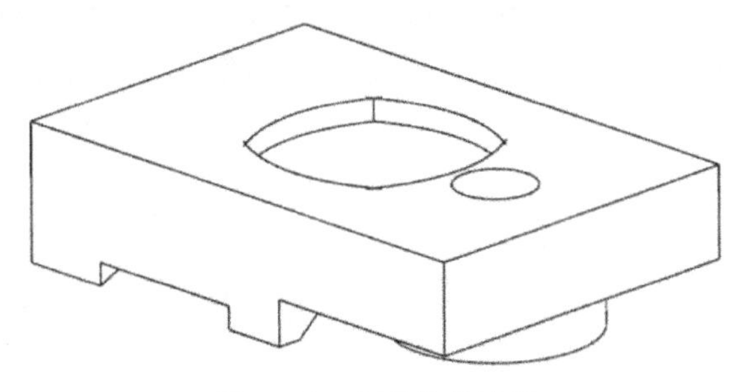

图 10-82 创建拉伸特征

（26）单击“边倒圆”按钮，创建边倒圆特征，如图 10-83 所示。

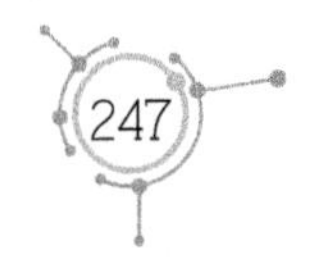

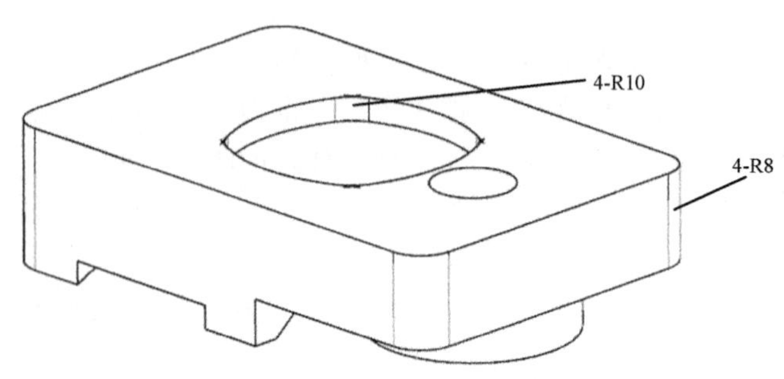

图 10-83　创建边倒圆特征

（27）选取“菜单｜插入｜设计特征｜孔”命令，在【孔】对话框中单击“绘制截面”按钮，以底面为草绘平面，X 轴为水平参考，在 X 轴上绘制 1 个点，如图 10-84 所示。

（28）单击“完成”按钮，在【孔】对话框中对“类型”选取“常规孔”，“孔方向”选取“垂直于面”选项，“形状”选取“沉头孔”；把“沉头直径”设为 13mm，“沉头深度”设为 5mm，“直径”设为 10mm；“深度限制”选取“贯通体”，“布尔”选取“求差”。

（29）单击“确定”按钮，创建沉头孔特征，如图 10-85 所示。

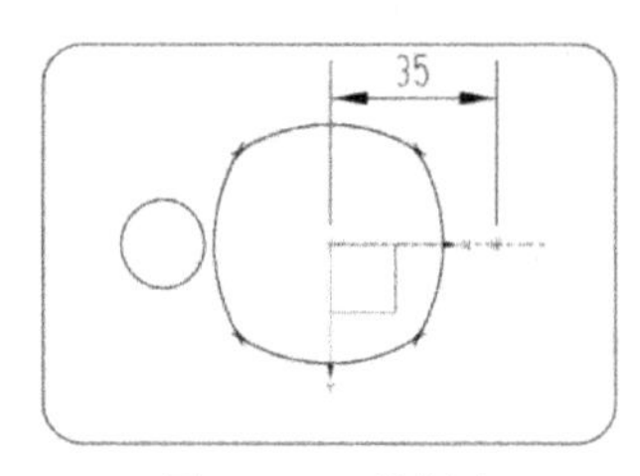

图 10-84　绘制点

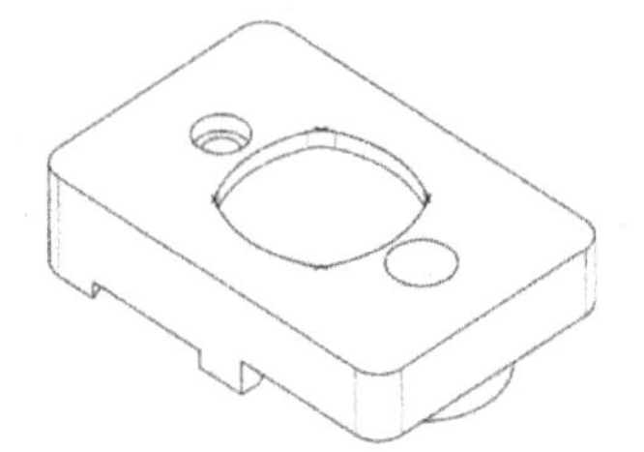

图 10-85　创建沉头孔特征

（30）选取“菜单｜插入｜关联复制｜阵列特征”命令，选取刚才创建的沉头孔为要阵列的对象，在【阵列特征】对话框中对选取“布局”选取“圆形”，“指定矢量”选取“ZC↑”按钮，把“指定点”设为（0，0，0），“间距”选取“数量和跨距”，“数量”设为 2，“跨距”设为 20°，如图 10-17 所示。

（31）单击“确定”按钮，创建旋转阵列特征（一），如图 10-86 所示。

（32）采用相同的方法，创建第二个旋转阵列特征（二），如图 10-87 所示。

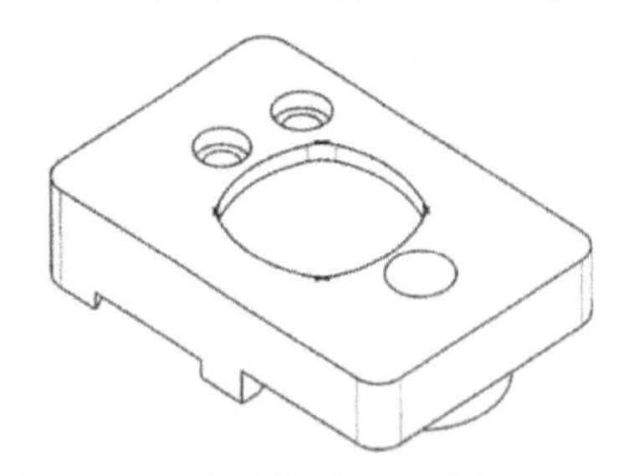

图 10-86　创建旋转阵列特征（一）

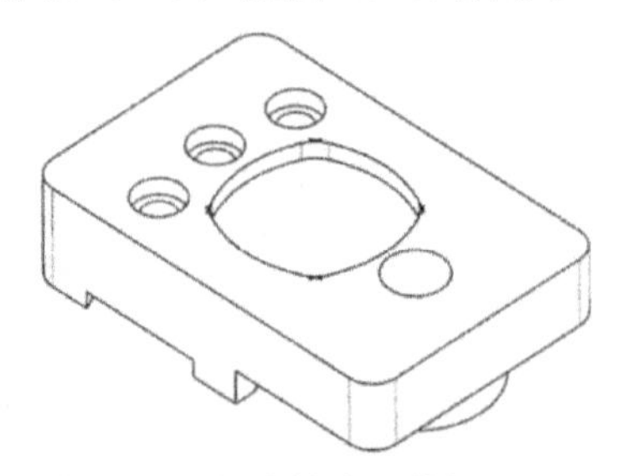

图 10-87　创旋转阵列特征（二）

9. 第二个零件第一次装夹的数控编程过程

（1）选取“菜单｜格式｜移动至图层”命令，选取实体后，单击“确定”按钮，在【图层复制】对话框中“目标图层或类别”文本框中输入“10”。

（2）单击“确定”按钮，将实体移动到第10层。

（3）选取“菜单｜格式｜复制至图层”命令，选取实体后，单击“确定”按钮，在【图层复制】对话框中“目标图层或类别”文本框中输入“1”。

（4）单击“确定”按钮，将实体复制到第1层。

（5）选取“菜单｜格式｜图层设置”命令，在【图层设置】对话框中双击“□1”，将图层1设为工作图层，取消图层“□10”前面的“√”，隐藏第10层。

（6）选取“菜单｜编辑｜移动对象”命令，在【移动对象】对话框中对“运动”选取“角度”，“指定矢量”选取“YC↑”选项，“角度”设为180°，“结果”选取“◉移动原先的”，单击“指定轴点”按钮，在【点】对话框中输入（0，0，0）。

（7）单击“确定”按钮，旋转实体，如图10-88所示。

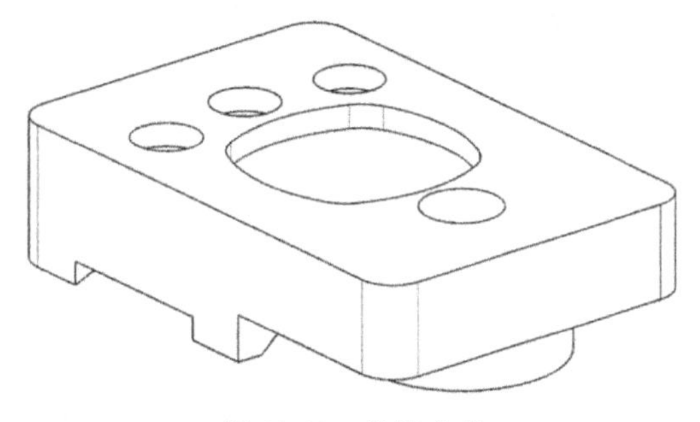
图10-88 旋转实体

（8）在横向菜单中单击“应用模块”选项卡，再单击“加工”命令，在【加工环境】对话框中选择“cam_general”选项和“mill_planar”选项，单击“确定”按钮，进入加工环境，此时工作区中出现两个坐标系，一个是基准坐标系，一个是工件坐标系。

（9）单击“创建刀具”按钮，“类型”选取“mill_contour”，“刀具子类型”选取“MILL”选项，“名称”设为D12R0，“直径”设为ϕ12mm，“下半径”设为0。

（10）单击“创建刀具”按钮，“类型”选取“mill_contour”，“刀具子类型”选取“MILL”选项，“名称”设为D8R0，“直径”设为ϕ8mm，“下半径”设为0。

（11）单击“创建刀具”按钮，“类型”选取“drill”，“刀具子类型”选取“DRILLING_TOOL”选项，“名称”设为Dr10，“直径”设为ϕ10mm。

（12）选择“菜单｜插入｜工序”命令，在【创建工序】对话框中对“类型”选取“mill_planar”，“工序子类型”选取“使用边界面铣削”按钮，“程序”选取“NC_PROGRAM”，“刀具”选取D12R0，“几何体”选取“MCS_MILL”，“方法”选取“METHOD”。

（13）在【面铣】对话框中单击“指定部件”按钮，选取整个实体。

（14）在【面铣】对话框中单击“指定面边界”按钮，在【毛坯边界】对话框中“选择方法”选取“面”，选取工件上表面。

（15）在【毛坯边界】对话框中“刀具侧”选取“内部”，“刨”选取“指定”，选取坑的底面为刨面，“距离”设为0，如图10-89所示。

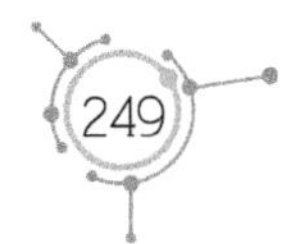

（16）在【面铣】对话框中“切削模式”选取“跟随周边”，“步距”选取“刀具平直百分比”，“平面直径平分比”设为 75%，“毛坯距离”设为6mm，“每刀切削深度”设为0.8mm，“最终底面余量”设为 0.1mm。

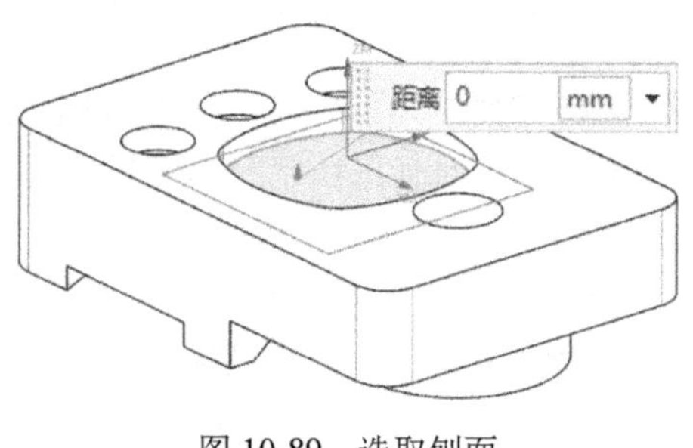

图 10-89　选取刨面

（17）单击“切削参数”按钮，在【切削参数】对话框中单击“策略”选项卡，“切削方向”选取“顺铣”，“刀路方向”选取“向外”，“刀具延展量”设为 100%。单击“余量”选项卡，“部件余量”、“壁余量”设为 0.3mm，“最终底面余量”设为 0.1mm，“内（外）公差”设为 0.01。

（18）单击“非切削移动”按钮，在【非切削移动】对话框中单击“转移/快速”选项卡，“区域之间”的“转移类型”选取“安全距离-刀轴”，“区域内”的“转移方式”选取“进刀/退刀”，“转移类型”选取“安全距离-刀轴”。单击“进刀”选项卡，在“封闭区域”中，“进刀类型”选取“螺旋”，“直径”设为 2mm，“斜坡角”设为 1°，“高度”设为 1mm，“高度起点”选取“前一层”，“最小安全距离”设为 0，“最小斜面长度”设为 2mm。在“开放区域”中，“进刀类型”选取“线性”，“长度”设为 8mm，“旋转角度”、“斜坡角”设为 0°，“高度”设为 1mm，“最小安全距离”设为 8mm。

（19）单击“进给率和速度 ”按钮，主轴速度设为 1000r/min，进给率设为 1200mm/min。

（20）单击“生成”按钮，生成面铣开粗刀路，该刀路会出现踩刀现象，需避免；也会出现空刀现象，需避免，如图 10-90 所示。

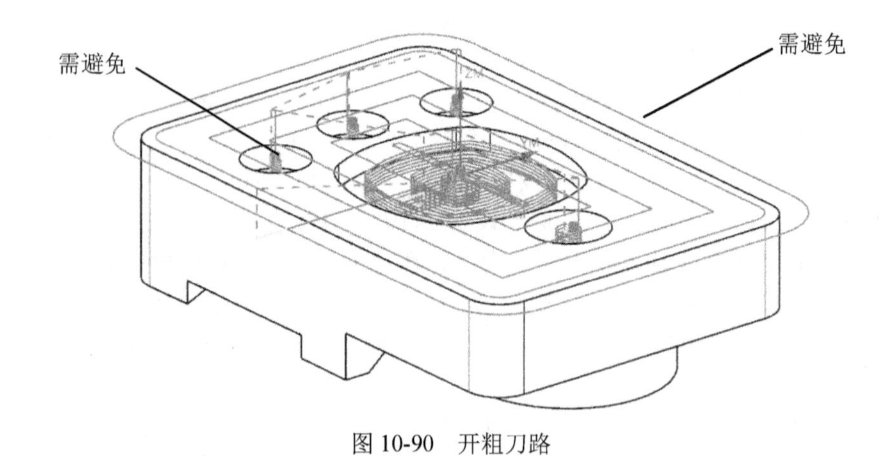

图 10-90　开粗刀路

（21）单击“切削参数”按钮，在【切削参数】对话框中单击“策略”选项卡，“刀具延展量”改为 50%，重新生成的刀路全在工件范围内，无空刀现象，如图 10-91 所示。

（22）单击“非切削移动”按钮，在【非切削移动】对话框中单击“进刀”选项卡，在“封闭区域”中，“直径”改为15mm，“最小斜面长度”改为15mm。

（23）单击“生成”按钮，重新生成的刀路无踩刀现象，如图10-92所示。

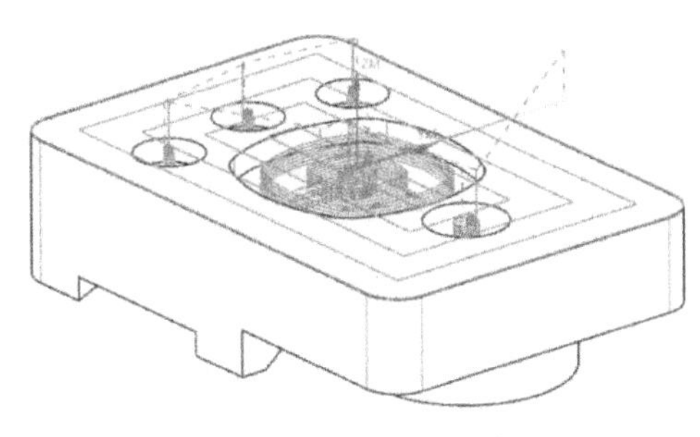

图10-91　无空刀现象

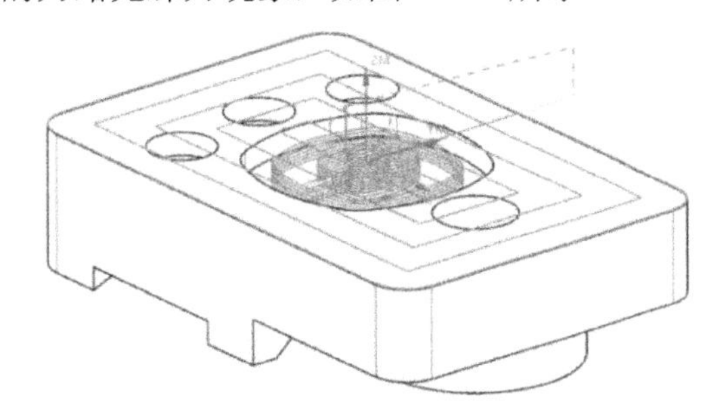

图10-92　无踩刀现象

（24）选择“菜单｜插入｜工序”命令，在【创建工序】对话框中对“类型”选取“mill_planar”，“工序子类型”选取“平面铣”按钮，“程序”选取“NC_PROGRAM”，“刀具”选取D12R0，“几何体”选取“MCS_MILL”，“方法”选取“METHOD”。

（25）在【平面铣】对话框中单击“指定部件边界”按钮，在【边界几何体】对话框中“模式”选取“面”，“材料侧”选取“内部”，勾选“☑忽略孔”，选取工件的上表面。

（26）在【平面铣】对话框中单击“指定底面 ”按钮，选取底面，“距离”设为2mm，如图10-93所示。

（27）在【平面铣】对话框中“切削模式”选取“轮廓”，“附加刀路”设为0。

（28）单击“切削层”按钮，在【切削层】对话框中对“类型”选取“恒定”，“公共每刀切削深度”设为0.8mm。

（29）单击“切削参数”按钮，在【切削参数】对话框中单击“策略”选项卡，“切削方向”选取“顺铣”。单击“余量”选项卡，“部件余量”设为0.3 mm。

（30）单击“非切削移动”按钮，在【非切削移动】对话框中单击“转移/快速”选项卡，“区域之间”的“转移类型”选取“安全距离-刀轴”，“区域内”的“转移方式”选取“进刀/退刀”，“转移类型”选取“直接”。单击“进刀”选项卡，在“开放区域”中，“进刀类型”选取“圆弧”，“半径”设为2mm，“圆弧角度”设为90°，“高度”设为1mm，“最小安全距离”设为10mm。在“起点/钻点”选项卡中“重叠距离”设为1mm，单击“指定点”按钮，选取“控制点”选项，选取工件右边的边线，以该直线的中点设为进刀点。

（31）单击“进给率和速度 ”按钮，主轴速度设为1000r/min，进给率设为1200mm/min。

（32）单击“生成”按钮，生成平面铣加工轮廓刀路，如图10-94所示。

（33）在工作区上方的工具条中选取“程序顺序视图”按钮。

（34）在“工序导航器”中将Program改为C。

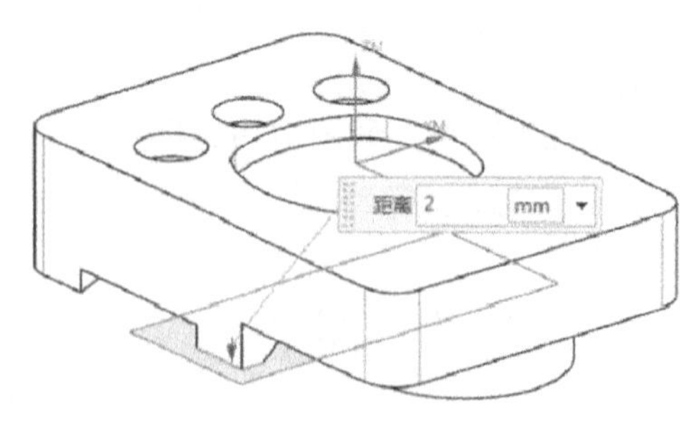

图 10-93　设定加工底面

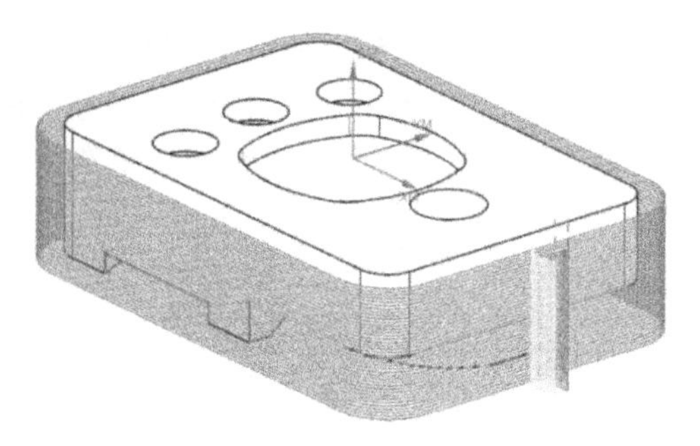

图 10-94　平面铣加工轮廓刀路

（35）选取“菜单｜插入｜程序”命令，在【创建程序】对话框中对“类型”选取“mill_contour”，“程序”选取 C，“名称”设为“C1-开粗-D12R0”，单击“确定”按钮，创建 C1 程序组。此时，C1 在 C 下方，并把刚才创建 2 个刀路工序移到 C1 下面，如图 10-95 所示。

（36）选取“菜单｜插入｜程序”命令，在【创建程序】对话框中对“类型”选取“mill_contour”，“程序”选取 C，“名称”设为“C2-精加工-D12R0”，单击“确定”按钮，创建 C2 程序组。此时，C2 在 C 下方，C1 和 C2 并列，如图 10-95 所示。

（37）在“工序导航器”中选取 FACE_MILLING，单击鼠标右键，选取“复制”命令，再选取“C2”，单击鼠标右键，选取“内部粘贴”命令。

（38）在“工序导航器”中双击 FACE_MILLING_COPY，在【面铣】对话框中单击“指定面边界”按钮，在【毛坯边界】对话框中单击“移除”按钮，移除以前的选项，再在【毛坯边界】对话框中“选择方法”选取“面”，“刀具侧”选取“内部”，“刨”选取“自动”，在工件上选取底面，然后在【毛坯边界】对话框中单击“添加新集”按钮，再选取坑的底面。

（39）在【面铣】对话框中“每刀切削深度”设为 0，“最终底面余量”设为 0。

（40）单击“切削参数”按钮，在【切削参数】对话框中单击“策略”选项卡，勾选“☑添加精加工刀路”复选框，“刀路数”设为 2，“精加工步距”设为 0.1mm。单击“余量”选项卡，“部件余量”、“壁余量”设为 0。

（41）单击“进给率和速度 ”按钮，主轴速度设为 1200r/min，进给率设为 500mm/min。

（42）单击“生成”按钮，生成面铣精加工刀路，如图 10-96 所示。

（43）在“工序导航器”中选取 PLANAR_MILL，单击鼠标右键，选取“复制”命令，再选取 PLANAR_MILL，单击鼠标右键，选取“内部粘贴”命令。

（44）双击 PLANAR_MILL_COPY，在【平面铣】对话框中对“步距”选取“恒定”，“最大距离”设为 0.1mm，“附加刀路”设为 2。单击“切削层”按钮，在【切削层】对话框中对“类型”选取“仅底面”。

（45）单击“切削参数”按钮，在【切削参数】对话框中单击“余量”选项卡，“部件余量”设为 0。

（46）单击“进给率和速度 ”按钮，主轴速度设为 1200r/min，进给率设为 500mm/min。

（47）单击“生成”按钮，生成平面铣精加工轮廓刀路，如图 10-96 所示。

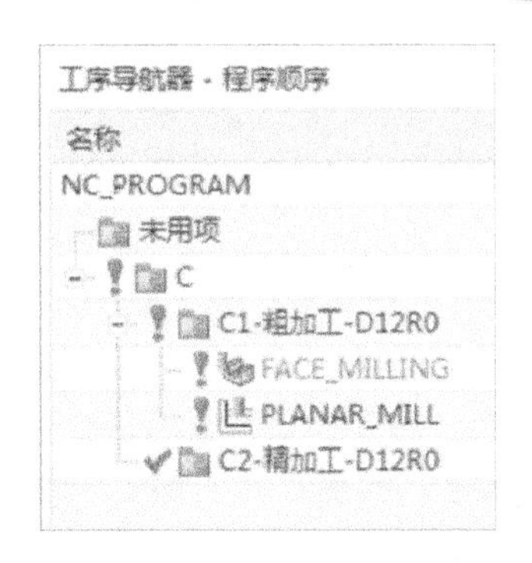

图 10-95 创建 C2 程序组

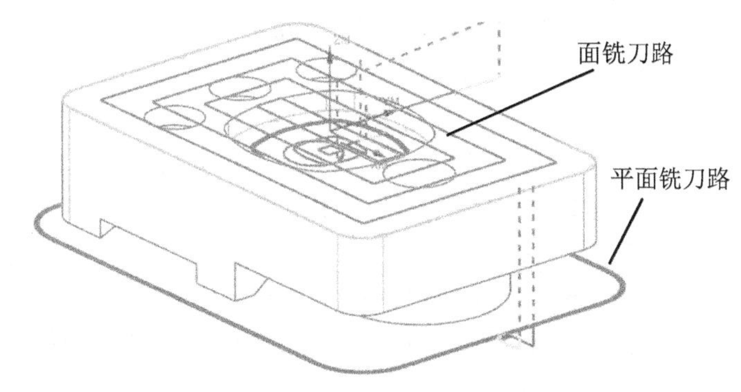

图 10-96 重新生成精加工刀路

（48）选取“菜单｜插入｜程序”命令，在【创建程序】对话框中对“类型”选取“mill_contour”，“程序”选取 C，“名称”设为“C3-钻孔-Dr10”，单击“确定”按钮，创建 C3 程序组。此时，C3 在 C 下面，C3、C1 和 C2 并列。

（49）选择“菜单｜插入｜工序”命令，在【创建工序】对话框中对“类型”选取“drill”，“工序子类型”选取“啄钻”按钮，“程序”选取“C3-钻孔-Dr10”，“刀具”选取 Dr10(钻刀)，“几何体”选取“MCS-MILL”，“方法”选取“METHOD”，如图 12-30 所示。

（50）在【啄钻】对话框中单击“指定孔”按钮。

（51）在【点到点几何体】对话框中单击“选择”按钮。

（52）在对话框中选取“一般点”按钮。

（53）在【点】对话框中“类型”选取“圆弧中心/椭圆中心/球心”选项，在实体上选取 4 个孔的圆心。

（54）单击“确定｜确定｜确定”按钮，在【啄钻】对话框中单击“指定顶面”按钮，在【顶面】对话框中对“类型”选取“刨”选项，选取工件的顶面，“刨”设为 2mm。

（55）在【啄钻】对话框中单击“指定底面”按钮，在【底面】对话框中对“类型”选取“刨”选项，选取工件的底面，“刨”设为 5mm。

（56）在【啄钻】对话框中“最小安全距离”设为 5mm，“循环类型”选取“啄钻”选项，“距离”设为 1.0mm。单击“确定”按钮，在【指定参数组】对话框中“Number of Sets”设为 1。

（57）单击“确定”按钮，在【Cycle 参数】对话框中单击“Depth－模型深度”按钮。

（58）在【Cycle 参数】对话框中选取“穿过底面”按钮。

（59）单击“确定”按钮，再单击“Increment－无”按钮，在【增量】对话框中单击“恒定”按钮。

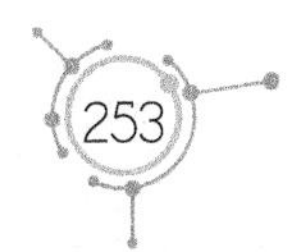

（60）在“增量”文本框中输入1mm。

（61）单击“进给率和速度”按钮，主轴速度设为1000r/min，进给率设为250mm/min。

（62）单击“生成”按钮，生成钻孔刀路，如图10-97所示。

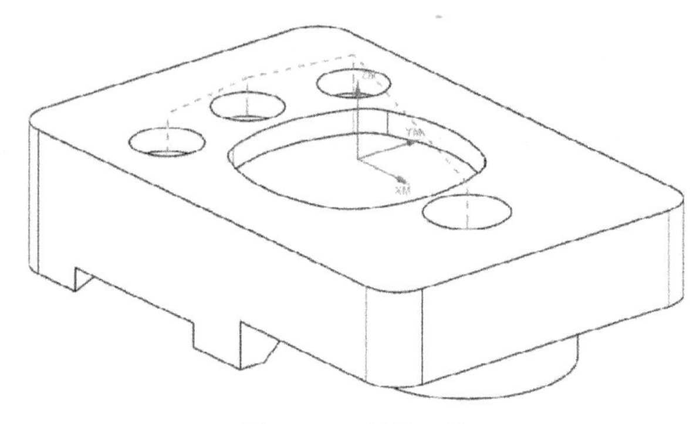

图10-97　钻孔刀路

（63）选取“菜单｜插入｜程序”命令，在【创建程序】对话框中对“类型”选取“mill_contour”，“程序”选取C，把“名称”设为“C4-粗加工-D8R0”，单击“确定”按钮，创建C4程序组。此时，C4在C下面，C1、C2、C3和C4并列。

（64）选择“菜单｜插入｜工序”命令，在【创建工序】对话框中对“类型”选取“mill_planar”，“工序子类型”选取“平面铣”按钮，“程序”选取“C4-粗加工-D8R0”，“刀具”选取D8R0，“几何体”选取“MCS_MILL”，“方法”选取“METHOD”。

（65）在【平面铣】对话框中单击“指定部件边界”按钮，在【边界几何体】对话框中“模式”选取“曲线/边…”，在【创建边界】对话框中对“类型”选取“封闭的”，“刨”选取“自动”，“材料侧”选取“外部”，选取第一个沉头的边线，再单击“创建下一个边界”按钮，再选取第二个沉头的边线，然后单击“创建下一个边界”按钮，再选取第三个沉头的边线。

（66）在【平面铣】对话框中单击“指定底面 ”按钮，选取沉头底面，“距离”设为0，如图10-98所示。

（67）在【平面铣】对话框中对“切削模式”选取“轮廓”，“附加刀路”设为0。

（68）单击“切削层”按钮，在【切削层】对话框中对“类型”选取“恒定”，“公共每刀切削深度”设为0.3mm。

（69）单击“切削参数”按钮，在【切削参数】对话框中单击“策略”选项卡，“切削方向”选取“顺铣”。单击“余量”选项卡，“部件余量”设为0.3mm，“最终底面余量”设为0.1mm。

（70）单击“非切削移动”按钮，在【非切削移动】对话框中单击“转移/快速”选项卡，“区域之间”的“转移类型”选取“安全距离-刀轴”，“区域内”的“转移方式”选取“进刀/退刀”，“转移类型”选取“安全距离-刀轴”。单击“进刀”选项卡，在“封闭区域”中，“进刀类型”选取“无”，在“开放区域”中，“进刀类型”选取“线性”，“长度”设为4mm，“高度”设为1mm，“最小安全距离”设为4mm。

（71）单击“进给率和速度 ”按钮，主轴速度设为1000r/min，进给率设为1200mm/min。

（72）单击“生成”按钮，生成平面铣加工轮廓刀路，如图10-99所示。

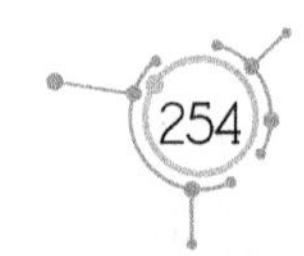

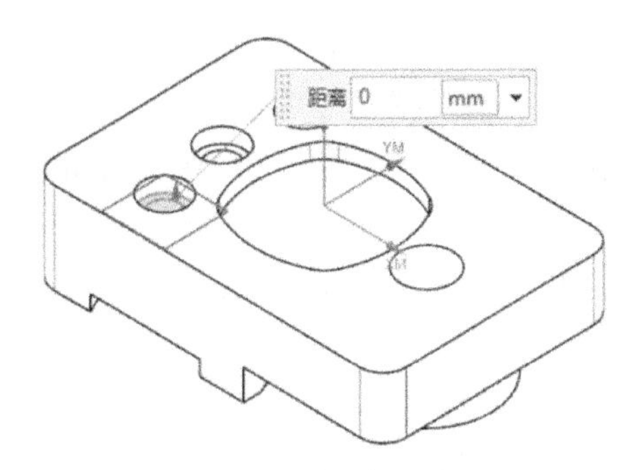

图 10-98 选取加工底面

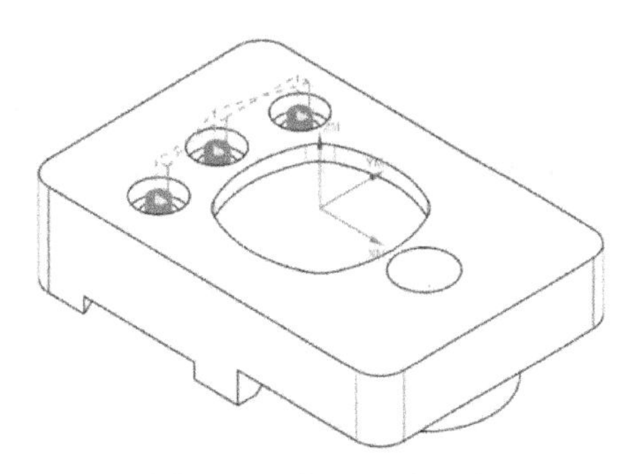

图 10-99 加工沉头刀路

（73）在“工序导航器”中选取 PLANAR_MILL_1，单击鼠标右键，选取“复制”命令，再选取 A4 程序组，单击鼠标右键，选取“内部粘贴”命令。

（74）双击 PLANAR_MILL_1_COPY，在【平面铣】对话框中单击“指定部件边界”按钮，在【编辑边界】对话框中单击“全部重选”按钮 全部重选 ，在【边界几何体】对话框中“模式”选取“曲线/边…”，在【创建边界】对话框中对“类型”选取“封闭的”，“刨”选取“自动”，“材料侧”选取“外部”，选取 ϕ18mm 通孔边线。

（75）在【平面铣】对话框中单击“指定底面 ”按钮，选取 ϕ18mm 通孔底面，“距离”设为 2mm 如图 10-100 所示。

（76）单击“生成”按钮，生成平面铣加工轮廓刀路，如图 10-101 所示。

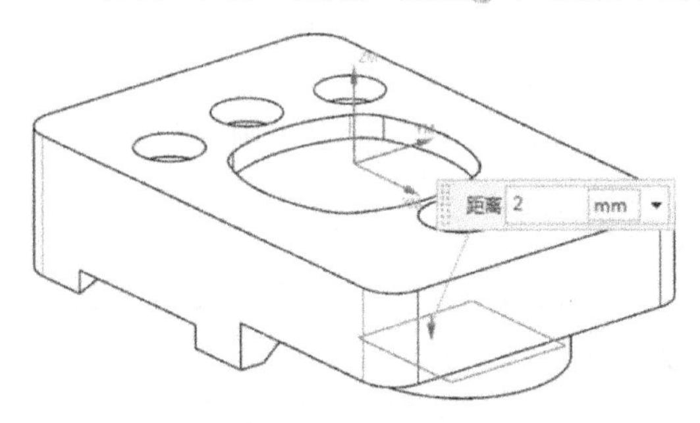

图 10-100 设定加工底面

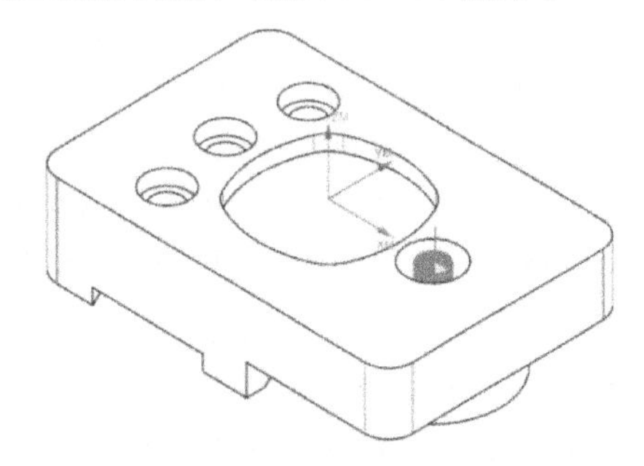

图 10-101 加工 ϕ18mm 通孔刀路

（77）选取“菜单｜插入｜程序”命令，在【创建程序】对话框中对“类型”选取“mill_contour”，“程序”选取 C，“名称”设为“C5-精加工-D8R0”，单击“确定”按钮，创建 C5 程序组。此时，C5 在 C 下方，C1、C2、C3、C4 和 C5 并列。

（78）在“工序导航器”中将 PLANAR_MILL_1和 PLANAR_MILL_1_COPY 程序复制到 A5 程序组。

（79）双击 PLANAR_MILL_1_COPY_1，在【平面铣】对话框中对“步距”选取“恒定”，“最大距离”设为 0.1mm，“附加刀路”设为 2。单击“切削层”按钮，在【切削层】对话框中对“类型”选取“仅底面”。

（80）单击“切削参数”按钮，在【切削参数】对话框中单击“余量”选项卡，“部件余量”、“最终底面余量”设为 0。

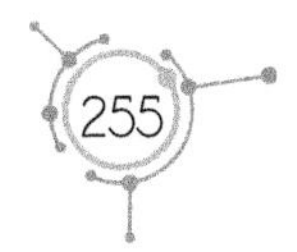

（81）单击“进给率和速度”按钮，主轴速度设为 1200r/min，进给率设为 500mm/min。

（82）单击“生成”按钮，生成平面铣精加工轮廓刀路，如图 10-102 左边的 3 个沉头刀路所示。

（83）双击 PLANAR_MILL_1_COPY_COPY，按上述方法进行修改，生成的刀路如图 10-103 右边 ϕ18mm 通孔刀路所示。

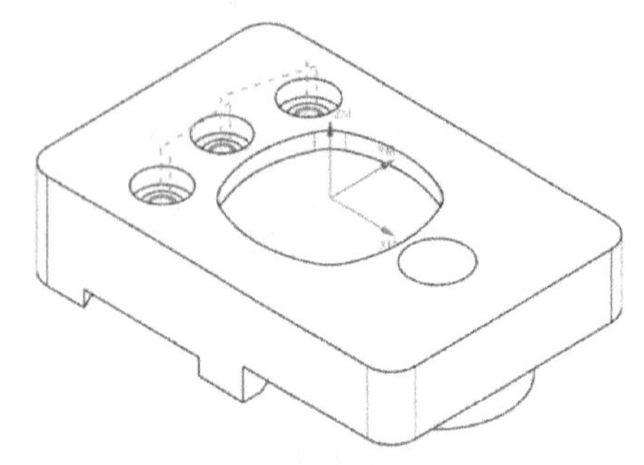

图 10-102　加工左边的三个沉头

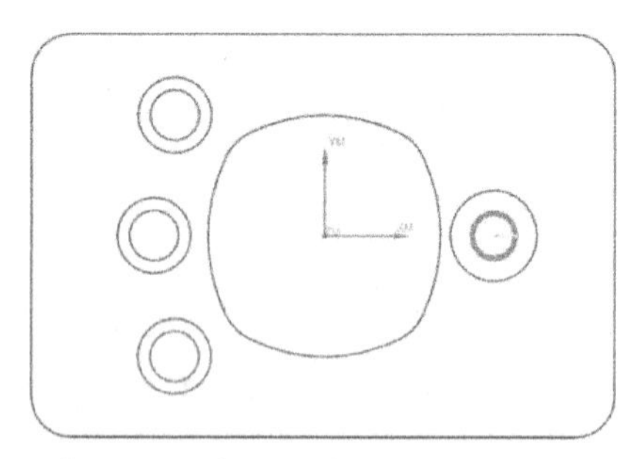

图 10-103　加工右边 ϕ18mm 通孔刀路

（84）单击“保存”按钮，保存文档。

10. 第二个零件第二次装夹的数控编程过程

（1）选取“菜单｜格式｜图层设置”命令，在【图层设置】对话框中双击“□10”，将图层 10 设为工作图层，取消图层“□1”前面的“√”，隐藏第 1 层。

（2）选取“菜单｜格式｜复制至图层”命令，选取实体后，单击“确定”按钮，在【图层复制】对话框中“目标图层或类别”文本框中输入“2”。

（3）单击“确定”按钮，将实体复制到第 2 层。

（4）选取“菜单｜格式｜图层设置”命令，在【图层设置】对话框中双击“□2”，将图层 2 设为工作图层，取消图层“□10”前面的“√”，隐藏第 10 层。

（5）选取“菜单｜插入｜程序”命令，在【创建程序】对话框中对“类型”选取“mill_contour”，“程序”选取“NC-PROGRAM”，“名称”设为“D”，单击“确定”按钮，创建 D 程序组，此时 D 与 C 并列。

（6）选取“菜单｜插入｜程序”命令，在【创建程序】对话框中对“类型”选取“mill_contour”，“程序”选取 D，“名称”设为“D1-粗加工-D12R0”，单击“确定”按钮，创建 D1 程序组。此时，D1 在 D 下面。

（7）在横向菜单中选取“应用模块”选项卡，再选取“建模”按钮，进入建模环境。

（8）选取“菜单｜插入｜同步建模｜删除面”命令，删除 ϕ18mm 的圆孔与 ϕ10mm 的沉头孔，如图 10-104 所示。

（9）在横向菜单中选取“应用模块”选项卡，再选取“加工”按钮，进入加工环境。

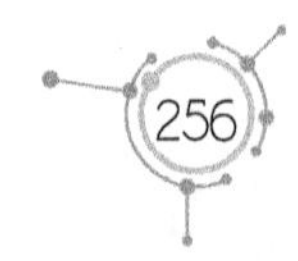

（10）选择“菜单丨插入丨工序”命令，在【创建工序】对话框中对“类型”选取“mill_planar”，“工序子类型”选取“使用边界面铣削”按钮，“程序”选取“D1-粗加工-D12R0”，“刀具”选取 D12R0，“几何体”选取“MCS_MILL”，“方法”选取“METHOD”。

（11）在【面铣】对话框中单击“指定部件”按钮，选取整个实体。

（12）在【面铣】对话框中单击“指定面边界”按钮，在【毛坯边界】对话框中对“选择方法”选取“曲线”，选取工件上表面的四条边线，如图 10-105 所示。

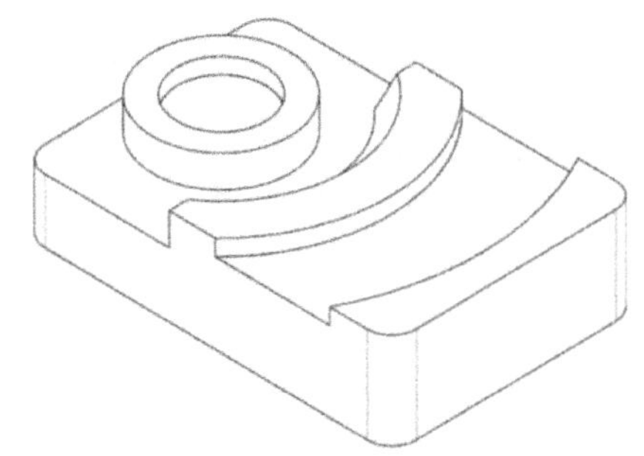

图 10-104　删除 ϕ18mm 的圆孔与 ϕ10mm 的沉头孔

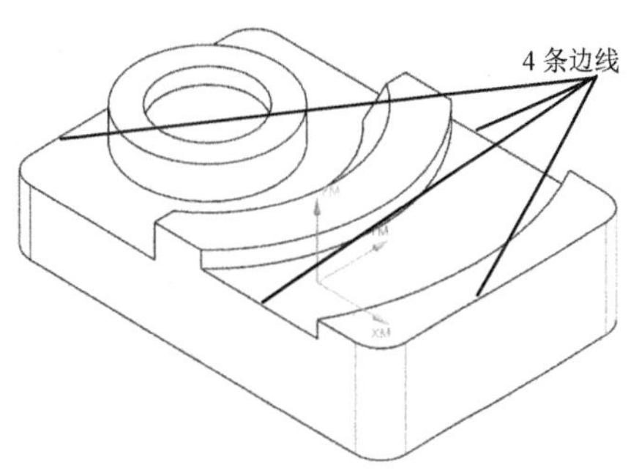

图 10-105　选取 4 条边线

（13）在【毛坯边界】对话框中对“刀具侧”选取“内部”，“刨”选取“指定”，选取如图 10-106 所示的平面为刨面，单击“确定”按钮。

（14）在【面铣】对话框中对“刀轴”选取“+ZM 轴”，“切削模式”选取“跟随周边”，“步距”选取“刀具平直百分比”，把“平面直径平分比”设为 75%，“毛坯距离”设为 11mm，“每刀切削深度”设为 0.8mm，“最终底面余量”设为 0.1mm。

（15）单击“切削参数”按钮，在【切削参数】对话框中单击“策略”选项卡，“切削方向”选取“顺铣”，“刀路方向”选取“向外”，“刀具延展量”改为 50%。单击“余量”选项卡，“部件余量”、“壁余量”设为 0.3mm，“最终底面余量”设为 0.1mm，“内（外）公差”设为 0.01。

（16）单击“非切削移动”按钮，在【非切削移动】对话框中单击“转移/快速”选项卡，“区域之间”的“转移类型”选取“安全距离-刀轴”，“区域内”的“转移方式”选取“进刀/退刀”，“转移类型”选取“安全距离-刀轴”。单击“进刀”选项卡，在“封闭区域”中，“进刀类型”选取“螺旋”，“直径”设为 10mm，“斜坡角”设为 1°，“高度”设为 1mm，“高度起点”选取“前一层”，“最小安全距离”设为 0，“最小斜面长度”设为 10mm。在“开放区域”中，“进刀类型”选取“线性”，“长度”设为 8mm，“旋转角度”、“斜坡角”设为 0°，“高度”设为 1mm，“最小安全距离”设为 8mm。

（17）单击“进给率和速度 ”按钮，主轴速度设为 1000r/min，进给率设为 1200mm/min。

（18）单击“生成”按钮，生成面铣开粗刀路，如图 10-107 所示。

（19）选取“菜单丨插入丨程序”命令，在【创建程序】对话框中对“类型”选取“mill_contour”，“程序”选取 D，“名称”设为“D2-粗加工-D8R0”，单击“确定”按钮，创建 D2 程序组。此时，D2 在 D 下方，D1 与 D2 并列。

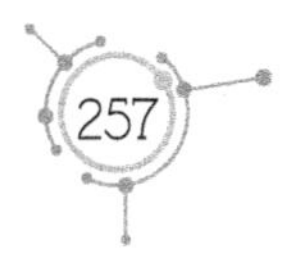

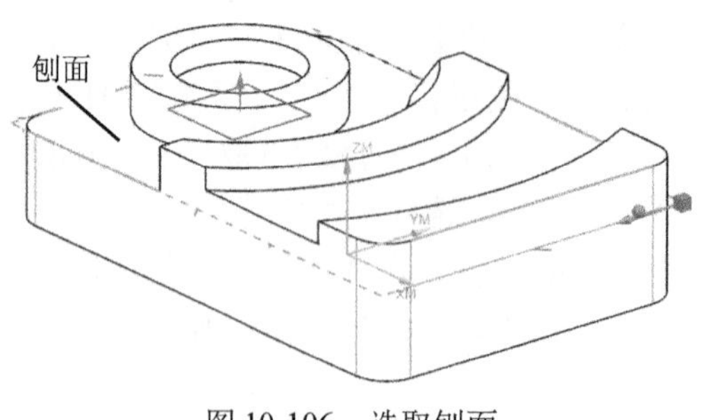

图 10-106　选取刨面

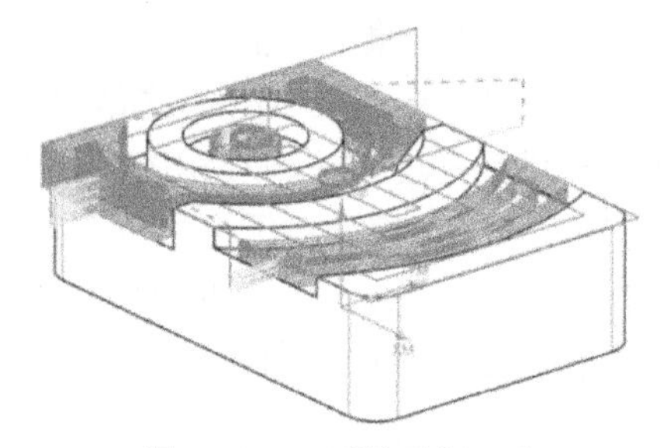

图 10-107　面铣开粗刀路

（20）选择“菜单｜插入｜工序”命令，在【创建工序】对话框中对“类型”选取“mill_contour”，“工序子类型”选取“型腔铣”按钮，“程序”选取“D2-粗加工-D8R0”，“刀具”选取 D8R0，“几何体”选取“MCS_MILL”，“方法”选取“METHOD”。

（21）在【面铣】对话框中单击“指定部件”按钮，选取整个实体。

（22）单击“指定切削区域”按钮，用框选方式选取整个实体。

（23）“切削模式”选取“跟随周边”，“步距”选取“刀具平直百分比”，“平面直径平分比”设为 75%，“公共每刀切削深度”选取“恒定”，“最大距离”设为 0.3mm。

（24）单击“切削层”按钮，在【切削层】对话框中多次单击“移除”按钮，移除以前的选项，选取上表面为“范围 1 的顶部”即加工开始面，选取圆环的底面为加工底面，显示“范围深度”为 10mm，如图 10-108 所示。

（25）单击“切削参数”按钮，在【切削参数】对话框中单击“策略”选项卡，“切削方向”选取“顺铣”，“刀路方向”选取“向外”。单击“空间范围”选项卡，“参考刀具”选取“D12R0”立铣刀，“重叠距离”设为 0。单击“余量”选项卡，取消“□使底面余量与侧面余量一致”复选框前面的“√”，“部件侧面余量”设为 0.3mm，“部件底面余量”设为 0.1mm，“内（外）公差”设为 0.01。

（26）单击“非切削移动”按钮，在【非切削移动】对话框中单击“转移/快速”选项卡，“区域之间”的“转移类型”选取“安全距离-刀轴”，“区域内”的“转移方式”选取“进刀/退刀”，“转移类型”选取“直接”。单击“进刀”选项卡，在“封闭区域”中，“进刀类型”选取“与开放区域相同”。在“开放区域”中，“进刀类型”选取“线性”，“长度”设为 80%，“旋转角度”、“斜坡角度”设为 0°，“高度”设为 1mm，“最小安全距离”设为 80%。

（27）单击“进给率和速度”按钮，主轴速度设为 1000r/min，进给率设为 1200mm/min。

（28）单击“生成”按钮，生成型腔铣开粗刀路，如图 10-109 所示。

（29）工件的左端有一部分没有加工，按以下步骤加工未加工的部分：

第 1 步：选取“菜单｜插入｜曲线｜圆/圆弧”命令，在【圆弧/圆】对话框中对“类型”选取“从中心开始的圆弧/圆”，单击“中心点”按钮，选取左边圆弧的圆心，如图 10-110 所示。

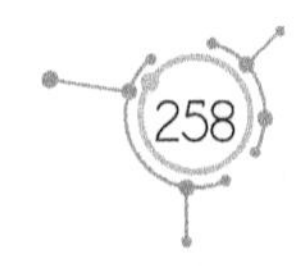

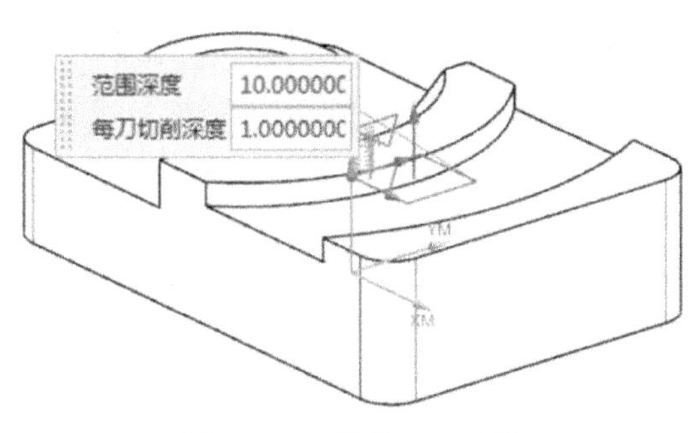

图 10-108 选取加工底面

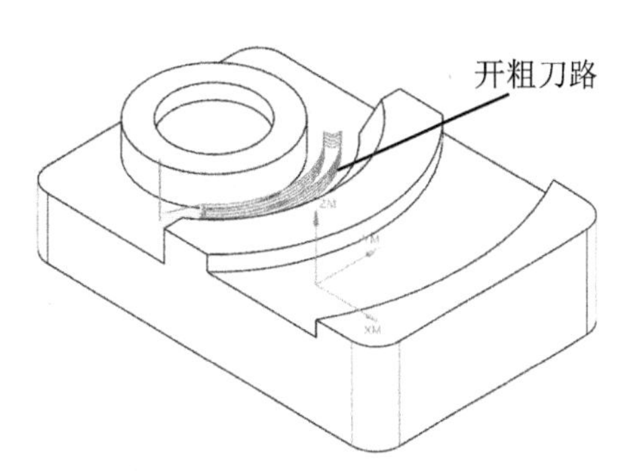

图 10-109 型腔铣开粗刀路

图 10-110 设定圆弧圆心

第 2 步：在【圆弧/圆】对话框中“终点选项”选取“自动判断”，选取圆弧上的一点为圆弧的终点，创建一段圆弧，如图 10-111 所示。

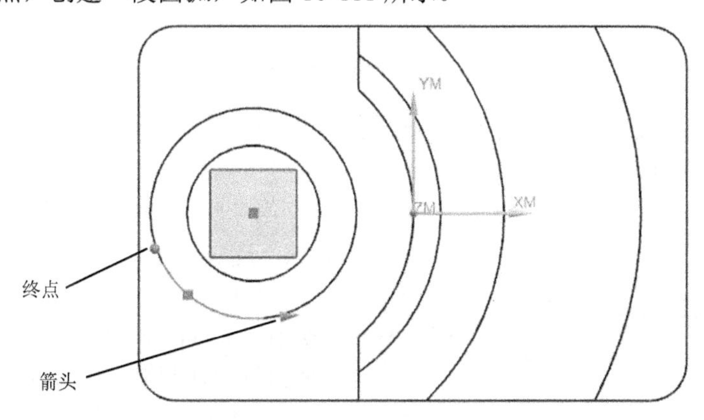

图 10-111 创建一段圆弧

第 3 步：拖动终点与箭头至合适的位置，创建合适的圆弧，如图 10-112 所示。

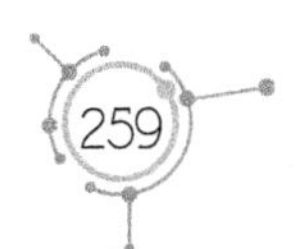

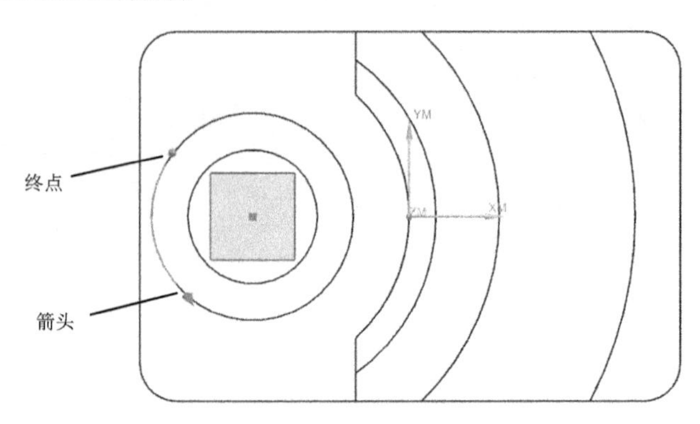

图 10-112　拖动终点与箭头至合适的位置

第 4 步：选择“菜单｜插入｜工序”命令，在【创建工序】对话框中对“类型”选取“mill_planar”，“工序子类型”选取“平面铣”按钮，“程序”选取“D2-粗加工-D8R0”，“刀具”选取 D8R0，“几何体”选取“MCS_MILL”，“方法”选取“METHOD”。

第 5 步：在【平面铣】对话框中单击“指定部件边界”按钮，在【边界几何体】对话框中对“模式”选取“曲线/边…”，在【创建边界】对话框中对“类型”选取“开放的”，“刨”选取“自动”，“材料侧”选取“右”，如图 10-33 所示，选取刚才创建的圆弧（注意直线指的位置为选取位置），如图 10-113 所示。

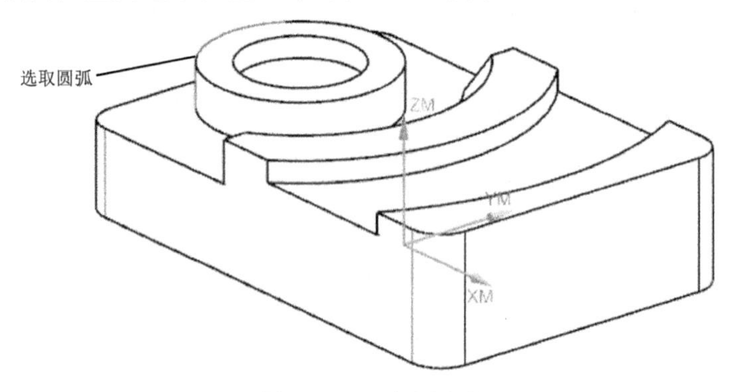

图 10-113　选取圆弧

第 6 步：在【平面铣】对话框中单击“指定底面 ”按钮，选取圆柱所依附的平面，“距离”设为 0，如图 10-114 所示。

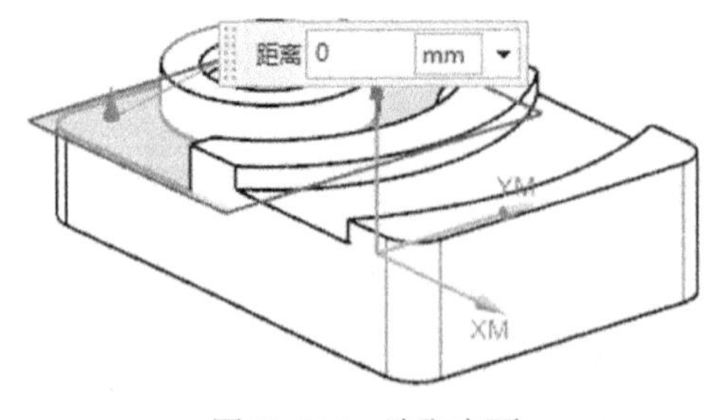

图 10-114　选取底面

第 7 步：在【平面铣】对话框中对“切削模式”选取“轮廓”，把“附加刀路”设为 0。

第 8 步：单击“切削层”按钮，在【切削层】对话框中对“类型”选取“恒定”，“公共每刀切削深度”设为 0.3mm。

第 9 步：单击“切削参数”按钮，在【切削参数】对话框中单击“策略”选项卡，“切削方向”选取“顺铣”。单击“余量”选

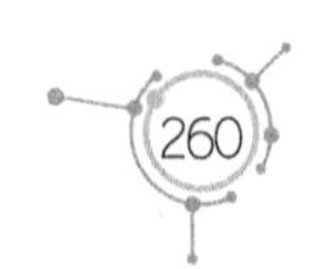

项卡，“部件余量”设为 0.3 mm，“最终底面余量”设为 0.1mm。

第 10 步：单击“非切削移动”按钮，在【非切削移动】对话框中单击“转移/快速”选项卡，“区域之间”的“转移类型”选取“安全距离-刀轴”，“区域内”的“转移方式”选取“进刀/退刀”，“转移类型”选取“安全距离-刀轴”。单击“进刀”选项卡，在“开放区域”中，“进刀类型”选取“线性”，“长度”设为 10mm，“高度”设为 1mm，“最小安全距离”设为 10mm。

第 11 步：单击“进给率和速度 ”按钮，主轴速度设为 1000r/min，进给率设为 1200mm/min。

第 12 步：单击“生成”按钮，生成加工左端的刀路，如图 10-115 所示。

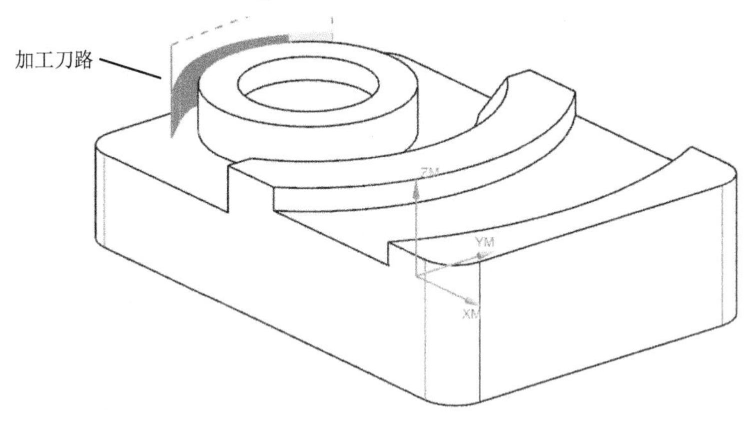

图 10-115　加工左端的刀路

（30）选取“菜单｜插入｜程序”命令，在【创建程序】对话框中对“类型”选取“mill_contour”，“程序”选取 D，“名称”设为“D3-精加工-D8R0”，单击“确定”按钮，创建 D3 程序组。此时，D3 在 D 下方，D1、D2 和 D3 并列。

（31）选择“菜单｜插入｜工序”命令，在【创建工序】对话框中对“类型”选取“mill_planar”，“工序子类型”选取“使用边界面铣削”按钮，“程序”选取“D3-精加工-D8R0”，“刀具”选取 D8R0，“几何体”选取“MCS_MILL”，“方法”选取“METHOD”。

（32）在【面铣】对话框中单击“指定部件”按钮，选取整个实体。

（33）在【面铣】对话框中单击“指定面边界”按钮，在【毛坯边界】对话框中对“选择方法”选取“面”，“刀具侧”选取“内部”，“刨”选取“自动”，在工件上选取平面①，然后在【毛坯边界】对话框中单击“添加新集”按钮，再选取平面②，以此类推，共选取 6 个平面，如图 10-116 所示。

（34）在【面铣】对话框中对“切削模式”选取“往复”，“步距”选取“恒定”，把“最大距离”设为 6mm，“每刀切削深度”设为 0，“最终底面余量”设为 0。

（35）单击“切削参数”按钮，在【切削参数】对话框中单击“策略”选项卡，勾选“☑添加精加工刀路”复选框，“刀路数”设为 2，“精加工步距”设为 0.1mm。单击“余量”选项卡，“部件余量”、“壁余量”、“最终底面余量”设为 0。

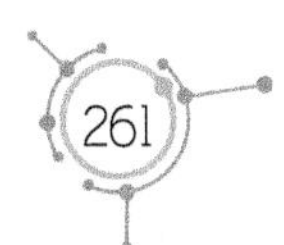

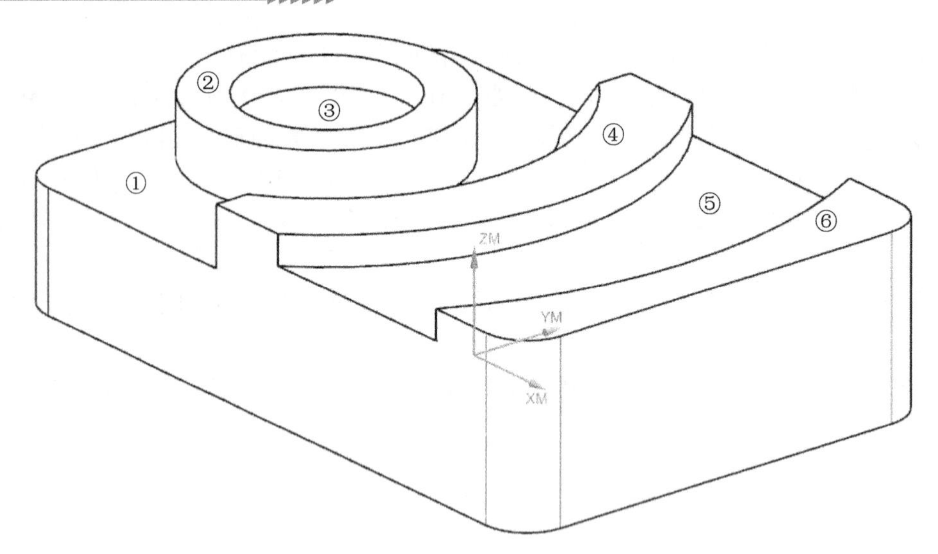

图 10-116　选取 6 个平面

（36）单击“非切削移动”按钮，在【非切削移动】对话框中单击“转移/快速”选项卡，“区域之间”的“转移类型”选取“安全距离-刀轴”，“区域内”的“转移方式”选取“进刀/退刀”，“转移类型”选取“安全距离-刀轴”。单击“进刀”选项卡，在“封闭区域”中，“进刀类型”选取“螺旋”，“直径”设为 10mm，“斜坡角”设为 1°，“高度”设为 1mm，“高度起点”选取“前一层”，“最小安全距离”设为 0，“最小斜面长度”设为 10mm。在“开放区域”中，“进刀类型”选取“线性”，“长度”设为 8mm，“旋转角度”、“斜坡角”设为 0°，“高度”设为 1mm，“最小安全距离”设为 8mm。

（37）单击“进给率和速度 ”按钮，主轴速度设为 1200r/min，进给率设为 500mm/min。

（38）单击“生成”按钮，生成面铣精加工刀路，如图 10-117 所示。

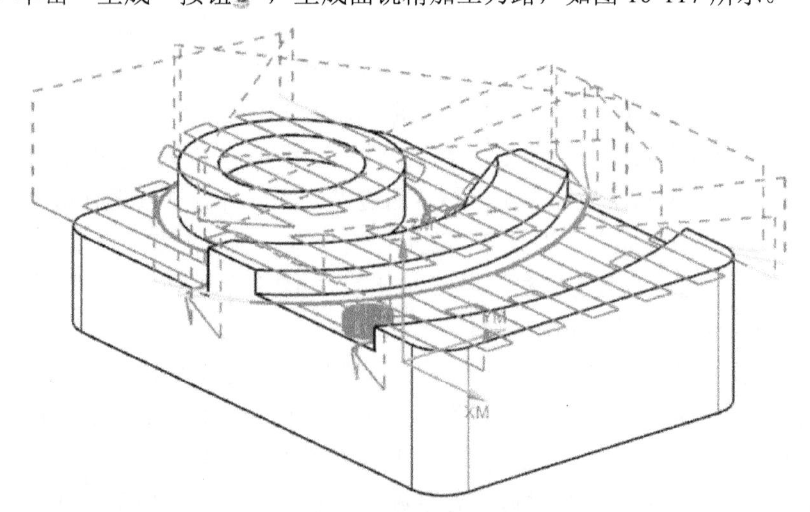

图 10-117　面铣精加工刀路

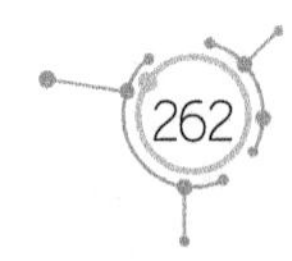

（39）单击“创建工序”按钮，在【创建工序】对话框中对“类型”选取“mill_contour”，“工序子类型”选取“深度轮廓加工”按钮，“程序”选取“D3-精加工-D8R0”，刀具选取D8R0，“几何体”选取“MCS_MILL”，“方法”选取MEHTOD。

（40）单击“确定”按钮，在【深度轮廓加工（深度轮廓加工）】对话框中单击“指定部件”按钮，选取整个实体。

（41）单击“指定切削区域”按钮，选取工件的斜面，单击“确定”按钮。

（42）单击“切削层”按钮，在【切削层】对话框中对“范围类型”选取“用户定义”，“公共每刀切削深度”选取“恒定”，“最大距离”设为0.25mm。

（43）单击“切削参数”按钮，在【切削参数】对话框“策略”选项卡中对“切削方向”选取“混合”，在“余量”选项卡中取消“使底面余量与侧面余量一致”复选框前面的，“部件侧面余量”、“部件底面余量”设为0.2 mm，内（外）公差0.01。

（44）单击“非切削移动”按钮，在【非切削移动】对话框“转移/快速”选项卡中，区域内的“转移类型”选取“直接”，单击“进刀”选项卡，在“开放区域”中，“进刀类型”选取“线性”，“长度”设为8mm，“高度”设为1mm，在“退刀”选项卡中“退刀类型”选取“与进刀相同”。

（45）单击“进给率和速度 ”按钮，主轴转速设为 1000 r/min，进给率设为1200 mm/min。

（46）单击“生成”按钮，生成加工斜面的刀路，如图10-118所示。

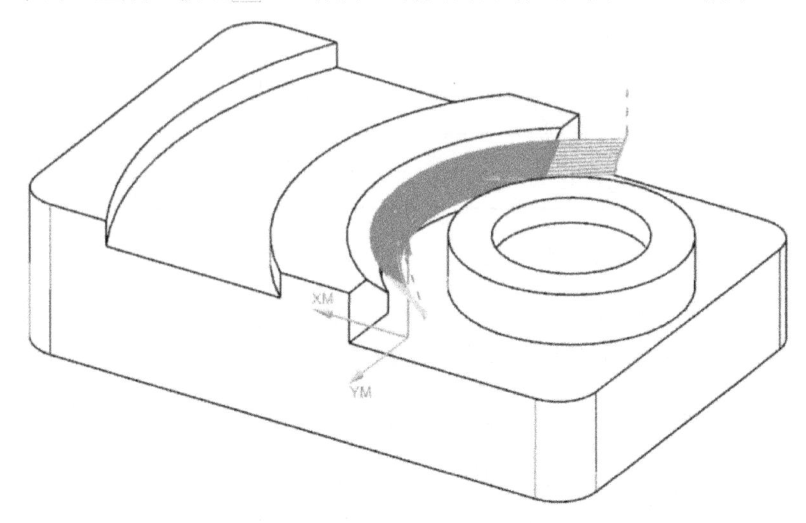

图10-118　加工斜面的刀路

（47）单击“保存”按钮，保存文档。

11. 第一个工件第一次装夹方式

（1）用虎钳装夹工件时，工件的上表面至少高出台钳平面35mm。

（2）工件采用四边分中，设工件上表面为Z0。

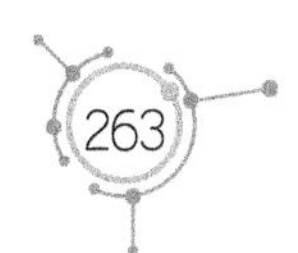

12. 第一个工件第一次装夹的加工程序单

第一个工件第一次装夹的加工程序单如表 10-1 所示。

表 10-1　第一个工件第一次装夹的加工程序单

序号	刀具	加工深度	备注
A1	ϕ12 平底刀	31mm	粗加工
A2	ϕ12 平底刀	31mm	精加工
A3	ϕ10 钻刀	40mm	钻孔
A4	ϕ10 平底刀	27mm	粗加工
A5	ϕ10 平底刀	27mm	精加工

13. 第一个工件第二次装夹方式

（1）用虎钳装夹工件时，工件的上表面至少高出台钳平面 15mm。
（2）工件采用四边分中，设工件下表面为 Z0。

14. 第一个工件第二次装夹的加工程序单

第一个工件第二次装夹的加工程序单见表 10-2。

表 10-2　第一个工件第二次装夹的加工程序单

序号	刀具	加工深度	备注
B1	ϕ12 平底刀	10mm	粗加工
B2	ϕ12 平底刀	10mm	精加工
B3	ϕ6 平底刀	10mm	粗加工
B4	ϕ6 平底刀	10mm	精加工
B5	ϕ6R3 球头刀	10mm	精加工

15. 第二个工件第一次装夹方式

（1）用虎钳装夹工件时，工件的上表面至少高出台钳平面 35mm。
（2）工件采用四边分中，设工件上表面为 Z0。

16. 第二个工件第一次装夹的加工程序单

第二个工件第一次装夹的加工程序单见表 10-3。

表 10-3　第二个工件第一次装夹的加工程序单

序号	刀具	加工深度	备注
C1	ϕ12 平底刀	32mm	粗加工
C2	ϕ12 平底刀	32mm	精加工
C3	ϕ10 钻头	40mm	钻孔
C4	ϕ8 平底刀	27mm	粗加工
C5	ϕ8 平底刀	27mm	精加工

17. 第二个工件第二次装夹方式

（1）用虎钳装夹工件时，工件的上表面至少高出台钳平面12mm。
（2）工件采用四边分中，设工件下表面为Z0。

18. 第二个工件第二次装夹的加工程序单

第二个工件第二次装夹的加工程序单见表10-4。

表10-4 第二个工件第二次装夹的加工程序单

序号	刀具	加工深度	备注
D1	ϕ12平底刀	10mm	粗加工
D2	ϕ8平底刀	10mm	粗加工
D3	ϕ8平底刀	10mm	精加工